青藏高原东部活动构造带地质灾害成灾机理研究

郭长宝 吴瑞安 张永双 杨志华 等 著

科学出版社

北京

内 容 简 介

本书围绕青藏高原东部活动构造带复杂的地质背景和地质灾害防灾减灾需求，采用多源遥感、地质调查、地质时代测年、实验测试、物理模拟和数值模拟等技术融合，构建了川藏交通廊道地质灾害数据库，深入探讨了龙门山断裂带、鲜水河断裂带、巴塘断裂带、怒江断裂带、嘉黎-察隅断裂带等典型活动构造带地质灾害成灾机理，深入研究了大型深层蠕滑滑坡、古滑坡复活、地震诱发滑坡等灾害成因机制，提出了基于构造活动的地质灾害易发性和危险性评估模型，阐明了特大高位远程滑坡溯源侵蚀复发模式，研究成果有效服务了区内重大工程和重要城镇地质灾害风险防范。

本书是研究青藏高原活动构造带地质灾害成灾机理较为系统的一本专著，可供地质灾害、地震地质、工程地质、岩土工程、地质安全和重大工程规划建设等领域的科研和技术人员，以及高校的教师与研究生参考使用。

审图号：GS 京（2025）0670 号

图书在版编目（CIP）数据

青藏高原东部活动构造带地质灾害成灾机理研究 / 郭长宝等著. -- 北京：科学出版社，2024.12. -- ISBN 978-7-03-080590-4

Ⅰ．P694

中国国家版本馆 CIP 数据核字第 2024RX2596 号

责任编辑：崔　妍　刘玉哲 / 责任校对：何艳萍
责任印制：肖　兴 / 封面设计：无极书装

科学出版社 出版
北京东黄城根北街 16 号
邮政编码：100717
http://www.sciencep.com

北京中科印刷有限公司印刷
科学出版社发行　各地新华书店经销

*

2024 年 12 月第　一　版　　开本：787×1092　1/16
2024 年 12 月第一次印刷　　印张：21 1/2
字数：500 000
定价：298.00 元
（如有印装质量问题，我社负责调换）

作者名单

郭长宝	吴瑞安	张永双	杨志华	倪嘉伟	闫怡秋
袁　浩	李彩虹	魏昌利	张广泽	钟　宁	张绪教
李　雪	徐正宣	张怡颖	刘　贵	李昆仲	王　炀
邱振东	任三绍	张亚楠	张献兵	董秀军	宋德光
何元宵	曹世超	吴中康	金继军	刘吉鑫	陈　亮
马海善	邵慰慰	张国华	廖　维	谢小国	齐　畅

序

  青藏高原是我国乃至世界上海拔最高、地质时代最年轻和构造活动最强烈的高原，被称为"世界屋脊"，区内地形陡峻、地势起伏度大，区域性大断裂极为发育且活动性强，地震频发，长期以来吸引了无数学者的关注。尤其是青藏高原东部活动构造带，其独特的地质背景和复杂的断裂带系统，使得该区的地质灾害，特别是与构造活动密切相关的大型古滑坡、高位远程滑坡、地震滑坡等灾害呈现出非常复杂的时空分布与演变特征，成为全球地质学、灾害地质学和工程地质学等学科研究的关键区带。随着全球气候变化的加剧和人类工程活动的深入，该地区地质灾害成灾机理和灾后演变规律更加复杂，防灾减灾问题愈加凸显，亟待进行深入剖析与系统研究。

  近年来，在中国地质调查局"川西-藏东地区交通廊道活动构造与地质调查"等项目支持下，中国地质科学院地质力学研究所郭长宝研究员团队立足青藏高原东部重大工程规划建设防灾减灾需求，围绕重要活动构造带内地质灾害发育分布特征、成灾机理和危险性评价等方面，开展了大量调查分析和综合研究，编著形成《青藏高原东部活动构造带地质灾害成灾机理研究》一书，为青藏高原地质灾害的理解与防治提供了重要的理论依据与数据支撑。

  该书全面分析了青藏高原东部重要活动构造带地质灾害发育分布规律，构建了川藏交通廊道地质灾害数据库，提出了考虑构造活动的地质灾害易发性和危险性评估模型，系统评估了龙门山断裂带、鲜水河断裂带、巴塘断裂带、怒江断裂带、嘉黎-察隅断裂带等大型活动断裂带的地质灾害易发性与危险性。该书以四川巴塘德达滑坡、西藏江达沃达滑坡、白格滑坡和易贡滑坡等典型滑坡为例开展深入研究，阐明了特大高位远程滑坡溯源侵蚀复发的模式，提出了大型滑坡-堵江-溃坝灾害链对下游古滑坡复活的促滑与加速蠕滑机制，分析了内外动力耦合作用下活动构造带内大型古滑坡复活机制和重大突发性地质灾害成灾机理。该书研究成果极大丰富了青藏高原地质灾害的理论框架，并推动了灾害成因机制研究的跨学科整合，能够有效提高对地质灾害隐患的识别能力，增强地质灾害防治的前瞻性与精准性。

  青藏高原东部活动构造带的地质灾害成灾机理极其复杂，涉及构造、气候、地震等多重因素的复杂交织。正是基于这一多维度的视角，该书不仅进一步促进了该领域研究的研究程度，更为未来青藏高原地区大型地质灾害成灾机理研究提供了借鉴。希望该书的研究成果能够为从事相关领域的科研、管理和工程技术人员提供参考，推动青藏高原地区的地质安全与可持续发展，为地质灾害机理研究和防治工作做出新的贡献。最后，衷心祝贺该书成功出版！

中国工程院院士：

2024 年 12 月 3 日

目 录

序
第一章 绪论 ··· 1
第二章 区域地质背景 ··· 5
  第一节 自然地理 ·· 5
  第二节 区域构造位置 ·· 8
  第三节 地层岩性 ·· 10
  第四节 活动断裂与地震 ··· 12
  第五节 小结 ·· 15
第三章 川藏交通廊道地质灾害发育分布特征 ······································ 17
  第一节 地质灾害类型与分布规律 ··· 17
  第二节 川藏交通廊道雅安-林芝段地质灾害易发性评价 ················· 25
  第三节 广域地震滑坡危险性评价 ··· 40
  第四节 小结 ·· 46
第四章 大渡河断裂带泸定段古滑坡稳定性评价 ··································· 47
  第一节 大渡河断裂带发育特征与活动性 ······································ 47
  第二节 大渡河断裂带泸定段地质灾害发育特征 ···························· 49
  第三节 典型大型古滑坡发育特征与形成机理 ······························· 58
  第四节 大坪上古滑坡发育特征与稳定性评价 ······························· 62
  第五节 甘草村古滑坡发育特征与危险性评价 ······························· 67
  第六节 小结 ·· 87
第五章 鲜水河断裂带地震滑坡危险性评价 ··· 88
  第一节 鲜水河断裂带空间展布特征与活动性 ······························· 88
  第二节 鲜水河断裂带地质灾害发育分布特征 ······························· 92
  第三节 鲜水河断裂带地质灾害易发性评价 ································ 104
  第四节 基于 LS-D-Newmark 模型的潜在地震滑坡危险性评价 ······· 110
  第五节 泸定 M_S6.8 地震诱发地质灾害发育特征与危险性评价 ······· 118
  第六节 小结 ·· 150
第六章 巴塘断裂带地质灾害发育特征与危险性评价 ··························· 152
  第一节 巴塘断裂带空间展布特征与活动性 ································ 152
  第二节 巴塘断裂带地质灾害发育分布特征 ································ 154
  第三节 巴塘断裂带地质灾害易发性评价 ···································· 157
  第四节 四川巴塘德达古滑坡发育特征与复活机理 ······················· 166
  第五节 四川巴塘扎马古滑坡发育特征与复活机理 ······················· 174

第六节　小结 ··· 199
第七章　金沙江上游江达至巴塘段大型滑坡发育特征与形成机制研究 ······················· 200
　　第一节　金沙江断裂带展布特征与活动性 ··· 200
　　第二节　金沙江上游江达至巴塘段大型滑坡灾害发育分布特征 ································ 203
　　第三节　西藏江达沃达滑坡发育特征与复活机理分析 ··· 206
　　第四节　西藏白格滑坡发育特征与失稳早期识别 ··· 216
　　第五节　西藏江达色拉滑坡发育特征与变形趋势分析 ··· 260
　　第六节　小结 ··· 269
第八章　嘉黎-察隅断裂带高位远程滑坡灾害链研究 ·· 271
　　第一节　嘉黎-察隅断裂带展布特征与活动性 ·· 271
　　第二节　嘉黎-察隅断裂带典型高位远程链式灾害发育特征 ····································· 277
　　第三节　易贡高位远程滑坡周期性复发机制与风险研究 ·· 284
　　第四节　茶隆隆巴曲高位冰岩崩-泥石流发育特征与潜在风险研究 ························· 301
　　第五节　小结 ··· 311
第九章　主要结论与认识 ·· 312
参考文献 ·· 315

第一章 绪 论

一、问题的提出

川西-藏东交通廊道（川藏交通廊道）是我国重大工程规划建设的重点地区，总体上位于青藏高原东缘，地形地貌和地质构造复杂，是第四纪地质、新构造活动最强烈的地区之一。区内发育龙门山断裂带、鲜水河断裂带、巴塘断裂带、怒江断裂带、嘉黎-察隅断裂带等大型区域性活动断裂带，断裂活动性强、活动方式复杂，特殊的地质环境决定了工程地质问题的地域性、复杂性和特殊性，导致本区重要城镇和重大工程规划建设过程中工程地质问题频发、防灾形势严峻。本区内外动力地质作用强烈，地质灾害发育，工程地质条件异常复杂，对城镇规划、铁路、公路和水利水电开发造成重大影响。随着区内重要城镇发展和重大工程建设的推进，地震诱发地质灾害和内外动力耦合作用下的工程地质问题严重影响城镇安全和重大工程规划建设。受地形地貌和地质构造条件的限制，对于深埋长大隧道、高陡边坡和特大桥等重要工程，迫切需要加强区域工程地质综合调查，识别潜在强震诱发地质灾害的风险，为活动构造带新城镇建设和重大工程规划提供地质资料和技术支撑。

以支撑服务川藏交通廊道内国家重大工程规划建设和地质安全为导向，中国地质调查局设立了二级项目"川西-藏东地区交通廊道活动构造与地质调查"，项目承担单位为中国地质科学院地质力学研究所，项目周期为2019～2021年。工作的重点内容之一是针对川藏交通廊道地质灾害发育特征与成灾机理开展调查研究。

二、主要研究内容

在充分收集分析已有资料和前人成果的基础上，围绕川藏交通廊道地质灾害发育特征与成灾机理开展调查研究工作。在调查分析区域地质灾害发育特征与分布规律的基础上，评价了川藏交通廊道雅安-林芝段、鲜水河断裂带和巴塘断裂带等区域的地质灾害易发性和地震滑坡危险性，重点剖析了廊道内大型复活型古滑坡和高位滑坡发育特征，研究内外动力耦合作用下大型地质灾害的成灾机理，预测评价其潜在致灾模式与危险性，为川藏交通廊道及当地城镇重点地质灾害风险防范提供支撑与服务。主要研究内容包括以下几个方面。

（1）川藏交通廊道地质灾害发育分布特征分析：分析了区域地质灾害发育特征与分布规律，对川藏交通廊道雅安-林芝段进行了滑坡灾害易发性评价和区域地震滑坡危险性评价，总结了川藏交通廊道沿线相关工程规划建设面临的主要地质灾害风险问题。

（2）大渡河断裂带泸定段古滑坡稳定性评价：在调查分析大渡河断裂空间展布与活动性的基础上，研究了大渡河断裂带泸定段的地质灾害发育分布特征，重点对大坪上古滑坡、甘草村古滑坡等典型大型古滑坡在不同工况下的稳定性进行分析评价。

（3）鲜水河断裂带地震滑坡危险性评价：在分析鲜水河断裂带空间展布特征与活动性的基础上，剖析了鲜水河断裂带地质灾害发育的主要影响因素，开展了地质灾害易发性与地震滑坡危险性评价。同时，重点对 2022 年四川泸定（面波震级）M_S6.8 地震诱发地质灾害的发育特征与危险性进行分析研究。

（4）巴塘断裂带地质灾害发育特征与危险性评价：在调查分析巴塘断裂带空间展布与活动性的基础上，进一步分析了巴塘断裂带地质灾害时空分布规律和发育特征，剖析了地质灾害的形成条件和影响因素，评价了滑坡易发性与地震滑坡危险性，并对德达古滑坡、扎马古滑坡的复活变形特征和影响因素进行了重点分析和研究。

（5）金沙江上游江达至巴塘段大型滑坡发育特征与早期识别研究：在调查分析了金沙江上游江达至巴塘段地质灾害发育分布规律的基础上，基于遥感技术开展了大型滑坡灾害隐患早期识别，并结合典型大型滑坡案例，分析其变形破坏机理，验证了遥感技术在大型滑坡早期识别中的有效性。

（6）嘉黎-察隅断裂带高位远程滑坡灾害链研究：在分析嘉黎-察隅断裂带展布特征与活动性的基础上，进一步梳理了断裂带沿线的典型高位远程链式灾害及孕灾条件，并以西藏易贡高位远程滑坡、西藏波密茶隆隆巴曲高位远程滑坡灾害链为主要研究对象，开展了高位远程滑坡灾害链风险评价。

三、主要研究成果

（1）区域地质灾害类型与发育特征方面：查明川藏交通廊道沿线及邻区地质灾害点 14816 处，其中崩塌 3048 处、滑坡 5818 处、泥石流 3524 处，地质灾害的空间分布受活动断裂影响显著，地震、降雨和人类工程活动是诱发地质灾害的主要因素，具有群发性和集中性特点，但在空间上分布不均匀。

（2）地质灾害易发性与地震滑坡危险性方面：川藏交通廊道雅安-林芝段地质灾害易发性分区评价结果表明，川藏交通廊道沿线的滑坡高、中易发区主要沿着龙门山断裂带、鲜水河断裂带、巴塘断裂带、金沙江断裂带、嘉黎断裂带分布，沿大江大河及其支流两岸呈带状分布；川藏交通廊道穿越约 297km 的地震滑坡极高和高危险区，其中雅安-康定段、雅江八角楼-呷拉段、巴塘措拉-贡觉哈加段、八宿吉巴村-拥巴乡段、波密扎木-林芝段等 5 个区段为滑坡易发区与地震滑坡高危险区。鲜水河断裂带地震滑坡危险性较高的地区主要分布在康定-磨西段、大渡河附近以及坡度较陡的斜坡上。四川泸定 M_S6.8 地震滑坡危险性较高的地区主要分布在磨西镇震中及周边地区、鲜水河断裂带和大渡河断裂带附近坡度较缓的斜坡上，沿大渡河影响范围延伸至石棉县城附近。

（3）大渡河断裂带古滑坡稳定性研究方面：大渡河断裂带泸定段（姑咱镇-得妥镇）河谷两侧发育大量古滑坡，部分古滑坡正在发生局部复活变形，InSAR 形变监测认为本区古滑坡整体稳定性较好，但在强震或极端降雨条件下存在局部复活危险。川藏交通廊道大渡河大桥成都岸高边坡存在隧道锚持力层围岩长期稳定性降低和坡顶滚石威胁桥面安全危险；在强震和降雨条件下，拉萨岸有局部失稳危险；甘草村古滑坡前缘木角沟右侧谷坡发生局部复活滑动，形成一中型滑坡，在地震和降雨作用下可能会导致进一步发生变形破坏，存在形成滑坡-堵江-溃坝灾害链的危险性。

（4）巴塘断裂带古滑坡复活机理研究方面：研究了巴塘断裂带存在的主要地质灾害风险，认为该段以深层蠕滑型滑坡、潜在高位滑坡灾害隐患为主，存在古滑坡局部复活、大型滑坡深层蠕滑变形、低频中小型降雨型泥石流三类地质灾害风险。其中巴塘县德达古滑坡前缘复活失稳、中小型降雨型泥石流威胁川藏交通廊道安全，扎马古滑坡复活可能受强降雨作用、强震作用和人类工程活动等多种因素的影响。

（5）金沙江上游江达至巴塘大型滑坡早期识别研究方面：查明川藏交通廊道金沙江上游江达至巴塘段发育大型特大型滑坡共55处，多发育于金沙江右岸，主要包括已发生滑动形成堵江的滑坡和坡体局部变形，但整体未发生滑动的潜在堵江滑坡，55处滑坡中已发生过堵江的滑坡4处，具有潜在堵江风险滑坡51处。2018年，两次白格滑坡-堵江-溃坝灾害链发生后，对位于其下游80km处的色拉滑坡形成显著的远程促滑和加速蠕滑效应。

（6）嘉黎-察隅断裂带高位远程滑坡灾害链研究方面：研究揭示了青藏高原特大高位远程滑坡具有溯源侵蚀复发的特征，研究认为，2000年易贡滑坡源区在过去5500年间发生了至少8次的高位远程滑坡事件，揭示易贡地区大型高位远程滑坡可能存在百年尺度的复发周期。基于Massflow模拟软件反演了2000年易贡滑坡堵江链式灾害动力学过程，预测分析了茶隆隆巴曲高位物源的潜在成灾过程。

（7）科技理论创新方面：揭示了地貌-构造-气候内外耦合作用对川藏铁路沿线特大型滑坡的控滑机制，提出了青藏高原大型深层蠕滑型滑坡失稳早期判识指标，阐明了特大高位远程滑坡溯源侵蚀复发的模式，提出了大型滑坡-堵江-溃坝灾害链对下游古滑坡复活的促滑与加速蠕滑机制。

四、参加人员及分工

在研究过程中，充分体现学科优势互补、加强产学研的密切结合，发挥集体智慧的作用。野外地质调查和室内测试分析工作完成后，由相关专业的技术骨干进行了书稿的编写工作。编写分工如下：

第一章——绪论，由郭长宝、吴瑞安、张永双撰写。主要介绍问题的提出、主要研究内容、主要研究成果等。

第二章——区域地质背景，由郭长宝、刘贵、钟宁、张亚楠等撰写。主要介绍研究区的自然地理、区域构造位置、地层岩性和活动断裂与地震等。

第三章——川藏交通廊道地质灾害发育分布特征，由郭长宝、杨志华、李雪、邱振东等撰写。主要介绍研究区地质灾害类型与分布规律、易发性评价和危险性评价等。

第四章——大渡河断裂带泸定段古滑坡稳定性评价，由吴瑞安、郭长宝、倪嘉伟、吴中康等撰写。主要论述大渡河断裂带发育特征与活动性、大渡河断裂带泸定段地质灾害发育特征、典型大型古滑坡发育特征与形成机理等。

第五章——鲜水河断裂带地震滑坡危险性评价，由郭长宝、杨志华、李彩虹等撰写。主要揭示鲜水河断裂带地质灾害发育特征，评价地质灾害易发性与地震滑坡危险性等。

第六章——巴塘断裂带地质灾害发育特征与危险性评价，由吴瑞安、杨志华、宋德光等撰写。主要介绍巴塘断裂带地质灾害发育分布特征和地质灾害易发性评价，研究典型古滑坡的发育特征与复活机理。

第七章——金沙江上游江达至巴塘段大型滑坡发育特征与形成机制研究，由郭长宝、吴瑞安、闫怡秋等撰写。主要介绍金沙江断裂带江达至巴塘段地质灾害发育分布规律，提出了高分辨率光学遥感影像与 InSAR 技术在大型滑坡灾害早期识别方面的应用，剖析典型大型滑坡变形破坏机理。

第八章——嘉黎-察隅断裂带高位远程滑坡灾害链研究，由郭长宝、袁浩等撰写。主要论述嘉黎-察隅断裂带沿线典型高位远程链式灾害及孕灾条件，同时重点开展了易贡高位远程滑坡、茶隆隆巴曲高位远程滑坡灾害链发育特征研究及灾害风险评价。

第九章——主要结论与认识，由郭长宝、吴瑞安撰写。对本书的主要成果与进展进行总结，并分析需要进一步研究的关键科学问题。

全书由郭长宝、吴瑞安进行统稿。除了上述标注的撰写人员外，参加本书依托项目研究工作的人员还有：王炀、任三绍、陈虹、江万、魏昌利、张广泽、张绪教、徐正宣、李昆仲、董秀军、何元宵、陈亮、马海善、张国华、廖维、谢小国、曹世超、丁莹莹、金继军、张怡颖、师宗锐、张献兵、严孝海、刘吉鑫、齐畅、于皓、邵慰慰、郁鹏飞、赵宁、李祥、刘定涛、赵文博等，他们都不同程度地参与了野外调查、相关资料整理和分析研究工作，为本书的最终完成做出了贡献。

本书的出版得到了作者所在单位中国地质科学院地质力学研究所的大力支持与帮助。在调查研究过程中，中国地质调查局总工室、水环部、地质灾害处等部室领导时刻关注项目研究进展，并给予多方面的指导和帮助，委托业务承担单位的领导和技术人员在野外调查和资料共享方面给予了大力支持。中国地质调查局国家重大工程地质安全风险评价指挥部领导和专家时刻关注本项目的进展，并给予多方面的指导和帮助。借此机会，特向对本项研究提供帮助、支持和指导的所有领导、专家和同行表示衷心的感谢！

第二章 区域地质背景

川藏交通廊道位于青藏高原东南缘,自东向西依次穿越扬子陆块、羌塘-三江造山系、班公湖-双湖-怒江对接带、冈底斯-喜马拉雅造山系 4 个一级构造单元,区域内地势起伏大,新构造运动强烈,地震活动频繁,是我国乃至世界上地质条件最为复杂的地区之一,内外动力耦合作用下重大工程地质问题和地质灾害频繁发生。

第一节 自然地理

一、地形地貌

青藏高原地形地貌复杂、构造活动强烈,地貌形态以高原盆地和深切峡谷为主,总体地势"北高南低,西高东低"(潘保田等,2004;Kirby et al.,2008;Zhang et al.,2016;郭长宝等,2021a)。川藏交通廊道跨越太平洋水系平行岭谷地貌区和印度洋水系高山深谷地貌区两大一级地貌区,自东向西先后穿越横断山、念青唐古拉山、喜马拉雅山等三大山脉,跨越大渡河、雅砻江、金沙江、澜沧江、怒江等五大水系(图 2-1)。

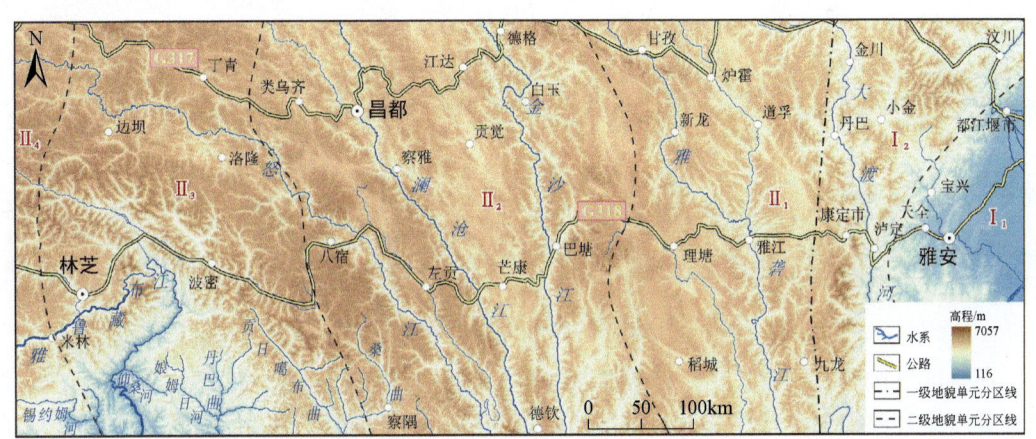

图 2-1 川藏交通廊道地形地貌图

Ⅰ.盆地西缘平原及中高山区;Ⅱ.青藏高原东缘高山高原区;Ⅰ₁.成都平原亚区;Ⅰ₂.四川盆地西缘中高山亚区;Ⅱ₁.雅砻江流域高山、高原亚区;Ⅱ₂.横断山北段高山、极高山亚区;Ⅱ₃.帕隆藏布流域高山、高原亚区;Ⅱ₄.雅鲁藏布江中游高山、高原亚区

川藏交通廊道雅安-林芝段多为高山峡谷区,平均海拔 3000m,岭谷相对高差多为 2000~3000m,最大可达 5000m 以上,包括藏东南高山峡谷和藏东高山峡谷两部分。藏东南高山峡谷包括念青唐古拉山脉以南、喜马拉雅山脉以北、伯舒拉岭以西的山地,地形复

杂；北缘念青唐古拉山脉高大，山峰海拔多在 5500m 以上。根据川藏交通廊道地势变化大的地貌格局，可分为盆地西缘平原及中高山区（Ⅰ）和青藏高原东缘高山高原区（Ⅱ）两个大区（图 2-1），依据主要地貌类型的差异性又细分为成都平原亚区（Ⅰ$_1$），四川盆地西缘中高山亚区（Ⅰ$_2$），雅砻江流域高山、高原亚区（Ⅱ$_1$），横断山北段高山、极高山亚区（Ⅱ$_2$），帕隆藏布流域高山、高原亚区（Ⅱ$_3$），雅鲁藏布中游高山、高原亚区（Ⅱ$_4$）6 个亚区（李秀珍等，2019）。

二、气象水文

（一）气候特征

川藏交通廊道主要位于青藏高原的东南缘地区，经过的区域东西跨度大，地形地貌复杂，高差悬殊，气候特征受季风环流控制，因而气候类型复杂，水平分布多样，立体气候显著（徐丽娇等，2019；彭建兵等，2020）。川藏交通廊道平均海拔 3000m，具有气温低、温差大、降水量地域差异大等独特的气候特征（图 2-2）。根据气候特点，可将川藏交通廊道划分为中亚热带季风湿润气候区、高原温带湿润气候区、高原温带季风半湿润气候区、高原温带季风半干旱气候区和高原温带季风干旱气候区。

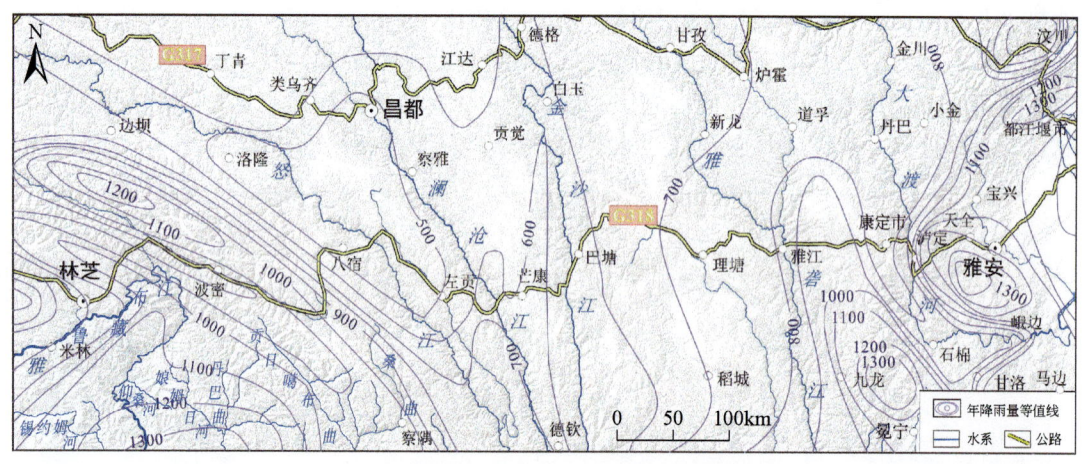

图 2-2 川藏交通廊道年降雨量等值线图

在全球气候变暖的背景下，青藏高原气候变化显著，总体呈现出暖湿化趋势，近 50 年来青藏高原升温约为全球平均升温幅度的两倍（Liu and Chen.，2000；郑度等，2002），在藏东南地区发育有大量海洋性冰川以及在其末端和下游存在众多冰湖，气温升高将会带来冰崩风险，还将加速冰川消融使冰川末端或下游冰湖产生快速扩张（段安民等，2016；王闰等，2022）。此外，极端气候频繁出现，也极大地增加了地质灾害尤其是沟谷灾害链发生的风险（崔鹏和郭剑，2021）。

（二）水文特征

川藏交通廊道区域内水文活动强烈，与活动性断裂密切相关（郭长宝等，2017；Tang

et al.，2017；周晓成等，2020；漆继红等，2022），由东到西依次穿越岷江、大渡河、雅砻江、金沙江、澜沧江、怒江、雅鲁藏布江等水系，水系展布受构造控制明显。

岷江水系分布在华夏系构造和新华夏系构造展布范围内，位于雅安地区。水文站数据显示，岷江年平均径流量为 896 亿 m^3。大渡河水系分布于北西向构造与金汤弧形构造之间以及南北向构造带内，其干流大致沿北西向构造与弧形构造重接符合部位发育。大渡河发源于四川、青海两省交界处的果洛山，切穿大雪山、夹金山，经阿坝、金川、丹巴、泸定等地，年平均径流量约 473 亿 m^3。雅砻江水系分布于北西向构造带内，其主要支流为鲜水河、理塘河等，雅砻江年平均径流量约 609 亿 m^3。金沙江流域水系发育，高山湖泊众多，水资源丰富。金沙江年平均径流量为 1428 亿 m^3（屏山站）。澜沧江水系分布于北西向构造带内，呈北西-南东向流经川藏交通廊道，主要支流有色曲、麦曲、冻曲等，澜沧江干流年平均径流量约 640 亿 m^3。怒江水系也呈北西-南东向流经川藏交通廊道，其主要支流有下秋曲、索曲、玉曲等，多受构造控制，大致沿怒江断裂带展布。怒江年平均径流量约 689 亿 m^3。雅鲁藏布江发源于喜马拉雅山脉北麓海拔 5590m 的杰马央宗冰川，流域内水网密布，地表水资源丰富，主要支流有帕隆藏布、尼洋河、拉萨河等。雅鲁藏布江年平均径流量约 1500 亿 m^3。

（三）区域水文地质条件

川藏交通廊道构造运动活跃，气候、地形地貌、河流水文、地质构造、地层岩性等条件在各区域具有明显差异，对地下水的赋存、分布、富集、补给、径流、排泄和水化学特征均有直接影响，地下水类型极为复杂多变（图2-3）。

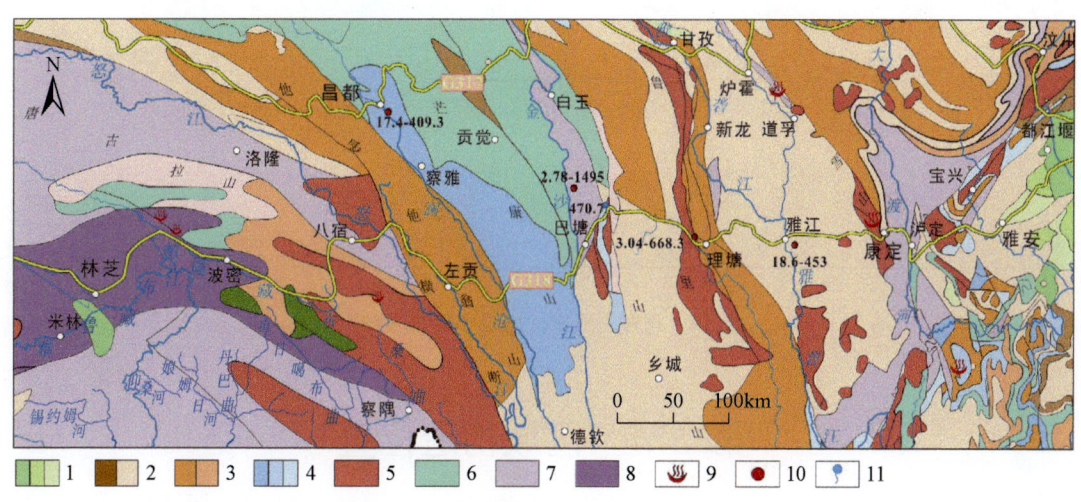

图2-3 川藏交通廊道区域水文地质图

1. 松散岩类孔隙含水岩组：富水程度强、中等、弱；2. 碎屑岩类裂隙含水岩组：富水程度中等、弱；3. 碎屑岩类夹碳酸盐岩类含水岩组：富水程度中等、弱；4. 碳酸盐岩岩溶含水岩组：富水程度强、中等、弱；5.侵入岩类裂隙含水岩组：富水程度弱；6. 喷出岩类裂隙含水岩组：富水程度弱；7. 喷出岩夹碳酸盐岩类裂隙含水岩组：富水程度弱；8. 变质岩类裂隙含水岩组：富水程度弱；9. 温泉；10. 水文地质钻孔；11. 泉点川藏交通廊道区域内松散岩类孔隙水、基岩裂隙水和岩溶水均有分布。其中，裂隙水分布最广，构造部位及影响区内易形成局部强富水区，单井涌水量最大可达 700m³/d；风化裂隙水一般不丰富，泉流量为 0.1～1.0L/s；岩溶水多沿构造以条带状分布，区段内岩溶大泉多，流量以 100～500L/s 为主，最大可达近 2000L/s；松散岩类孔隙水分布在河谷、盆地、台原等地，除理塘盆地、毛垭坝盆地和邦达草原成一定规模分布外，其余地区均为零星分布，总水量不大。在海拔高于 3500m 的区域，有冻结层水零星分布。区内各类地下水主要接受大气降水、冰川冰雪融水和地表水补给，地下水大多为潜水，径流途径短，具有就地补给和就近排泄的特征，循环交替作用强烈。泉水动态变化受季节影响较大。

（四）冰川冰湖特征

青藏高原冰川冰湖主要分布于喜马拉雅山、冈底斯山和念青唐古拉山等极高山地区。但随着冰川退缩不断加剧，在祁连山、羌塘高原、帕米尔高原、昆仑山、横断山、唐古拉山也发育了少量规模较小的冰湖。遥感解译表明，川藏交通廊道共分布有冰湖 2359 个（图 2-4），雪崩主要分布在地势陡峻、积雪较厚的地段。

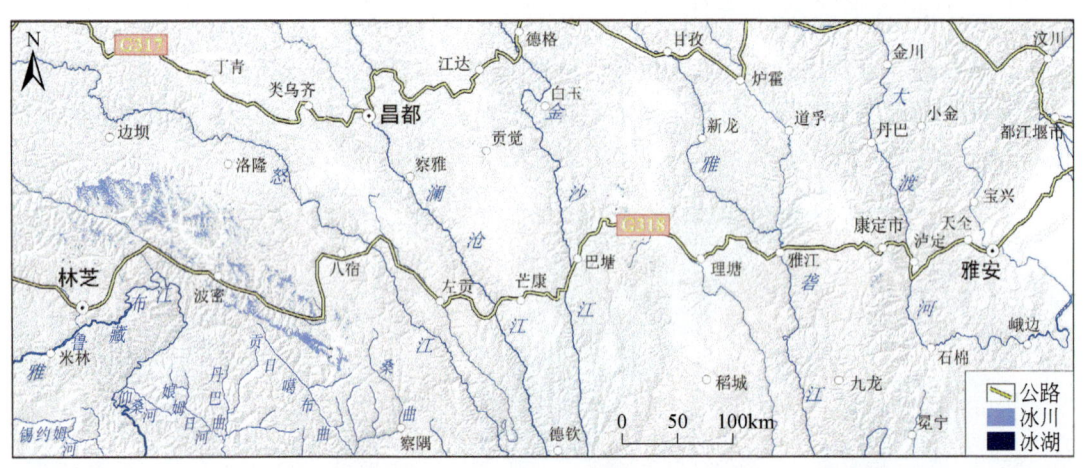

图 2-4　川藏交通廊道冰川和冰湖分布图

第二节　区域构造位置

川藏交通廊道位于特提斯海（地中海-喜马拉雅）范围内，从东向西穿越华南地块（Ⅴ）、川滇块体（Ⅳ）、甘青块体（Ⅲ）、西藏块体（Ⅱ）和喜马拉雅块体（Ⅰ）等构造分区，以及扬子陆块、羌塘-三江造山系、班公湖-双湖-怒江对接带、冈底斯-喜马拉雅造山系等 4 个一级构造单元。将结合带、弧盆系及夹持于其间的地块作为次一级的构造单元，共划分出 34 个二级构造单元，构成该区域大地构造的基本骨架。考虑到构造带中区域地质发展过程中的总体地质特征和面貌，尤其是关键地质事件的性质、特点、时代和空间分布特征，进一步划分出 67 个三级构造单元。其中，穿越的 6 条以板块/地块缝合带或对接带为特征的地壳级-地幔级深断裂，分别代表了印支、燕山、喜马拉雅三个阶段古、新特提斯洋的消亡与欧亚大陆逐步拼合的历史遗迹（莫宣学和潘桂棠，2006）。冈瓦纳大陆的渐次裂离、印度板块的持续北飘，逐步向欧亚板块拼贴、碰撞，致使多期发育的特提斯洋最终隆起为"世界屋脊"——青藏高原（丁林等，2017）。

青藏高原是世界上最年轻的高原，位于欧亚板块和印度洋板块的交界处，是全球大陆上板块构造最重要的地区之一（丁林等，1995；张培震等，2006；Ding et al.，2017）。随着印度板块不断向北推挤，并不断向欧亚板块下插入，形成了宏大的喜马拉雅山系（丁林等，1995；王成善和丁学林，1998；高锐等，2001；Cai et al.，2016）。距今一万年前，高原抬升速度加快，曾达 7 cm/a，使之成为当今地球上的"第三极"（Ding et al.，2016，2017）。

青藏高原是环球纬向特提斯造山系的东部主体，具有复杂而独特的巨厚地壳和岩石圈结构，经历了漫长的构造变形历史，由 20 多条规模不等的弧-弧、弧-陆碰撞结合带和其间的岛弧或地块拼贴而成，三个不同时期的多岛弧盆系构造呈明显的条块镶嵌结构。由于后期印度板块向北强烈顶撞，在它的左右犄角处分别形成帕米尔和横断山构造结及相应的弧形弯折，在东西两端改变了原来东西向展布的构造面貌。加之华北、扬子刚性陆块的阻抗和陆内俯冲对原有构造，特别是深部地幔构造的改造，造成了青藏高原独特的构造和地貌景观，形成了统一的深部幔拗和地表的隆升。

作为地球上一个独特的自然地域单元，青藏高原自晚新生代以来的强烈隆升及其对周边地区气候与环境的影响，是国际上地球科学、资源与环境科学的研究热点和关键区域。潘桂棠等（2013）以板块理论为基础，多岛弧盆系构造观为主导，应用大地构造相方法对青藏高原及邻区进行了构造单元划分。高原外缘被印度、扬子、华北、塔里木等四大陆块所围限，高原内部被划分为由两个对接带和三个造山系共同构成的五个一级构造单元，由南至北依次为冈底斯-喜马拉雅造山系、班公湖-双湖-怒江-昌宁-孟连对接带、羌塘-三江造山系、康瓦多-南昆仑-玛多-马沁对接带、昆仑-祁连-秦岭造山系秦祁昆造山系等。区域构造地质背景与青藏高原的构造演化密切相关，青藏高原内部及周边的构造活动带将青藏高原及邻区分为 7 个主要构造块体：喜马拉雅块体（Ⅰ）、西藏块体（Ⅱ）、甘青块体（Ⅲ）、川滇块体（Ⅳ）、华南地块（Ⅴ）、鄂尔多斯地块（Ⅵ）和塔里木块体（Ⅷ）（图 2-5）。雅鲁藏布江带是喜马拉雅块体与西藏块体的分界线；拉竹笼-可可西里-金沙江带是西藏块体与甘青块体的分界线；金沙江-红河带为川滇块体的西南边界，鲜水河断裂-安宁河断裂-小江断裂构成川滇块体的东北边界（周硕愚等，1998）。现今构造格局的形成经历了极其复杂的演化过程。

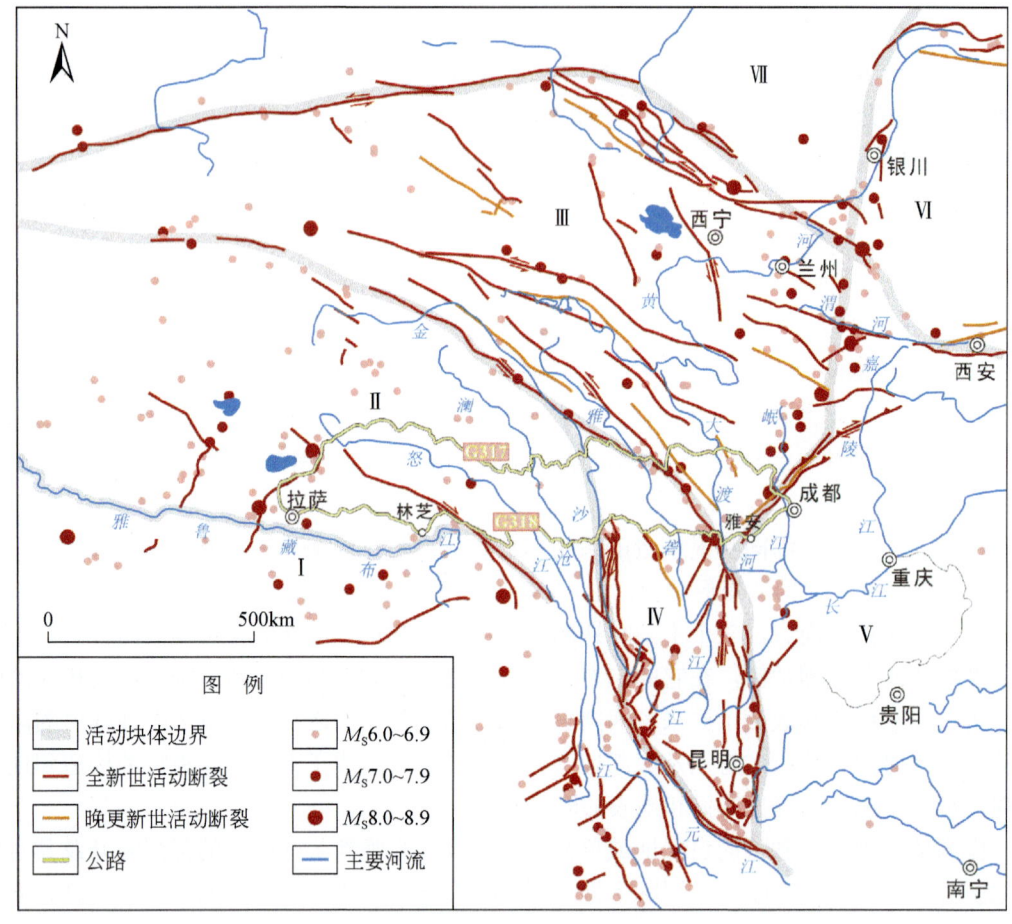

图 2-5 青藏高原及邻区构造单元划分图（据潘桂棠等，2013，修编）

第三节 地层岩性

一、地层岩性分区

川藏交通廊道地层复杂，东西纵跨扬子地层区、松潘-甘孜地层区、羌塘-昌都地层区、冈底斯-念青唐古拉地层区、喜马拉雅地层区和雅鲁藏布江构造岩石地层区等 6 个地层分区。地层岩性的分布受区域地质构造控制作用比较明显，表现为地层走向与区域控制性断裂走向基本一致：林芝至波密段呈东西走向，波密至雅安段渐变为南北走向（郭长宝等，2017）。

除寒武系外，区内地层从第四系至震旦系均有分布（图 2-6），其中以中生界、古生界三叠系及元古宇变质岩系分布最广。侏罗系（J）、三叠系（T）、二叠系（P）、石炭系（C）等地层中有侵入岩分布，侵入岩以燕山期和喜马拉雅期花岗岩为主，元古宙花岗岩、海西期闪长岩和超铁镁质岩也有零星分布，沉积岩和早期的岩浆岩在后期岩浆作用和动力变质作用下，常形成变质岩。

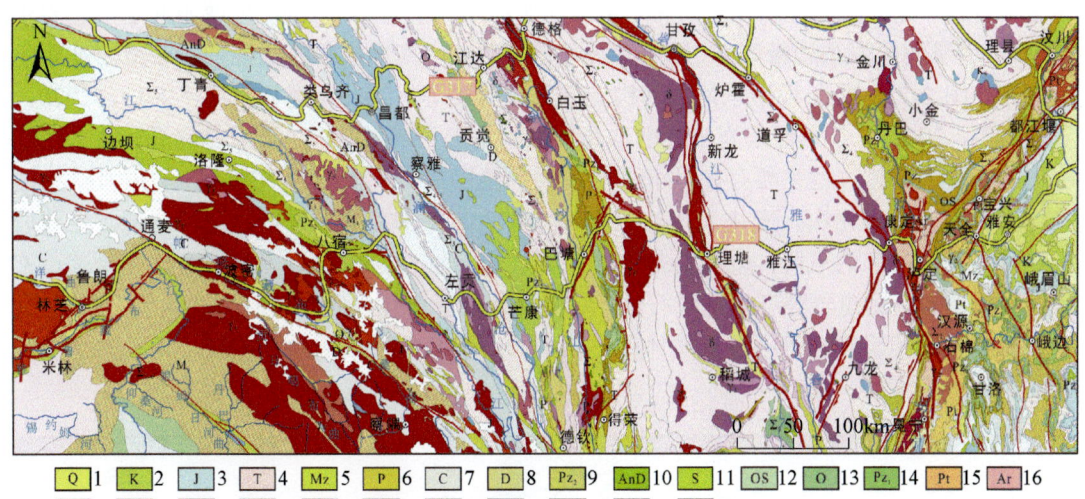

图 2-6 川藏交通廊道地层岩性分布图

1. 第四纪冲洪积、冰碛物等；2. 陆相碎屑岩为主，海相碎屑岩及火山岩；3. 陆相碎屑岩为主，藏南海相沉积（砂页岩夹泥灰岩）；4. 海相砂板岩夹灰岩、砂页岩、砾岩及火山岩；5. 中生界并层；6. 冈瓦纳相（灰岩、砂板岩夹玄武岩、千枚岩）；7. 冈瓦纳相（砂页岩、大理岩、灰岩）；8. 泥盆系磨拉石；9. 上古生界并层；10. 上泥盆系变质砂板岩、片麻岩、大理岩；11. 灰岩夹千枚岩、大理岩夹基性火山岩；12. 奥陶系-志留系并层；13. 碎屑岩及火山岩；14. 下古生界并层；15. 元古宇；16. 太古宇；17. 中生代杂岩；18. 喜马拉雅期花岗岩；19. 燕山晚期-喜马拉雅期花岗岩；20. 燕山期花岗岩；21. 海西期-燕山期花岗岩；22. 元古宙花岗岩；23. 闪长岩类；24. 超铁镁质岩类；25. 水系；26. 断裂；27. 公路。第四系（Q）、新近系（N）、古近系（E）主要分布于断陷盆地、河流阶地及河谷内，岩性以冲洪积、冰碛物、湖相、砂页岩为主；白垩系（K）、侏罗系（J）、三叠系（T）主要分布于嘉黎断裂以东，呈长条状分布于怒江、澜沧江、金沙江沿岸，三叠系（T）在巴塘-雅安一线呈片状出露，岩性以砂砾岩、砂泥岩、砂页岩、灰岩为主；二叠系（P）、石炭系（C）、泥盆系（D）、志留系（S）、奥陶系（O）等主要分布于嘉黎断裂以西；喷出岩在川藏交通廊道内零星分布

变质岩主要分布于元古宇中，岩性以砂板岩、片岩、变粒岩、片麻岩和大理岩为主；侵入岩体从元古宙到喜马拉雅期均有出露，但喜马拉雅期、燕山期-印支期的岩体分布最广，岩性以花岗岩类、闪长岩类、斑岩类为主，属坚硬岩组，主要分布于大渡河西康定-泸定段一带、雅砻江甘孜-理塘段一带、怒江以西八宿-波密-察隅一带，以及易贡藏布北侧嘉黎断裂与怒江断裂中间地带。

二、构造混杂岩带

构造混杂岩带是板块俯冲作用将海沟及远洋沉积物、洋岛海山的基性-超基性岩块等堆叠拼贴在一起的构造地质实体（潘桂棠等，2013）。构造混杂岩主要形成于威尔逊旋回的晚期，主要受俯冲消减-碰撞作用控制，记录了大洋板块从洋中脊形成到海沟俯冲消亡、洋陆转换的全过程和大陆增生的轨迹（李洪梁等，2022），具有复杂的岩石组成和不同期次、层次的构造叠加变形，糜棱面理、片理等透入性结构面发育，强应变带与弱变形域紧密伴生，受构造热液作用影响，岩石蚀变强烈，尤其是蚀变的蛇绿岩块是最具危害性的大变形软岩母体。

川藏交通廊道穿越雅鲁藏布江蛇绿混杂岩带、嘉黎-迫龙藏布蛇绿混杂岩带、怒江俯冲增生杂岩带、澜沧江俯冲增生杂岩带、金沙江俯冲增生杂岩带、甘孜-理塘俯冲增生杂岩带及炉霍-道孚蛇绿混杂岩带等 7 条特提斯海俯冲消减碰撞形成的蛇绿混杂岩带或俯冲增生杂岩带（图 2-7），是长期继承性活动构造带（彭勇民等，2000；潘桂棠等，2013，2020；王根厚等，2008）。各条混杂岩带宽度从几十米到几十千米不等，主要穿越路基、特大桥和隧道等工程，穿越过程主要存在以下 4 种地质风险隐患：①岩石组成复杂，岩层及结构面在纵向和横向上变化快、变化大，施工前可预判性低；②发育大量断裂及剪切带，导致岩石破碎，有突涌水的风险；③构造热液作用强，岩石蚀变现象普遍，工程力学性质差，玄武岩、辉长岩、橄榄岩等产生蒙脱石化、绿泥石化、滑石化，硅泥质岩产生碳化、石墨化，导致膨胀岩土和极软岩等不良地质体的占比增加；④易活化为活动断裂带，易发生滑移、错断，危害工程。

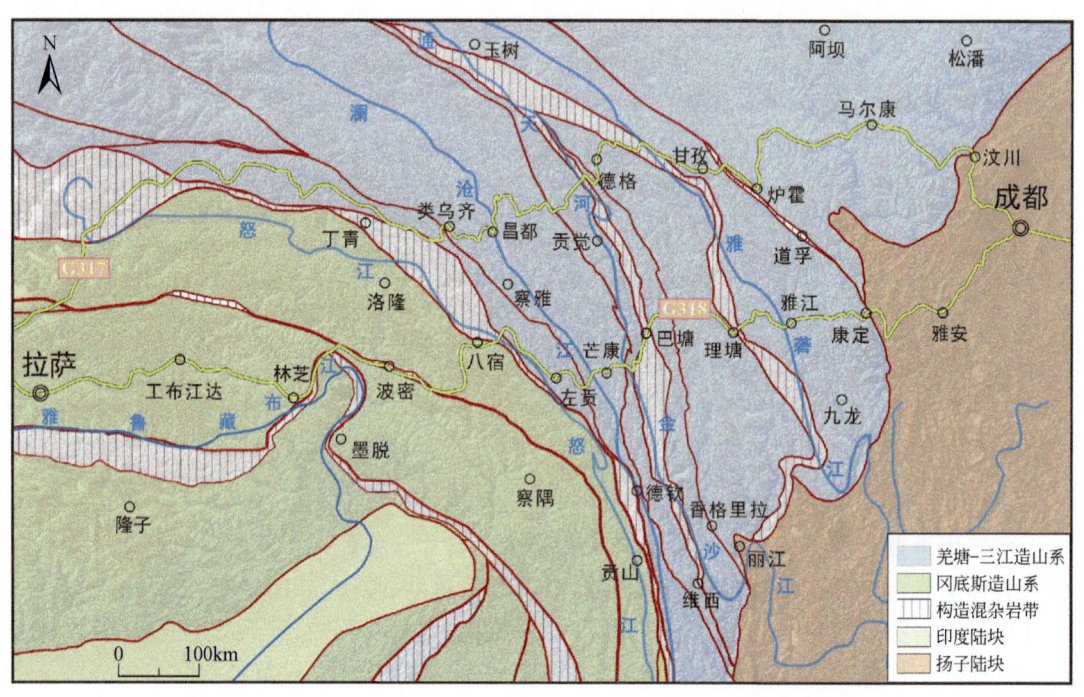

图 2-7　川藏交通廊道构造混杂岩带分布图（据潘桂棠等，2020，修编）

第四节　活动断裂与地震

一、活动断裂

活动断裂主要指晚更新世以来（距今约 12 万年）活动过，在未来一定时期内仍有可能活动的断裂（邓起东等，1994；邓起东，1996）。活动断裂定义中所称的"活动"，主要指可产生 $M_S \geqslant 5.0$ 破坏性地震，或因地震产生地表破裂、近地表变形或沉积物液化变形的断裂作用。而晚更新世的活动断裂一般在地质、地貌、沉积相或地震活动等方面都有较明显的表现，主要表现为晚更新世断裂直接在地质-地貌体-地表错动，或造成它们发生近地表变形，以及沉积物的液化变形；历史上沿断裂存在中强地震活动；断裂对第四纪盆地、温泉和现今水系发育有明显控制作用等。

活动断裂在青藏高原广泛分布（Molnar and Tapponnier，1975；邓起东等，2002；Taylor and Yin，2009），川藏交通廊道主要穿越了13条区域性活动断裂带，其中全新世活动断裂带10条[龙门山断裂带、玉树-鲜水河断裂带、玉农希断裂带、理塘-德巫断裂带、巴塘断裂带、澜沧江断裂带（巴青-类乌齐断裂）、怒江断裂带（羊达-亚许断裂，邦达段）、边坝-洛隆断裂带、嘉黎-察隅断裂带、鲁朗-易贡断裂带]，晚更新世活动断裂带3条（大渡河断裂带、金沙江断裂带、香堆-洛尼断裂带）。活动断裂的主要类型有逆冲型、走滑型、逆冲-走滑型和走滑-正断型，并以走滑型为主；按照活动板块和构造体系概念，可分为川西逆冲走滑构造带、西南三江走滑构造带和喜马拉雅东构造结走滑逆冲构造带等三个活动构造分区（图2-8）。

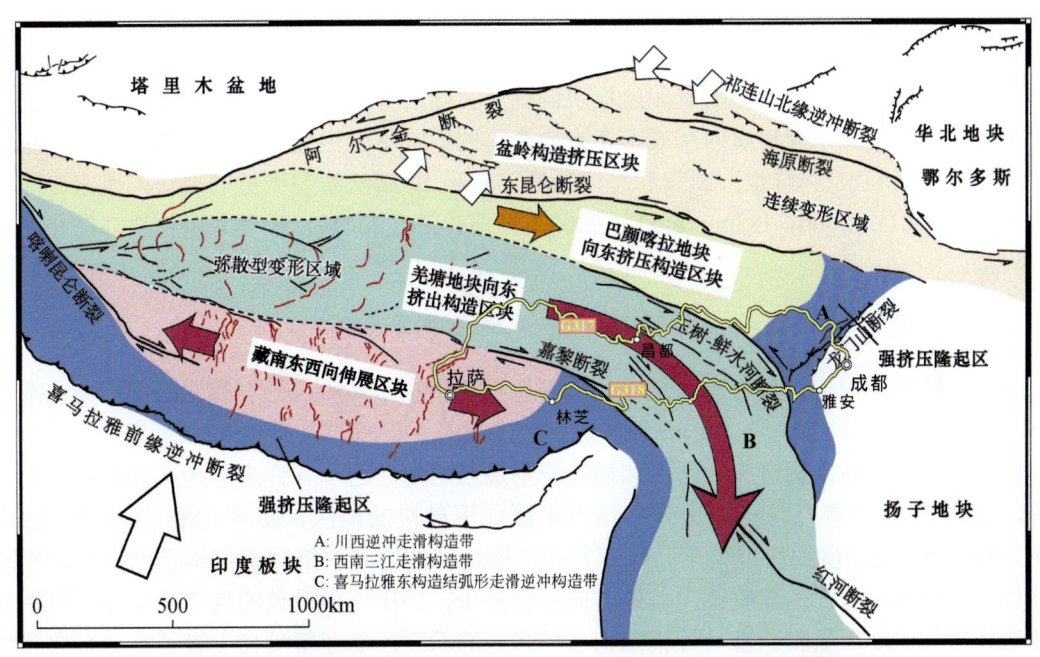

图2-8 青藏高原现今构造变形分区（据李海兵等，2021，修编）

（一）川西逆冲走滑构造带（A）

川西逆冲走滑构造带位于"南北地震带"的中南缘，是川滇地块、巴颜喀拉地块和华南地块的交界部位，是中国大陆晚第四纪构造变形和强震活动最强烈的地区之一；分布有北东向展布以逆冲断裂为主的龙门山断裂带，北西-北北西以左旋走滑为主的玉树-鲜水河断裂带，近南北向以逆冲为主的大渡河断裂带，北东向以左行走滑为主的玉农希断裂带。区域第四系和现今构造变形受北西西、北北东和近南北三组构造所控制（张培震等，2003；

张培震，2008），其中北西西向构造以左旋剪切为特征，并逐渐向东转换为近南北向构造；北北东向则以地壳缩短和右旋走滑为主，三者之间组成类似"Y"形构造。从活动构造的几何和运动图像来看，川滇块体北边界玉树-鲜水河断裂的左旋走滑运动被近南北向的断裂（安宁河、大凉山等断裂）所分解和吸收，导致了这些断裂和这一地区强震活动的出现。龙门山断裂带作为巴颜喀拉和华南地块的边界构造带，同时受青藏高原东缘物质向东运动和来自华南刚性地块阻挡的影响，使龙门山成为强烈的挤压区域，并具有十分复杂的地质结构和演化历史（许志琴等，2007；李海兵等，2021）。

（二）西南三江走滑构造带（B）

西南三江走滑构造带位于羌塘块体东缘，其南北边界分别为巴颜喀拉块体和拉萨块体，分布有北西-北西西向左旋走滑理塘-德巫断裂带、北东向右旋走滑的巴塘断裂带、近南北向右旋走滑兼有逆冲分量的金沙江断裂带、北西-北北西-近南北左旋走滑的香堆-洛隆断裂带、北西-南北向左旋走滑的澜沧江断裂带、北西西-北西向左旋走滑兼有逆冲分量的怒江断裂带，以及北西-近东西向左旋走滑的边坝-洛隆断裂带等 7 条断裂带。区域第四系和现今构造变形受北西和近南北二组构造所控制，其中北西向构造以左旋剪切为特征，南北向和北东向以右旋剪切为主。随着印度板块向欧亚大陆的持续挤压，羌塘块体西缘和中部地区在南北向挤压及东缘物质向东或南东方向牵引的影响下发生缓慢运动和被动变形；块体东缘上地壳沿着玉树-鲜水河断裂和怒江断裂、哀牢山-红河断裂夹持的地块向东南方向逃逸挤出（Searle，2006；Leloup et al.，2007；李海兵等，2021），表现为刚性块体的快速挤出构造。

（三）喜马拉雅东构造结弧形走滑逆冲构造带（C）

喜马拉雅东构造结弧形走滑逆冲构造带位于拉萨块体东缘，分布有北西向右旋走滑兼有逆冲的嘉黎-察隅断裂带，北东-近南北左旋走滑兼有正断的鲁朗-易贡断裂带。喜马拉雅东构造结是青藏高原构造应力作用和构造变形最强的地区之一（许志琴等，2008；常利军等，2015），也是喜马拉雅造山带中抬升剥露作用最快的地区，距今 3Ma 以来的剥蚀速率＞3mm/a。在印度板块框架下，欧亚板块向南运动的同时围绕阿萨姆构造结大体呈顺时针旋转，导致南迦巴瓦变质体向北西方向持续挤压，挤压作用导致的构造变形被墨脱断裂及米林断裂运动所吸收。喜马拉雅东构造结附近的断裂活动速率受控于青藏高原东向和绕喜马拉雅东构造结的顺时针旋转运动（钟宁等，2021）。大地电磁观测结果表明，青藏高原东南缘存在两条中下地壳的弱物质流（低阻异常带）：一条从拉萨块体沿雅鲁藏布缝合带向东延伸，环绕喜马拉雅东构造结向南转折；另一条从羌塘地体沿金沙江断裂带、鲜水河断裂带向东南延伸，最后通过小江断裂和红河断裂之间的川滇菱形块体（Bai et al.，2010）。

二、地震活动

川藏交通廊道自东向西跨越了龙门山、巴颜喀拉山、鲜水河-滇东、西藏中部和喜马拉雅山等 5 条地震带，区内构造运动强烈，地震活动频繁。有历史记录以来，区内共发生 $M_S \geq 5.0$ 地震 281 次。其中，$5.0 \leq M_S < 6.0$ 地震 217 次、$6.0 \leq M_S < 7.0$ 地震 51 次、$7.0 \leq$

$M_S<8.0$ 地震 11 次、$8.0\leq M_S<9.0$ 地震 2 次，包括发生在龙门山潜在震源区的"5.12"汶川 $M_S8.0$ 地震和 1950 年 8 月 15 日发生在主喜马拉雅震源区的 $M_S 8.6$ 地震，后者也是我国震级最大的地震。区内地震的空间分布呈现出明显的不均一性，数量上，廊道东缘的地震明显多于西缘；强地震的空间分布与活动断裂带的展布特征也表现出显著的相关性：在东缘，地震震中沿玉树-鲜水河断裂带呈北西向展布，沿龙门山断裂带呈北东向展布；在东南缘，地震震中沿马边断裂带呈近南北向展布；在廊道中部的理塘-巴塘一带，存在一个北西西向的弧形地震条带；在廊道西缘的喜马拉雅东构造结地区（林芝、波密、墨脱一带），东西两侧地震震中沿北东向断裂分布，在波密以西震中沿北西向断裂分布（图 2-9）。

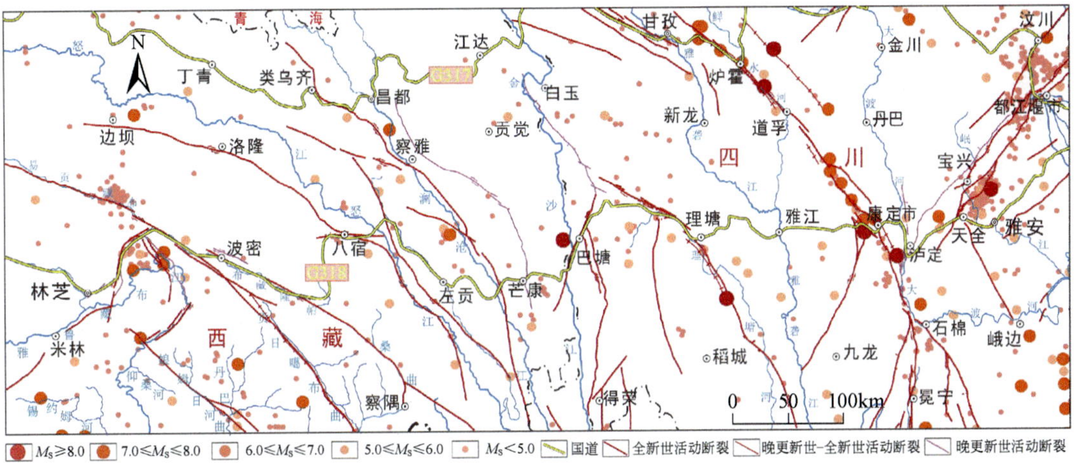

图 2-9 川藏交通廊道活动断裂与地震分布图

川藏交通廊道内发生的多次地震对区内重大工程造成影响，沿川藏交通廊道自西向东，历史上曾发生过多次强烈地震，如 1870 年四川巴塘 $M_S7.25$ 地震，1948 年 5 月 25 日四川理塘 $M_S7.3$ 地震，1955 年 4 月 14 日四川康定折多塘 $M_S7.5$ 地震和 2013 年 4 月 20 日芦山 $M_S7.0$ 地震。其中，1948 年四川理塘地震极震区地震烈度达Ⅹ度，严重破坏区烈度达Ⅸ度；1955 年四川康定折多塘地震烈度在泸定、新都桥之间达Ⅶ度以上，在折多塘一带达到Ⅹ度；2022 年 9 月 5 日四川泸定 $M_S6.8$ 地震，震中位置为 E102.08°、N29.59°，震源深度为 16km，震中烈度为Ⅸ度，川藏交通廊道康定段桥隧的工程场址距地震震中 40~50km，位于此次地震烈度Ⅵ度区内。

第五节 小 结

（1）川藏交通廊道地形地貌和气候水文极为复杂，由东向西穿越四川盆地西缘及青藏高原东缘，总体地势西高东低，山体与湖盆相间，峰岭与峡谷并列。地貌类型大致可分为盆地丘陵区、高山峡谷区和河谷地貌区，穿越二郎山、折多山、横断山等山脉，横跨岷江、大渡河、雅砻江、金沙江、澜沧江、怒江和雅鲁藏布江等大江大河。

（2）川藏交通廊道所在区域构造活动非常强烈，自东向西依次穿越扬子块体、川滇块体、甘青块体、西藏块体和喜马拉雅块体等构造分区，以及扬子陆块、羌塘-三江造山系、班公湖-双湖-怒江对接带、冈底斯-喜马拉雅造山系等4个一级构造单元。

（3）川藏交通廊道地层复杂，东西纵跨扬子地层分区、松潘-甘孜地层区、羌塘-昌都地层区、冈底斯-念青唐古拉地层区、喜马拉雅地层区和雅鲁藏布江构造岩石地层区等6个地层分区，地层岩性的分布受地质构造控制作用比较明显；穿越雅鲁藏布江蛇绿混杂岩带、嘉黎-迫龙藏布蛇绿混杂岩带、怒江俯冲增生杂岩带、澜沧江俯冲增生杂岩带、金沙江俯冲增生杂岩带、甘孜-理塘俯冲增生杂岩带及炉霍-道孚蛇绿混杂岩带等7条特提斯海洋俯冲消减碰撞形成的蛇绿混杂岩带或俯冲增生杂岩带，存在一定的地质风险隐患。

（4）川藏交通廊道穿越了川西逆冲走滑构造带、西南三江走滑构造带和喜马拉雅东构造结弧形走滑逆冲构造带等三个活动构造分区，共13条区域性活动断裂带，其中全新世10条，晚更新世3条，川藏交通廊道范围内构造运动强烈，地震活动频繁。

第三章　川藏交通廊道地质灾害发育分布特征

　　川藏交通廊道雅安-林芝段横跨扬子板块、川滇地块、羌塘地块和拉萨地块等大地构造单元。由东向西穿越四川盆地西部及青藏高原东部，由位于第二阶梯的四川盆地经雅安过渡到第一阶梯的青藏高原，穿越二郎山、折多山、横断山等山脉，并跨越大渡河、金沙江、澜沧江、怒江及雅鲁藏布江等大江大河，最终到达林芝。沿线地质环境条件极其复杂，不仅地貌陡峻，而且地层岩性复杂、新构造运动强烈，是现今中强地震多发区，特殊的地质环境孕育了多种地质灾害和不良地质现象，古滑坡复活、高位远程地质灾害（链）和高陡边坡危岩体等灾害隐患危害严重。本章结合野外地质灾害调查和前人研究成果，分析了区域地质灾害发育特征与分布规律，对川藏交通廊道雅安-林芝段进行了地质灾害易发性评价和广域地震滑坡危险性评价，总结了川藏交通廊道沿线相关工程规划建设面临的主要地质灾害风险问题，为该区地质灾害防治工作和重大工程规划建设提供参考。

第一节　地质灾害类型与分布规律

一、地质灾害类型

　　受印度洋板块与欧亚板块相互挤压碰撞影响，川藏交通廊道雅安-林芝段具有构造演化复杂、构造活动强烈等内动力地质作用特征和沿大渡河、金沙江、澜沧江、怒江等深切峡谷的强卸荷、河流侵蚀以及降雨冲刷等外动力地质作用特征（薛翊国等，2020；王思敬，2002；黄润秋，2007；张永双等，2016），在内外动力耦合作用下形成的崩塌、滑坡、泥石流等地质灾害具有发育范围广、规模大、危害大、复发频繁、形成机理复杂等特点，对川藏交通廊道雅安-林芝段沿线重大工程规划建设造成极大影响。

　　根据川藏交通廊道沿线主要县市地质灾害调查与区划资料、遥感解译和野外地质调查成果，川藏交通廊道雅安-林芝段的地质灾害类型主要包括崩塌、滑坡、泥石流以及不稳定斜坡等4类，共8370处（图3-1，表3-1）。其中崩塌1174处，滑坡3745处，泥石流1763处，不稳定斜坡1688处，滑坡灾害占比最高为44.74%。根据川藏交通廊道雅安-林芝段地质灾害点密度分布图可知（图3-2），地质灾害点密度最高可达0.80处/km^2，主要沿着国道、水系以及人类工程活动的区域分布密度最为集中。区域地质灾害以崩塌、滑坡、泥石流灾害为主，这三类灾害占灾害总量的79.83%，且集中分布在人类工程活动区。

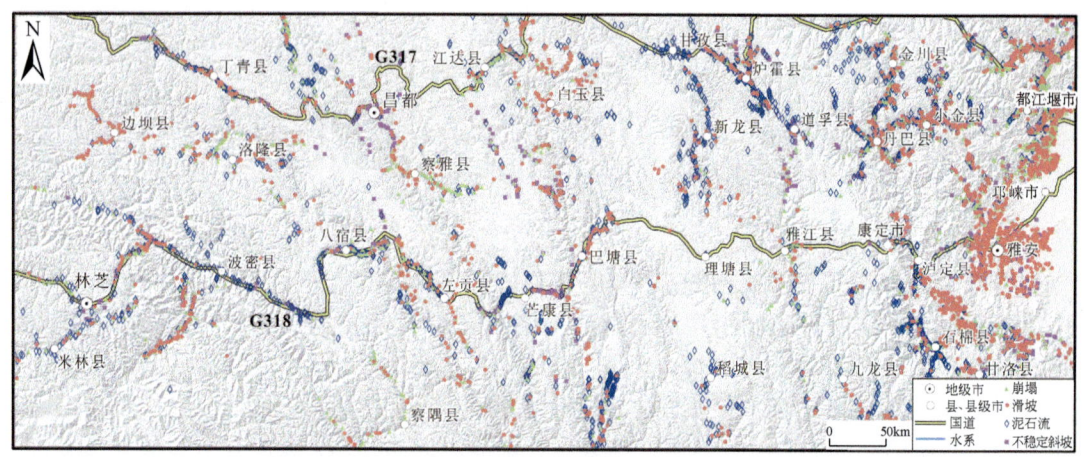

图 3-1　川藏交通廊道雅安-林芝段地质灾害分布图

表 3-1　川藏交通廊道雅安-林芝段地质灾害类型汇总统计表

序号	地质灾害类型	地质灾害点/处	数量占比/%
1	崩塌	1174	14.03
2	滑坡	3745	44.74
3	泥石流	1763	21.06
4	不稳定斜坡	1688	20.17

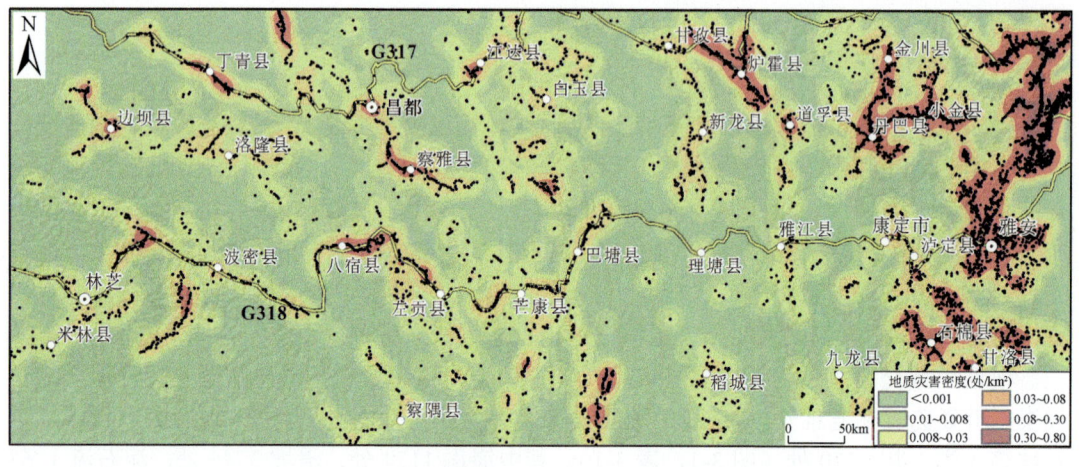

图 3-2　川藏交通廊道雅安-林芝段地质灾害点密度分布图

二、崩塌发育特征及分布规律

崩塌是指斜坡岩土体在重力作用下突然脱离母体，发生崩落、滚动并堆积于坡脚的地质现象，是岩体长期蠕变和不稳定因素不断累积的结果（胡厚田，2005；刘传正，2014；张永海等，2022）。川藏交通廊道沿线多为高山深切峡谷，存在大量陡峻斜坡，岩体经节理裂隙切割后，完整性和稳定性降低，是危岩崩塌和滚石灾害的高发区。在不同地段，崩塌灾害的数量及规模有较大差别，崩塌灾害的分布具有集中性和不均匀性的特点。由于其前期变形迹象不明显，且大多集中发生于暴雨过程中或暴雨之后，具有突发性、运动快、历时短、预防难等特点。

崩塌主要发育在深切河谷斜坡的谷肩部位及人工切坡的陡坡部位[图 3-3（a）（b）]。从微地貌看，崩塌多发生在高陡斜坡处，如大江大河的干流、冲沟岸坡、深切河谷的凹岸等地带。岩质崩塌在规模上以中小型崩塌为主，具有发生突然、成灾迅速等特点，以滑落式崩塌为主。滑落式崩塌的岩石块体动能较大，具有较大的初始速度，易演化成滚石、飞石灾害，危险性较大。例如在康定麦崩乡公路边等位置，陡峭山体节理裂隙发育，岩体较破碎，常发生局部崩塌落石；在巴塘列衣乡曲村沿公路人工开挖形成节理裂隙发育的岩体结构，岩体破碎，易崩落岩块。

(a)康定麦崩乡公路崩塌(镜向SE)

(b)巴塘列衣乡曲村危岩体(镜向SW)

(c)泸定大渡河沿岸崩塌(镜向NW)

(d)洛隆察达高位崩塌(李元灵等，2021；镜向SW)

图3-3　川藏交通廊道典型崩塌发育特征

川藏交通廊道穿越多条活动断裂带，活动断裂诱发的地震极易导致崩塌灾害发生，危害严重。历史上，川藏交通廊道沿线的龙门山断裂带、鲜水河断裂带、金沙江断裂带、巴塘断裂带、嘉黎-易贡断裂带等地段多次发生强震，如1642年西藏洛隆西北 $M_S7.0$ 地震诱发察达高位危岩体发生大规模的崩塌事件［图 3-3（d）］，1786年川西磨西 $M_S7.75$ 地震，导致泸定得妥镇至加郡乡一带发生大量崩塌灾害，1950年林芝察隅 $M_S8.6$ 大地震，曾导致墨脱、波密、林芝等地区发生大量崩塌，2008年汶川 $M_S8.0$ 地震、2013年芦山 $M_S7.0$ 地震、2022年四川泸定 $M_S6.8$ 地震在雅安、康定、泸定地区造成大量崩塌（李元灵等，2021；范宣梅等，2022a；铁永波等，2022）。

区内崩塌主要分布于川西藏东三江流域以及藏南喜马拉雅-横断山脉高山峡谷地带，崩塌灾害按物质组成可划分为硬岩类崩塌和软岩类崩塌，在硬质岩分布区，容易形成高陡斜坡，地震崩塌发育密度和平均规模较大。崩塌与岩体物质组成与结构密切相关，且多发育在石灰岩、白云岩、板岩地层中，并且在横向坡中发育较多。帕隆藏布流域受印度洋暖流和夏秋两季冰雪融水及降雨影响，崩塌频繁发生，并且在时间上具有集中性等特点。此外，人类工程活动也是诱发崩塌的主要原因之一，道路、房屋修建开挖坡脚、不合理的弃渣填土等常诱发小规模崩塌灾害，给G317、G318等交通干线和城镇建设造成巨大危害，严重影响了交通干线的正常运营，并且造成重大经济损失，阻碍国民经济的可持续发展。

三、滑坡发育特征及分布规律

川藏交通廊道雅安-林芝段发育的滑坡类型多样，具有沿河谷、活动断裂呈条带状集中分布的特点，主要分布于川西龙门山、大渡河流域、鲜水河流域、川西藏东三江流域和藏东南帕隆藏布流域，这些地带往往也是国道、省道和重要城镇所在地。滑坡灾害往往毁坏公路、阻碍交通、堵塞河道，严重影响了城镇的安全和交通的正常运营，如1991年7月在川藏公路波密通麦102道班附近长约3km的公路北坡发生了由冰水堆积物构成的大小滑坡22处，滑坡发生导致累计翻车17次，死亡6人，虽经多年的不断整治和加固处理，滑坡仍时有发生（廖秋林等，2003；祝介旺等，2010）。

由高位远程滑坡形成的地质灾害链危害更为严重，如2000年4月9日，在西藏波密的易贡藏布扎木弄沟发生了特大滑坡，滑坡从扎木弄沟约5520m的高处滑下，落差3300m，滑程达10km，历时10min，形成长约2500m、宽约2500m、最厚100m、平均厚度60m、体积超过3.0亿m³的松散堆积体，堰塞易贡藏布之后发生溃决，超过30亿m³的堰塞坝溃决所形成的强大泥石流，造成雅鲁藏布江大峡谷下游的印度20座桥梁损毁，5000多人无家可归，死亡130余人（鲁修元等，2000；Xu et al.，2012；Delaney et al.，2015；Turzewski et al.，2019）。2018年10月11日4时，在西藏与四川交界的金沙江右岸西藏江达波罗乡白格村发生特大滑坡［图3-4（a）］，形成堵江-堰塞湖，11月3日17时，滑坡后缘发生二次滑动，叠加于前一期堰塞坝之上，后经人工干预，坝体上下游水位贯通，泄洪后堰塞湖险情解除。白格滑坡-堰塞湖导致江达波罗乡、白玉金沙乡等地先后被淹，泄洪后出现较大的洪峰，四川、云南等下游部分沿江地区被淹，多座桥梁被冲毁，造成巨大的经济损失（许强等，2018；邓建辉等，2019；王立朝等，2019；张永双等，2019；Fan et al.，2019；Mei et al.，2022）。

(a)江达白格滑坡(镜向NW)

(b)泸定摩岗岭滑坡(镜向SW)

(c) 炉霍邦达滑坡(无人机拍摄,镜向SE)

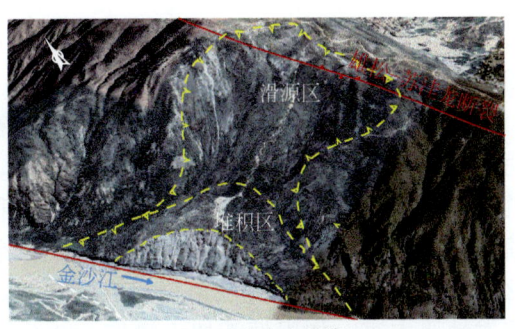
(d) 巴塘特米古滑坡

(e) 白玉沙丁麦古滑坡(镜向W)

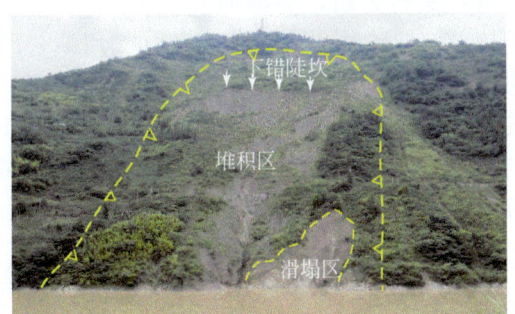
(f) 泸定大岗山水电站库区滑坡(镜向SE)

图 3-4 川藏交通廊道典型滑坡发育特征

川藏交通廊道内地质灾害受活动断裂影响显著,沿鲜水河断裂带、巴塘断裂带、金沙江断裂带和嘉黎-易贡断裂带发育一系列滑坡。滑坡的滑动方向多垂直于断裂走向和河流的流向,受构造控制作用显著,如道孚热瓦滑坡、炉霍邦达滑坡、巴塘茶树山滑坡、巴塘特米古滑坡等[图 3-4 (c)(d)]。调查区内滑坡灾害成灾机理复杂,不仅与区域新构造运动有关,而且很多大型-巨型灾害体直接与断裂活动密切相关,如八宿附近的川藏公路即发育多个在断裂控制作用下形成的八宿滑坡。

活动断裂对滑坡灾害的控制作用还表现在活动断裂诱发地震,进而诱发滑坡灾害。地震是诱发滑坡灾害的重要内动力地质因素,强震不仅可能形成大规模的地表破裂带,还可能破坏震区自然斜坡的稳定性,从而形成大范围大规模的滑坡地质灾害。例如,1786 年川西磨西 M_S7.75 强震诱发的泸定摩岗岭滑坡[图 3-4 (b)],堵断大渡河并形成堰塞湖,蓄水量达 13 亿 m³,回水约 30km,溃决后造成下游数万人死亡(张御阳,2013;郭长宝等,2015);2022 年 9 月的四川泸定 M_S6.8 地震诱发湾东河内坡体下滑,导致堵江形成堰塞湖等灾害(范宣梅等,2022b;铁永波等,2022;王欣等,2023)。

区内滑坡的活动特征在诸多因素影响中,受大气降水触发因素的控制尤为明显,区内夏秋季节,大气降水充沛,地表水、地下水活动较强烈,滑坡亦频繁发生,具有"大雨大滑、小雨小滑、无雨不滑"的特点。区内滑坡大多数发生在 5~9 月,极少数滑坡发生在 4 月,滑坡的发生与区内大气降水和冰雪融化有明显时间效应。近年来灾害性天气增多导致了区内滑坡灾害更频繁地暴发,如昌都地区较为典型的夏通街滑坡、俄洛桥滑坡、察雅滑坡、白玉沙丁麦古滑坡［图3-4（e）］和探戈古滑坡等（辜利江等，2005；徐卫平等，2016；田尤等，2021）。

人类工程活动也会诱发并加剧滑坡灾害的发生，主要表现为以下形式：①削坡建房，区内人口较为集中，主要集中于县城、乡镇、居民点等宽缓的河谷地带，而分散的农户则主要居住于半山缓坡。②农田耕种，区内土地稀缺，除少数河流阶地及泥石流堆积扇用于开发耕地外，多数居民地位于山坡上残坡积及冰水堆积台地上，水源缺乏，村民多修建简易引水渠进行农田灌溉，水渠水持续不断地渗入坡体，软化土体，诱发地质灾害，如巴塘茶树山滑坡。③公路建设，区内主要交通干线有G318、G317、县道、乡村公路，多沿河谷坡脚修建，破坏了原始斜坡的自然平衡状态，且多数无支护措施，导致地质灾害的发生，如川藏公路102道班滑坡群，104道班滑坡群等。④水电站开发，人工蓄水形成库区，库水位变化对于岸坡内岩土体物理力学性质产生不利的影响，水位上升使得滑体的潜在滑动面饱和，削弱滑体内部抗剪强度，降低了滑体的稳定性，从而导致滑坡滑动破坏，如泸定大岗山水电站库区滑坡［图3-4（f）］、大渡河水电站库区滑坡等。

四、泥石流发育特征及分布规律

在印度板块与欧亚板块碰撞挤压作用下，青藏高原快速隆升并伴随着强烈的构造活动，对该区自然地理、地形地貌、地质构造和地层岩性造成巨大影响，其独特的地形地貌、丰富的物源储备及有利的水热条件，致使川藏交通廊道发育类多量众的大小泥石流，成为我国泥石流最发育、最活跃的地区之一。川藏交通廊道沿线泥石流按照地貌可分为沟谷型泥石流和坡面型泥石流；按照水动力条件的不同又可分为暴雨型泥石流、冰川型泥石流和冰川-雨洪混合型泥石流，它们在空间和时间上具有明显的分布规律。

（1）暴雨型泥石流是由夏季暴雨径流对谷坡和沟道内松散固体物质进行强烈侵蚀、搅和、搬运作用而发生的泥石流，6~9月发生的泥石流约占94.1%，主要分布在川藏交通廊道沿线安久拉山以东路段及非冰川作用区内的中小流域内，具有数量多、暴发频率高、危害性大等特点，如加马其美沟泥石流。

（2）冰川型泥石流是以大量冰碛物、冰湖溃决洪水、冰川及冰雪融水为水动力条件而形成的泥石流。八宿然乌至林芝段的帕隆藏布峡谷受海洋性冰川的影响，是我国冰川型泥石流的主要集中分布区。据调查结果统计，帕隆藏布峡谷两侧分布冰川型泥石流沟达180多条。此类泥石流具有规模宏大、搬运力和破坏力极强、治理难度大等特点。例如，丹巴梅龙沟泥石流、波密培龙沟泥石流、波密朗秋泥石流［图3-5（a）~（c）］、波密古乡沟泥石流、波密冬茹弄巴泥石流、波密天摩沟泥石流等均分布在该区段内。冰川型泥石流中的一种特殊表现形式是冰湖溃决型泥石流，现代冰川的强烈活动，导致冰川末端的冰碛湖出口的堤坝突然溃决，产生大量洪水，冲刷、搬运沿途沟床及谷坡松散固体物质，使之逐渐形成冰湖溃决型泥石流。此类泥石流主要分布在然乌至墨竹工卡段有现代冰川和冰湖分布的沟谷内。此类泥石流虽然分布不多，发生频率也较低，但一旦发生，危害极大。

(a) 丹巴梅龙沟泥石流(镜向NW)

(b) 波密培龙沟泥石流(镜向NW)

(c) 波密朗秋泥石流(镜向SE)

(d) 泸定杵坭乡群发性泥石流(镜向SW)

图 3-5　川藏交通廊道典型泥石流发育特征

（3）冰川-雨洪混合型泥石流是以冰川冰雪融水与降雨作为水动力条件。此类泥石流主要水动力来自中低山区的暴雨径流和高山区的冰雪消融洪水的混合补给，灾害规模随其流域面积的增大而加大，特大型规模的泥石流暴发多属于此种类型。在高温加暴雨的条件下，极易暴发冰川-雨洪混合型泥石流，如川藏交通廊道沿线的西藏八宿以西的安久拉山顶到米拉山以东区段帕隆藏布流域，凡是冰川积雪分布区距离沟口较远的流域，多数都暴发此类泥石流。

（一）泥石流活动的季节性特点

川藏交通廊道沿线降水分布趋势由东南向西北递减，温度分布具有东南温暖、西北寒冷的特征。在西藏东南部山麓地带年降水量可达 6000mm，伸入高原的波密易贡多年平均降水量约960mm，拉萨地区多年平均降水量约444mm，相差最大的可达数十倍。川藏交通廊道泥石流暴发时间集中在 5～10 月，其中暴雨型泥石流出现在 5～10 月，冰川型泥石流出现在 5～9 月，冰湖溃决型泥石流则发生于 7～9 月，由其他地质灾害产生的次生泥石流有 90%也发生在雨季，并具有暴雨强度愈高，泥石流发生频率越高、规模愈大的特点，此外，春冬季降水量越多，冰雪积累量越多，次年冰川积雪的大量消融也有利于冰川泥石流的形成。例如，2005 年 6 月 30 日泸定杵坭乡强降雨作用引发群发性泥石流［图 3-5（d）］（郭长宝等，2021a）；泸定县城后山孙家沟、羊圈沟和牧场沟于 2005 年和 2006 年先后三次发生群发性泥石流，其中以 2006 年 7 月 14 日的泥石流危害最严重（巴仁基等，2008；倪化勇，2009）；2007 年 7 月 14 日，泸定兴隆镇共 13 条沟谷暴发滑坡型泥石流，给当地的居民造成严重的损失（李文杰等，2016）。而冻融型泥石流在年内则呈现出强烈的季节性变化特点，在年际则表现为累进性发展。

（二）泥石流活动的周期性特点

川藏交通廊道沿线泥石流多以暴发频率高的中小型泥石流为主，每年均频繁发生，但其规模一般较小，危害范围有限；而大型、巨型泥石流则与沟谷两侧山坡产生大规模崩塌、滑坡堵塞沟谷后溃决、冰川冰舌发生快速运动后强烈消融致下游冰湖溃决等直接相关，此类泥石流往往只在条件有利的地段产生，发生频率相对较低，其与大气候环境密切相关，或必须具备特定条件，但此类泥石流多具有规模极大，危害极其严重的特点，一旦暴发，多会对其下游地区产生毁灭性破坏，具有一地多发性和冲淤等周期性特征。川藏交通廊道沿线泥石流具有同一地点多时期发生、同一时期多次发生的特点。例如，位于波密古乡村西的波密古乡沟泥石流，1953 年 9 月 29 日，古乡沟冰川泥石流暴发特大规模泥石流，冲出固体物质方量达 $1.1\times10^7\mathrm{m}^3$，堵断帕隆藏布形成古乡湖，此后每年暴发泥石流几次至百余次不等，对 G318 造成严重破坏并导致交通瘫痪，此后古乡沟暴发大小规模不等的泥石流近千次，仅在 1964 年就曾发生过 85 次之多（朱平一等，1997；韦方强等，2006）；培龙贡支沟自 1983 年暴发泥石流以来，多次暴发泥石流灾害，沟口已淤高 40m，帕隆藏布河床被淤高约 20m，江岸向南岸推移 350m，目前最大规模泥石流发生于 1985 年 6 月 18~20 日，冲毁 22 间房屋及 120 亩①土地，堵塞帕隆藏布形成堰塞湖，淹没 80 辆汽车，直接经济损失达 500 万元以上（朱平一等，2000a；陈宁生和陈瑞，2002；倪化勇等，2005）；2007 年、2010 年和 2018 年，天摩沟多次暴发中大型泥石流，2018 年 7 月 11 日，泥石流冲出固体物质方量达 $18.7\times10^4\mathrm{m}^3$，流速超过 15m/s，堵断帕隆藏布并直冲右岸 G318，掩埋约 220m 公路（高波等，2019）。川藏交通廊道沿线的泥石流活动的特点是大冲大淤，尤以川西藏东三江流域高山峡谷区、雅鲁藏布江下游及藏南高山峡谷区为最，其一次淤泥堆积或冲刷多达 3～5m；对于中小型坡面泥石流及其黏性泥石流以淤积为主，而稀性泥石流或水石流，则以冲刷为主，泥石流出山口后，由于坡度变缓，一般以淤积为主。

（三）泥石流的区域发育分布规律

川藏交通廊道沿线泥石流的分布首先是受到地形地貌条件的控制，主要分布在高原边缘山区和河谷地带，特别是地震活动强烈的断裂带和隆起地区，或南北向的纵谷。例如，雅鲁藏布江、帕隆藏布、澜沧江、怒江、金沙江、雅砻江、大渡河及其支流区域随着地势高低和地面切割程度的不同，泥石流数量自东南向西北逐渐减少，类型渐趋单一，呈水平地带性分布的特点。

活动断裂破碎带为泥石流的形成提供了有利的地形、松散固体物质和水源条件，川藏交通廊道沿线内泥石流分布特别集中的地段，一般都是活动断裂特别发育的地方，且呈带状分布，如雅鲁藏布江、易贡藏布、金沙江、大渡河等。地震是泥石流发育的重要影响因素，地震烈度是泥石流孕灾的指标条件。强烈地震破坏岩体的完整性，降低岩石的强度，破坏坡体稳定性，进而形成不稳定斜坡或直接诱发滑坡灾害，为泥石流提供所需的丰富松散碎屑物质。

---

① 1 亩≈666.7m²。

一般认为地震烈度在Ⅶ度以上的地区，泥石流分布与地震密切相关，地震活动地带通常也是泥石流活动带。其中，硬岩区主要发育稀性泥石流，以花岗岩、大理岩等为主的硬质岩，是川藏交通廊道沿线崩塌灾害的易发岩组，以康定瓦斯沟、康定日地沟、巴塘措普沟两岸最为典型；软弱岩组主要发育黏性泥石流，以千枚岩、泥岩等为主的层理发育岩组是川藏交通廊道沿线大型岩质滑坡的易发岩组，以白玉欧曲两岸、金沙江两岸最为典型。

第二节　川藏交通廊道雅安-林芝段地质灾害易发性评价

一、地质灾害易发性评价方法

地质灾害易发性评价是指在区域地质灾害调查的基础上，对该区地质灾害易发条件和空间发生概率的预测评价（Lee and Evangwlista，2006；石菊松等，2007）。目前，区域滑坡灾害易发性评价主要依靠启发式推断法、数理统计分析法和非线性方法等，启发式推断法以定性分析为主，定量分析为辅，结合专家经验，进行滑坡易发性区划，如层次分析法（analytic hierarchy process，AHP）（许冲等，2009；张建强等，2009）；数理统计分析法包括基于原始数据，对其规律进行基础处理的信息量模型、确定性系数模型、证据权法模型等（李宁等，2020；乔德京，2020；闫怡秋等，2021）；随着地理信息系统（GIS）空间分析、机器学习和人工智能（AI）等技术在地学领域中的广泛应用，国内外学者对地质灾害易发性评价展开了多层次的研究，发现机器学习能够更为准确地反映滑坡易发性与各评价因子之间的非线性关系并获得较好的预测分类结果，如基于人工智能学习的人工神经网络模型、决策树模型、随机森林（random forest，RF）模型、支持向量机模型及逻辑回归模型等（Majid，2009；范强等，2014；Guo et al.，2015；张晓东等，2018；田乃满等，2020；陈飞等，2020；盛明强等，2021）。

（一）信息量模型

地质灾害的发生受多种因素的影响，信息量模型是利用地质灾害发生的密度计算出表征各影响因子区间下地质灾害发生的信息量大小，并加权叠加单因子信息量，实现地质灾害易发性的区划（李文彦和王喜乐，2020），具体公式如下：

$$I_{A_i \to B} = \ln \frac{N_i/N}{S_i/S} = \ln \frac{N_i \times S}{N \times S_i} \quad (i=1, 2, 3, \cdots, n) \tag{3-1}$$

式中，$I_{A_i \to B}$ 为因子指标 A 在 i 状态显示地质灾害（B）发生的信息量；N_i 为分布在第 i 个影响因子分级中已发生地质灾害的个数；N 为川藏交通廊道沿线内地质灾害总个数；S_i 为第 i 个影响因子分级所占的面积；S 为川藏交通廊道沿线单元总面积。

因此，计算单个评价单元内总的信息量：

$$I = \sum_{i=1}^{n} I_i = \sum_{i=1}^{n} \ln \frac{N_i/N}{S_i/S} \tag{3-2}$$

式中，I 为单个评价单元内的总信息量；n 为评价因子数；I_i 为第 i 个评价因子提供的信息量。

将总信息量作为地质灾害易发性的评价指数，评价指数越大，地质灾害发生的可能性就越大。

（二）层次分析法

层次分析法是一种将定量与定性结合的多准则决策方法，它可以有效地把专家的意见量化并引入到决策程序中。层次分析法将评价因素分为若干层次，同一层的各因素对上一层因素有影响，同时又支配下层因素并受到下层因素的影响。最高层为决策层，最下层为方案层，中间可以有一层或者多层。构建判断矩阵是为了给量化评价因子的权重而做的准备，判断矩阵采用的是相同的评价标准对目标有影响的评价因子做两两比较（表3-2），构造判断矩阵。

表3-2　判断矩阵标度表

标准	含义
1	i 和 j 同样重要
3	i 比 j 稍微重要
5	i 比 j 明显重要
7	i 比 j 强烈重要
9	i 比 j 极端重要
2, 4, 6, 8	上述判断的相邻中间值

根据判断矩阵来计算各评价因子的相对权重，并进行一致性检验。利用随机一致性比率 CR=CI/RI 来作为判别指数，当 CR<0.1 时，判断矩阵满足一致性，如果不满足则不通过，修改判断矩阵直到满足指数判别标准为止。其中 CI=$(\lambda_{max}-M)/(M-1)$，CI 为一致性检验指标，RI 为平均随机一致性指数，N 为判断矩阵阶数，1~9 阶判断矩阵的平均随机一致性指数如表3-3所示。

表3-3　平均随机一致性指数

N	1	2	3	4	5	6	7	8	9
RI	0	0	0.58	0.9	1.12	1.24	1.32	1.41	1.45

（三）加权信息量模型

将传统的信息量模型与层次分析法结合，充分发挥各自的优势，其表达式如下：

$$I = \sum_{i=1}^{n} W_i I_i = \sum_{i=1}^{n} W_i \ln \frac{N_i/N}{S_i/S} \quad (3-3)$$

式中，I 为单个评价单元内的总信息量；W_i 为第 i 个评价因子的权重值；I_i 为第 i 个评价因子提供的信息量。

（四）随机森林模型

随机森林模型依靠决策树的分类结果作为划分标准，在训练过程中依据不同特征进行训练，通过训练找到数据集中纯度最高的特征作为最佳划分依据。因此，各特征的重要性程度通过计算不纯度的减少值获得，即不纯度减少得越多，划分结果越好，表明特征的重要程度越高（石辉等，2021）。其中不纯度的减少值通过基尼（Gini）指数法计算，Gini 指数法是使用最广泛的一种分割规则，假设集合 t 包含 k 个类别的记录（赖成光等，2015；吴孝情等，2017；林荣福等，2020），那么 Gini 指数为

$$\text{Gini}(t) = 1 - \sum_{i=1}^{k} P_i^2 \tag{3-4}$$

式中，Gini（t）为集合 t 的 Gini 指数；P_i 为评价因子 i 出现在 t 的频率；k 为评价因子类别个数。

当 Gini 为 0 时，表示在 t 节点处的样本数据为同一个类别，此时能得到最大的有用信息；Gini 越大，表明在 t 节点处的样本数据越趋于均匀分布，能获得的有用信息越小（赖成光等，2015）。

第 i 个评价因子的权重值 W_i 则是平均 Gini 指数减少值在所有指标平均 Gini 指数减少值总和中占的百分比（吴孝情等，2017）：

$$W_i = \frac{\overline{\Delta}_i}{\sum\limits_{i=1}^{k} \overline{\Delta}_i} \tag{3-5}$$

式中，k 为评价因子类别个数；$\overline{\Delta}_i$ 为评价因子 i 在节点分割时平均基尼指数的减少值；W_i 为第 i 个评价因子的权重值，满足 $\sum\limits_{i=1}^{k} W_i = 1$。

（五）随机森林加权信息量模型

在信息量模型中，因子不同等级下的频率比可以反映影响因子不同分级范围内和地质灾害之间的关系，如贡献率等，但不能整体反映不同因子如何影响地质灾害的发生。而在随机森林模型中，可以反映各影响因子对地质灾害发生的贡献率，但无法表述各因子内部即在不同等级下与地质灾害发生的关系（吴润泽等，2021）。综合考虑地质灾害影响因子在不同区间的孕灾意义以及不同地质灾害影响因子对地质灾害发生的影响（邓念东等，2020；吴润泽等，2021；闫怡秋等，2021），将信息量模型和随机森林模型进行耦合，形成随机森林加权信息量模型。滑坡易发性评价指数（LSI）如下：

$$\text{LSI} = \sum_{i=1}^{n} W_i I_1 \tag{3-6}$$

式中，LSI 为评价区域某单元地质灾害易发性评价指数；W_i 为第 i 个评价因子的权重值；I_1

为该影响因子级别内地质灾害发生的权重。

二、地质灾害影响因子敏感性分析

对于地形地貌，地面高程、地形坡度和坡向对地质灾害有很大的影响作用，因此选择以上三个因子来表征地形地貌对地质灾害易发性的影响；采用工程地质岩组来表征地层岩性和岩体结构对地质灾害易发性的影响；断层附近的岩体受构造活动的影响而造成岩体破碎，所以选择距断裂距离来表征构造活动对地质灾害易发性的影响；选择地震动峰值加速度（PGA）区划来表征历史地震活动对地质灾害易发性的影响；选择距河流距离来表征河流深切、河岸库岸对地质灾害易发性的影响；人类工程活动主要集中于河谷两岸、道路两边等地区，选择距道路距离表征人类工程活动对地质灾害易发性的影响；降雨量是触发地质灾害的重要因素。综上所述，选择地面高程、地形坡度、坡向、工程地质岩组、距断裂距离、地震动峰值加速度、距河流距离、距道路距离和降雨量9个因子指标，进行地质灾害易发性评价工作（图3-6）。

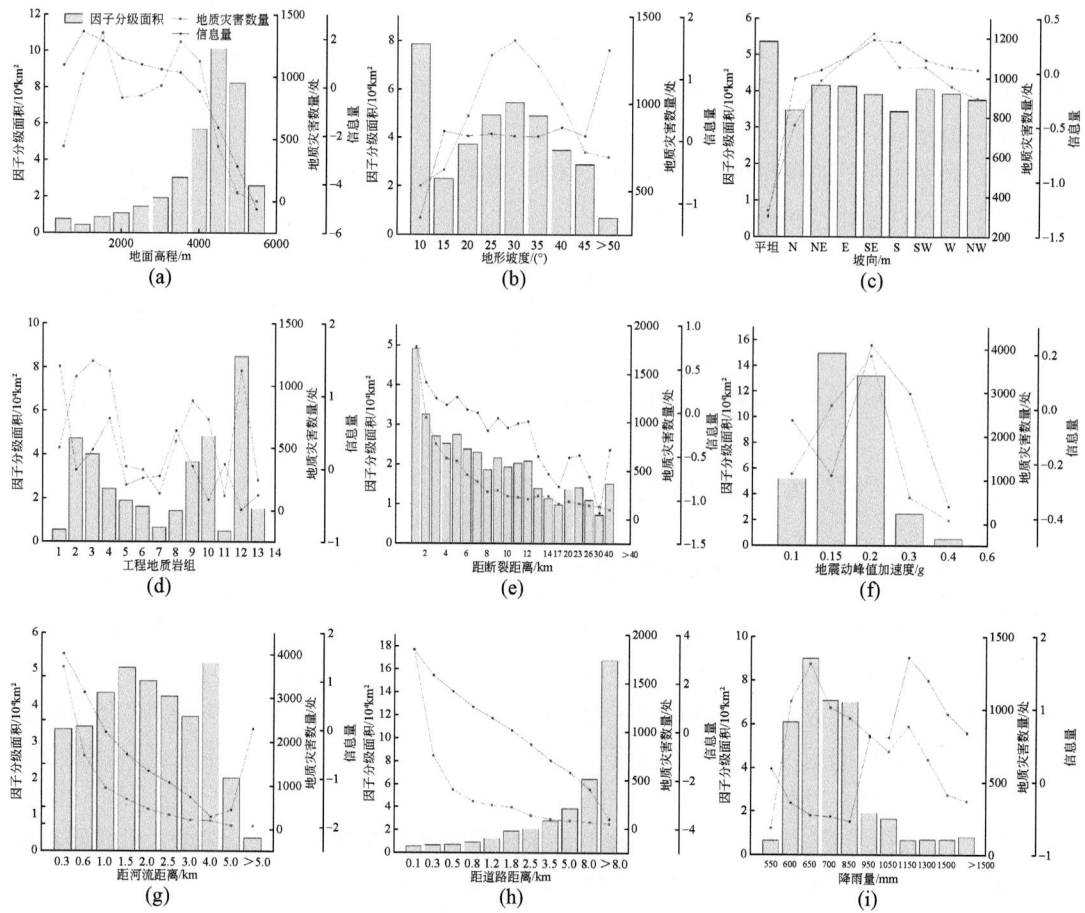

图3-6 川藏交通廊道雅安-林芝段地质灾害影响因子分析图

（一）地面高程

地面高程信息可以表现出一个地区的地形地貌概况，不同的地面高程对降水量、植被覆盖率、人类工程活动等都有不同的影响，进而影响其他致灾因素的贡献率。川藏交通廊道沿线在地貌上属于高山区、中高山区以及高山峡谷地貌，地势总体西高东低，地面高程分布在 300～7700m，河流深切，形成了纵横交错的河谷地貌。将数字高程模型（DEM）数据分为 7 个等级：<700、700～1000m、500～1000m、1000～2000m、2000～3000m、3000～4000m、>4000m，并与地质灾害点进行叠加统计分析。高程在 1000~1500m 有 2465 处地质灾害点，占总地质灾害数量的 25.83%，主要分布于龙门山断裂带附近，是由汶川地震诱发的地质灾害；在 3000~4000m 发育的地质灾害 3513 处，占地质灾害总数量的 36.82%，主要分布于高山峡谷地区，是川藏交通廊道最易发生地质灾害的高程范围[图 3-6（a），图 3-7]。

图 3-7　川藏交通廊道雅安-林芝段高程分布图

（二）地形坡度

地形坡度表示地面上点在水平面上的倾斜程度，对地质灾害的形成极为关键，当地形坡度增加时，坡脚处的剪应力也会随之增高，即地形坡度大的斜坡更容易发生变形破坏。川藏交通廊道沿线约有 40%的地质灾害分布在地形坡度为 20°～30°的地区，地形坡度具有显著的区域差异性，成都平原、贡觉等地区地形坡度较小，金沙江、澜沧江、怒江、大渡河以及雅鲁藏布江等高山峡谷区地形坡度较大。将坡度分为 9 级：<10°、10°～15°、15°～20°、20°～25°、25°～30°、30°～35°、35°～40°、40°～50°、>50°。由地形坡度区间的地质灾害分布（图 3-8）表明地质灾害分布与地形坡度的关系图呈单峰形，地质灾害发育密度与坡度并非呈线性关系。地形坡度在 25°～40°有 4867 处地质灾害点，占地质灾害总数量的 58.15%，即川藏交通廊道沿线地形坡度在 25°～40°最有利于地质灾害的形成，当地形坡度<10°和>50°时，地质灾害发育的数量相对较少[图 3-6（b）]。

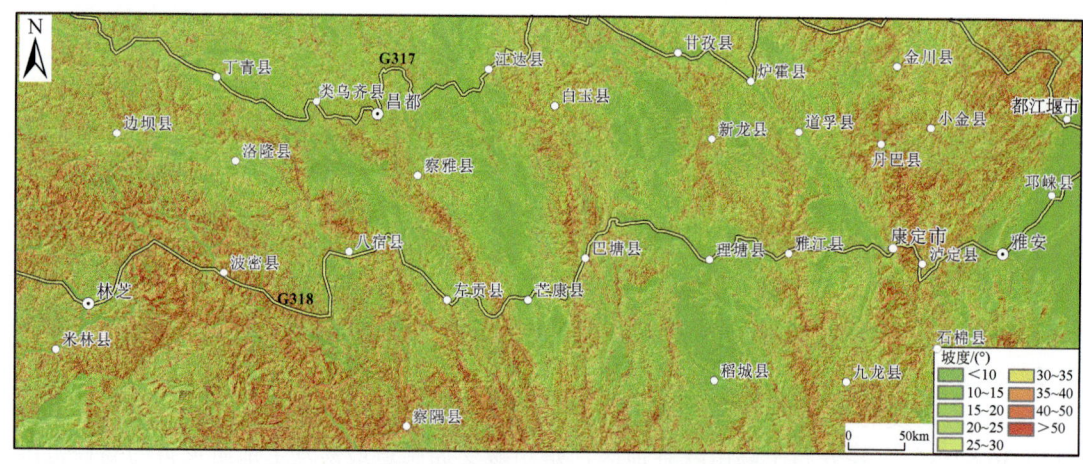

图 3-8　川藏交通廊道雅安-林芝段地形坡度分布图

（三）坡向

坡向不同的地表接受太阳光的辐射不同，因此地表的植被覆盖程度、地表风化程度和地表的蒸发程度等不同，从而影响地质灾害的发生。将坡向分为9类：平坦（无坡向）、N、NE、E、SE、S、SW、W、NW。由计算的坡向因子各级灾害数量占比表明，坡向SE为优势坡向，产生地质灾害的数量较多，其他坡向的地质灾害数量和地质灾害点密度差异较小[图3-6（c），图3-9]。

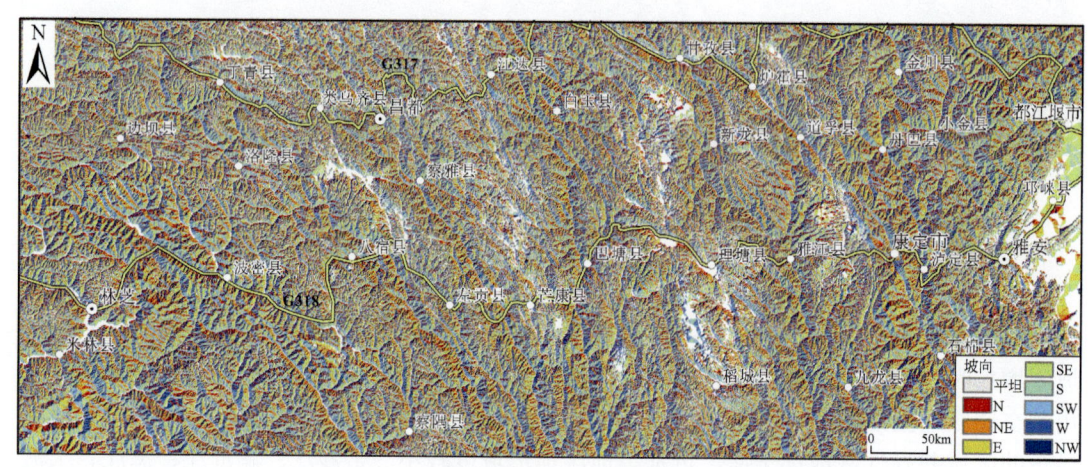

图 3-9　川藏交通廊道雅安-林芝段坡向分布图

（四）工程地质岩组

工程地质岩组是影响地质灾害发生的内控因素，其类型和组成均影响着斜坡体的稳定性。根据岩性组合和工程地质力学特性，将川藏交通廊道沿线的地层岩性划分为13类工程地质岩组（图3-10）。其中在岩组2、3、4和12中，地质灾害发育数量较多，该4组岩组中地质灾害数量为 4545 处，占地质灾害总数量的 54.30%。岩组 2（较坚硬-坚硬-厚层状砂岩夹砾岩、泥岩、板岩岩组）、岩组 3（较坚硬相间的中-厚层状砂岩、泥岩夹灰岩、泥质灰岩及互层岩组）、岩组 4（软弱-较坚硬的薄-中层状砂、泥岩及砾、泥岩互层岩组）和岩组 12（坚硬块状花岗岩、安山岩、闪长岩组）主要分布的地区为高山地貌，断裂构造发育［图 3-6（d）］。

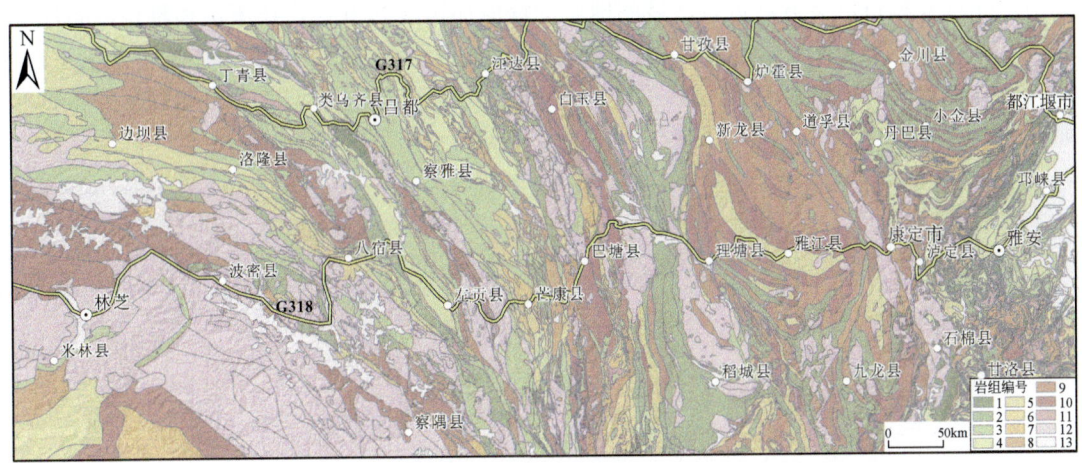

图 3-10 川藏交通廊道雅安-林芝段工程地质岩组分布图

（五）距断裂距离

在断裂影响范围内，岩土体结构破碎，风化强烈，对滑坡灾害的发生有一定的影响。川藏交通廊道沿线地质构造复杂，活动断裂发育，主要的活动断裂有：大渡河断裂带、鲜水河断裂带、理塘-德巫断裂带、巴塘断裂带、金沙江断裂带、怒江断裂、嘉黎-易贡断裂带和雅鲁藏布江断裂带等。将距断裂距离分为 11 个等级，距断裂距离<1km 有 1777 处地质灾害点（图 3-11），占地质灾害总数量的 21.23%，这表明距离断裂越近，地质灾害发育越多，活动断裂对地质灾害的发育分布影响显著［图 3-6（e）］。

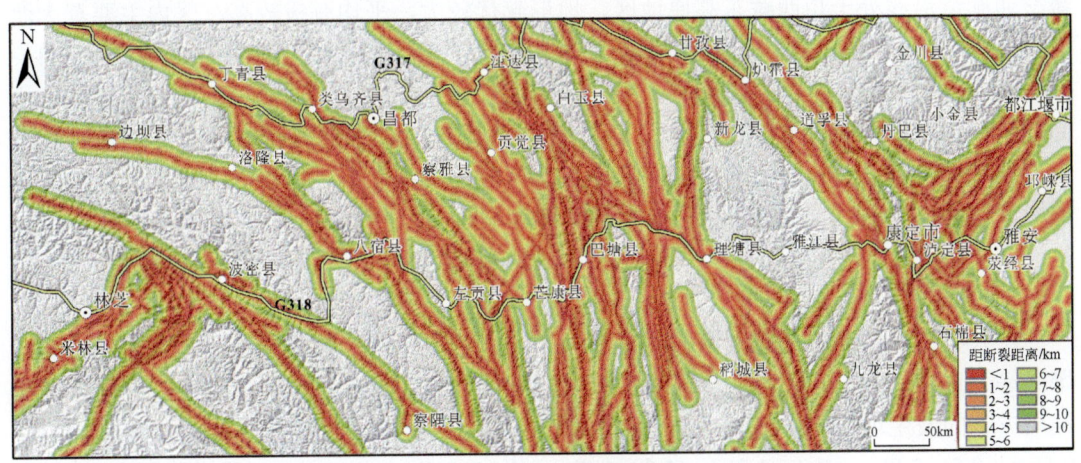

图 3-11 川藏交通廊道雅安-林芝段距断裂距离分布图

（六）地震动峰值加速度

地震动峰值加速度可以直接度量地震惯性力，而地震惯性力则可以引起地表破坏，诱发地质灾害。将地震动峰值加速度分为 5 个等级：$0.1g$、$0.15g$、$0.2g$、$0.3g$、$0.4g$（图 3-12）。其中，在雅安和丹巴县城附近等区域的地震动峰值加速度为 $0.1g$，在康定和雅鲁藏布江等地区，最大地震动峰值加速度为 $0.4g$。地震动峰值加速度在 $0.15\sim0.20g$ 有 6537 处灾害点，占灾害点总数的 78.10%，可见在该范围内，地震动峰值加速度对地质灾害的发育分布影响显著 [图 3-6（f）]。

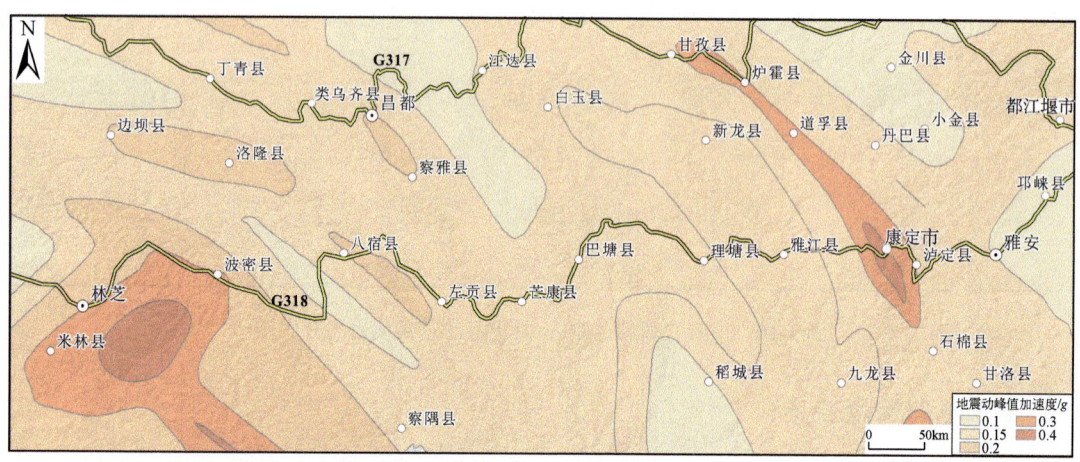

图 3-12 川藏交通廊道雅安-林芝段地震动峰值加速度分布图

（七）距河流距离

地质灾害的发生与地表水关系密切，离水系较近的区域，汇水面积一般较大，也易诱发地质灾害，同时河流可以不断地对斜坡的坡脚进行冲蚀和掏空，从而导致斜坡失稳。川藏交通廊道沿线处于川西藏东高原地区，地形起伏较大，平均海拔较高，区内主要有大渡河、金沙江、澜沧江、怒江以及雅鲁藏布江等。将距河流距离分为 7 个等级：<0.3km、0.3～0.6km、0.6～1.0km、1.0～1.5km、1.5～2.0km、2.0～2.5km、>2.5km。距河流距离在小于 0.6km 范围内有 5402 个地质灾害点（图 3-13），占地质灾害总量的 64.54%，距河流距离越远，地质灾害发育越少。表明距离河流越近，河流的冲蚀作用对斜坡影响越大，斜坡失稳的概率越高，对地质灾害的产生影响越大 [图 3-6（g）]。

（八）距道路距离

在人类工程活动越来越频繁的情况下，筑路或者道路运行期间会进行人工开挖坡脚、爆破等一系列活动，这些活动会改变原有的岩土体结构，影响岩土体稳定性，进而为滑坡地质灾害的发生埋下了隐患。将距道路距离分为 8 个等级：<0.1km、0.1～0.3km、0.3～0.5km、0.5～0.8km、0.8～1.2km、1.2～1.8km、1.8～2.5km、>2.5km。距道路距离<0.5km 范围内有 438 处地质灾害点（图 3-14），占地质灾害总数量比例的 5.75%，随着距离道路越

近,地质灾害发育越多,道路对地质灾害的发育分布影响显著[图3-6(h)]。

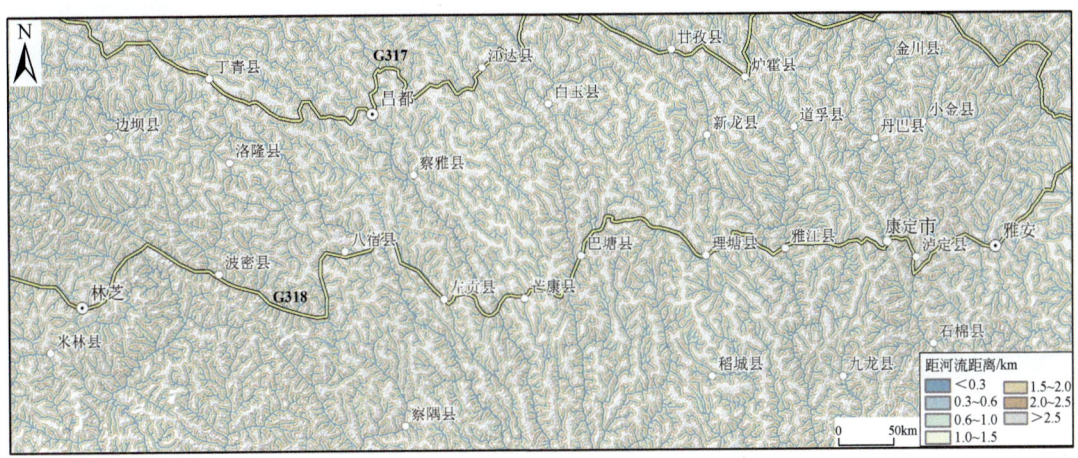

图3-13　川藏交通廊道雅安-林芝段距河流距离分布图

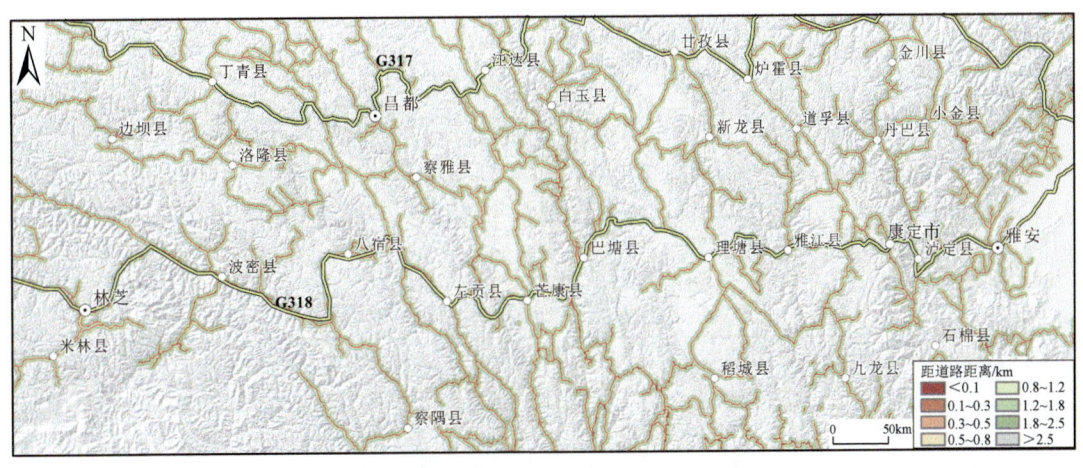

图3-14　川藏交通廊道雅安-林芝段距道路距离分布图

(九)降雨量

降雨量是触发地质灾害的重要因素,降雨量的分布受地形和高山等因素的影响。本书通过国家科学数据中心获取了2018~2022年5年的平均年降雨量(图3-15),川藏交通廊道内的降雨分布较高的地区主要集中在廊道东部地区及波密、察隅地区,降雨量最高可达2303mm。本次易发性评价将降雨数据划为11个级别,分别为<550mm、550~600mm、600~650mm、650~700mm、700~850mm、850~950mm、950~1050mm、1050~1150mm、1150~1300mm、1300~1500mm、>1500mm,在降雨量600~700mm,地质灾害数量为3382处,占地质灾害总数量的40.41%。随着降雨量的增加,滑坡百分比没有显著增加的趋势,这表明在该区短时间降雨就能打破斜坡体临界平衡,从而造成斜坡失稳[图3-6(i)]。

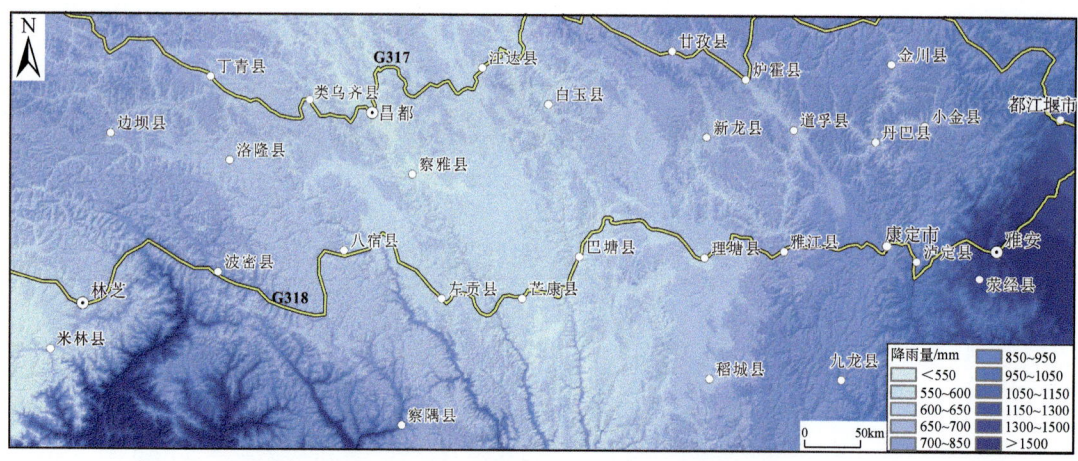

图 3-15　川藏交通廊道雅安-林芝段降雨量分布图

三、地质灾害易发性评价结果与检验

（一）权重计算

按照层次分析法的原理对所选取的 9 个因子进行划分并构造判断矩阵（表 3-4）。确定各因子的权重值，经计算得到各影响因子的权重为 {0.11、0.18、0.04、0.09、0.12、0.05、0.12、0.12、0.16}。其中，矩阵最大特征值 λ_{max} =9.82，可以计算出 CR=0.07，所以该判断矩阵通过一致性检验（CR<0.1）。

表 3-4　层次分析法判断矩阵与因子权重值

因子	地面高程	地形坡度	坡向	距河流距离	距断裂距离	地震动峰值加速度	工程地质岩组	距道路距离	降雨量
地面高程	1	1/2	3	1/2	1/4	3	3	1/4	1
地形坡度	2	1	4	2	2	3	3	2	1/2
坡向	1/3	1/3	1	1/3	1/3	1/2	1/2	1/3	1/4
距河流距离	2	1/2	3	1	1	2	2	1	1
距断裂距离	2	1/2	3	1	1	2	2	1	1
地震动峰值加速度	1/3	1/3	2	1/2	1/2	1	1/2	1/3	1/2
工程地质岩组	1/3	1/3	2	1/2	1/2	2	1	1/2	2
距道路距离	2	1/2	3	1	1	3	2	1	1/2
降雨量	1	2	4	2	1	2	1/2	2	1

在 R 语言中利用随机森林模型计算出各因子的平均基尼减少值（mean decrease Gini），将 9 个因子进行重要性排序（图 3-16），获得各影响因子权重{0.15、0.16、0.09、0.09、0.12、0.03、0.16、0.12、0.10}。表 3-5 列出了地质灾害易发性评价的数据信息量计算结果，涵盖了地面高程、地形坡度、地震动峰值加速度等多个评估指标。每个评估项目根据其分类范

围，给出了相应的数量（N）、信息量（S）和信息量指数（I）。

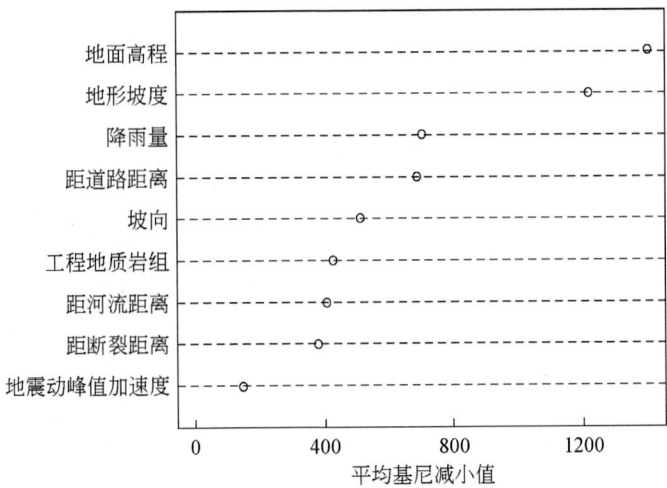

图 3-16　因子重要性分布图

表 3-5　信息量计算表

评价因子	分类	N_i	S_i	I_i
地面高程/m	<700	442	7770	0.904
	700~1000	1024	4462	2.299
	1000~1500	1352	8717	1.907
	1500~2000	832	10986	1.190
	2000~2500	853	14459	0.940
	2500~3000	932	19386	0.736
	3000~3500	1284	30377	0.607
	3500~4000	1129	56973	-0.151
	>4000	522	210243	-2.228
地形坡度/(°)	<10	531	78824	-1.230
	10~15	622	23091	0.156
	15~20	932	37296	0.081
	20~25	1281	49495	0.116
	25~30	1365	54624	0.081
	30~35	1218	49023	0.075
	35~40	1003	34912	0.221
	40~50	723	28981	0.079
	>50	695	7127	1.464
坡向	平坦	330	53638	-1.321
	N	761	34808	-0.053

续表

评价因子	分类	N_i	S_i	I_i
坡向	NE	986	41659	0.027
	E	1107	41431	0.148
	SE	1225	39238	0.304
	S	1054	34553	0.280
	SW	1054	40687	0.117
	W	956	39423	0.051
	NW	897	37936	-0.026
工程地质岩组	1	503	5339	1.408
	2	1074	47280	-0.014
	3	1198	40062	0.260
	4	1119	24366	0.690
	5	351	18940	-0.218
	6	328	16128	-0.125
	7	139	6641	-0.096
	8	555	14280	0.523
	9	878	36623	0.039
	10	731	48307	-0.421
	11	122	4931	0.071
	12	1124	84986	-0.555
	13	248	15490	-0.364
距断裂距离/km	<1	1777	36085	0.760
	1～2	1052	32267	0.347
	2～3	777	28632	0.164
	3～4	633	25109	0.090
	4～5	605	21960	0.179
	5～6	462	19369	0.035
	6～7	394	17084	0.001
	7～8	286	15289	-0.208
	8～9	300	13839	-0.061
	9～10	243	12524	-0.172
	>10	1841	141215	-0.569
地震动峰值加速度	0.1g	1147	52073	-0.045
	0.15g	2699	149194	-0.242
	0.2g	3838	132140	0.232
	0.3g	603	24814	0.054
	0.4g	83	5152	-0.358

续表

评价因子	分类	N_i	S_i	I_i
距河流距离/km	<0.3	3718	33540	1.571
	0.3~0.6	1684	34169	0.724
	0.6~1.0	950	43495	−0.053
	1.0~1.5	699	50390	−0.507
	1.5~2.0	462	46760	−0.846
	2.0~2.5	330	42564	−1.089
	>2.5	587	112455	−1.592
距道路距离/km	<0.1	3705	5684	3.343
	0.1~0.3	1507	6762	2.270
	0.3~0.5	810	7019	1.611
	0.5~0.8	574	9406	0.974
	0.8~1.2	484	12589	0.512
	1.2~1.8	438	18893	0.006
	1.8~2.5	271	20958	−0.577
	>2.5	581	282062	−2.241
降雨量	<550	186	6701	0.187
	550~600	1055	60903	−0.285
	600~650	1315	90226	−0.458
	650~700	1012	70811	−0.477
	700~850	941	70112	−0.540
	850~950	822	19158	0.622
	950~1050	712	16710	0.615
	1050~1150	883	6903	1.714
	1150~1300	657	7099	1.391
	1300~1500	371	7658	0.743
	>1500	416	7092	0.935

（二）评价结果与检验

选取地面高程、地形坡度、坡向、距断裂距离、工程地质岩组、地震动峰值加速度、距河流距离、距道路距离和降雨量作为滑坡易发性评价的影响因子，基于信息量模型、加权信息量模型和随机森林加权信息量模型的地质灾害易发性评价，利用叠加分析对所有图层的信息量值进行叠加处理，并赋予各模型所计算的权值，在地质灾害易发性指数的基础上，根据自然断点法，将其按地质灾害易发程度分为极高、高、中等、低易发区（图3-17~图3-19）。

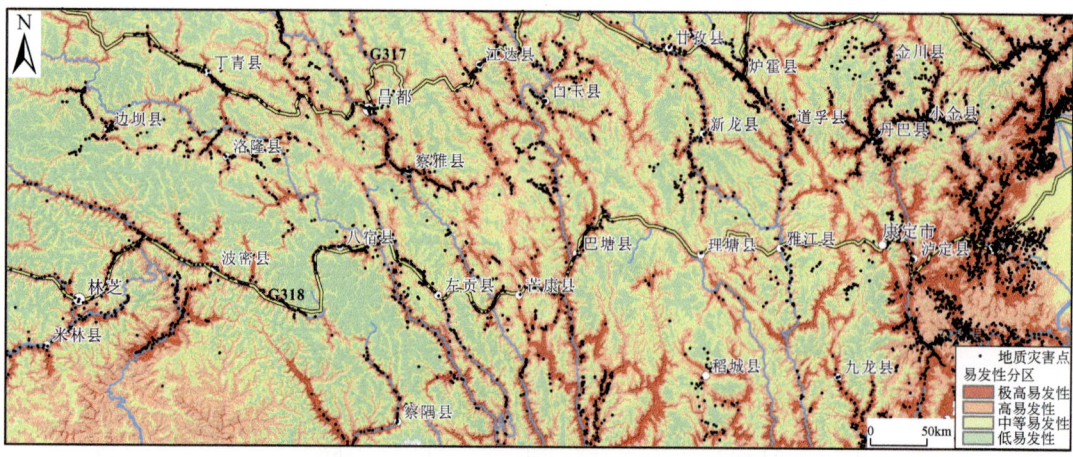

图 3-17　基于信息量模型的川藏交通廊道雅安-林芝段地质灾害易发性分区图

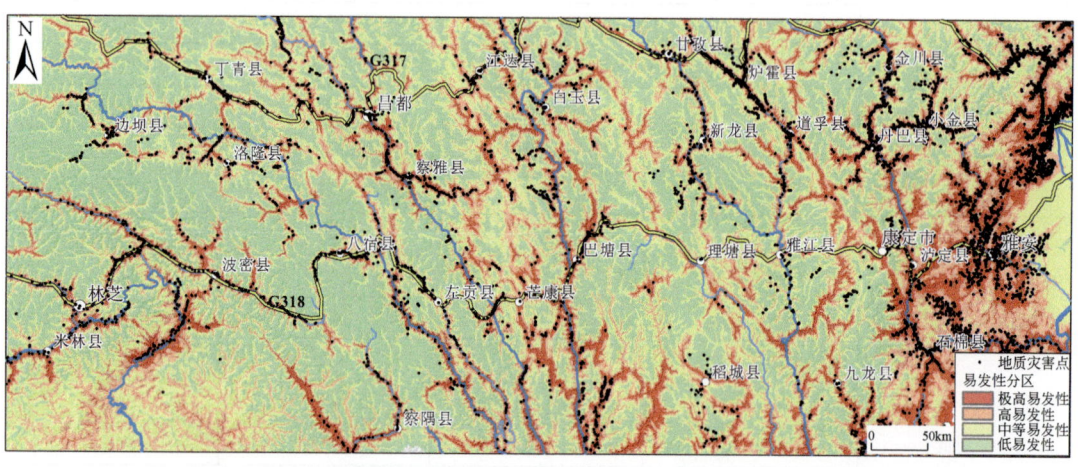

图 3-18　基于加权信息量模型的川藏交通廊道雅安-林芝段地质灾害易发性分区图

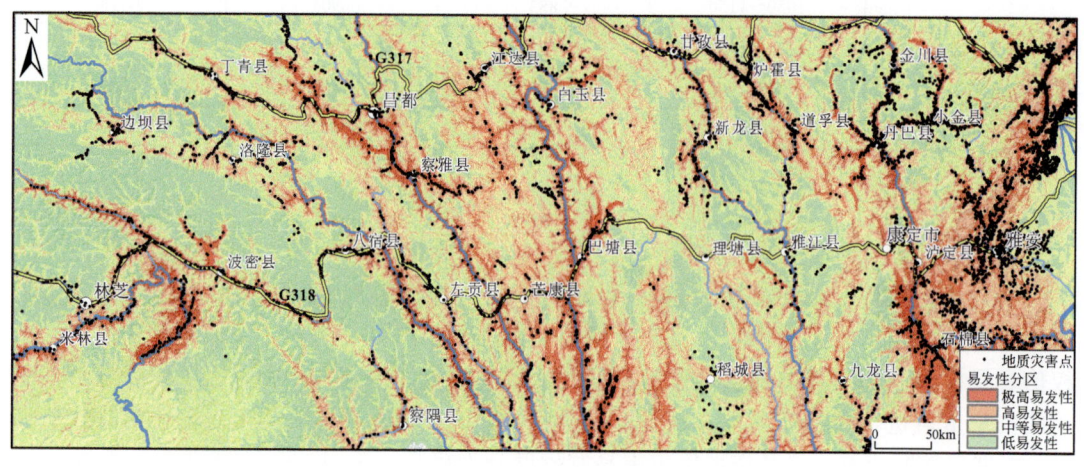

图 3-19　基于随机森林加权信息量模型的川藏交通廊道雅安-林芝段地质灾害易发性分区图

基于随机森林加权信息量模型得到川藏交通廊道雅安-林芝段的地质灾害易发性图和易发性面积统计表（图3-19，表3-6）。极高易发性和高易发性地区面积为$13.90\times10^4\text{km}^2$，占川藏交通廊道总面积的38.32%，其主要集中分布于青藏高原东缘与四川盆地交界地带，以大渡河、金沙江、澜沧江和雅鲁藏布江等江河流域以及G318、G317等道路呈线状分布，这些地区雨水丰沛，河流侵蚀作用强烈，为地质灾害的发生提供了充分的条件，应特别重视地质灾害的防治工作；地质灾害中易发性地区面积为$13.66\times10^4\text{km}^2$，占川藏交通廊道总面积的37.67%，其分布无明显的线状分布特征，主要在区内纵向谷岭之间的区域，中易发区内地形变化相对平缓，高差较小，地质灾害威胁较小，但这些区域地段仍需防范地质灾害带来的风险；低易发性地区面积为$8.71\times10^4\text{km}^2$，占川藏交通廊道总面积的24.01%，主要分布于成都平原及人类工程活动少的区域，其特点是地形相对平缓、岩体较为坚硬，发生地质灾害的概率较低。

表3-6　基于随机森林加权信息量模型的易发性面积统计表

序号	地质灾害点易发性分区	分级面积/km²	分级面积占比/%	地质灾害数量/处	地质灾害数量占比/%
1	极高易发性	48592.16	13.40	4762	56.89
2	高易发性	90369.78	24.92	2549	30.45
3	中等易发性	136585.69	37.67	971	11.6
4	低易发性	87079.57	24.01	88	1.05

为检验模型评价结果的合理性，采用ROC（receiver operating characteristic curve）曲线进行检验。以川藏交通廊道地质灾害易发性评价范围为基础，在ArcGIS软件中创建随机点，取验证点数目为地质灾害点数目的30%，即随机创建非滑坡点和川藏交通廊道内的地质灾害点各2511个，通过ROC曲线对模型的结果精度进行评价（图3-20）。

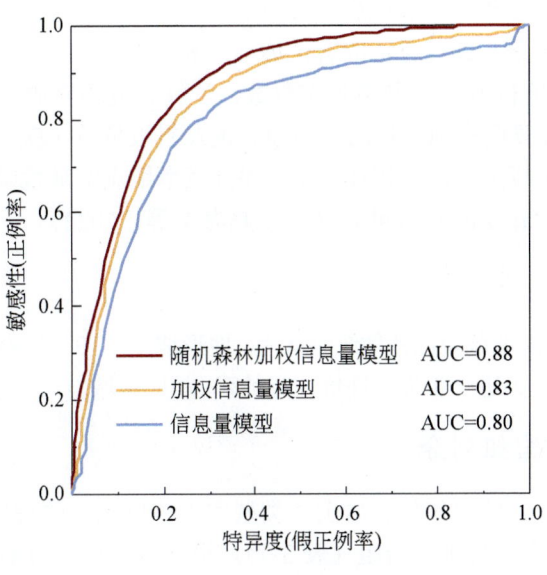

图3-20　ROC精度验证结果

ROC 曲线下方的面积（AUC）可以评价模型预测的准确度。一般认为：AUC＜0.5 时，模型预测失败；AUC 为 0.5～0.7 时，预测准确性较低；AUC 为 0.7～0.9 时，预测准确性较高；AUC＞0.9 时，说明预测准确性极高。采用 ROC 曲线对信息量模型、加权信息量模型、随机森林加权信息量模型的评价结果的准确性进行检验，得到 ROC 曲线下的面积分别为 0.80、0.83、0.88（图 3-20），其中基于随机森林加权信息量模型的 AUC 最高，说明该模型评价结果在川藏交通廊道雅安-林芝段区域内具有较高的准确性，能够很好地预测研究区地质灾害的发生。

第三节 广域地震滑坡危险性评价

一、地震滑坡危险性评价方法

地震滑坡危险性研究逐渐从定性向半定量、定量化发展，采用的模型方法也愈加丰富，纽马克（Newmark）模型通过计算地震荷载作用下的斜坡位移来预测地震滑坡危险性（Newmark，1965；谢尚佑，2006），并得到广泛应用（Jibson et al.，2000；Zhang et al.，2017；赵海军等，2022）。在考虑区域地震地质背景的基础上，采用 Newmark 模型开展川藏交通廊道雅安-林芝段潜在地震滑坡危险性评价研究。

Newmark 模型的理论基础是无限斜坡极限平衡理论，该模型将滑体视为一个刚体，主要研究坡体本身的临界加速度和安全系数，当受到的外力作用大于临界加速度时，就会发生有限位移，滑动块体位移不断累积从而产生滑块的永久位移（Newmark，1965）。将外荷载加速度与临界加速度的差值部分对时间进行二次积分即可得到永久位移（Newmark，1965；Jibson，1993；Jibson et al.，2000；Roberto，2000）。基于大量地震滑坡统计分析结果，发展了基于统计规律的 Newmark 模型（Miles and Ho.，1999；Jibson et al.，2000）。潜在地震参数采用概率地震条件下的地震动峰值加速度，采用地震滑坡危险性计算步骤主要有：①基于区域地质背景，选择合适的岩土体强度和斜坡形态参数，计算区域斜坡静态安全系数（F_s）；②进一步利用 F_s 和斜坡形态参数，计算斜坡临界加速度（a_c）；③利用 a_c 和地震动峰值加速度，计算概率地震扰动下的地震诱发斜坡位移（D_n）；④最后，根据地震诱发斜坡位移和滑坡发生概率的统计规律，预测评价概率地震滑坡危险性（图 3-21；王涛等，2013；杨志华等，2017a；Zhang et al.，2017；赵海军等，2022）。

（一）地形坡度

国内学者根据地震滑坡危险性评估经验认为，地形坡度＜10°的斜坡通常较稳定，一般极少发生较大规模的滑坡，为进一步提升评价计算效率，相应区域斜坡不予计算（王涛等，2013）。

（二）工程地质岩组划分

综合考虑地质构造、地层年代、岩土体类型和岩体风化破碎程度等因素将鲜水河断裂带地层岩性划分为 13 个工程地质岩组（表 3-7）。根据《工程地质手册（第五版）》综合初始化工程地质岩组的物理力学参数。

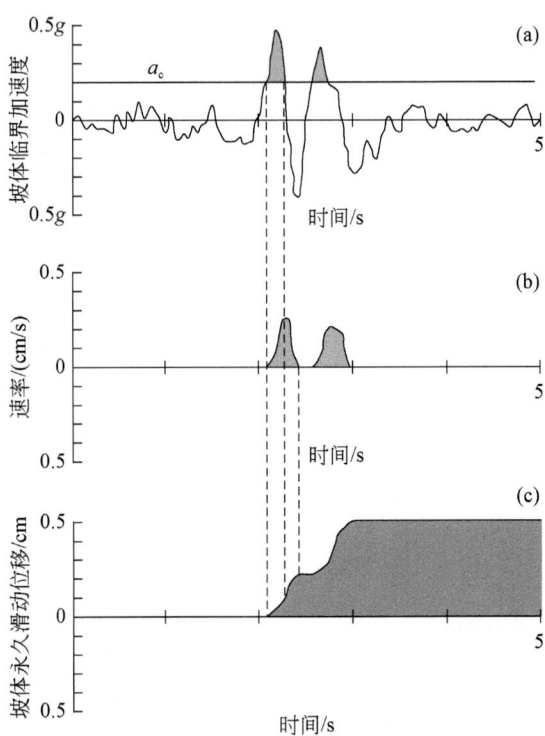

图3-21 Newmark模型累积位移计算过程示意图（Jibson，1993；Jibson et al.，2000）

表 3-7 川藏交通廊道雅安-林芝段工程地质岩组物理力学性质

ID	工程地质岩组名称	c'/kPa	φ'/(°)	γ/(kN/m³)
1	坚硬的厚层状砂岩岩组	26	33	26
2	较坚硬-坚硬的中-厚层状砂岩夹砾岩、泥岩、板岩岩组	25	32	25
3	软坚硬相间的中-厚层状砂岩、泥岩夹灰岩、泥质灰岩及其互层岩组	23	30	24
4	软弱-较坚硬薄-中厚层状砂、泥岩及砾、泥岩互层岩组	22	28	23
5	软弱的薄层状泥、页岩岩组	20	27	21
6	坚硬的中-厚层状灰岩及白云岩岩组	24	31	25
7	较坚硬的薄-中厚层状灰岩、泥质灰岩岩组	23	30	24
8	软硬相间的中-厚层状灰岩、白云岩夹砂、泥岩、千枚岩、板岩岩组	22	29	23
9	较坚硬-坚硬薄-中厚层状板岩、千枚岩与变质砂岩互层岩组	21	28	22
10	较弱-较坚硬的薄-中厚层状千枚岩、片岩夹灰岩、砂岩、火山岩岩组	20	26	21
11	坚硬的块状玄武岩为主的岩组	27	34	29
12	坚硬块状花岗岩、安山岩、闪长岩岩组	26	33	28
13	软质散体结构岩组	18	24	20

注：ID与工程地质岩组号码一致；c'为黏聚力；φ'为有效内摩擦角；γ为岩体重度。

（三）斜坡静态安全系数

斜坡静态安全系数表征斜坡体在没有地震和降雨等内外动力扰动作用下的安全性，采用基于极限平衡理论的斜坡静态安全系数公式（3-7）计算区域斜坡的静态安全系数（F_s）（图 3-22，Miles et al.，1999；Jibson et al.，2000）：

$$F_s = \frac{c'}{\gamma t \sin \alpha} + \frac{\tan \varphi'}{\tan \alpha} - \frac{m \gamma_w \tan \varphi'}{\gamma \tan \alpha} = \frac{c'}{\gamma t \sin \alpha} + \left(1 - \frac{m \gamma_w}{\gamma}\right) \times \frac{\tan \varphi'}{\tan \alpha} \quad (3\text{-}7)$$

式中，c' 为黏聚力，kPa；γ 为岩体重度，kN/m³；t 为潜在滑体厚度，m；α 为潜在滑面倾角，°；φ' 为有效内摩擦角，（°）；m 为潜在滑体中饱和部分占总滑体厚度的比例；γ_w 为地下水重度，kN/m³。

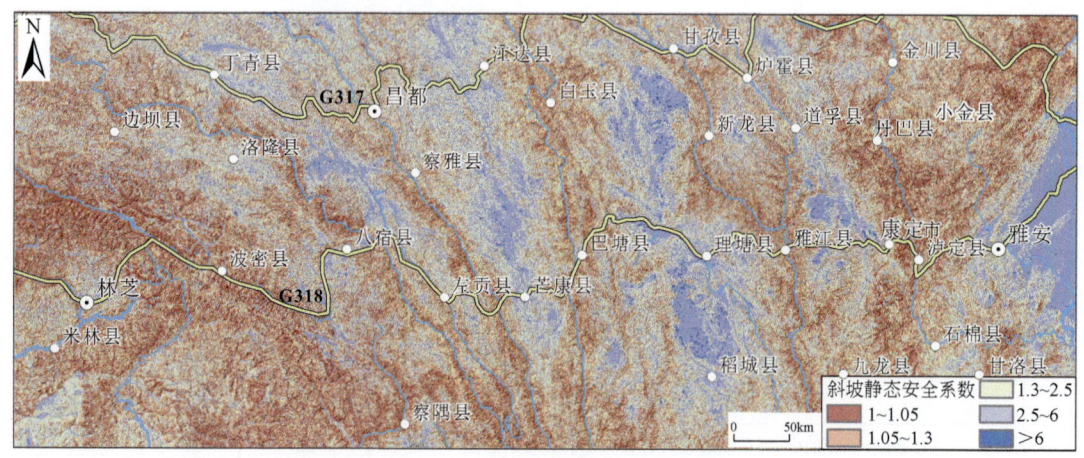

图 3-22　川藏交通廊道雅安-林芝段斜坡静态安全系数

（四）斜坡临界加速度

斜坡临界加速度（a_c）是指滑块下滑力等于抗滑力时（极限平衡状态）对应的地震动峰值加速度，可以表征地震动作用下的斜坡由于固有属性而发生坡体失稳的潜势。通过比较静力和地震动力条件下的滑块受力状态，建立滑块极限平衡状态方程，推导出斜坡临界加速度（a_c）的计算公式（3-8）（Wilsonand and Keefer，1983）。采用式（3-8）计算得到川藏交通廊道雅安-林芝段斜坡临界加速度（a_c）（图 3-23）：

$$a_c = (F_s - 1) g \sin \alpha \quad (3\text{-}8)$$

式中，g 为重力加速度，m/s²；α 为滑面倾角，（°）。

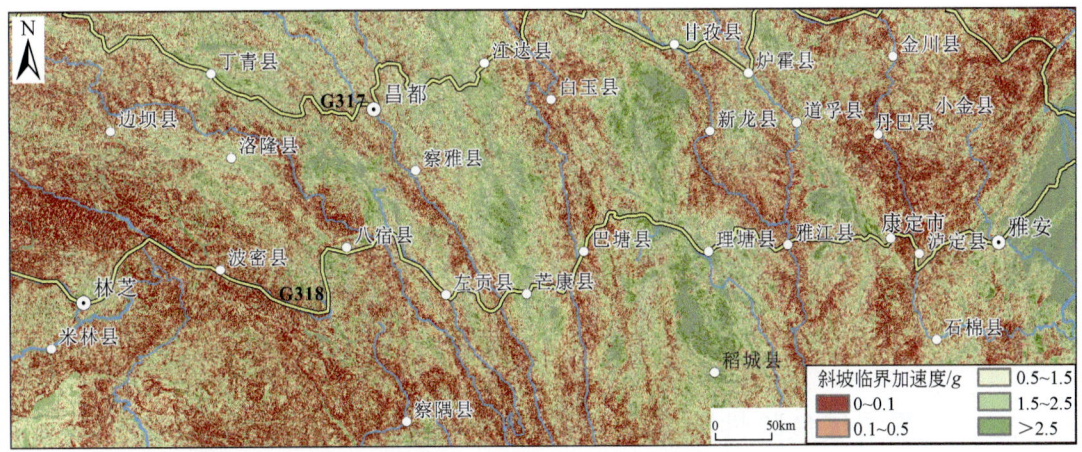

图 3-23　川藏交通廊道雅安-林芝段斜坡临界加速度

（五）地震动峰值加速度

地震动峰值加速度用于计算地震诱发斜坡位移，采用中国第五代地震动峰值地面加速度分区值来计算鲜水河断裂带区域地震诱发斜坡位移（D_n）。

（六）地震诱发斜坡位移

地震诱发斜坡位移（D_n）与斜坡临界加速度（a_c）、地震动峰值加速度（PGA）之间的统计函数关系为式（3-9）(Jibson, 2007)。地震诱发斜坡位移（D_n）与地震动峰值加速度呈正相关，与斜坡临界加速度（a_c）呈负相关。基于我国第五代地震动峰值地面加速度，计算川藏交通廊道雅安-林芝段在 50 年超越概率 10%的地震作用下斜坡位移（D_n）（图 3-24）：

$$\lg D_n = 0.215 + \lg\left[\left(1 - \frac{a_c}{\text{PGA}}\right)^{2.341} \left(\frac{a_c}{\text{PGA}}\right)^{-1.438}\right] \tag{3-9}$$

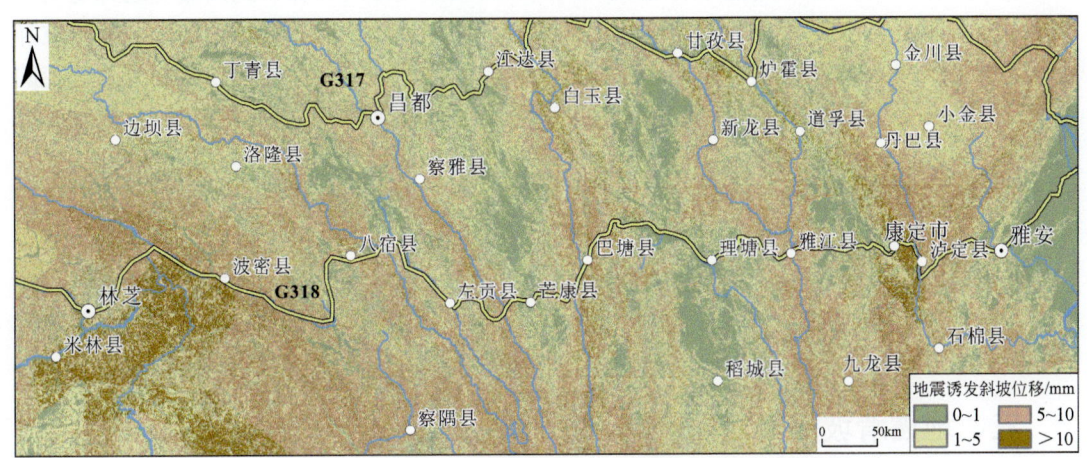

图 3-24　川藏交通廊道雅安-林芝段地震诱发斜坡位移分布图

（七）地震滑坡危险性

地震诱发斜坡发生位移并不表征一定会发生显著滑坡灾害，只有地震诱发斜坡位移累积到一定程度，斜坡才会失稳并沿滑动面滑动而发生滑坡灾害（杨志华等，2017b；付国超等，2023）。根据地震诱发斜坡位移和滑坡发生概率之间的统计关系式（3-10）（Jibson et al.，2000），计算川藏交通廊道雅安-林芝段 50 年内，超越概率 10%地震动作用下的滑坡发生概率（P）：

$$P=0.335\left[1-\exp\left(-0.048D_n^{1.565}\right)\right] \quad (3-10)$$

二、地震滑坡危险性影响因素分析

（一）川藏交通廊道斜坡静态安全系数

综合考虑地质构造、地层年代、岩土体类型和岩体风化破碎程度等因素将川藏交通廊道雅安-林芝段划分为 13 个工程地质岩组（表 3-7）。根据《工程地质手册（第五版）》、岩土体实验、文献资料和专家经验知识，综合初始化工程地质岩组的物理力学参数，采用式（3-7）计算斜坡静态安全系数（F_s），在多次迭代循环计算过程中，调整模型参数，保证斜坡在无内外动力作用下的斜坡静态安全系数（F_s）大于 1，以此确定模型参数为：c'、φ' 和 γ，$\gamma_w=10\text{kN/m}^3$，$t=2.5\text{m}$，$m=0.3$，α 为地形坡度，计算得到的川藏交通廊道的斜坡静态安全系数（F_s）。

具有较低静态安全性的斜坡沿深切河谷分布，如龙门山断裂带、大渡河、雅砻江、金沙江、澜沧江和怒江两侧的斜坡总体上呈现北东和正北方向；静态安全性较高的斜坡主要分布在地形坡度较缓的地区，斜坡静态安全系数大于 6。

（二）川藏交通廊道斜坡临界加速度

据式（3-8）利用斜坡静态安全系数（F_s）和斜坡坡度即可计算得到川藏交通廊道斜坡临界加速度（a_c），与斜坡静态安全系数相对应，坡度越高的地区其稳定性越差，即斜坡静态安全系数越低，诱发斜坡失稳所需的斜坡临界加速度越小。在深切河谷两侧坡度较陡的斜坡上，斜坡临界加速度小于 $0.1g$。在坡度较缓的河谷、盆地等，斜坡临界加速度大于 $2.5g$。

（三）川藏交通廊道地震诱发斜坡位移

给定斜坡一个地震动值，当斜坡临界加速度相同时，斜坡将产生相同的位移。根据式（3-9）计算得到川藏交通廊道地震诱发斜坡位移（D_n）的结果显示，地震诱发斜坡位移较大的区域主要分布在斜坡临界加速度较小和地震动峰值加速度较大的区域，最大地震诱发位移可达到 10cm 以上。

三、地震滑坡危险性评价与结果

根据地震滑坡发生概率，进一步把川藏交通廊道雅安-林芝段地震滑坡危险性划分为三个等级（图 3-25）：低危险区（地震滑坡发生概率<5%），约占总面积的 62.41%，中危险区（地震滑坡发生概率为 5%~15%），约占总面积的 24.43%，高危险区（地震滑坡发生概率>15%），约占总面积的 13.16%。

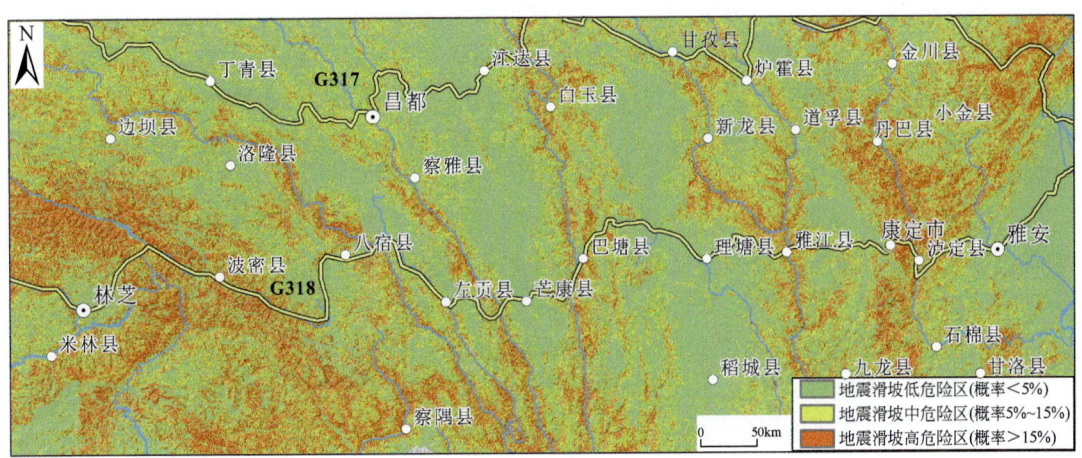

图 3-25 川藏交通廊道雅安-林芝段地震滑坡危险性分布图

地震滑坡高危险区主要沿大型活动构造带和大江大河深切峡谷分布，受构造活动影响显著，尤其是东部的"Y"字形活动构造区和西部的青藏高原东构造结地区；地震滑坡低危险区主要分布在第四纪盆地、宽阔河谷以及高原夷平面等地形平缓地区。

地震滑坡危险性空间分布规律统计分析表明，区内地震滑坡高危险区为规划建设中的川藏交通廊道雅安-林芝段主要穿越的雅安-康定段（大渡河）、雅江八角楼-呷拉段（雅砻江）、巴塘措拉-贡觉哈加段（金沙江）、八宿吉巴村-拥巴乡段（怒江）、波密扎木-林芝段（东构造结）等 5 个地震滑坡高危险区。

雅安-康定段（大渡河）地震滑坡高危险区：该段长约 91km，约占廊道全线总长的 9.4%，地震动峰值加速度高达 0.2g~0.4g，地震危险性高，历史地震滑坡发育，曾发生过多次堵江事件并造成严重链式灾害，如 1786 年川西磨西 M_S7.75 强震诱发泸定摩岗岭滑坡堵塞大渡河形成堰塞湖，堰塞湖溃决导致数万人死亡（Dai et al., 2005）。

雅江八角楼-呷拉段（雅砻江）地震滑坡高危险区：该段长约 49km，约占廊道全线总长 5.1%，地震动峰值加速度主要为 0.15g，地震危险性较高。

巴塘措拉-贡觉哈加段（金沙江）地震滑坡高危险区：该段长约 31km，约占廊道全线总长 3.2%，地震动峰值加速度 0.15g~0.2g，地震危险性较高，历史地震滑坡发育，曾发生过多次堵塞金沙江事件，如金沙江特米古地震滑坡堵塞金沙江，形成堰塞湖，堰塞坝残留至今。

八宿吉巴村-拥巴乡段（怒江）地震滑坡高危险区：该段长约 19km，约占廊道全线总长 1.8%，地震动峰值加速度 0.15g，地震危险性较高。

波密扎木-林芝段（东构造结）地震滑坡高危险区：该段长约 107km，约占廊道全线总长 11.1%，地震动峰值加速度 0.2g~0.3g，地震危险性高，高山峡谷，地形复杂，地震滑坡高危险区跨度大，地震也可诱发高位冰湖溃决、冰川碎屑流等高风险地质灾害。

第四节 小 结

本章在收集分析已有研究资料和实地调查川藏交通廊道崩塌、滑坡和泥石流等地质灾害的基础上，分析了区内地质灾害的时空分布规律和发育特征，剖析了地质灾害的形成条件和影响因素，在此基础上采用信息量模型、加权信息量模型与随机森林加权信息量模型进行了区域内地质灾害易发性评价，基于 Newmark 模型评价了川藏交通廊道区内地震滑坡危险性，得到以下主要结论。

（1）根据川藏交通廊道沿线主要县市的地质灾害调查资料、遥感解译和野外地质调查成果，川藏交通廊道的地质灾害类型主要包括崩塌、滑坡、泥石流以及不稳定斜坡等 4 类，其中崩塌 1174 处，滑坡 3745 处，泥石流 1763 处，不稳定斜坡 1688 处，滑坡灾害占比最高为 44.74%，地质灾害点密度最高可达 0.80 处/km^2。

（2）崩塌、滑坡和泥石流等地质灾害主要受地形地貌、活动构造、降雨、人类工程活动等影响，具有群发性和集中性特点，但在空间上分布不均匀。崩塌灾害主要分布在 G317、G318、省道以及人类工程活动频繁处，滑坡灾害主要受地质构造影响，分布于龙门山断裂带、鲜水河断裂带、理塘—德巫断裂带、巴塘断裂带、金沙江断裂带、怒江断裂带、嘉黎断裂带及藏南喜马拉雅山峡谷地带，泥石流灾害多发生于高山峡谷区，集中分布于理塘-巴塘-昌都一带与帕隆藏布流域，雅安至林芝方向泥石流类型逐步从暴雨型泥石流过渡至冰川型泥石流，并且在数量与规模上有明显差异。

（3）川藏交通廊道跨越我国地质背景最为复杂的青藏高原东南缘，基于沿线区域滑坡长期防控需要，选取川藏交通廊道沿线地形地貌、地质构造、地层岩性、地震活动、降雨和人类工程活动等因素利用多种模型进行地质灾害易发性评价，检验结果显示随机森林加权信息量模型的精度较高，AUC 为 0.88，地质灾害极高、高易发区主要沿着龙门山断裂带、鲜水河断裂带、巴塘断裂带、金沙江断裂带、嘉黎断裂带分布，沿大江大河及其支流两岸呈带状分布，如摩岗岭滑坡、特米滑坡、白格滑坡、八宿滑坡、易贡滑坡等，低易发区主要分布在成都平原及廊道沿线人类工程活动低的区域，该区域地质灾害发育程度较低、对工程建设及人类生命财产安全威胁较小。

（4）基于 Newmark 模型开展川藏交通廊道区内 50 年超越概率 10%的潜在地震滑坡危险性评价。分析结果表明，地震滑坡高危险区主要沿大型活动构造带和大江大河深切峡谷分布，受构造活动影响显著，尤其是东部的"Y"字形活动构造区和西部的青藏高原东构造结地区，主要穿越雅安-康定段、雅江八角楼-呷拉段、巴塘措拉-贡觉哈加段、八宿吉巴村-拥巴乡段、波密扎木-林芝段等 5 个地震滑坡高危险区。地震滑坡低危险区主要分布在第四纪盆地、宽阔河谷以及高原夷平面等地形平缓地区。

第四章　大渡河断裂带泸定段古滑坡稳定性评价

大渡河断裂带泸定段地形地貌和地质构造极为复杂，受构造活动、河流深切等内外动力因素作用影响，地质灾害特别是古滑坡极为发育，部分具有链式灾害特征。本章在调查分析大渡河断裂带泸定段空间展布与活动性的基础上，通过遥感解译、InSAR形变分析和野外调查等方法，研究了大渡河断裂带泸定段的地质灾害发育分布特征，分析了其形成机理与地质年代，并重点评价了大坪上古滑坡、甘草村古滑坡等典型大型古滑坡不同工况下的稳定性。

第一节　大渡河断裂带发育特征与活动性

大渡河断裂带泸定段位于川滇南北向构造带北段的龙门山断裂带、鲜水河断裂带和安宁河断裂带"Y"字形交汇部位[图4-1（a）]，区域构造应力场复杂，部分断裂活动性强，强震频发。自古元古代以来，研究区经历了多期次构造运动，先后形成了不同方向、不同大小、不同规模和不同形成机制的构造系统，发育一系列活动断裂。川滇南北向构造带北段以大雪山、贡嘎山、大小凉山等褶皱山系和大型冲断带为主体，主要由走向南北的古老基岩隆起褶皱带、冲断带、挤压带、韧性剪切带和构造动力变质带，以及不同时期的复杂侵入岩带组成，区域内东西向挤压变形强烈。

一、大渡河断裂带发育特征

大渡河断裂带位于鲜水河断裂带东缘，北起于康定金汤南，向南经姑咱、泸定、冷碛、得妥，于石棉田湾附近与鲜水河断裂带呈右阶羽列状相交[图4-1（b）]，沿大渡河呈近南北向延伸，全长约135km，主要发育于晋宁期康定杂岩内部，破碎带厚数十米至百余米，总体西倾，具有明显的挤压变形特征。大渡河断裂带在平面上具有断续延伸、分段展布的特点，自北向南主要分为三段，分别为昌昌断裂（F_{2-1}）、泸定断裂（F_{2-2}）和得妥断裂（F_{2-3}）。

（1）昌昌断裂：大渡河断裂带北段，北起于康定金汤大火地，被金汤弧形构造带所截，向南经边坝、苦白梁子到康定麦崩，止于泸定岚安以东，全长约43km，由昌昌段、瓜达沟段、楼上段等分支断裂组成，总体东倾，倾角60°～80°，主要切割元古代-古生代，从东向西表现为脆性推覆变形。

（2）泸定断裂：总体呈南北走向，北端起于岚安附近，向南经姑咱、泸定北侧之后，斜跨大渡河至右岸，并继续向南延伸至石棉田湾一带，全长约60 km，总体西倾，倾角50°～80°，总体表现为韧性正剪切性质。大渡河泸定水电站附近的韧性剪切带宽度500～1000m，具有北宽南窄的特征，东西两断裂面之间夹具有强烈定向组构的断裂岩，剪切带内发育斜长角闪质和长英质糜棱岩、千糜岩和构造片岩，节理发育，基岩破碎（王运生等，2022b）。

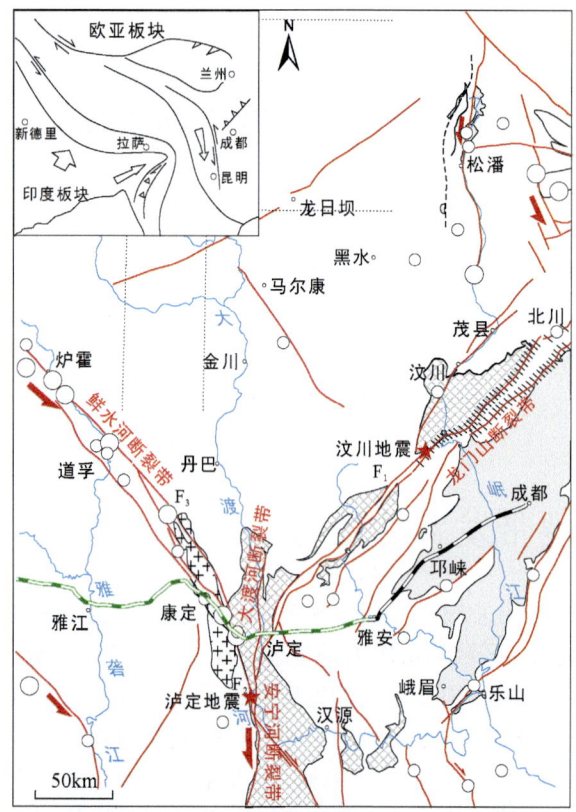
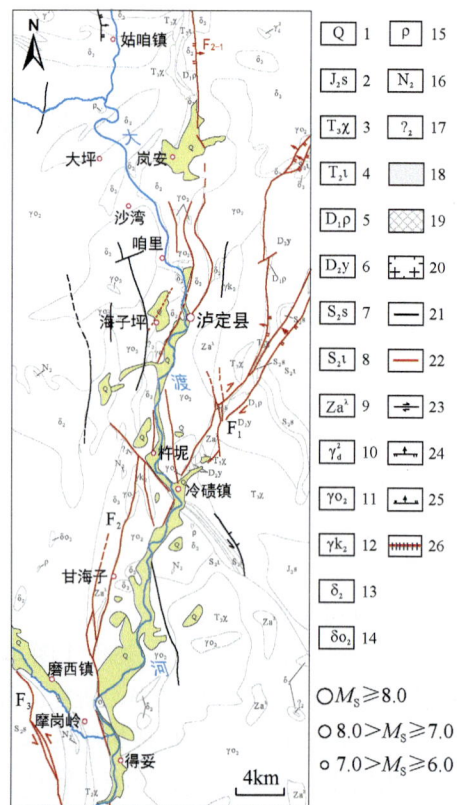

(a)大渡河断裂带及活动构造图(据张永双等，2016修编)　　(b)大渡河流域泸定段构造与地层岩性图

图 4-1　大渡河区域活动断裂和地层分布

F_1.龙门山断裂；F_2.大渡河断裂带；F_3.鲜水河断裂带；1.第四系；2.中侏罗统沙溪庙组；3.上三叠统须家河组；4.中三叠统雷口坡组；5.下泥盆统平驿铺组；6.中泥盆统养马坝组；7.中志留统纱帽组；8.下志留统龙马溪组；9.下震旦统流纹岩段；10. 花岗岩；11.石英闪长岩；12.钾长花岗岩；13.闪长岩；14.斜长花岗岩；15.花岗岩脉；16.基性岩；17.超基性岩；18.新近系-第四系；19.前震旦系基底；20.中新世侵入岩；21.前第四纪断裂；22.晚更新世断裂；23.走滑断层；24.逆冲断层；25.正断层；26.汶川地震地表破裂

（3）得妥断裂：大渡河断裂带南端分支断裂，主要分布于泸定断裂东侧，北起于泸定冷碛大渡河右岸磨子沟北约 500m，向南经花石包、芝麻沱，于石棉大石包被磨西断裂切割，出露长约 40km，总体呈南北向沿大渡河展布，总体西倾，主要表现为由西向东的脆性逆冲运动，构造变形强烈，内部结构复杂，发育一系列南北、北西、北东和北西西向次级断裂。

二、大渡河断裂带晚第四纪以来活动性分析

大渡河断裂带是一条形成于印支期的深大断裂带，切割了元古代的花岗岩和闪长岩。关于该断裂的活动性已有不少学者开展了调查研究，但目前关于其晚第四纪以来的活动性还存在较大争议（表 4-1）。李鸿巍和吴德超（2014）基于电子自旋共振（Electron Spin Resoance,ESR）测年和石英扫描电子显微镜等数据，认为大渡河断裂最新活动时期为中更新世中期，中更新世晚期以来无明显活动。周荣军等（2000）通过对大渡河断裂断错边坡脊和冰碛物中的反向槽谷地貌特征，以及在泸定挖脚乡一带的探槽揭露地震事件，认为大渡河断裂在全新世有过强烈活动，具有从北向南活动性逐渐增强的特点，其历史地震震级

可能高于 7 级,而且鲜水河断裂带的强烈活动会间接影响和加剧大渡河断裂带的活动性。

表 4-1　大渡河流域典型古滑坡形成时间与大渡河断裂分布关系

滑坡名称	活动断裂	断裂上/下盘	距断裂距离/km	年代/ka B.P.	资料来源
乌支索古滑坡	泸定断裂	下盘	0.5	22	吴俊峰,2013
杵泥古滑坡	泸定断裂	穿过	0	22	吴俊峰,2013
咱里古滑坡	泸定断裂	上盘	2.1	17	吴俊峰,2013
章古古滑坡	昌昌断裂	下盘	7	10	吴俊峰,2013
				26	蒋发森等,2013
四湾古滑坡	泸定断裂	穿过	0	17.2±2	邓建辉等,2007
甘谷地古滑坡	泸定断裂	下盘	0.5	22	吴俊峰,2013
加郡古滑坡	得妥断裂	上盘	0.5	19.36±4	郭晓光,2014
得妥古滑坡	得妥断裂	穿过	0	120	吴俊峰,2013

在区域构造强烈隆升和河流侵蚀作用下,该区域第四系的保存较差。在泸定县城附近的五里沟、太阳沟和上田坝的元古代岩浆岩中发现了泸定断裂的基岩断裂面和断裂破碎带,部分断面出露地表,无第四纪覆盖层。

古地震滑坡往往由于规模大而被保存下来,常被作为研究断裂活动性的重要手段和标志之一(邓建辉等,2021)。调查研究表明,大渡河断裂带内大型古滑坡极为发育(表 4-1),部分古滑坡直接跨越大渡河断裂带,如四湾古滑坡、章古古滑坡等。邓建辉等(2007)认为四湾古滑坡为在地震作用下形成的高速滑坡,ESR 测年揭示其形成的地质时代为 17.2±2ka B.P.,曾堵塞大渡河。蒋发森等(2013)和吴俊峰(2013)认为章古古滑坡是在地震作用下形成的,但对其形成时代的认识不一致(表 4-1)。这些古地震滑坡具有滑动方向多与大渡河断裂走向呈大角度相交、成群成串分布等特征。结合该区内古地震滑坡的形成时代,推测大渡河断裂在晚更新世以来有过强烈活动。综合分析认为,大渡河断裂为晚更新世以来的活动断裂,其活动性具有从北向南逐渐增强的特点。

根据 1786~2018 年历史地震统计资料,该区地震多发生在南部磨西-得妥一带,北部地震发生较少。龙门山地震带强震频发,2008 年以来先后发生汶川 M_S8.0 地震和芦山 M_S7.0 地震等强震,其中芦山地震震中距泸定县城约 80km。鲜水河地震带历史强震频发,最近一次破坏性地震为 2022 年 9 月 5 日发生的 M_S6.8 泸定地震,震中在泸定磨西,距离泸定县城约 39km,诱发了大量崩塌、滑坡等地质灾害,造成了房屋、道路等设施损毁。历史上鲜水河断裂带南段的磨西断裂于 1786 年发生 M_S7.75 磨西地震,造成地表破裂和建筑破坏,还诱发了摩岗岭滑坡等地震滑坡,形成了堵江-溃坝等链式灾害,周荣军等(2000)认为该次地震还引起了大渡河断裂局部活动。

第二节　大渡河断裂带泸定段地质灾害发育特征

大渡河断裂带泸定段地形地貌、地质构造和岸坡岩体结构复杂,在降雨、岩体风化卸荷、地震等影响下，崩塌、滑坡和泥石流极为发育，给重大工程选线、选址与规划建设造成极大困扰。根据已有资料分析、遥感解译和野外地质调查，在大渡河断裂带泸定段发育崩塌、滑坡和泥石流等地质灾害 766 处（图 4-2，图 4-3），其中泥石流 109 处；滑坡 621 处；崩塌 36 处，规模多以中小型为主。滑坡主要发育于峡谷两侧高陡斜坡，以地震诱发为主，部分古滑坡目前正处于蠕滑变形阶段，部分古滑坡局部出现明显的复活迹象；泥石流密度大，以中、小型泥石流为主，主要分布在大渡河流域两侧支流的沟谷内。

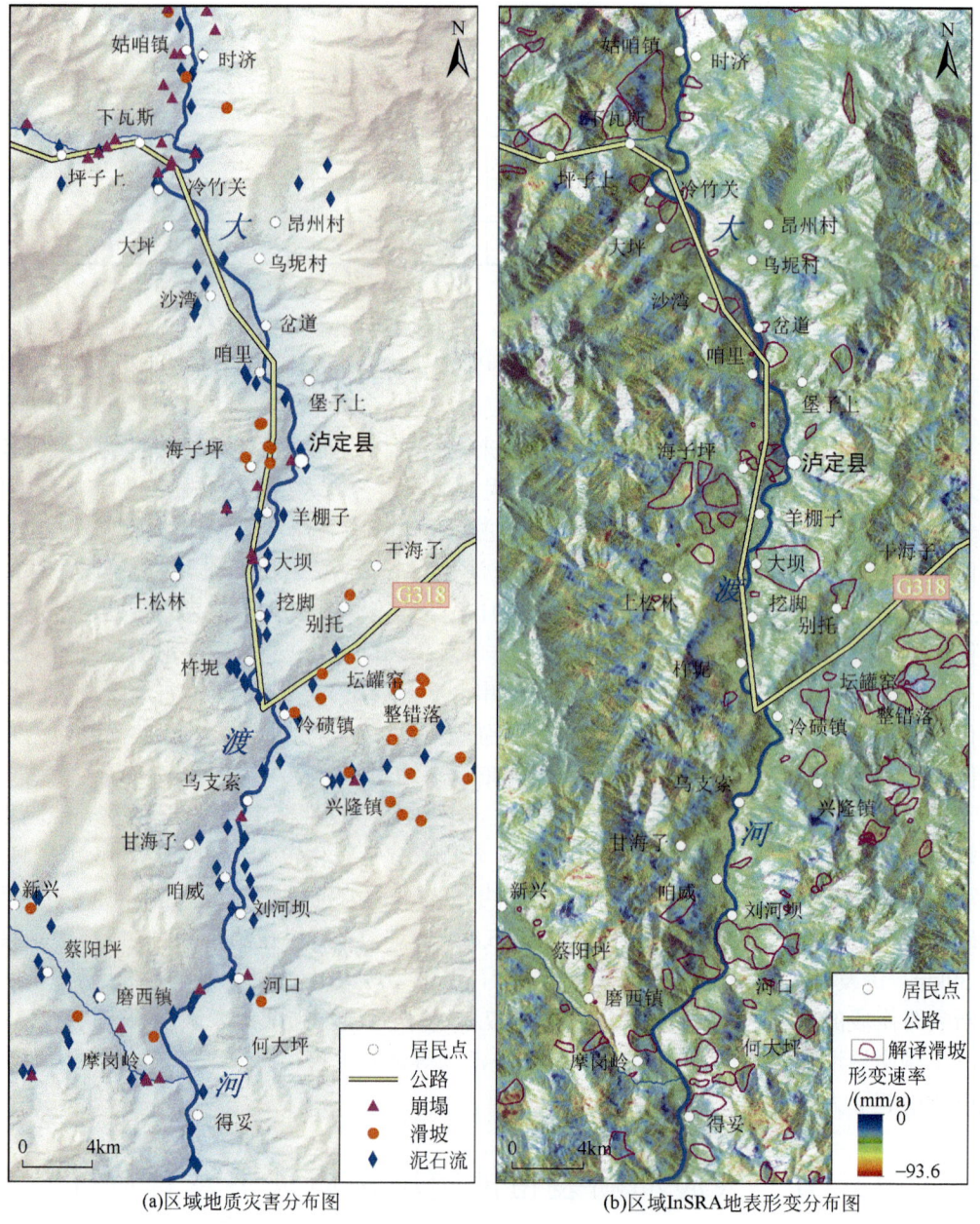

(a)区域地质灾害分布图　　(b)区域InSRA地表形变分布图

图 4-2　大渡河断裂带泸定段地质灾害发育分布规律

第四章 大渡河断裂带泸定段古滑坡稳定性评价 ·51·

图 4-3 大渡河姑咱-得妥段大型滑坡分布规律

大渡河断裂带泸定段地质灾害主要沿大渡河干流及磨西河等支沟峡谷地带密集分布，

并具有以下特点。

（1）古滑坡极为发育，部分古滑坡具有规模大、明显复活等特征。大渡河断裂带泸定段内发育有621处滑坡，多以中小型滑坡为主，但以中-大型滑坡密集发育为典型特征，部分古滑坡规模甚至达到巨型（图4-3）。大渡河河谷发育深厚的覆盖层，该区古滑坡以堆积层滑坡为主，并可进一步划分为残坡积层滑坡、黏土滑坡和冰川堆积层滑坡，具有规模大、空间分布不均匀、滑带不明显等特征。其中，残坡积层滑坡以冷碛、兴隆一带的三叠系与侏罗系残坡积层滑坡为代表，黏土滑坡以泸桥海子一带的昔格达组黏土滑坡为代表，冰川堆积层滑坡以四湾村滑坡为代表。这些古滑坡，多是在古地震作用下形成的，主要形态多见圈椅状、舌形及不规则形态等，具有群发性的特点。例如，四湾古滑坡是在地震作用下形成的高速远程滑坡，体积约 $5.0\times10^7 m^3$（邓建辉等，2007）；1786年磨西 M_S7.75 强震诱发的摩岗岭滑坡，堵断大渡河并形成堰塞湖，蓄水量达13亿 m^3，回水约30km，溃决后造成下游数万人死亡（殷跃平，1997；张御阳，2013；郭长宝等，2015）。

大型地质灾害发生前往往具有地表拉张裂隙、局部垮塌、蠕滑等宏观地表形变特征，通过采用小基线集合成孔径干涉雷达（SBAS-InSAR）方法和哨兵雷达（Sentinel SAR）数据，对2016年1月至2022年2月的160景InSAR升轨数据进行分析，对大渡河断裂带泸定段的地表形变开展遥感观测，结果表明大渡河断裂带泸定段内较大地表形变量与古滑坡的分布具有区域上的相似性[图4-2（b）]，主要沿大渡河、瓦斯沟、磨西河以及支沟峡谷高陡边坡分布，部分古滑坡变形量较大，如海子坪滑坡、兴隆滑坡等。截至2022年，四湾古滑坡等区域内大型古滑坡在天然工况下稳定性较好，未出现明显的复活变形迹象。

（2）崩塌发育相对较少、规模相对较小，具有高位发育的特点。大渡河断裂带泸定段内发育崩塌36处，主要为岩质崩塌，少量为土质崩塌，规模以中小型崩塌为主。崩塌主要发育在花岗岩地层等坚硬脆性岩体、冰水堆积体、坡表残坡积物等第四纪松散堆积物内，从微地貌看，以深切河谷斜坡的谷肩部位以及人工切坡的陡坡部位发育最为集中，多发生在高陡斜坡处，如峡谷陡坡、冲沟岸坡、深切河谷的凹岸等地带。岩质崩塌在规模上以中小型崩塌为主，具有发生突然、成灾快等特点，崩塌体的块石直径分布在数厘米到数米之间，以滑落式崩塌为主（图4-4）。坠落式崩塌的岩石块体具有较大的初始速度，易演化成滚石灾害，增加了崩塌危害程度。道路和房屋修建开挖坡脚等也常诱发中小规模崩塌灾害，局部在降雨等作用下常发生崩塌，给主要的重大工程和城镇建设造成巨大危害。

(a)木角沟内危岩体和崩塌(镜向NW)

(b)五里沟内危岩体和崩塌(镜向SE)

(c)大渡河左岸大坪下危岩体和崩塌(镜向N)　　(d)大渡河右岸大坪上危岩体和崩塌(镜向W)

图 4-4　大渡河断裂带泸定段典型崩塌发育特征

（3）泥石流灾害发育，以中小型、低频、水石流或稀性泥石流为主。受构造活动和降雨等因素影响，大渡河断裂带泸定段内泥石流发育密度较大，已调查发现泥石流 109 处，以中、小型泥石流为主，并且多为低频泥石流。按照物质条件，以水石流或稀性泥石流为主，黏性泥石流次之；按照水源条件，可分为暴雨型泥石流和水体溃决型泥石流，调查发现一些泥石流的发生是由于沟道内崩塌、滑坡形成临时性堰塞湖溃决而引起的，为水体溃决型泥石流。

大渡河断裂带泸定段构造复杂、断层发育，活动构造产生的崩滑堆积体给泥石流的发育提供了丰富充足的物源，山高谷深、沟道纵坡降大的地形地貌和降雨集中、雨热同期且昼晴夜雨的气候特点给泥石流的形成提供了巨大动能条件。受此影响，区内泥石流具有明显的群发性和夜发性特征。该区曾多次发生几乎在同一时间内多条泥石流沟道的暴发泥石流。由于区内泥石流多发生在夜间，易造成重大人员伤亡和财产损失，成为了泸定县城建设发展和重大工程建设不可回避的问题之一，这也为泥石流预警与防治带来挑战。

县城后山泥石流主要由三条泥石流沟组成（图 4-5），位于泸定县城后坡，大渡河上游往下分别为孙家沟泥石流、牧场沟泥石流、羊圈沟泥石流，在强降雨条件下发生泥石流，泥石流堆积物直冲县城，在历史上曾造成严重危害。

羊圈沟泥石流位于大渡河左岸，泸定县城东南侧，是一条高频、中等规模的暴雨型泥石流。在 1981 年、1987 年曾发生中等规模的泥石流灾害（宋志等，2013），冲出的泥石流物质直接淤积泸定县城主城区，造成了巨大的人员伤亡和财产损失。羊圈沟是一条常年流水沟，流域形状呈漏斗形，主沟道长约 5.35km，流域面积达 11.08km^2。羊圈沟属于暴雨型泥石流，其于 1981 年、1987 年暴发的泥石流的共性表现为在充分的前期降雨和当场暴雨激发作用下形成。从泥石流一次性暴发规模看，50 年一遇的羊圈沟泥石流最大冲出量约 $4.64×10^4 m^3$，属中型泥石流规模。目前在羊圈沟下游修建了拦砂坝和排导槽，将物源控制在流域中下游，并将泥石流主体冲出物排向大渡河，泥石流治理工程于 1988 年建成使用后（段永坤和赵跃，2009；宋志等，2013），有效防治了多次泥石流。

牧场沟泥石流位于四川泸定县城区后坡。处于大渡河左岸，最高海拔 3100m，沟口高程为 1360m，相对高差达 1740m，流域面积约 1.44km^2。该泥石流沟近年来并未发生较大

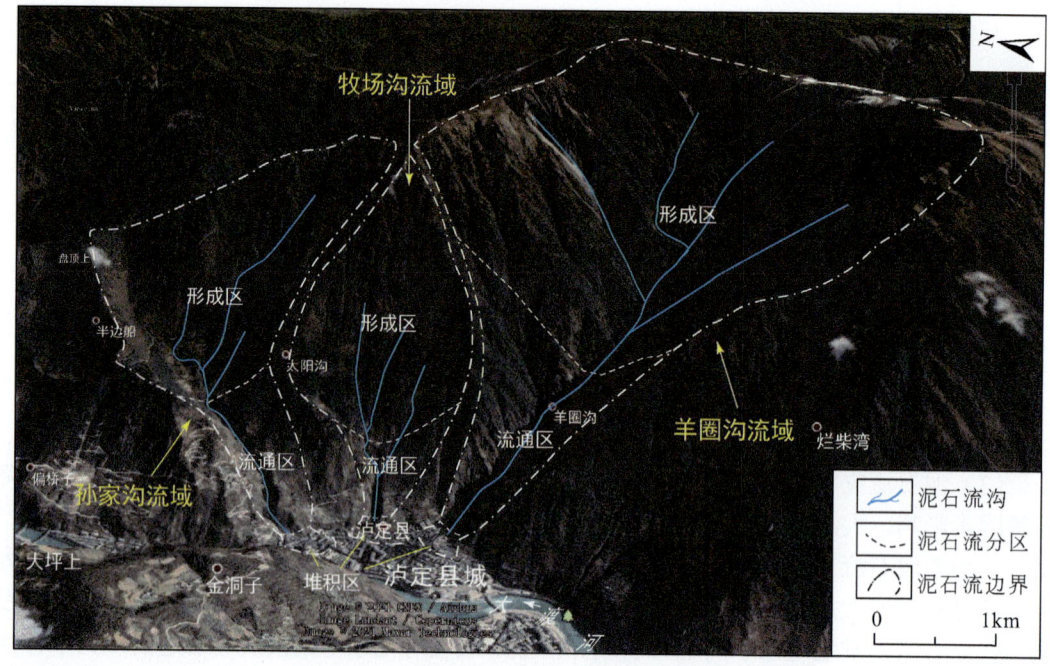

图 4-5 泸定县城后山泥石流三维地形地貌

的泥石流灾害，但堆积区的堆积物可见分布有多期次的泥石流堆积，表明该沟曾多次暴发泥石流灾害。牧场沟泥石流为沟谷型泥石流，其形成区主要分布于距沟口 1km 以上的陡坡地带，汇水区由三条支沟组成，汇水条件良好，主要物源为崩坡堆积物和冰水堆积物。流通区以 V 形为主，可见多块巨石，主要分布于流通区上段，一旦堵住将极易形成溃决型泥石流，牧场沟流通区左岸边坡相对稳定，但右岸边坡稳定性较差，而且在强降雨以及地震作用下，很可能失稳形成泥石流的物源。堆积区受人工改造影响，以及长时间的堆积，松散物可成为下次泥石流的物源。并且由于居民修建房屋等工程活动占据部分泄洪通道，在一定程度上可能会加重未来的泥石流灾害。

孙家沟位于四川泸定泸桥，沟口距大渡河约 200m。孙家沟曾于 2006 年 7 月 14 日 1 时 19 分暴发泥石流，历时近 4h，冲出泥沙碎石约 $0.7 \times 10^4 m^3$。造成 5 户人家约 80 头猪被冲走，15hm^2 土地被冲毁，泸定县城 12 间门面受灾，同时中断了城区部分交通，直接经济损失在 1000 万元左右（倪化勇，2009）。分析认为，2006 年 7 月 13 日夜晚及 14 日凌晨的强降雨直接触发了该次泥石流。孙家沟流域内的花岗岩在自然状态下稳定性较好，但泸定地区的区域新构造运动活跃，导致了岩体结构破碎、裂隙发育，在长期的风化剥蚀以及人工切坡作用下，极易产生崩塌，形成松散堆积体，在强降雨条件下坡面流携带松散物质向下运移，形成泥石流。

木角沟泥石流位于四川省泸定县泸桥镇木角村，地理坐标 29°54′50.54″N、102°10′43.01″E。流域面积 10.08km^2，主沟长 5.6km（图 4-6）。

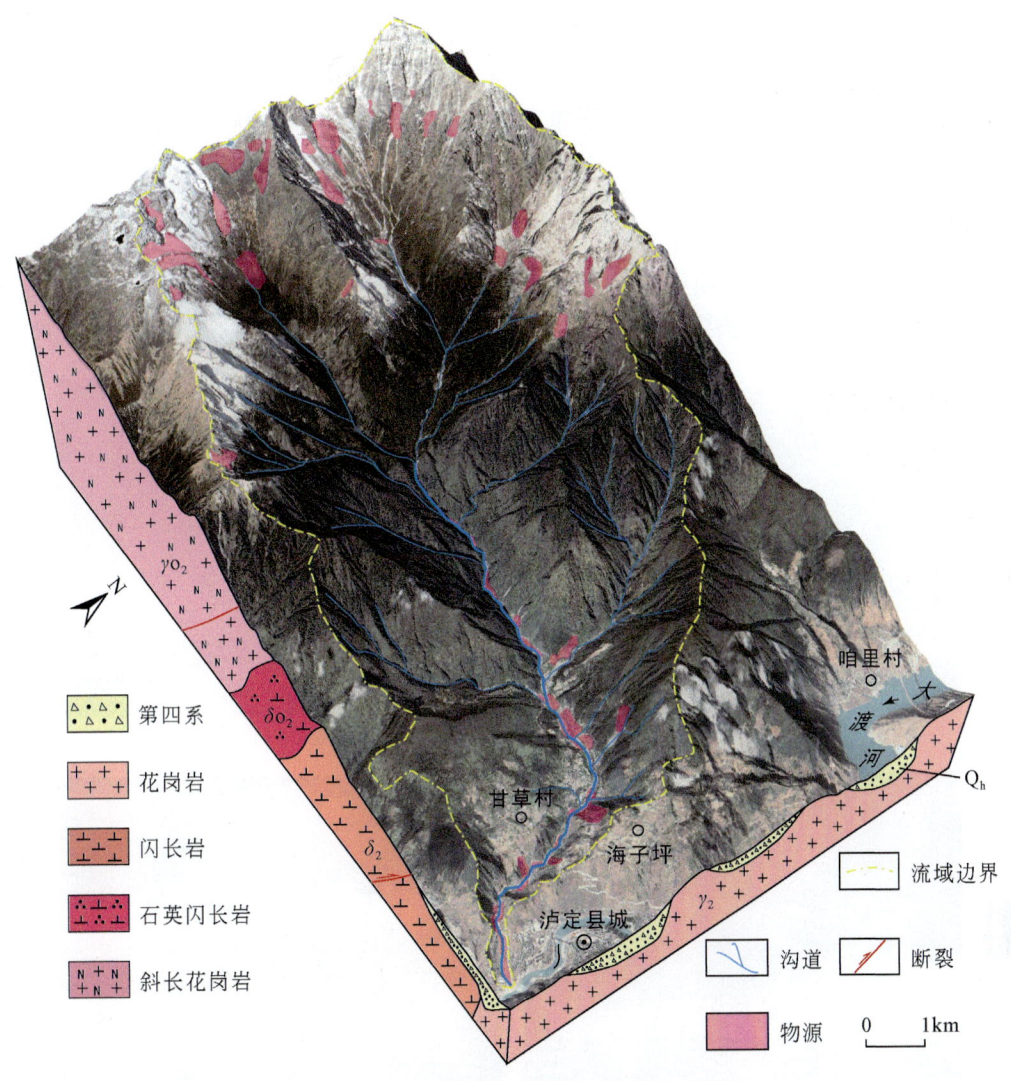

图 4-6 木角沟泥石流流域三维地形地貌

木角沟沟口高程为 1780m，泥石流沟最高高程为 3500m，相对高差 1720m，平均坡度 15°~50°。木角沟流域内出露基岩主要为元古代斜长花岗岩、闪长岩、石英闪长岩、混合花岗岩以及第四纪堆积物（包括残积物、崩积-坡积物等）。该区域为龙门山断裂带、大渡河断裂带、鲜水河断裂带和安宁河断裂带的交汇地，泸定断裂、得妥断裂和磨西-康定断裂的分支断裂等通过此处，断裂持续活动致使区域内岩体结构受到破坏。木角沟处于大渡河干暖河谷区内，气候温暖，年平均气温达 15.4℃，降水偏少，年平均降水量 645.9mm，日降水量≥50.0mm 的日数平均为 2d/a，平均一日最大降水量 40.1mm，绝对一日最大降水量 72.3mm（1961~2007 年）。区内干湿季分明，降水高度集中于雨季，尤其集中于 5~9 月。其中，大部分以暴雨、大暴雨，甚至特大暴雨形式降落。流域内植被覆盖率高，多雨，海拔高，气温低，蒸发量小，在雨季这些区域的土壤常处于饱和状态。

木角沟在近百年历史上多次发生较大规模的山洪泥石流。据当地村民回忆，木角沟在1948年、1958年、1962年、1982年和2005年都曾发生过泥石流，其中以1958年泥石流最大，黑色的泥浆带着臭味气味，将房屋大小的巨块石裹在一起冲向下游，整场泥石流持续了4~5h，冲毁了一间房屋，三个磨房，造成三人死亡。木角沟泥石流发育于田坝和杵坝之间，属大型-沟谷-暴雨型泥石流。分析认为，目前木角沟泥石流易发性为中等，近几十年曾发生过灾害性泥石流，泥石流冲出物量在几万到数十万立方米之间，以中等-大规模泥石流为主，在木角沟拦挡坝至大渡河边泥石流堆积扇发育，在公路桥以下沟道摆动较大。泥石流的危害表现为冲毁桥梁、侧蚀岸坡和淤埋农田等（图4-7），对田坝的威胁较大。

(a)木角沟泥石流物源丰富

(b)物源堆积于河道内

(c)次级滑坡坡脚处地貌特征

(d)次级滑坡坡脚处沟道砾石堆积特征

图4-7 木角沟泥石流发育特征

磨河沟为大渡河右岸一级支流，沟口坐标为29°52′40″N、102°12′58″E。该沟发源于贡嘎山东坡，由西向东注入大渡河，位于贡嘎山-大渡河高山峡谷区。该泥石流沟流域面积约124.6km²，主沟长约22.7km，沟口高程1275m，沟域内最高点位于黑海子，高程5120m，高差3845m，平均纵坡降107.8‰（图4-8，图4-9）。磨河沟流域形态呈扇形，两岔沟和黑沟于庙坪汇合，经上松、磨河，最终汇入大渡河。流域内人类工程活动以民房、道路修建、农田耕作为主，沟口两侧为泸定新城规划区。磨河沟流域内发育地质灾害点9处，均为泥石流，规模以小型泥石流、中型泥石流为主，各发育4处，大型泥石流发育一处。按泥石流易发程度，中易发泥石流8处、易发泥石流1处。

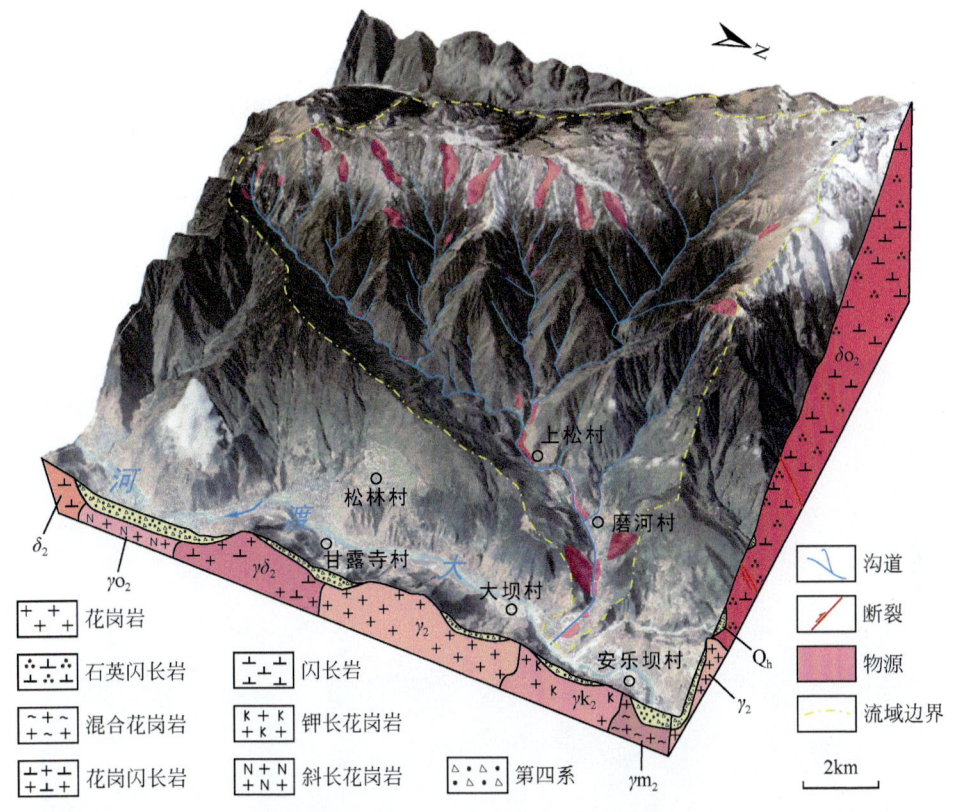

图 4-8 磨河沟泥石流流域三维地形地貌

区域地震活动活跃，地震基本烈度为Ⅷ度，强烈地震既可直接激发崩塌、滑坡和坡面泥石流，又可导致松散碎屑物质的进一步松弛。磨河沟位于贡嘎山东坡，垂直落差较大，气温由谷底向山顶递减，当到达海拔 2800~3100m 时，冬半年气温处于 0℃上下，地表经历反复冻融，在冻融过程中岩体遭到强烈破坏，加速了岩体的风化，这些自然因素综合作用，为泥石流提供了较为丰富的松散碎屑物质。流域内存在巨大的相对高差，使得表面分布的松散岩土体储备有巨大的位能，在条件适宜时就会转化为启动和搬运岩土体的巨大动力来源。目前已修建拦挡坝、排导工程等工程措施进行治理，危险性较低（图 4-10）。

图 4-9 磨河沟泥石流沟谷地貌

图 4-10 磨河沟泥石流内拦挡坝

五里沟位于大渡河左岸，沟口坐标为 29°57′23.67″N、102°13′30.82″E，沟口距上游泸定水电站不到 1km，其流域面积近 30km²，主沟长 13.19km，流域内最高海拔约 4077m，沟口与大渡河交汇处海拔 1316m，相对高差 2761m，沟内平均纵坡降 113‰，为常年流水溪沟（图 4-11）。主沟中下游沟道内泥石流物质堆积现象普遍，表明该沟曾多次暴发泥石流，沟口段以堆积体为主，泥石流冲洪积扇上分布少量居民点。根据实地调查访问及相关文献，五里沟于 20 世纪初、1975 年及 2007 年暴发过泥石流灾害，泥石流冲出地形为陡峭的山谷，堆积于五里沟下游宽缓平台之上，冲毁房屋农田，暴发频率为 30~60 年一次，属于低频泥石流。

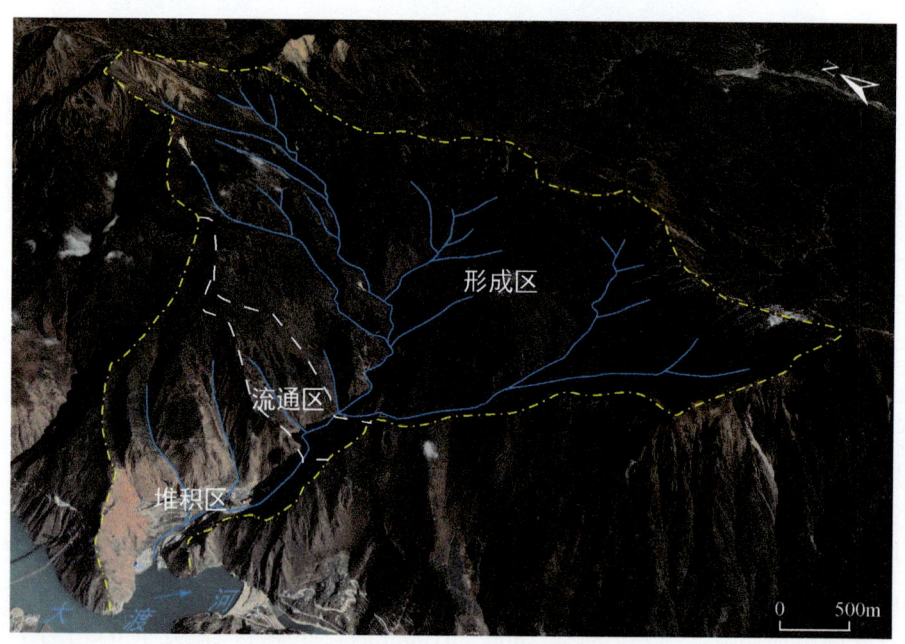

图 4-11　五里沟泥石流流域遥感影像

调查发现，五里沟流域内第四纪松散堆积物是该沟泥石流的固体物质来源，物源较为丰富，有大量的岩质崩塌堆积体，在强降雨过程中，一旦固体物质被冲刷启动将造成严重的危害。泥石流流通区沟道弯曲，对泥石流的运移有一定的阻挡作用。另外，泥石流堆积物粒径逐渐变细，泥石流越来越稀，证明泥石流的发育规模越来越小，正在向衰退期发展。当地有关部门已经对该泥石流沟进行治理，再次形成大规模泥石流灾害的可能性较低。

第三节　典型大型古滑坡发育特征与形成机理

一、四湾古滑坡

四湾古滑坡位于泸定县泸桥镇四湾村，大渡河左岸，滑坡纵长约 700 m，横宽约 800 m，堆积体最大厚度为 137.62m，体积约 $5.0×10^7m^3$，为一巨型滑坡，ESR 测年揭示滑坡形成时期为晚更新世(邓建辉等,2007)。四湾古滑坡圈椅状地形明显,后缘高程为1480~1500m,前缘临河陡坎高程为1300~1390m,左右两侧以冲沟为界,目前堆积体地形总体平缓,滑坡边界清晰[图4-12(a)]。大渡河断裂带从滑坡区穿过,历史上滑坡曾堵塞大渡河,形成堰塞湖。

(a)四湾古滑坡平面图

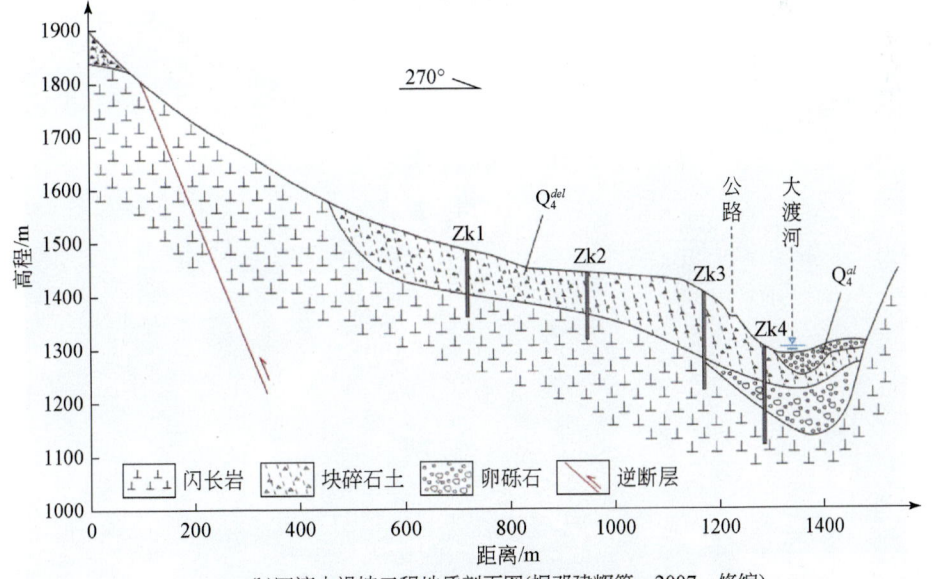

(b)四湾古滑坡工程地质剖面图(据邓建辉等,2007,修编)

图4-12 四湾古滑坡全貌图与工程地质剖面图

滑坡区出露的基岩以花岗岩、闪长岩为主。滑坡堆积体物质组成主要为碎块石土,渗透性较好,坡表被人为改造成耕地和村庄,大块石零星分布。碎块石土成分以弱风化闪长岩和花岗岩为主,局部见辉绿岩,呈棱角-次棱角状,块石粒径一般为20～30cm,最大块径达5m,碎石粒径多为5～15cm,砂土充填,结构较紧密,局部见架空现象。研究表明,滑坡体内无连续的软弱面分布,且基覆界面倾角相对较缓,为20°～35°[图4-12(b)]。目前未发现滑坡存在宏观变形迹象,滑坡稳定性良好。

结合滑坡的地质环境条件和现场调查情况,分析认为,滑坡为地震直接触发,滑动后堵塞大渡河。滑坡溃坝后,堆积体还发生过多次复活变形,形成次级滑坡。具体过程为:初次滑动-堵江-溃坝-滑坡整体发生蠕滑变形-滑坡前缘发生局部复活-后缘次级滑动。

二、摩岗岭滑坡

摩岗岭滑坡位于泸定县得妥镇金光村,大渡河右岸,目前滑坡体已不完整,主要保留滑坡体中后部,中前部的滑坡体多已被大渡河侵蚀,分析研究认为,原滑坡体呈箕形。发生滑动的岩体为元古界钾长花岗岩,被多组构造切割,岩体较为破碎。滑坡后壁平面形态多呈典型的圈椅状,形态明显,弯弧开口指向沟谷[图4-13(a)];后缘以55°～70°的陡峻坡度与上部未滑动斜坡和下部已滑动滑坡体明显区分[图4-13(b)];滑坡前缘呈扇形。滑坡体长度约1200m,宽1600m,最大厚度约250m,原始滑坡体体积估算为$14.7 \times 10^7 m^3$。滑坡发生后,滑体堵塞大渡河,形成坝高约170m的堰塞坝,断流10日后发生溃决,导致洪水位到乐山仍高达十几米。现滑坡体残留体积约$2.0 \times 10^7 m^3$,存在双沟同源现象,特别是左侧的冲沟已切穿了滑带,在滑坡体的中部亦有冲沟切过。

(a)摩岗岭滑坡平面分区图(SWW)

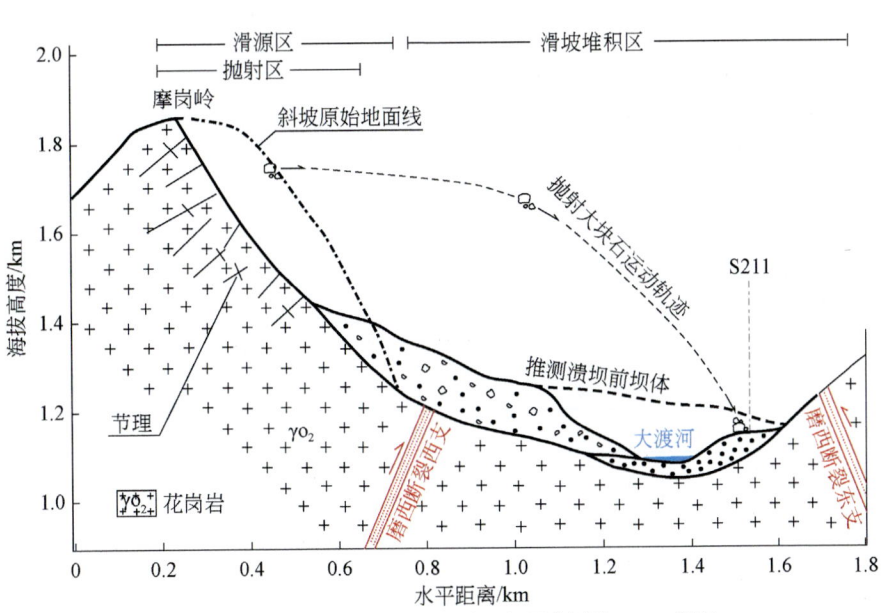

(b)摩岗岭滑坡工程地质剖面图(据周洪福等，2017修编)

图 4-13 摩岗岭滑坡全貌图和工程地质剖面图

滑坡区内斜坡岩体较为破碎，岩体中节理裂隙及断层发育。在大渡河强烈的侵蚀过程中，坡脚的侵蚀使原斜坡沿缓倾向临空（大渡河）方向产生缓慢的蠕变性滑移，滑移面与滑坡后壁的断层间锁固点或其他的错列点附近因拉应力集中而产生与滑移面近于垂直的拉张裂隙，拉张裂隙向上扩展并逐渐与后缘的陡倾向临空方向的断层相接近，形成了潜在滑动带，但该滑动面产状平缓，其向临空方向的倾角不足以使上覆岩体的下滑力超过该面的实际抗剪阻力，故其并未在潜在的滑面形成后就产生滑动，其滑动带的形成过程与滑移-压致拉裂相似。最终在地震的强烈作用下，潜在滑动面全面贯通，形成了摩岗岭滑坡。现场发现这些抛射的碎裂化岩体最远甚至可抛射到大渡河对岸的花石包阶地，目前残留在花石包阶地最大的一块抛射巨石直径达到 18m。目前，该滑坡整体稳定性良好。在 2022 年泸定 M_S 6.8 地震中，摩岗岭滑坡后缘坡顶处发生局部变形破坏，形成高位崩滑，堆积体浅表发生小型崩塌和滑坡，但整体稳定性未受到显著影响。

三、典型古滑坡形成地质时代

大渡河流域内大型、巨型古滑坡主要分布在大渡河河谷两岸，且距离大渡河断裂带越近分布发育越密集（表 4-2）。

表 4-2 大渡河泸定段大型-巨型古滑坡统计表

滑坡名称	形成时间	体积 /$10^6 m^3$	规模	是否堵江	成因	资料来源
摩岗岭滑坡	1786 年	25	特大型	是	地震	Zhao et al.，2021
烂田湾滑坡	1786 年	15	特大型	是	地震	Wang et al.，2019b
羊厂沟滑坡	5 ka	20	特大型	是	地震	吴俊峰，2013

续表

滑坡名称	形成时间	体积/10⁶m³	规模	是否堵江	成因	资料来源
章古古滑坡	26 ka	190	巨型	否	地震	蒋发森等，2013
叫吉沟滑坡	10 ka	2	大型	是	地震	吴俊峰，2013
雄居滑坡	10 ka	2.06	大型	是	地震	吴俊峰，2013
四湾里滑坡	17 ka	35	特大型	是	地震	Deng et al.，2017
咱里古滑坡	17 ka	30	特大型	是	地震	王运生等，2022a
加郡滑坡	19 ka	80	特大型	是	地震	Wu et al.，2019
上奎武滑坡	19 ka	55	特大型	是	地震	吴俊峰，2013
乌支索古滑坡	22 ka	20	特大型	是	地震	吴俊峰，2013
甘谷地滑坡	22 ka	480	巨型	否	地震	吴俊峰，2013
杵泥古滑坡	22 ka	400	巨型	是	地震	吴俊峰，2013
瓦斯沟滑坡	26 ka	5	大型	是	地震	吴俊峰，2013
得妥古滑坡	120 ka	4.3	大型	否	地震	吴俊峰，2013
海子上滑坡	120 ka	15	特大型	是	地震	吴俊峰，2013
新华滑坡	—	95	特大型	否	河流侵蚀	吉锋等，2005
甘草村古滑坡	晚更新世前	880	巨型	是	—	本书

吴俊峰（2013）统计认为该区40.9%的地震古滑坡位于距离大渡河断裂带1km范围内，59.1%的地震古滑坡位于距离断裂带2km范围内，81.8%的地震古滑坡位于距离断裂带5km范围内。分析表明，大渡河断裂带泸定段古地震滑坡具有群发性、滑动方向多与大渡河断裂走向呈大角度相交等特征。

基于大渡河断裂带泸定段古滑坡发育特征与地质时代测年结果，分析认为大渡河流域古滑坡的形成时代大致集中在三个时间段：120ka前后、25～10ka、全新世，其中25～10ka是该区古滑坡特别是地震滑坡发生频率最高的时段，占古滑坡总数的一半以上。古地震滑坡在大渡河断裂带泸定段一带密集发育，频率最高的时间段与大渡河Ⅱ级阶地沉积物的形成时代相吻合。该段古地震滑坡的形成与区域构造活动特别是大渡河断裂活动关系密切。因此，通过该区内古地震滑坡的形成时代，推测大渡河断裂在晚更新世以来有过强烈活动，这也与周荣军等（2000）对大渡河断裂活动性的认识相印证。

第四节　大坪上古滑坡发育特征与稳定性评价

大坪上古滑坡位于泸定县城北侧、大渡河西岸，两岸边坡高程1300～2100m，最大高差约800m，为V形高山峡谷地貌。区内植被较发育，局部缓坡有耕地，高程1800m以下区域以杂草为主，少量灌木，局部基岩出露；高程1800m以上区域灌木茂密。坡体上冲沟较发育，多为季节性冲沟，沟内分布有棱角状碎块石。

一、大坪上古滑坡工程地质特征

大坪上古滑坡位于泸定断裂范围内，区内发育数条近南北构造破碎带，基岩受断裂构造影响严重，局部断裂破碎带厚达 30~50m。地层岩性主要为花岗岩和闪长岩等，以及分布于河谷、缓坡地带的第四纪松散堆积物。滑坡总体上为反向-斜向坡结构，受断裂带及风化卸荷作用的影响，岩体较破碎，节理裂隙发育，优势节理面产状为 260°∠50°~70°，45°~60°∠40°~60°（图 4-14）。滑坡区地壳强烈抬升，在河流强烈下蚀过程中发生的地应力调整及重力作用下，形成了斜坡岩体卸荷结构面，卸荷裂隙继承原有构造节理发生进一步拉张。强卸荷带内裂隙发育，多处可见卸荷裂隙集中成带，岩体松弛掉块明显，下部陡峭坡体发生局部崩塌落石，前缘堆积大量崩积物。

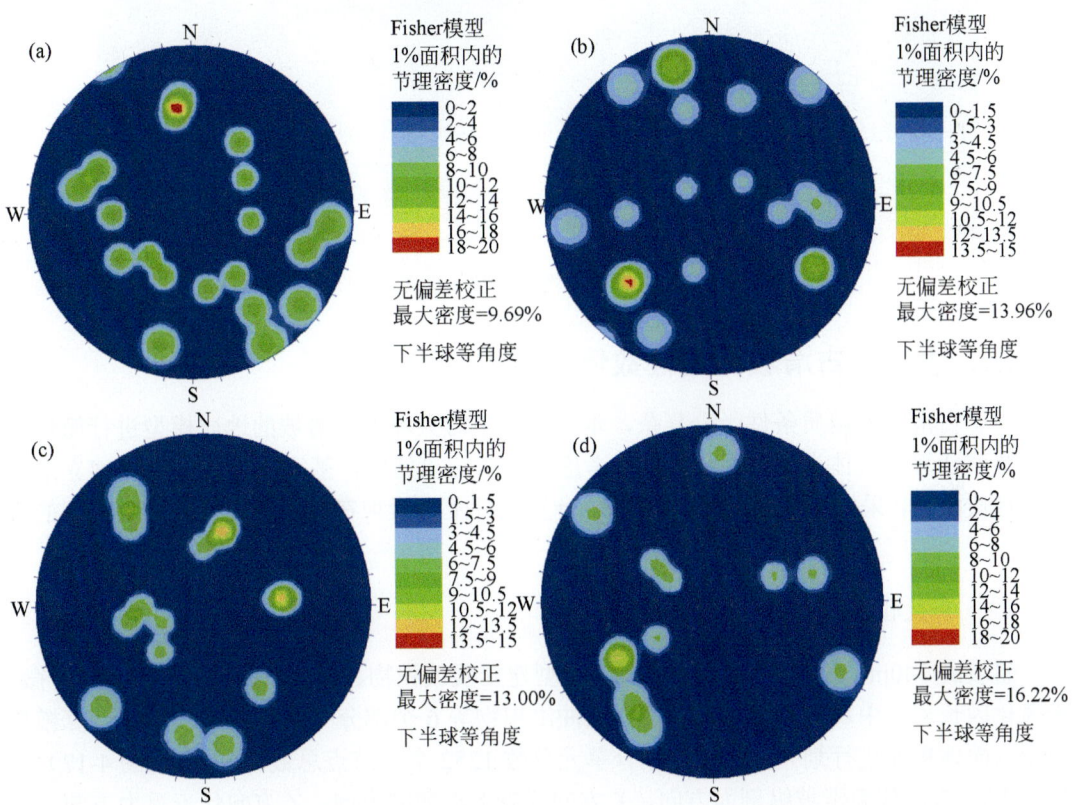

图 4-14　大坪上古滑坡河谷段两岸边坡岩体节理密度图

二、大坪上古滑坡发育特征

大坪上古滑坡最高点高程约 1930m，坡脚高程约 1300m，高差约 630m，坡长约 1170m，整体坡向约 110°，平均坡度约 28°（图 4-15）。滑坡上半部较陡，中部在高程 1650~1710m 处发育一缓坡平台，平均坡度为 10°，边坡下部陡峭，坡度为 37°~55°，局部基岩出露，形成陡崖。上部陡坡和中部缓坡平台的坡积物主要由岩体风化剥落或因重力作用崩落的碎块石堆积而成，滑坡下部和坡脚为崩积物。

图 4-15　大坪上古滑坡地貌（镜向 255°）

三、大坪上古滑坡稳定性数值模拟

由于古滑坡的地质条件十分复杂，本次计算中对大坪上古滑坡的地质模型进行简化。本次数值计算视岩体为弹塑性材料，并考虑边界效应等问题，基于 ANSYS 软件建立滑坡三维地质模型，采用库仑-莫尔破坏准则，计算大坪上古滑坡在天然工况及降雨工况下的稳定性。

（一）数值模型与计算参数

斜坡高 340m，长 2250m，宽 100m。模型建立残坡积物、强风化闪长岩、断裂带、微-未风化闪长岩、中风化闪长岩以及第四纪冲洪积物等 6 个部分（图 4-16）。数值计算模型采用六面体单元进行划分，模型共划分单元总数 1252 个，节点总数 2664 个（图 4-17）。模型中 X 方向代表滑坡纵剖面方向，Y 方向代表滑坡横向方向，Z 方向代表重力方向，模型上部和滑坡表面为自由面，两侧垂直边界在 Z 方向自由，在 X 方向约束，底面为全约束边界。

经简化后，计算模型所需的物理力学参数为岩土体的体积模量、剪切模量、泊松比、黏聚力、内摩擦角及岩土体密度。本次数值计算采用的岩土体力学参数值见表 4-3。

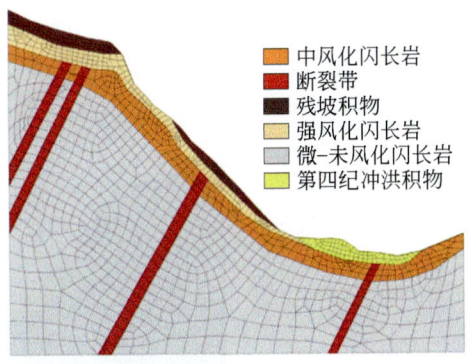

图 4-16 大坪上古滑坡地质剖面图

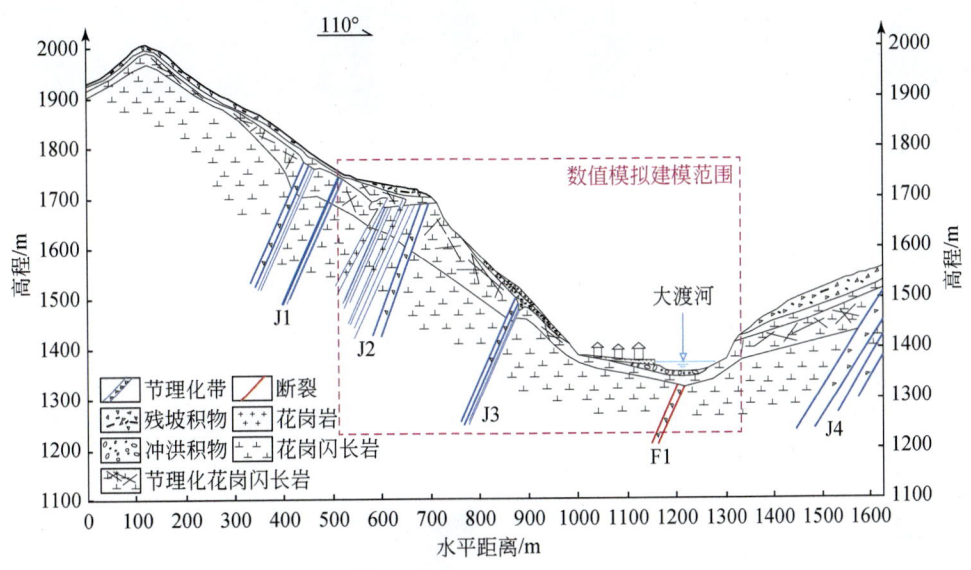

图 4-17 大坪上古滑坡计算模型

表 4-3 数值模拟主要岩土体力学参数表

岩性	容重 /(kN/m³)	体积模量 K/MPa	剪切模量 G/MPa	黏聚力 c /kPa	内摩擦角 φ /(°)	泊松比 μ
残坡积物	2100	800	1450	48	36	0.35
强风化闪长岩	1870	1100	650	50	40	0.3
断裂带	2100	1500	950	100	45	0.32
中风化闪长岩	2600	4100	2100	350	45	0.20
微-未风化闪长岩	2750	5000	2600	500	45	0.18

(二) 计算结果分析

1. 剪应变增量特征

数值模拟结果表明，在降雨工况下大坪上古滑坡的安全系数为 1.15，从其临滑剪应变增量云图可以看出，滑动面主要位于陡坡中风化层中，潜在滑动面深度最深约80m［图4-18（b）］。天然工况下安全系数为1.20，仅在坡体中部松散堆积层及中风化层上部形成潜在贯通剪切滑动面［图4-18（a）］。

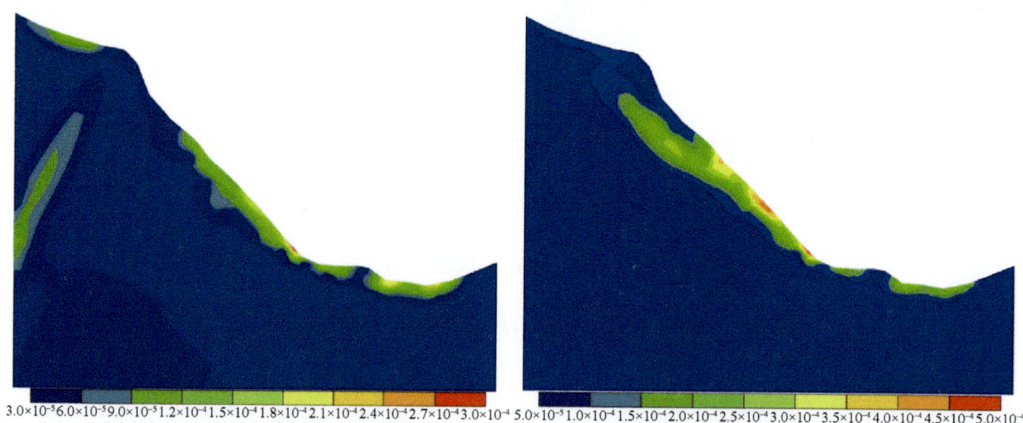

(a)天然工况下临滑剪应变增量云图　　　　(b)降雨工况下临滑剪应变增量云图

图4-18　大坪上古滑坡临滑剪应变增量云图

2. 塑性区分布特征

数值模拟计算结果表明，天然工况下大坪上古滑坡临滑阶段在坡体中部中风化层深度范围内形成剪应力塑性区，局部沿断裂带向深部延伸，在坡体中下部形成较为集中的剪应力塑性区，坡体仅在强风化层顶部出现剪应力塑性区［图4-19（a）］。在降雨工况下，大坪上古滑坡剪应力塑性区范围较天然工况下有所扩展，主要集中在坡体的中风化基岩中，在滑坡顶部强风化层中出现拉应力区［图4-19（b）］。

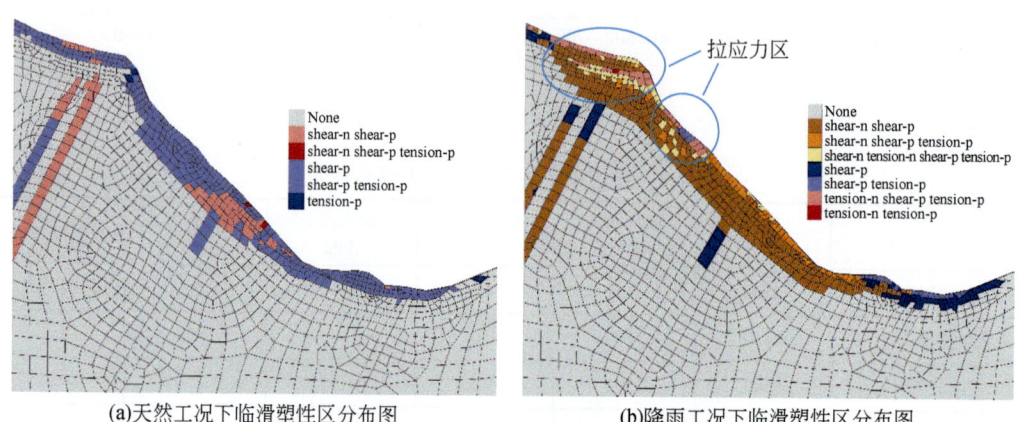

(a)天然工况下临滑塑性区分布图　　　　(b)降雨工况下临滑塑性区分布图

图4-19　大坪上古滑坡临滑塑性区分布图

None：无影响区域；shear-n：材料在当下时间步处于剪切破坏状态；shear-p：材料在过去时间步曾处于剪切破坏状态；tension-n：材料在当下时间步处于拉伸破坏状态；tension-p：材料在过去时间步曾处于拉伸破坏状态

四、大坪上古滑坡稳定性分析

通过野外地质调查，结合数值模拟计算，表明在天然工况下大坪上古滑坡顶部强风化层和滑坡中部及前缘形成剪应力塑性区;降雨工况下其中风化的基岩中形成剪应力塑性区,在滑坡顶部强风化层中出现拉应力区。

(1) 根据数值模拟分析,大坪上古滑坡在天然工况和降雨工况下滑坡的安全系数分别为 1.20 和 1.15,均属于稳定状态。

(2) 对比两种工况,降雨工况和天然工况下边坡体的塑性区分布规律基本一致,在降雨作用下大坪上古滑坡中下部陡坡的变形趋势明显加强,有沿边坡临空面滑移的趋势。

(3) 大坪上古滑坡在降雨工况下的安全系数比天然工况下有所降低,其滑动面主要位于陡坡中等风化层中,潜在滑动面深度最深约 80m。而在天然状态下仅在坡体中部松散堆积层及中风化层上部形成潜在贯通剪切滑动面。

第五节　甘草村古滑坡发育特征与危险性评价

一、滑坡区工程地质条件

甘草村古滑坡位于四川泸定,地处青藏高原东缘与四川盆地过渡地带,受构造作用和大渡河深切影响,地形起伏大,为强烈侵蚀的高山峡谷地貌,河谷呈不对称"V"形。该区位于龙门山断裂带、鲜水河断裂带及安宁河断裂带交汇部位,大渡河断裂为主要的控制性活动断裂,其自北向南可分为三段,依次为昌昌断裂、泸定断裂和得妥断裂,断裂带活动性相对较弱,整体以挤压为主兼弱左旋走滑性质,主要活动时期为中更新世中期至晚更新世(郭长宝等,2015;王运生等,2022b),1786 年磨西 M_S7.75 地震引起了大渡河断裂带局部活动(周荣军等,2000)。滑坡区主要受周边断裂如鲜水河断裂带活动影响,地震活动性较高(李鸿巍和吴德超,2014;Bai et al.,2018)。该区广泛发育花岗岩、闪长岩等,第四纪沉积物主要分布于大渡河及支沟的缓坡及河谷地带(邓茜,2011;吴俊峰,2013)。区内多年平均气温 15.4℃,极端最高气温 36.4℃(1961 年 6 月 18 日),极端最低气温-5.0℃(1967 年 1 月 6 日),多年平均年蒸发量 1526.9mm,多年平均相对湿度 66%,多年平均年降水量 642.9mm,历年最大日降水量 72.3mm。区内干湿季分明,降水高度集中于雨季,尤其集中于 5～9 月,约占全年降雨量的 90%以上。

二、滑坡发育特征

(一)滑坡基本特征与滑坡分区

甘草村古滑坡位于大渡河支流木角沟右岸,其在构造上处于大渡河断裂带中段泸定韧性剪切带内(王运生等,2022b)。滑坡整体呈长舌形(图4-20),后部呈圈椅状地貌,后缘以山脊为界,高程约为2650m,前缘到达木角沟沟底,高程约为1450m,顶底高差达1200m。滑坡纵长约2090m,平均横宽约900m,面积达 2.3km²,主滑方向约为 75°。滑坡所在斜坡基岩为元古代石英闪长岩,坡表整体相对平缓,平均坡度为 25°～30°,滑坡堆积体主要堆积于滑坡中部和前部。甘草村古滑坡前缘位于木角沟Ⅱ级阶地之后,表明滑坡形成于木角沟Ⅱ级阶地发育之前,推测形成时间早于晚更新世(王运生等,2006;张永双等,2021b)。

根据遥感解译和现场调查,将甘草村古滑坡分为滑源区和滑坡堆积区(图 4-20),分区特征如图 4-20 所示。

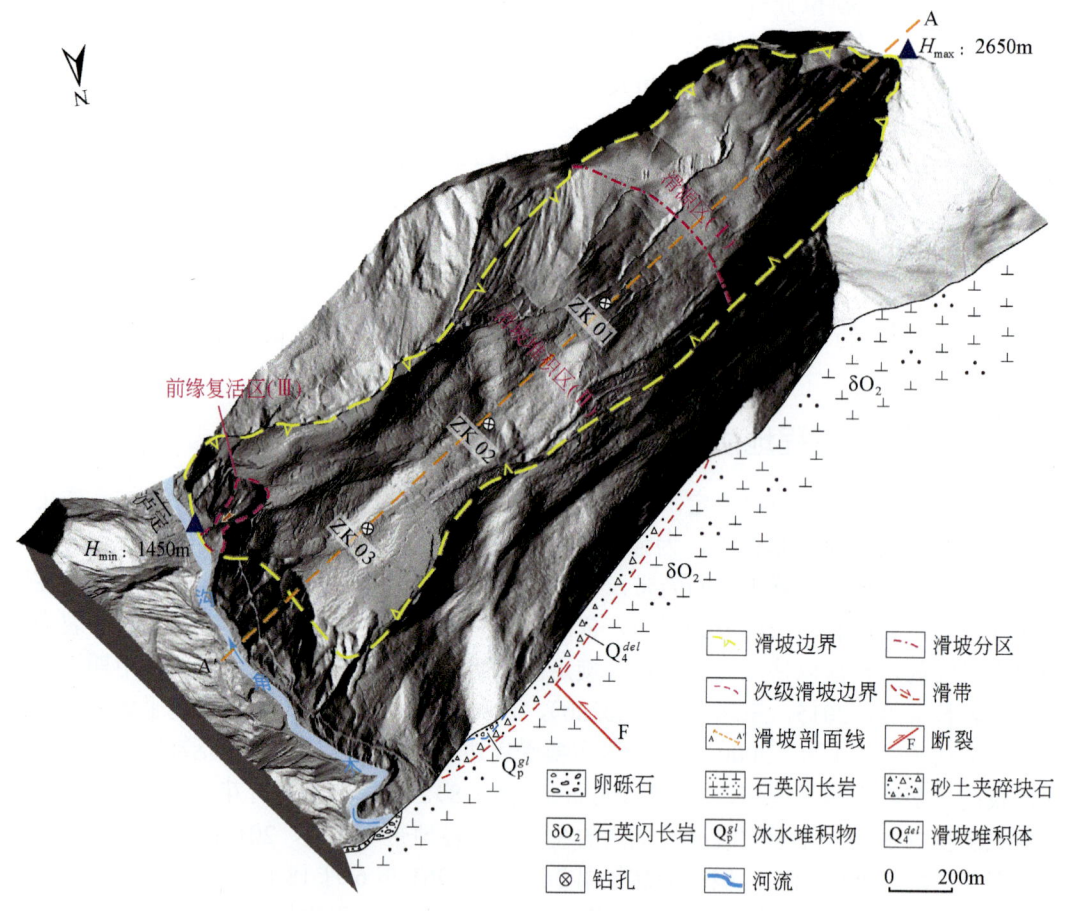

图 4-20 甘草村古滑坡激光雷达(LiDAR)影像图

滑源区(Ⅰ):甘草村古滑坡滑源区主要分布在高程 2050m 之上的滑坡后缘,滑源区前缘以地形陡缓交界处为界,坡度相对较陡,目前植被覆盖较好,局部基岩出露。出露岩性以强风化花岗岩、闪长岩为主,发育有一条较大冲沟。该区未发现明显的滑塌与裂缝等变形迹象。

滑坡堆积区(Ⅱ):滑坡堆积区前缘以木角沟沟谷为界,后缘以坡体陡缓交界处为界。受河流深切因素影响,堆积区前缘坡度较陡,局部可达 60°以上,临空条件较好。该区域主要覆盖第四纪滑坡堆积体(Q_4^{del}),为碎石土混杂堆积,无明显的分选,碎石呈棱角状、次棱角状,下伏强风化花岗岩、闪长岩基岩。滑坡堆积体前缘临崖处还分布有大量大型-巨型砾石[图 4-21(f)],呈混杂堆积,块径多为 1m 左右,最大可达 3m,岩性多为花岗岩,推测为冰水堆积体。钻探揭露泸定韧性剪切带次级断层从堆积区穿过,岩体破碎。由于滑坡堆积体覆盖于木角沟Ⅱ级阶地之上,可推测滑坡形成时间在Ⅱ级阶地形成之后[图 4-21(e)]。2019 年在滑坡前缘已发生局部复活变形[图 4-21(a)(b)],形成前缘复活区

（Ⅲ）。此外，在滑坡前缘谷坡上开挖公路后未进行支护，可见局部滑塌现象，前缘滑体有渗水现象[4-21（c）]，在前缘公路旁出露滑坡滑带土[图4-21（d）]。

图4-21 甘草村古滑坡发育特征

（二）滑坡结构特征

根据现场地质调查和工程地质钻探结果（图4-22），分析认为滑坡的松散堆积体厚度可达9.7～21.6m，其中基覆界面以角砾土为主，黏粒含量较高，推测为古滑坡滑动面。下伏基岩为闪长岩、花岗岩，整体较破碎，钻孔揭露多层破碎带、软弱层，强风化带埋深15.7～98.6m。其中钻孔ZK01揭露的滑带位置为13.6～15.7m，钻孔ZK02揭露的滑带位置为20.7～

21.6m，钻孔 ZK03 揭露的滑带位置为 5.4～9.7m（图 4-22）。

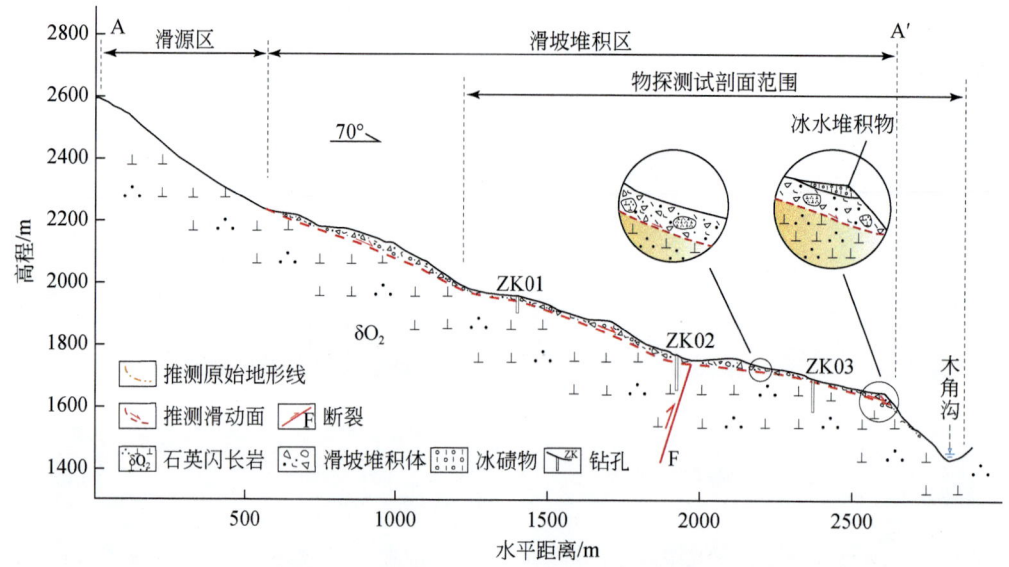

图 4-22　甘草村古滑坡工程地质剖面图

甘草村古滑坡体厚度为 9.7～21.6m，岩性以闪长岩和花岗岩的碎石土、角砾土、块石土为主，岩体破碎、结构松散，多呈浅紫红色、灰黄色、褐色为主的杂色，棱角状，分选较差，粒径一般在 0.2～10mm，碎石含量为 10%～60%，角砾含量为 15%～50%，常填充有砂和粉质黏土。钻探揭示滑坡体内部有超大块径砾石，最大可达数米。在基覆界面以下为灰白色晋宁期花岗岩和闪长岩，结构面极其发育，花岗岩呈浅灰红色、肉红色，闪长岩呈浅灰和灰白色，粗粒结构，块状构造，主要矿物为长石、角闪石、云母等，岩体较为坚硬、完整，主要发育两组节理：110°∠58°和 167°∠45°。根据钻孔揭露的地层岩性，推断埋深 9.7～21.6m 的基覆界面为滑动面，滑带物质为碎块石土和角砾土，角砾和黏土含量较高，遇水易软化。上已述及，甘草村古滑坡纵长约 2090m，平均横宽约 900m，滑坡区面积达 2.3km^2，滑体厚度 9.7～21.6m，平均厚度约 16m，滑坡体积约为 $3.7×10^7$m^3，为一特大型古滑坡。

结合浅层地震物探测试结果（图 4-23，图 4-24），坡体表层的第四纪崩坡积物（Q_h^{dl+el}）较为疏松，表现为较低的频率响应特征；基岩相对致密，表现为较高的频率响应特征；滑动面位于坡体内部的软弱夹层处，表现为较低的频率响应特征。软弱夹层在坡体上部靠近滑坡后壁位置处表现为断层面，在坡体中部靠近初次滑动剪出口位置处为破碎带，在坡体下部则表现为滑体与下伏基岩之间的早期崩坡积物[图 4-21（d）]，上述物探测试结果与钻孔揭示的地层相吻合。甘草村古滑坡在滑动后的一段时间内达到了相对稳定的状态，随着木角沟内河流对滑坡前缘的不断侵蚀，在古滑坡坡脚处形成了新的有效临空面，导致滑坡前缘位置发生次级滑动。次级滑坡的后壁位置发育下挫陡坎，前缘直抵木角沟河道。由频率成像解释剖面可知，次级滑体的滑面与主滑面相贯通。

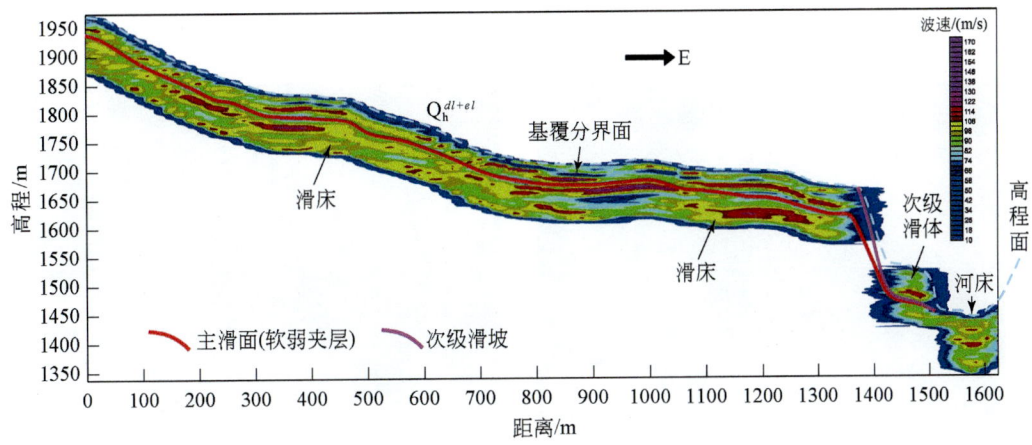

图 4-23　L1 线天然源频率成像解释剖面

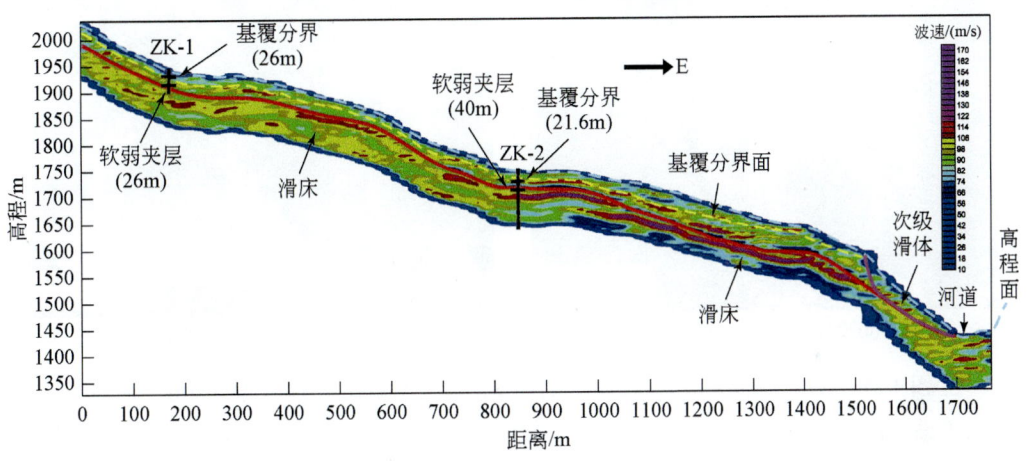

图 4-24　L2 线天然源频率成像解释剖面及附近钻孔标定情况

三、甘草村古滑坡变形破坏特征

（一）次级滑坡发育特征

自 2021 年 8 月起对甘草村古滑坡开展滑坡综合监测，主要采用全球导航卫星系统（GNSS）地表位移、钻孔深部位移、水位计和雨量计等监测设备，开展滑坡坡表位移、钻孔深部位移、地下水位和降雨量等综合监测。监测数据表明，目前甘草村古滑坡整体较为稳定，未出现明显的滑动变形信号。甘草村古滑坡距 2022 年 9 月 5 日泸定 $M_S6.8$ 地震震中约 37km，位于地震烈度Ⅵ度区范围内，地震未对其造成显著影响。

自 2019 年 8 月以来，甘草村古滑坡前缘的木角沟右侧谷坡发生局部复活滑动，形成一级滑坡，且滑坡范围和体积逐年扩大（图 4-25）。次级滑动区后缘高程约 1593m，前缘临近木角沟，高程约 1489m，顶底高差达 104m（图 4-26）。截至 2022 年 9 月，已形成的次级滑动区纵长约 250m，平均横宽约 120m，滑坡面积约为 $2.5×10^4m^2$，推测体积约为 $15×10^4m^3$，为一中型滑坡。滑坡失稳滑动后在坡脚堆积，部分堆积体侵入木角沟河道（图4-27）。

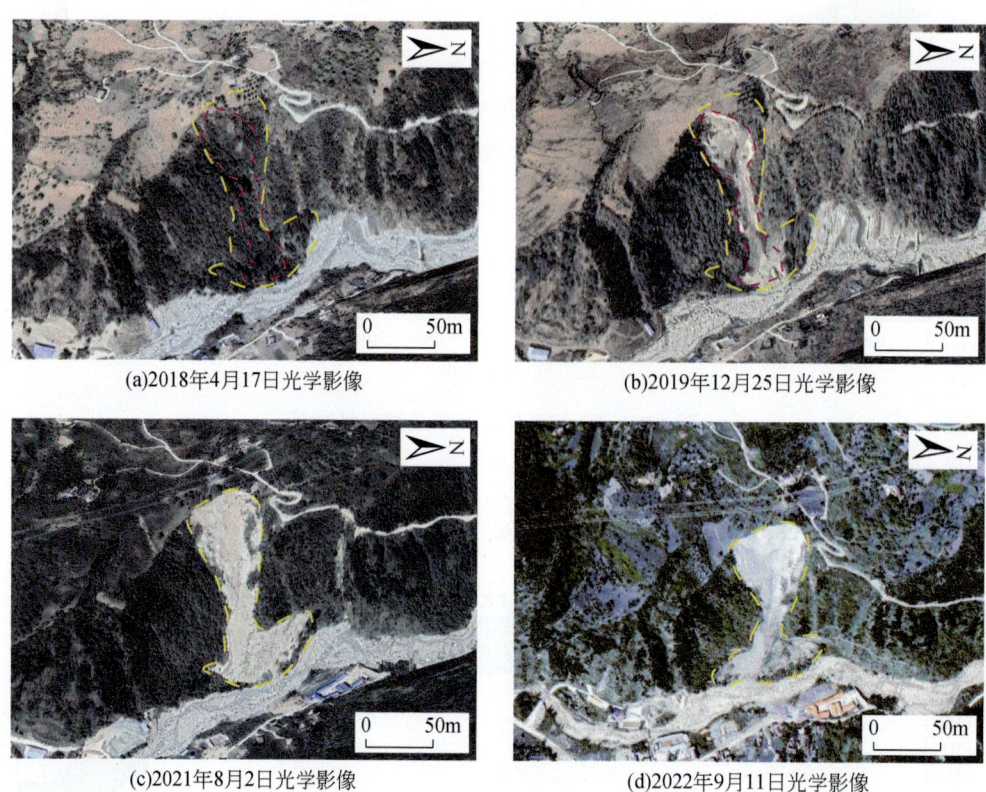

图4-25 甘草村古滑坡前缘次级滑动时序变形图[据谷歌地球（Google Earth）影像]

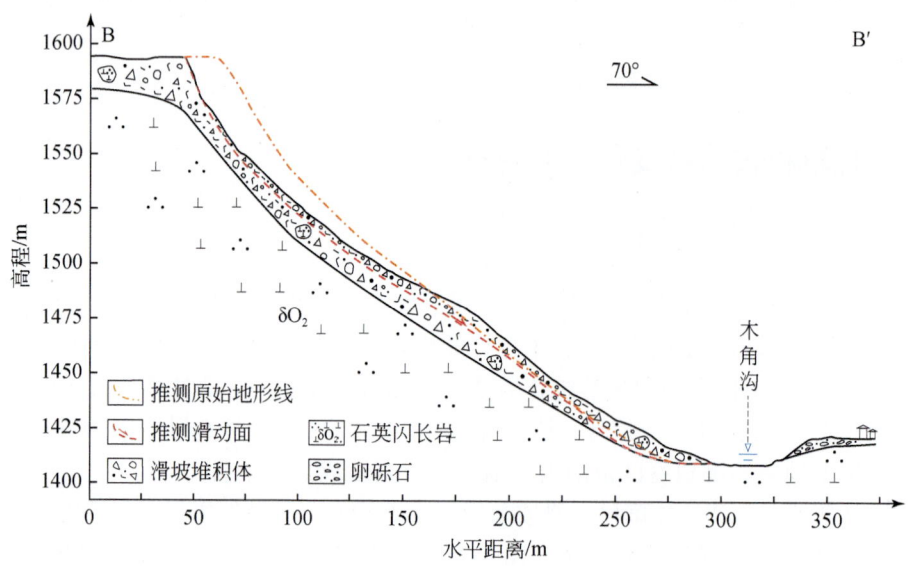

图4-26 甘草村次级滑坡剖面图

图 4-27 甘草村古滑坡前缘次级滑坡发育特征

甘草村古滑坡前缘次级滑坡堆积体物质整体呈现灰白色[图 4-27（g）]，主要由松散的花岗岩风化砂夹杂碎石土组成，碎石多为棱角状，磨圆度较差，分选性较差，呈混杂堆积特征，渗透性较强，保水能力较差。坡表发育多处小冲沟，滑坡中部出露一下降泉，在雨季时地下水持续向外渗出。

综合遥感时序影像监测和现场调查,前缘次级滑坡的失稳范围有向滑坡后缘及两侧进一步扩展的趋势,滑动方量不断增加。现场分析认为,在前缘次级滑坡的后部两侧存在不稳定块体,其中左侧块体内部裂隙缓慢拉张、贯通,在强降雨等作用下极易发生滑动,存在失稳的可能性[图4-27(e)]。

(二)次级滑坡变形机制分析

1. 次级滑坡岩土力学特性

(1)滑坡堆积体基本物理性质。甘草村次级滑坡滑体多为花岗岩风化砂,粒径最大可达1m。室内测试表明,滑体以棱角型砾石为主,颗粒级配宽,粒径大小在>2mm的颗粒占62.7%,<0.075mm的颗粒仅占8.4%(表4-4)。

表4-4　甘草村次级滑坡滑体颗粒组成　　　　　　　　(单位:%)

天然含水率	颗粒组成						
	>20mm	20~2mm	2~0.5mm	0.5~0.25mm	0.25~0.075mm	0.075~0.005mm	<0.005mm
0.8~1.2	25.4	37.3	13.9	7.5	7.5	8.4	—

(2)滑坡堆积体渗透特性研究。根据《水利水电工程注水试验规程》(SL 345—2007),在次级滑坡后缘处和滑坡堆积体处开展了三组双环注水试验,试验点位见图4-28(a)。试验结果表明(图4-28,表4-5),滑坡后缘坡顶处即ST-01点的花岗岩全风化砂渗透系数为3.05×10^{-3}cm/s;ST-02点在滑坡松散堆积体上,此处粒径大小不一,多见10cm左右粒径的砾石,砂质含量较高,呈显著混杂堆积特征,渗透系数为1.72×10^{-3}cm/s;ST-03点位于较ST-02点更老期次的滑坡堆积体上,该处砾石较少,多为粗砂等细粒物质,渗透系数为1.87×10^{-3}cm/s。由此可见,甘草村次级滑坡滑体整体渗透性较强。

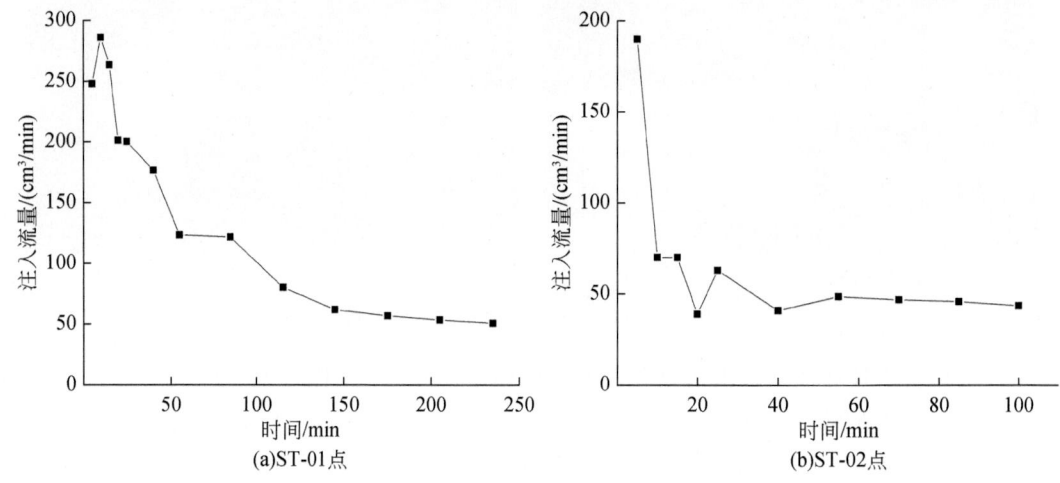

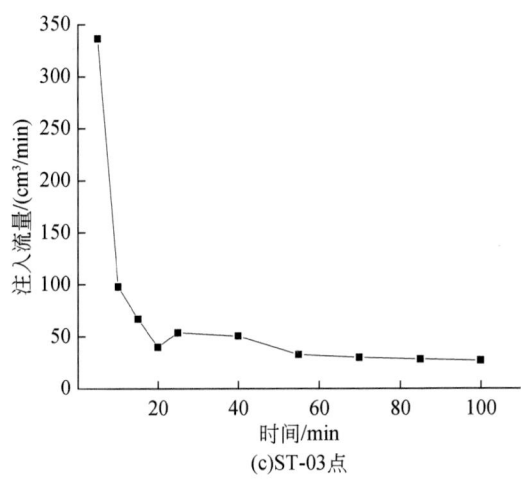

(c)ST-03点

图 4-28 甘草村前缘次级滑坡堆积体各渗透试验点注入流量与时间关系曲线

表 4-5 甘草村前缘次级滑坡堆积体渗透性

点位	滑坡后缘	滑坡堆积体	
	ST-01	ST-02	ST-03
渗透系数/(cm/s)	3.05×10^{-3}	1.72×10^{-3}	1.87×10^{-3}

2. 次级滑坡变形机制分析

大渡河断裂带泸定段具有高原隆升-沟谷深切-坡体卸荷的自然规律，甘草村前缘次级滑坡形成机理较为复杂。受木角沟深切作用影响强烈，谷坡两岸的岩体节理裂隙发育，风化剥蚀作用极为强烈，岩体浅表层风化岩体破碎松散，有利于降雨入渗，临空条件较好。综合分析认为，花岗岩碎石土性质及高陡边坡物质结构等为次级滑坡滑动的主要内在影响因素，控制着滑坡的形成和发展。地下水作用诱发了次级滑坡的形成，而降雨则加速了滑坡的变形失稳。

（1）地形地貌与地质构造。中世纪以来，大渡河区域的构造应力场为近东西向（王运生等，2022a），与近南北向的木角沟甘草村段大致正交。第四纪以来，该地区经历了强烈的构造隆升作用，河流间歇性快速下切形成深切河谷。在木角沟快速下切过程中，谷底和谷坡的应力较为集中，在谷坡内部形成拉张卸荷裂隙（张倬元，1994；黄润秋和黄达，2008）。甘草村古滑坡局部处于泸定韧性剪切带内，受构造影响，坡体前缘岩体发育多方向结构面，致使卸荷裂隙增大，斜坡岩体完整性较差（王运生等，2022b）。

（2）强降雨及降雨优势入渗。根据长时序的遥感监测和现场调查，甘草村前缘次级滑坡自 2019 年 8 月以来，在每年雨季及之后会发生局部滑动，变形加剧，且滑动范围逐年增大，可见降雨对其变形破坏的促进作用显著。原位试验表明，滑坡堆积体具有良好的渗透性，在降雨条件下有利于促进滑坡发生失稳变形破坏，其本质是降雨入渗引起了坡体内部地下水位上升、孔隙水压力变化和岩土体的抗剪强度弱化等，进而影响坡体的稳定性。具体表现为：一方面，在强降雨或长期降雨作用下，岩土体趋近饱和，滑坡体自重增加，滑坡体内孔隙水压力发生变化，产生动水压力和静水压力；另一方面，降雨入渗弱化了岩体，降低了岩土体抗剪强度。此外，滑坡中后部坡表发育少量裂缝和下挫陡坎，故在强降雨或长期降雨作用下，地表水能快速渗入坡体内部，促进滑坡变形破坏。

（3）地下水作用。在降雨入渗作用下，甘草村古滑坡坡体内部地下水不断得到补充。每年雨季降雨量较大时，地下水增多，受渗流作用影响，地下水在滑坡体内部产生渗流侵蚀作用，滑坡体内细颗粒物质在孔隙中发生运移，部分地下水在次级滑坡中上部通过泉眼持续渗出，但渗出水量不大。在长期渗流侵蚀过程中，次级滑坡坡体内部沿着潜蚀通道发生破坏，形成局部孔洞，导致滑坡体完整性和稳定性逐渐变差，最终发生失稳滑动。

（4）沟谷侵蚀作用。木角沟为一大型沟谷泥石流，流域面积大，沟道内堆积大量大型-巨型砾石，近百年来历史上曾发生过多次较大规模的灾害性山洪泥石流，目前研究认为其泥石流易发性为中等。在雨季较为集中的 5~9 月，木角沟流量变化极大，在强降雨作用下可能诱发山洪泥石流，极易加速侵蚀沟谷边坡，特别是次级滑坡堆积体前缘，加剧其变形破坏。

综合上述分析，结合现场实地调查情况，次级滑坡失稳主要诱发因素为降雨渗入滑坡体，地下水作用为滑坡失稳的主要控制因素。目前，次级滑坡的失稳范围有向滑坡后缘及两侧进一步扩展的趋势，两侧存在潜在失稳块体，一旦发生失稳滑动，极易形成滑坡-堵江-堰塞湖沟谷灾害链，对沟内上下游范围内的设施和人员安全构成威胁（崔鹏和郭剑，2021）。此外，次级滑坡产生的松散堆积层堆积于河漫滩之上，一旦木角沟泥石流暴发山洪，次级滑坡堆积体会成为泥石流的物源之一，进一步加重山洪灾害。

四、滑坡稳定性分析

调查与研究认为，甘草村前缘次级滑坡的变形主要受降雨和地下水渗流的影响。在现场调查的基础上，结合试验测试结果，本书采用 FLAC3D 软件对甘草村古滑坡稳定性进行模拟分析，研究甘草村古滑坡在不同工况条件下的变形破坏特征，探究不同工况对滑坡稳定性的影响。

（一）数值模型建立

按照甘草村古滑坡的实际几何形态，以甘草村古滑坡 A-A' 剖面图为基础，建立高1200m，长2900m，宽100m 的滑坡计算模型（图4-29），模型采用六面体单元网格进行划分，共划分为网格总数 59895 个，节点数 13176 个，将滑坡分为基岩、滑带和滑坡堆积体三个部分，同时对滑坡堆积体和滑带的网格进行加密处理。模型的顶面和坡面采用自由边界约束，各侧立面采用法向约束，底面采用三向约束。

（二）计算参数选取

本次数值模拟采用库仑-莫尔模型作为本构模型，在滑坡现场调查的基础上，综合甘草村古滑坡的岩性组合特征、岩体完整性情况等特点及物理力学试验测试结果，并与相关参数进行工程类比，获得了模拟计算的岩土体力学参数。其中，体积模量 K 和剪切模量 G 由计算取得，其他岩土体力学参数见表4-6。

第四章 大渡河断裂带泸定段古滑坡稳定性评价

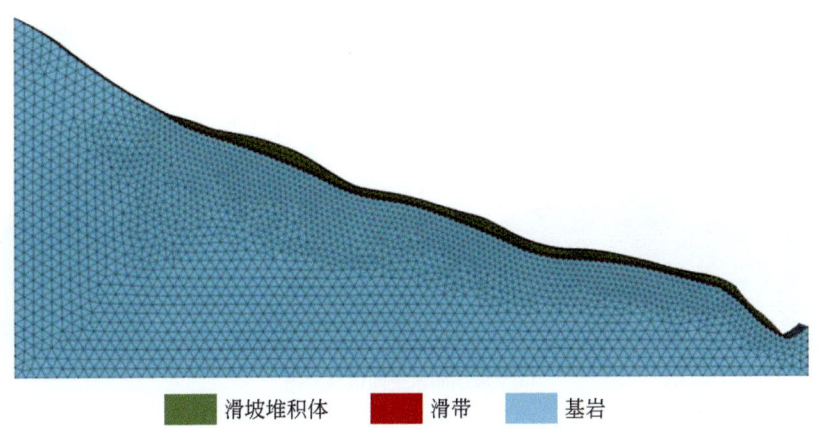

图 4-29 甘草村古滑坡数值模拟模型

表 4-6 甘草村古滑坡岩土体模拟计算主要参数

地层	体积模量 K /GPa	剪切模量 G/GPa	密度 ρ /(kg/m³)	内摩擦角 φ/(°) 天然	内摩擦角 φ/(°) 饱和	黏聚力 c/kPa 天然	黏聚力 c/kPa 饱和
碎石土（滑坡堆积体）	2.88	1.26	2500	30	27	150	130
角砾土（滑带）	1.43	0.86	2050	28	25	110	100
花岗岩、闪长岩（基岩）	43	30.1	2600	43	40	450	400

（三）计算条件

前已述及，分析认为甘草村古滑坡的复活主要受降雨和地下水渗透的影响。此外，泸定地区为地震频发区，2022 年 9 月 5 日泸定 M_S6.8 地震虽未对滑坡造成显著影响，但仍需考虑地震作用对滑坡稳定性的影响。故本书开展了自重、强降雨和地震三种条件下的数值模拟分析滑坡稳定性。

（四）结果分析

1. 自重条件下滑坡稳定性分析

根据自重条件下甘草村古滑坡位移云图（图 4-30），可知甘草村古滑坡在自重条件下滑坡整体稳定性较好。滑坡剖面总位移云图、水平向位移云图和垂直向位移云图反映滑坡的变形位移量均出现在甘草村古滑坡前缘，最大位移量出现在甘草村古滑坡前缘木角沟右岸谷坡坡顶处，揭示滑坡前缘在自重条件下可能发生局部的变形破坏，沿前缘次级滑坡的基覆界面产生位移，滑坡剖面总位移最大值为 0.56m，滑坡剖面垂直向位移最大值为 0.38m，滑坡剖面水平向位移最大值为 0.49m。

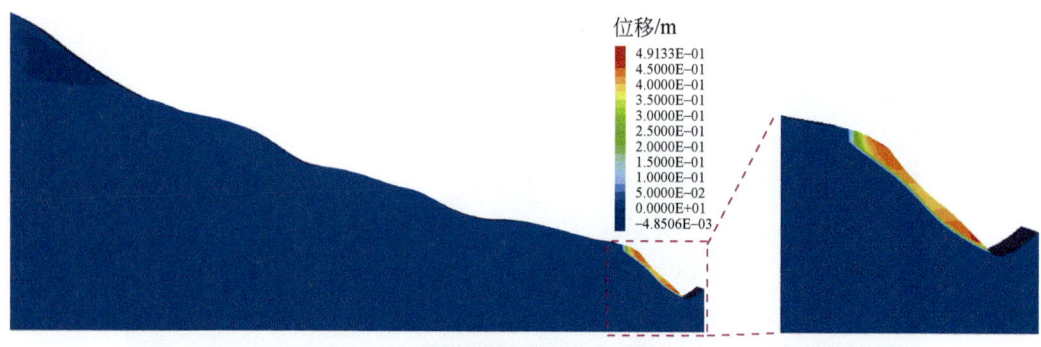

(a)滑坡剖面水平向位移云图

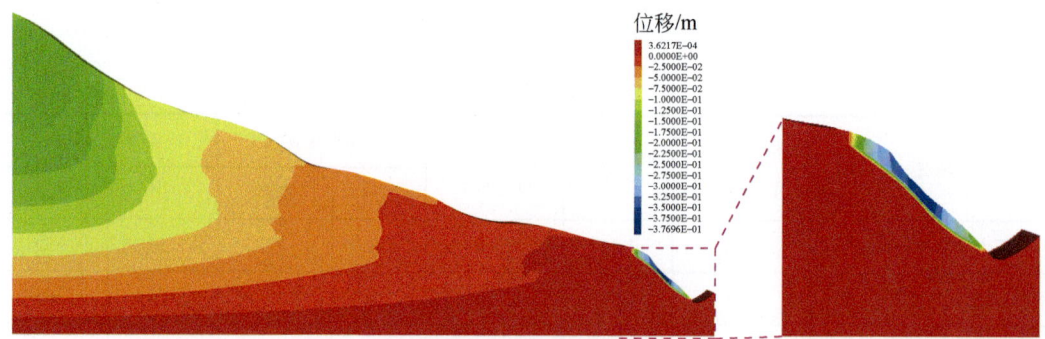

(b)滑坡剖面垂直向位移云图

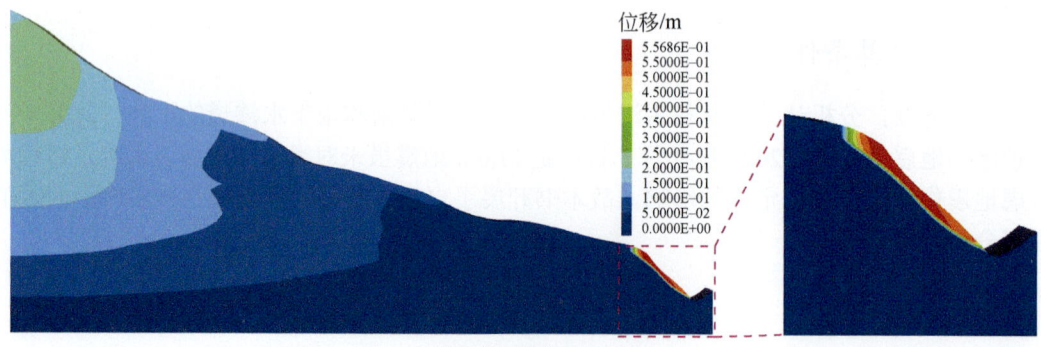

(c)滑坡剖面总位移云图

图 4-30　自重条件下甘草村古滑坡位移云图

进一步分析自重条件下甘草村古滑坡剪切应变增量云图，滑坡的最大剪应变增量出现在前缘次级滑坡的基覆界面处，前缘次级滑坡上部与滑坡其他部位相比稳定性相对较差[图4-31（a）]。滑坡的塑性区与滑坡位移区分布相对应，剪切区分布于滑坡坡脚的整个区域[图4-31（b）]，而拉张区存在于坡脚的顶部，坡脚底部少有分布。

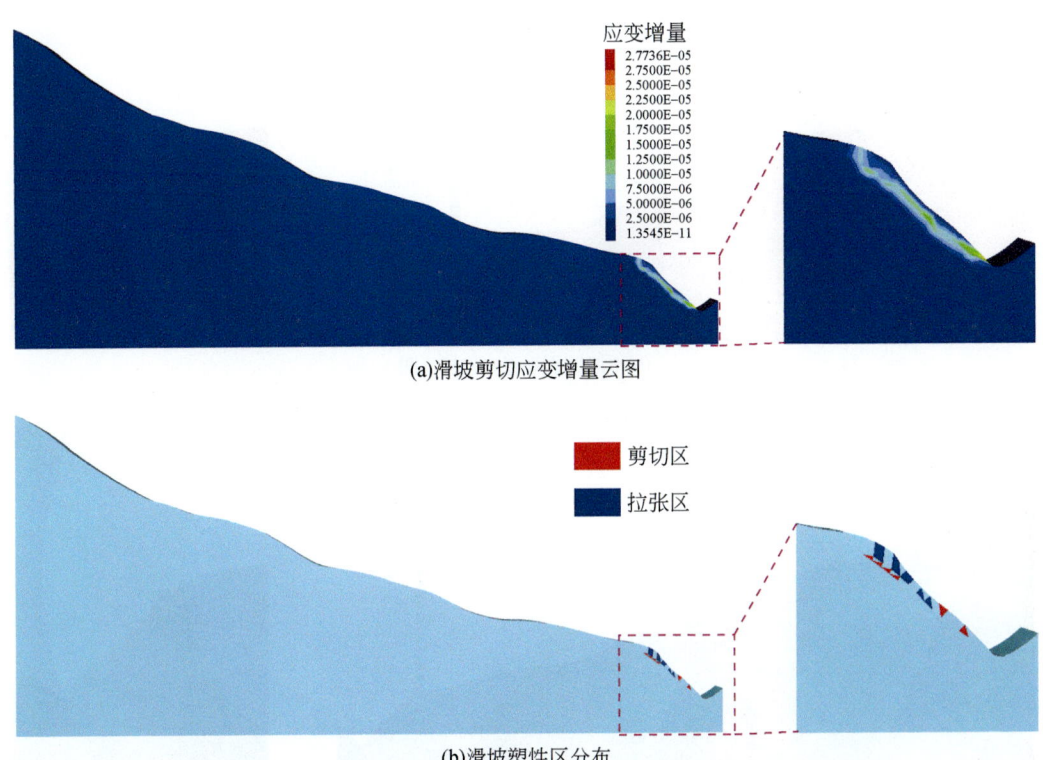

图 4-31　自重条件下甘草村古滑坡剪切应变增量与塑性区分布图

2. 强降雨条件下滑坡稳定性分析

在强降雨条件下，甘草村古滑坡的整体稳定性较好，与自重条件下滑坡位移云图相似，滑坡剖面总位移云图、水平向位移云图和垂直向位移云图反映变形区主要发育于滑坡前缘坡脚处，与自重条件下相比，其坡脚处变形量有所增大，这揭示了滑坡前缘在强降雨条件下易发生局部的变形破坏，沿前缘次级滑坡的基覆界面产生位移，滑坡总位移最大值为 1.60m，垂直向位移最大值为 1.08m，水平向位移最大值为 1.41m（图 4-32）。

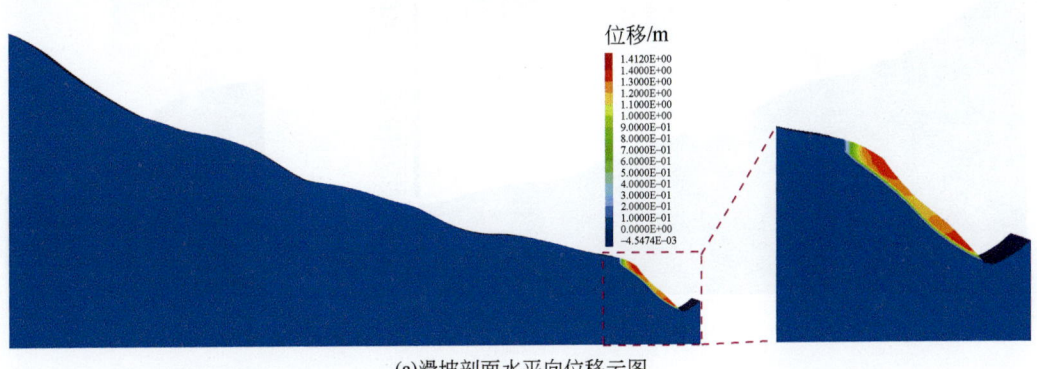

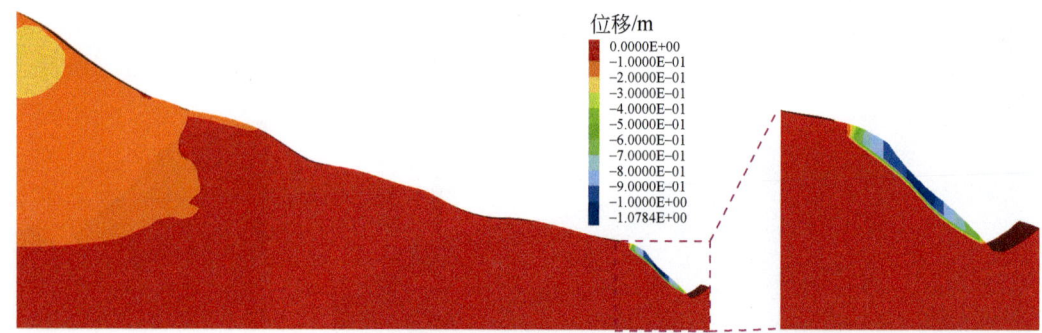

(b)滑坡剖面垂直向位移云图

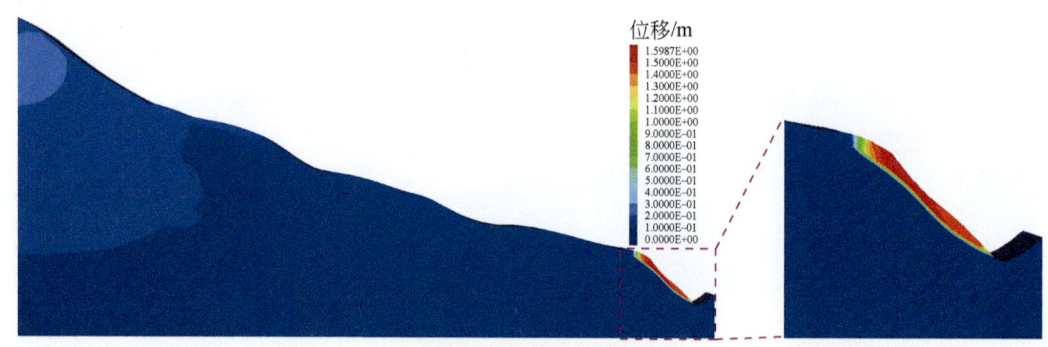

(c)滑坡剖面总位移云图

图 4-32　强降雨条件下甘草村古滑坡位移云图

受强降雨影响,甘草村古滑坡的最大剪应变增量出现在前缘次级滑坡的基覆界面处,前缘次级滑坡上部稳定性较差(图 4-33)。与自重条件下相比,滑坡的剪切应变增量也有所增大。滑坡剪切塑性区主要分布于滑坡前缘坡脚处的木角沟右侧岸坡,相较于自重条件下,拉张塑性区范围有所增大。

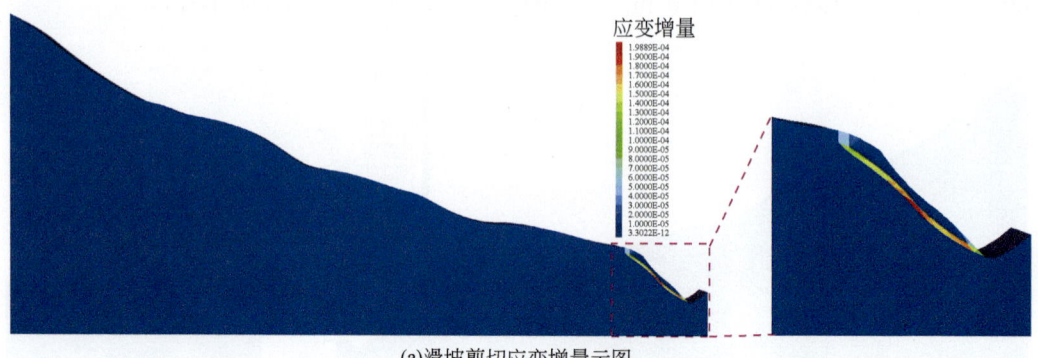

(a)滑坡剪切应变增量云图

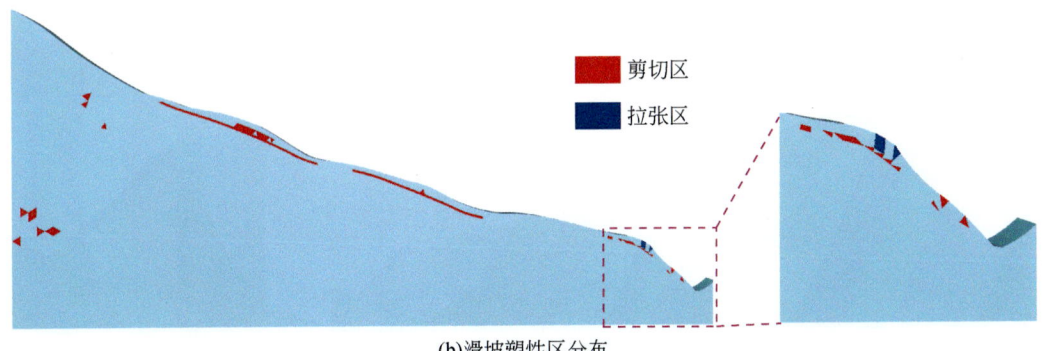

(b)滑坡塑性区分布

图 4-33　强降雨条件下甘草村古滑坡剪切应变增量与塑性区分布图

3. 地震条件下滑坡稳定性分析

前文分析该区地震频发，地震可能再次影响甘草村古滑坡，发生失稳滑动，形成滑坡-堵江-溃坝灾害链。研究区最大地震震级上限为 $M_S8.0$ 地震，故选取距震中 20km 处典型 $M_S8.0$ 震动加速度作为外界条件，研究滑坡周边 20km 内发生 $M_S8.0$ 地震时甘草村古滑坡的稳定性。

在强烈地震作用下，甘草村古滑坡剖面总位移、水平向位移和垂直向位移区域出现在滑坡中后部的堆积区上部和滑坡前缘坡脚处，滑坡坡脚木角沟右侧谷坡的位移量变化大于滑坡中后部堆积区的位移量变化。最大位移量出现在甘草村古滑坡前缘木角沟右岸谷坡坡顶处，滑坡剖面总位移最大值为 2.34m，垂直向位移最大值为 1.73m，水平向位移最大值为 1.74m（图 4-34）。地震作用下滑坡的位移变化量较自重条件下和强降雨条下的位移变化量显著增大，反映在地震条件作用下甘草村古滑坡更容易发生变形破坏。

数值模拟结果表明（图 4-35），在强烈地震作用下，甘草村古滑坡坡脚木角沟右侧谷坡处出现最大剪切应变增量，前缘次级滑坡易从坡顶处发生变形，推挤中下部堆积体，使前缘次级滑坡发生变形滑动。结合地震条件下甘草村古滑坡塑性区分布图，相较于自重条件下，滑坡的拉张区范围有所扩大，剪切区范围有所减小，揭示出地震作用下对滑坡变形破坏模式与自重条件下有所不同。

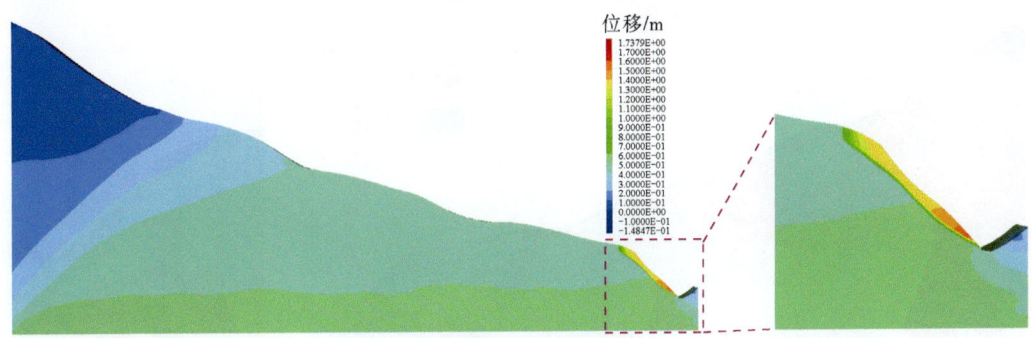

(a)滑坡剖面水平向位移云图

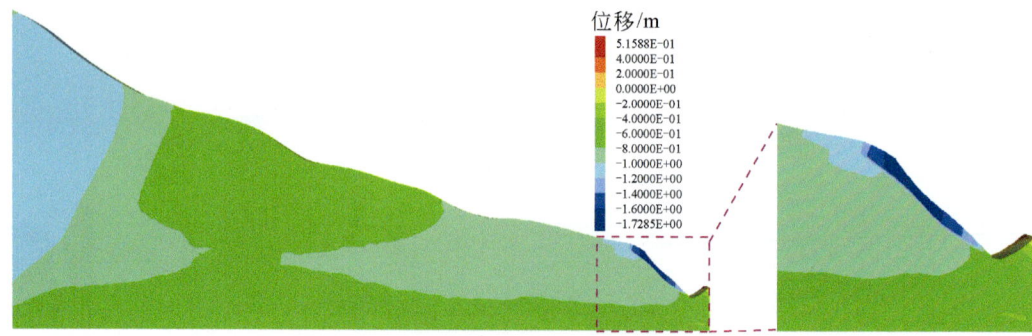

(b)滑坡剖面垂直向位移云图

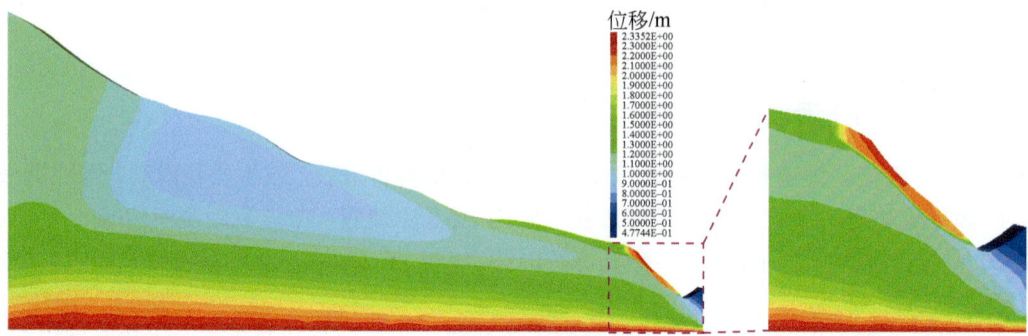

(c)滑坡剖面总位移云图

图 4-34 地震条件下甘草村古滑坡位移云图

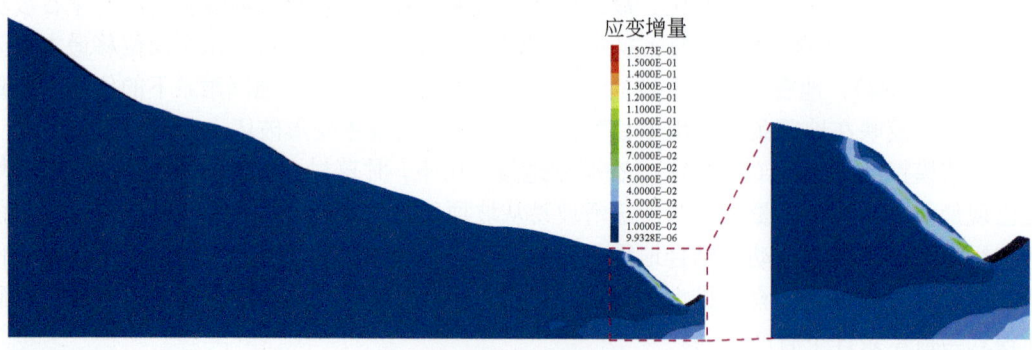

(a)滑坡剪切应变增量云图

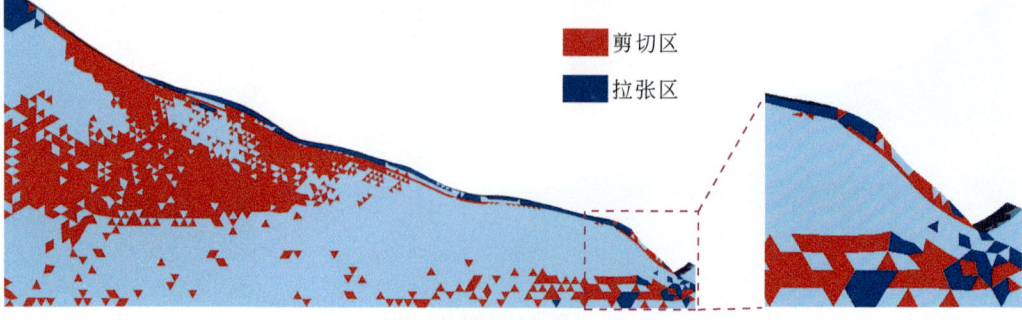

(b)滑坡塑性区分布

图 4-35 地震条件下甘草村古滑坡剪切应变增量与塑性区分布图

4. 不同条件下滑坡稳定性分析对比

本次模拟通过施加降雨与地震外力,来研究甘草村古滑坡在自重、强降雨和地震条件下的变形特征。通过分析数值模拟结果,结合野外调查情况,综合认为,甘草村古滑坡整体稳定性较好,主要变形区域位于滑坡前缘坡脚处,即现今前缘次级滑坡位置,木角沟右侧谷坡肩部等高位处为塑性拉张变形区,与坡脚处河谷深切密切相关。与自重条件相比,强降雨条件下滑坡的变形位移量有所增大,滑坡前缘稳定性相对更差;而在地震条件下,在加剧滑坡前缘变形破坏的同时,可能也会导致滑坡后缘发生变形破坏。

五、滑坡复活危险性分析及工程影响

近年来,随着我国西南山区极端气候出现频次增加,甘草村古滑坡前缘的沟谷岸坡失稳复活,形成次级滑坡,在降雨等因素作用下,其复活范围和体积逐渐增大。现场调查表明,甘草村前缘次级滑坡两侧还存在潜在失稳块体。基于 LiDAR 获取的地形高程数据,结合野外地质调查发现的坡体变形迹象,采用 Massflow 软件对甘草村古滑坡前缘潜在失稳复活块体的失稳运动过程进行分析预测,并分析滑坡复活的潜在致灾性及工程影响。

(一)工况设置与参数选取

前已述及,甘草村前缘次级滑坡两侧存在潜在失稳块体(图 4-36),分析认为,当发生极端工况时,存在以下三种失稳模式:①Ⅰ区失稳下滑;②Ⅱ区失稳下滑;③Ⅰ和Ⅱ区同时失稳下滑,并以此设置三种工况。

本次数值模拟选用 Coulomb 模型开展模拟计算。表 4-7 给出了计算所需的滑体平均密度 ρ、黏聚力 c 和内摩擦角 φ 共三个参数(刘江伟等,2020;Fan et al.,2020)。

表 4-7 甘草村古滑坡数值模拟工况

工况	平均厚度/m	失稳面积/$\times 10^4 m^2$	失稳体积/$\times 10^4 m^3$	平均密度ρ/(g/cm³)	黏聚力 c/kPa	内摩擦角 φ/(°)
工况一	6.6	3.86	25.5	2.36	26	32
工况二	8.5	1.92	16.3			
工况三	7.8	5.78	41.8			

(二)滑坡运动过程分析

甘草村古滑坡前缘坡度较陡,坡度可达 40°~70°,滑坡堆积体和谷坡的崩坡积物较为松散。当古滑坡前缘发生复活,形成一次级滑坡后,次级滑坡的两侧出现裂隙等变形迹象,形成两块潜在不稳定块体,存在失稳下滑的可能。由于木角沟谷坡较高,顶底高差达 160m,为滑坡下滑提供了巨大的重力势能,并可转化为巨大动能。潜在失稳块体厚度和体积都比较大,在极端工况下,一旦失稳块体发生滑动,其破坏较为迅速。

针对上述提出的三种失稳模式，分别对两块潜在失稳块体进行数值模拟分析。潜在失稳块体Ⅰ的最大厚度约 8.4m，位于前缘次级滑坡右侧；潜在失稳块体Ⅱ的最大厚度约 12.9m，位于前缘次级滑坡的左侧（图 4-36）。

图 4-37 为潜在失稳块体Ⅰ下滑运动速度和堆积范围（工况一）。模拟结果表明，工况一中潜在失稳块体Ⅰ运动至木角沟沟道的 L_5 处用时 20s，$t=4.6s$ 时潜在失稳块体在监测点 L_1 处达到了最大运动速度 31.7m/s，之后速率开始减小，历时 30s 运动趋于停止。潜在失稳块体Ⅰ滑动后，在 $t=13s$ 时，形成的最大堆积体厚度为 19.5m，滑移停止后，滑体主要堆积在木角沟右侧坡脚及木角沟沟道内，平均堆积体厚度约 10.8m。

图 4-36 甘草村前缘次级滑坡处潜在失稳块体

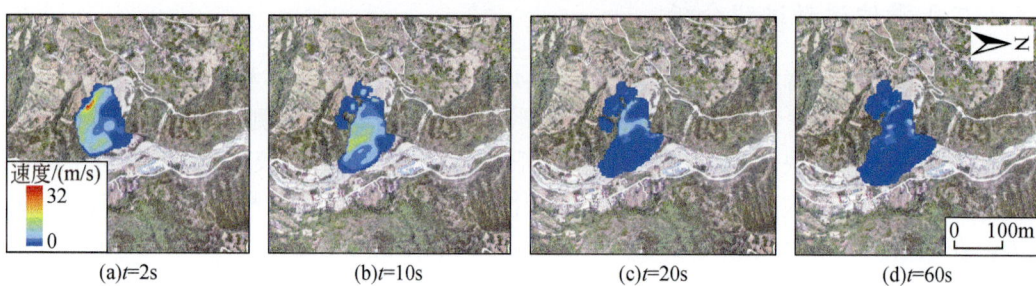

(a)$t=2s$ (b)$t=10s$ (c)$t=20s$ (d)$t=60s$

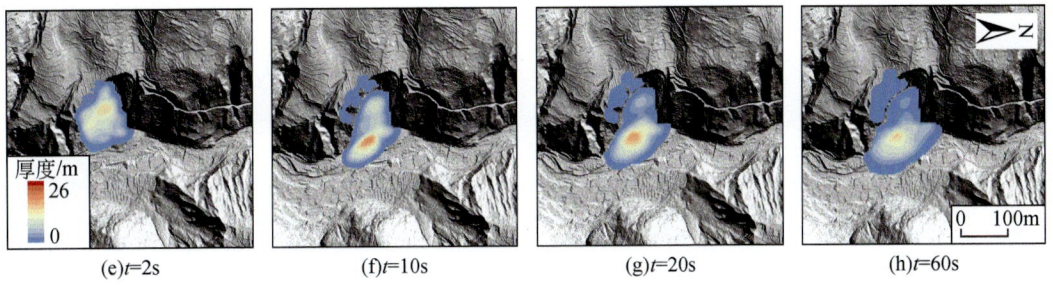

图 4-37　潜在失稳块体Ⅰ下滑运动速度和堆积范围（工况一）

图 4-38 为潜在失稳块体Ⅱ下滑运动速度和堆积范围（工况二）。模拟结果表明，工况二中潜在失稳块体Ⅱ运动至木角沟沟道处用时 20s，t=11s 时潜在失稳块体在监测点 L_3 处达到了最大运动速度 30.3m/s，之后速度开始减小，历时 25s 后运动趋于停止。潜在失稳块体Ⅱ滑动后，在 t=15s 时，形成的最大堆积体厚度为 24.4m，运移结束后，滑体主要堆积在木角沟沟道内及两岸，木角沟左侧阶地上的部分建筑受影响，平均堆积体厚度约 13.2m。

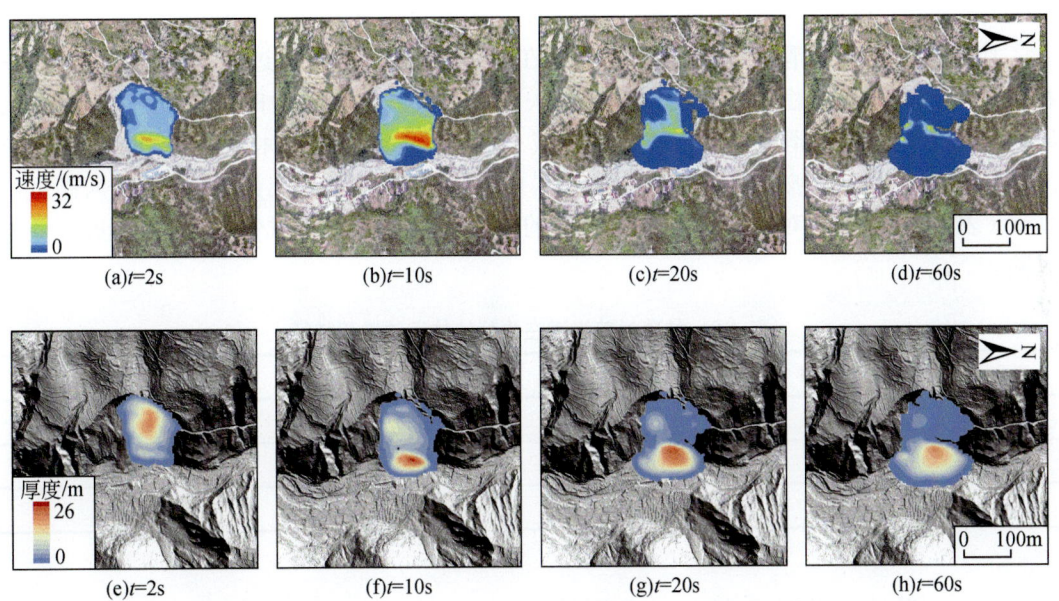

图 4-38　潜在失稳块体Ⅱ下滑运动速度和堆积范围（工况二）

图 4-39 为潜在失稳块体Ⅰ和Ⅱ下滑运动速度和堆积范围（工况三）。模拟结果表明，工况三中潜在失稳块体Ⅰ和潜在失稳块体Ⅱ同时下滑后，运动至木角沟沟道处用时 20s，潜在失稳块体的最大堆积体厚度为 25.7m，平均堆积体厚度约 16.0m，最大运动速度为 32.3m/s。在 t=40s 后，潜在失稳块体滑动基本停止，主要堆积于木角沟右岸坡脚和木角沟沟道内。

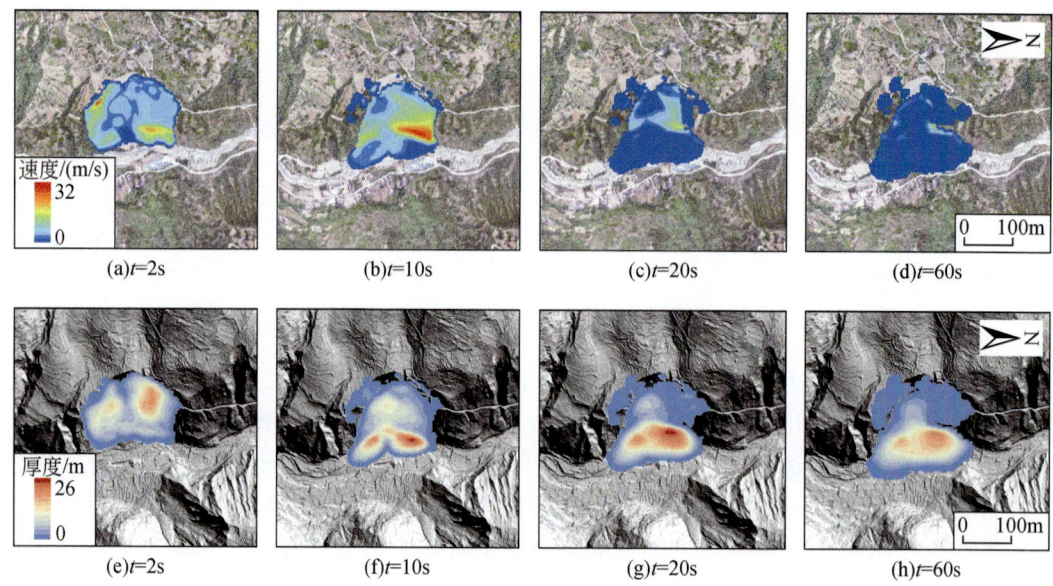

图 4-39 潜在失稳块体Ⅰ和Ⅱ下滑运动速度和堆积范围（工况三）

甘草村前缘次级滑坡后缘高达 175m，在 2019 年起已经发生过局部滑动，滑动区左右两侧均存在潜在失稳块体。当两侧潜在失稳块体同时失稳下滑时（工况三），滑体物质滑入木角沟后继续滑动，运动速度逐渐减小，最终主要堆积于木角沟内和木角沟右侧河流阶地上，形成滑坡坝，其体积约 $41.8×10^4m^3$，最远滑动距离约 220m，堵河高度约 16m（表 4-8），威胁对岸公路和木角沟旁的建筑物安全，存在发生滑坡-堵河灾害链的风险。

表 4-8 甘草村前缘潜在失稳块体运动堆积特征

工况	潜在失稳块体	平均堆积厚度/m	体积/$×10^4m^3$	最大运动速度/(m/s)
工况一	Ⅰ	10.8	19.5	31.7
工况二	Ⅱ	13.2	24.4	30.3
工况三	Ⅰ+Ⅱ	16.0	25.7	32.3

（三）滑坡危险性分析与工程影响

现场调查和数值模拟分析表明，甘草村古滑坡整体较为稳定。在地震、强降雨等外界条件作用下，甘草村古滑坡前缘稳定性较差，2019 年开始发生局部复活失稳，形成一次级滑坡，近年来复活范围和体积逐渐扩大，两侧出现潜在失稳块体。甘草村古滑坡前缘的复活变形对周围的道路、居民住所和农田造成威胁。当甘草村古滑坡前缘次级滑坡在强降雨或地震条件下发生复活变形时，滑坡物质会进入木角沟堵塞沟道，最大堆积厚度可达 25.7m，平均堆积厚度达 16.0m，其长时间堵塞木角沟会形成堰塞湖并回水淹没上游的道路、村庄等，还对上游约 550m 处的泸定-石棉高速隧道口和桥梁构成威胁，且可能诱发木角沟两岸斜坡更大范围的变形破坏;坝体溃决后,也会对下游的 G318 甚至大渡河干流造成影响,形成滑坡-堵江-溃坝灾害链。前已述及,木角沟为一大型泥石流沟,历史上山洪泥石流事件频发,沟道内残留大量的物源。一旦在极端强降雨或地震作用下诱发了甘草村前缘不稳定块体的失稳下滑,并同时激发了木角沟泥石流,将对上下游造成重大危害。

因此,加强该地区的地质灾害调查识别工作、潜在失稳滑坡群测群防和监测预警工作,与地方自然资源、应急管理、气象和地震等部门建立数据共享、协调联动机制,并针对危险性较强的滑坡等地质灾害开展详细深入的调查与试验测试分析,做好防灾、抗灾、救灾、备灾工作。

第六节 小 结

本章基于遥感解译、野外地质调查等手段,对大渡河断裂带泸定段的地质灾害特别是古滑坡的发育分布特征和形成时代进行了综合分析,并通过数值模拟对大坪上古滑坡和甘草村古滑坡进行稳定性分析,得到以下结论和认识。

(1)大渡河断裂带泸定段位于龙门山断裂带、鲜水河断裂带、安宁河断裂带和大渡河断裂带交汇区,地形地貌和地质构造复杂,新构造运动强烈,地质灾害极为发育。大渡河断裂是一条区域性深大断裂带,晚更新世以来有过强烈活动。

(2)大渡河断裂带泸定段的部分古滑坡规模大、复活特征明显;崩塌发育相对较少、规模相对较小,具有高位发育的特点,崩塌主要为岩质崩塌,且主要发育在深切河谷斜坡的谷肩部位及人工切坡的陡坡部位;泥石流灾害密集发育,以中小型、低频、水石流或稀性泥石流为主,具有群发性、夜发性特征。

(3)大渡河断裂带泸定段内大型、巨型古滑坡主要分布在大渡河断裂带两侧,距断裂带越近发育越密集,部分古滑坡滑动方向多与大渡河断裂走向呈大角度等地震滑坡特征。大渡河流域古滑坡的形成时代大致集中在三个时间段:120ka B.P.前后、25~10ka B.P.、全新世,其中 25~10ka B.P.是古滑坡形成频率最高的时段。

(4)大渡河断裂带泸定段大坪上古滑坡位于泸定断裂西支范围内,基岩受断裂构造影响严重,岩体较破碎,在天然状态和降雨状态下处于稳定状态,降雨状态下的稳定性系数比自重状态下有所降低,但降雨状态下中下部陡坡的变形趋势明显加强,有沿边坡临空面滑移的趋势。降雨状态下滑动面主要位于陡坡中等风化层中,而天然状态下仅在坡体中部松散堆积层及中风化层上部形成潜在贯通剪切滑动面。

(5)甘草村古滑坡位于大渡河断裂带泸定断裂内,为一巨型滑坡,推测其发育于晚更新世以前。分析认为,甘草村古滑坡的形成演化机制与区域构造运动、河流快速深切及岸坡浅表生改造作用密切相关,地震为滑坡滑动的重要诱发因素。目前,在甘草村古滑坡前缘木角沟右侧谷坡发生局部复活滑动,形成一中型滑坡,其失稳范围有向后缘及两侧进一步扩展的趋势。数值模拟分析认为,地震和降雨可能会导致古滑坡前缘坡脚处的木角沟右岸谷坡发生变形破坏。当甘草村古滑坡前缘潜在失稳块体在强降雨或地震条件下发生复活变形时,存在形成滑坡-堵江-溃坝灾害链的危险性。

第五章 鲜水河断裂带地震滑坡危险性评价

鲜水河断裂带是青藏高原东缘川滇活动地块边缘的一条大型左旋走滑断裂带，断裂规模大、活动性强、沿断裂带历史地震频发。在内外动力耦合作用下，地质灾害在断裂带沿线密集分布，加之破碎的岩土体及其软弱的力学性质，导致鲜水河断裂带内大型滑坡极为发育。本章在分析鲜水河断裂带空间展布特征与活动性的基础上，查明地质灾害发育特征，开展了地质灾害易发性与地震滑坡危险性评价，并重点对 2022 年泸定 M_S6.8 地震诱发地质灾害的发育特征与危险性进行分析研究。

第一节 鲜水河断裂带空间展布特征与活动性

一、鲜水河断裂带空间展布特征

鲜水河断裂带是巴颜喀拉块体与川滇菱形块体的走滑活动边界，与龙门山断裂带和安宁河断裂带交汇构成了川西地区著名的"Y"字形断裂带，地处川西高山、中高山区，构造复杂，活动性强，是青藏高原东南缘川滇活动地块一条重要的左旋走滑断裂带。在大地构造上，鲜水河断裂带位于一级构造单元松潘-甘孜地槽褶皱系内部，断裂北东侧为巴颜喀拉块体，南西侧为川滇菱形块体，是两个二级构造单元的分界线，断裂带两侧构造单元各异，呈断层接触（李朝阳，1991），该断裂带不仅是大地构造单元的重要分界线，而且具有显著的构造地貌特征，在遥感影像上表现为清晰的线性展布特征（王敏杰等，2015）。

鲜水河断裂带从甘孜藏族自治州的东谷附近开始，向东南沿鲜水河谷地线性延展至道孚县城，继续向东南延伸，在八美至康定之间受折多山花岗岩体阻隔分为多支断裂展布，在磨西附近合并为一支，最终消失在石棉安顺场一带，全长约 400km，总体走向 320°~330°，呈略向北东凸出的弧形（钱洪，1988；张岳桥等，2004；李海兵等，2007；熊探宇等，2010）。研究表明，鲜水河断裂带是古生代形成发展起来的，至第四纪经历了复杂的构造演化历史（Roger et al.，1995；许志琴等，2007）。根据断裂带的几何结构、空间展布、活动性和地震破裂等特征，鲜水河断裂带可划分为 9 段（图 5-1）：北西部分由炉霍断裂（约 90km）、道孚断裂（约 85km）和乾宁断裂（约 62km）三条走滑断裂呈左阶羽列组合而成，几何形态和结构较为单一，滑动速率大，强震复发频率高，形成了一系列的拉分盆地，如虾拉沱盆地、道孚盆地和乾宁盆地等；南东部分由雅拉河断裂（约 31km）、中谷断裂（约 21km）、色拉哈断裂（约 80km）、折多塘断裂（约 30km）、木格措南断裂（约 24km）和磨西断裂（约 40km）6 条断裂组成（Roger et al.，1995；李天袑和杜其方，1997；许志琴，2007；潘家伟等，2020）。

第五章 鲜水河断裂带地震滑坡危险性评价 · 89 ·

图 5-1 鲜水河断裂带展布图

以中谷为界,西北方向的鲜水河断裂带活动速度为 8~11mm/a,沿东南方向的鲜水河断裂带活动速度为 8~12mm/a。其中,磨西断裂活动速度为 9.6~13.4mm/a(Bai et al.,2021)。色拉哈断裂晚第四纪以来的滑移速度约 10.7mm/a(Bai et al.,2018),均高于雅拉河断裂和折多塘断裂的滑移速度,这两个断裂的滑移速度分别为约 2mm/a 和 3.6mm/a(周荣军等,2001),折多塘断裂晚第四纪滑动速度为 3.4~4.8mm/a。

二、鲜水河断裂带地震发育特征

鲜水河断裂带历史地震频发，自 1725 年以来，鲜水河断裂带各分支断裂几乎都发生过地震，共发生 M_S7.0 及以上的地震 8 次（表 5-1），M_S6.0~6.9 的地震 15 次，约占整个川西地区地震总数的一半，距今最近的一次强震为 2022 年 9 月磨西 M_S6.8 地震（李天诏和杜其方，1997；刘本培等，2001；王欣等，2023）。相关研究表明（徐晶等，2013；吴萍萍等，2014；熊维等，2016），在 2008 年汶川地震和 2013 年芦山地震后，鲜水河断裂附近库仑应力明显增加，断裂带走滑速度存在自北西向南东递增现象，具备诱发强震的可能性（范宣梅等，2022a）。2014 年康定地区附近又发生了 M_S5.9 和 M_S5.6 两次地震，但这两次地震释放的能量远小于 1955 年康定 M_S7.5 地震以来积累的能量，未来 10 年内色拉哈-康定段的地震危险性较高（Xu et al.，2019），具有产生 M_S6~7 以上地震事件的高地震风险（潘家伟等，2020）。

表 5-1 鲜水河断裂带 1725 年以来 M_S > 6.0 强震地表破裂特征表（据李天诏和杜其方，1997 修改）

发震时间/（年/月/日）	震中位置	震级 M_S	震中坐标 经度/(°)	震中坐标 纬度/(°)	发震断裂	地表破裂长度/km	性质
1725/8/1	康定	7.0	101.83	20.16	康定断裂	50	左旋
1786/6/1	磨西	7.75	102.04	29.87	康定断裂和磨西断裂	90	左旋
1816/12/8	炉霍	7.5	100.75	31.29	炉霍断裂	>60	左旋
1893/8/29	乾宁	7.25	101.37	30.70	乾宁断裂	70	左旋
1904/8/30	道孚	7.0	101.00	31.06	道孚断裂	55	左旋
1923/3/24	侣促	7.3	100.90	31.17	道孚断裂	60	左旋
1955/4/14	折多塘	7.5	101.84	30.03	折多塘断裂	35	左旋
1973/2/6	炉霍	7.6	100.52	31.50	炉霍断裂	90	左旋
1981/1/24	道孚	6.9	101.15	30.95	道孚断裂	45	左旋
2022/9/5	磨西	6.8	102.08	29.59	磨西断裂	15.5	左旋

三、鲜水河断裂带潜在地震特征

在鲜水河断裂带沿线，前人开展了大量的地震地质研究工作，在尤斯村、铜佛山村、旦都乡、邓达村、葛卡乡冻坡甲村等地开挖了许多探槽，并识别出一系列古地震事件（李天诏和杜其方，1997；张永双等，2014）。李天诏和杜其方（1997）利用历史地震和统计学方法对鲜水河断裂带各段进行了地震危险性评估，得出以下结论：①鲜水河断裂带各段都具有发生 M_S6.0~6.5 地震的潜势，未来百年断裂带内地震平均复发间隔约为 15 年；②乾宁断裂未来 30 年内发生一次 M_S7.0 左右地震的概率为 90%；③色拉哈-康定断裂未来 30 年内发生 M_S7.3 左右地震的概率为 30%；④鲜水河的南东段未来 30 年内发生 M_S7.5 以上地震的概率为 52%。钱洪（1988）采用地质学方法对鲜水河断裂带潜在震源区进行了划分，认为乾宁断裂在松林口-惠远寺一带具备发生 M_S7.0 左右地震的潜势。张永双等（2014）通过统计分析鲜水河断裂带 $M_S \geq 5.0$ 历史地震的出现频率和地震时空分布特点（图 5-2），利用震级与频数最小二乘法关系拟合曲线和不同断裂段诱发地震的消逝时间，推测鲜水河断裂带震级上限约为 $M_S 8.0$。一般认为，断裂的地震危险性与消逝率呈负相关，也就是随着消逝率的减小，地震危险性增性大（柴炽章等，2001）。目前鲜水河断裂带各断裂分段的消逝率 E 均 >0.5，其中乾宁断裂最大，其次为道孚断裂，因此推测乾宁段（八美）和道孚段之间未来发生 $M_S 7.0$ 以上地震的可能性大（表 5-2；张永双等，2014）。在 2008 年汶川 $M_S 8.0$ 地震、2013 年芦山 $M_S 7.0$ 地震以及 2017 年九寨沟 $M_S 7.0$ 地震之后，康定地区的库仑应力均有所增加，积累的能量能够产生一次 $M_S 7.0$ 以上的大地震。强震发生概率计算结果显示，未来 10 年内色拉哈-康定段的地震危险性较高（潘家伟等，2020）。

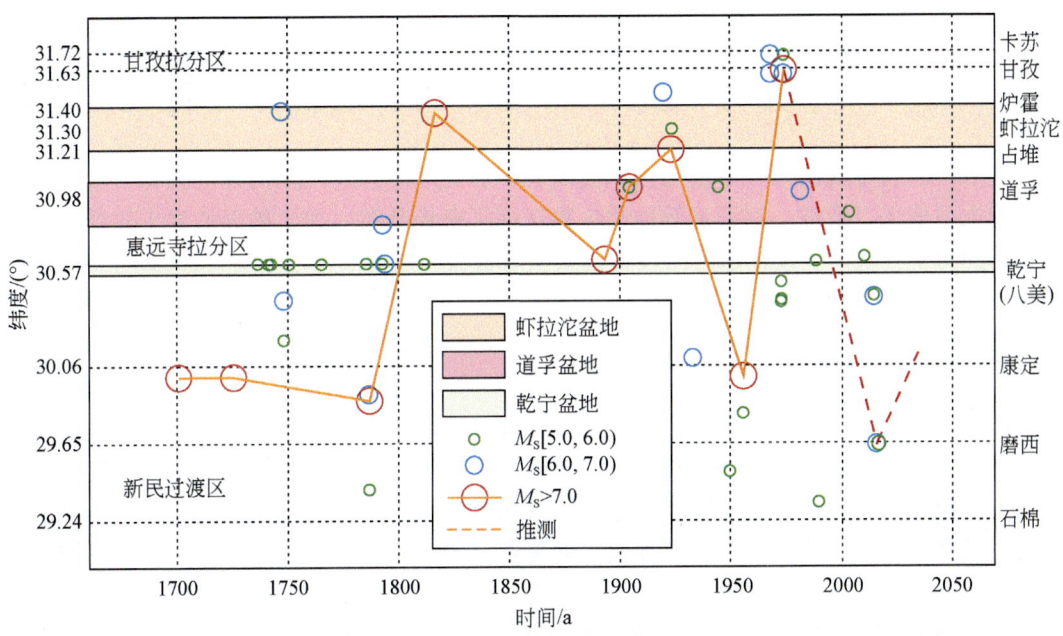

图 5-2 鲜水河断裂带历史地震（$M_S \geq 5.0$）时空关系图（据 Zhang et al.，2017 修改）

表 5-2 鲜水河断裂带 $M_S 6.5$ 级以上强震及消逝率（据 Zhang et al.，2017）

断裂带分段	发震时间/年	震级 M_S	平均复发间隔/a	消逝率 E
炉霍段	1747	6.8	56.5	0.67
	1811	6.8		
	1816	7.5		
	1967	6.8		
	1973	7.9		
道孚段	1904	7.0	38.5	0.78
	1923	7.3		
	1981	6.9		
乾宁段（八美段）	1792	6.8	101	1.17
	1893	7.3		

续表

断裂带分段	发震时间/年	震级 M_S	平均复发间隔/a	消逝率 E
雅拉河段	—	—	85	0.66
中谷段	1748	6.5		
折多塘段	1955	7.5		
康定段	1700	7.6		
	1725	7.0		
磨西段	1786	7.7	—	—
安顺场段	—	—		

第二节　鲜水河断裂带地质灾害发育分布特征

鲜水河断裂带规模大、活动性强、沿断裂带历史地震频发，在内外动力耦合作用下，一系列大型崩塌、滑坡、泥石流等地质灾害在该区密集分布，加之破碎的岩土体及其相对较软弱的力学性质，导致鲜水河断裂带内大型滑坡极为发育（张永双等，2009；白永健等，2014；郭长宝等，2015）。

一、地质灾害区域分布特征

鲜水河断裂带沿线岩土体结构破碎强烈，部分地段断裂破碎带宽几百米至数千米，在地震、断裂蠕滑、强降雨等因素作用下，该区大型滑坡、泥石流等地质灾害强烈发育，危害极大。根据资料收集、遥感地质解译和野外地质调查，沿鲜水河断裂带两侧各20km的范围内发育有崩塌、滑坡、泥石流等地质灾害点1358个，地质灾害发育密度大（图5-3）。

对地质灾害与活动断裂进行空间分析可知：①地质灾害的发育分布与断裂活动关系密切，约35.86%的地质灾害发育于距断裂带1km的范围内（图5-3），13.25%的地质灾害发育于距断裂带1~2km，11.49%的地质灾害发育于距断裂带2~5km处，随着远离断裂带，地质灾害的数量和密度变小；②地质灾害分布密度大的区域主要集中在炉霍朱倭-道孚孟拖一带、康定县城周边及大渡河沿岸等地；在八美一带，地质灾害较发育，主要受该区发育的八美构造土石林的影响；③鲜水河断裂带内古地震滑坡发育，部分滑坡发生失稳复活，如炉霍县55道班滑坡等，对公路的安全运营造成影响；④鲜水河断裂带直接穿越部分滑坡、泥石流等灾害体，并控制其稳定性。

鲜水河断裂带对区内的滑坡、泥石流等地质灾害具有较强的控制作用，主要表现在以下几个方面：①断裂活动控制斜坡结构的演化，断裂带内岩体破碎程度高、岩土力学性质差，致使大型滑坡发育，且稳定性较差，如鲜水河断裂炉霍段和道孚段沿断裂两侧发育的滑坡。②沿鲜水河断裂道孚八美-炉霍旦都段，发育有构造土石林，其工程地质力学性质差，滑坡和泥石流等地质灾害发育较多。③断裂的剧烈滑动（如地震）造成岩土体破碎，特别是原地发生多次历史强震，造成大型-巨型古地震滑坡发育密度大，既有一滑到底目前稳定性较好的滑坡，也有裂而未滑目前稳定性差的滑坡。④断裂的蠕滑作用对滑坡和泥石流的控制作用明显，特别是当活动断裂直接穿越滑坡、泥石流等地质灾害体时，对地质灾害具有直接的影响和触发作用，如康定白土坎滑坡、炉霍韩家沟泥石流与格西乡月西沟泥石流等。

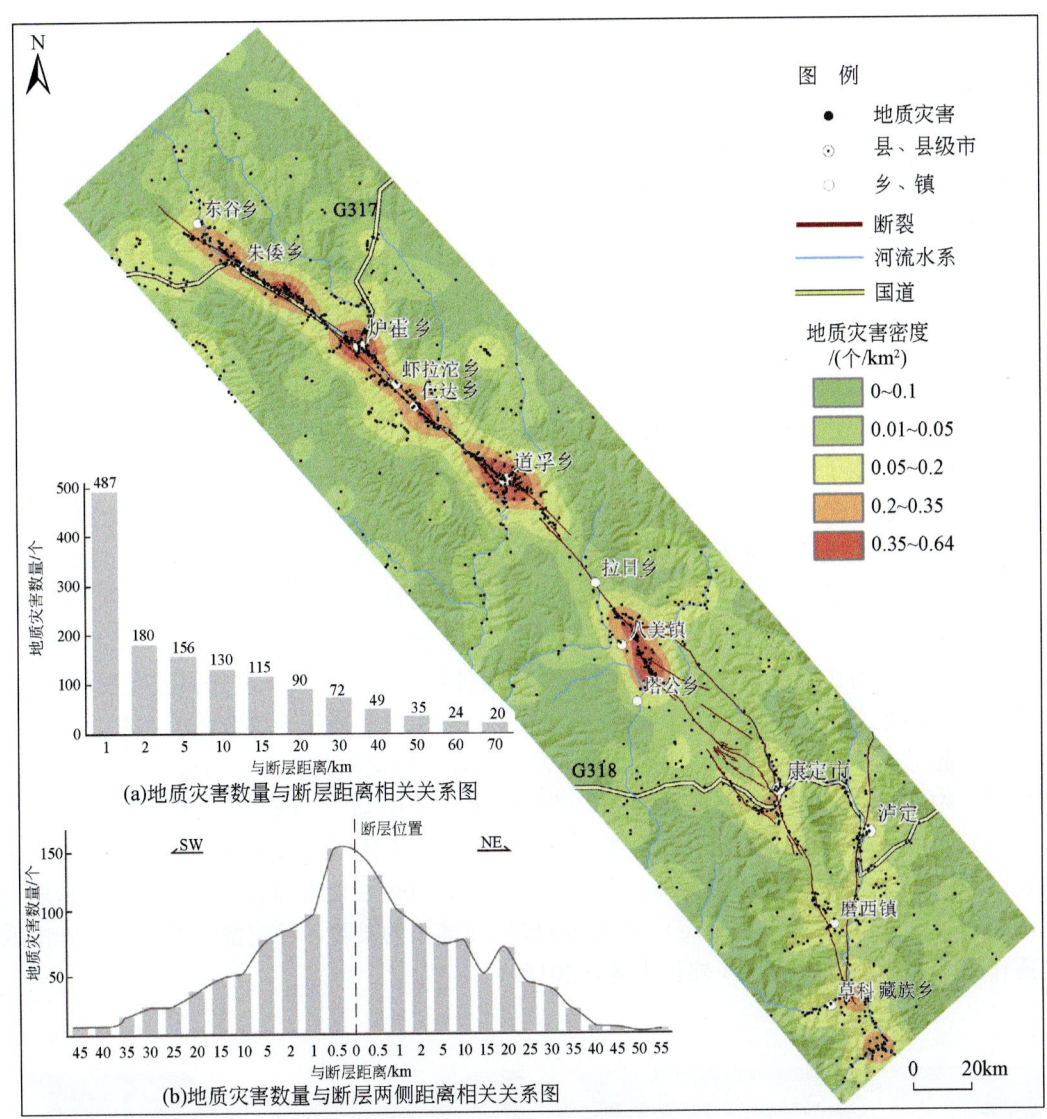

图 5-3　鲜水河断裂带地质灾害发育密度

二、典型地质灾害发育特征

（一）地震诱发滑坡的总体特征

地震滑坡是由地震作用或者地震力触发的一种滑坡类型，指地震震动引起的斜坡岩体或土体突然脱离滑源区，发生瞬间失稳的地质现象（吴俊峰，2013；蒋宏毅等，2021；周洪福等，2022）。由地震引起的地质灾害有时远超过地震作用本身所造成的危害，如磨西 M_S7.75 地震、炉霍 M_S7.9 地震都造成巨大的破坏，诱发大量的地震滑坡。鲜水河断裂带地震滑坡主要分布在地震烈度Ⅶ-Ⅹ区内，主要位于断裂带两侧 2km 范围内（郭长宝等，2015）。结合野外地质调查和鲜水河断裂带地震滑坡的发育规律，可将鲜水河断裂带分为三段，东谷-八美段河谷较宽，后壁较为明显，堆积层较薄，滑体主要由第四纪堆积物组成；在八美-康定段，八美土石林构造破碎和风化强烈，地质灾害发育，折多山段为高山风化冻融地貌，灾害发育较少；康定-磨西段河谷变窄，受大渡河及大渡河断裂的影响，滑坡较为发育，堆积体主要为碎块石和第四纪堆积物，主要特征如下。

（1）高位远程特征。高位远程滑坡是地震触发滑坡的一种典型特征，是指滑体重心和剪出口位置高，具有较大势能的滑坡，常伴有滑坡-堵江-溃坝等链生地质灾害特征（黄润秋和黄达，2008；殷跃平，2009；张永双，2018）。区内典型的高位远程滑坡有八美镇下瓦西村幸福沟高位远程古滑坡 [图 5-4（a）] 和磨西镇摩岗岭滑坡 [图 5-4（b）] 等。摩岗岭滑坡由 1786 年 6 月 1 日 M_S7.75 地震诱发形成（张御阳，2013；周洪福等，2017），该滑坡呈典型圈椅状，由于地震强大动力作用，使得坡体后壁的岩体被抛射到大渡河左岸，滑体长约 1200m，宽 1600m，最大厚度约 250m，体积约 1.8 亿 m³。滑坡发生后造成大渡河堵塞，在堰塞坝堵断大渡河 9 天后发生溃决（郭长宝等，2015；周洪福等，2017）。

（2）一滑到底特征。地震滑坡往往具有一滑到底的特征。斜坡在强震作用下，坡体松弛、解体、高速下滑，大量滑体堆积于坡脚部位，后部表现出陡立的断壁。一滑到底型滑坡是在地震震动的作用下直接诱发产生滑坡，地震使原来处于接近平衡的斜坡发生滑动（李明辉等，2014）。如道孚县热瓦村滑坡 [图 5-4（c）] 和炉霍县邦达滑坡 [图 5-4（d）]，邦达滑坡平面形态呈舌形，后缘以基岩为界，左右侧以下错陡坎为界，中部和前缘存在平台，滑坡纵长约 620m，宽 350m，厚约 10m，体积约 $1.53\times10^6\text{m}^3$，目前该滑坡稳定性较好。

（3）裂而未滑特征。在强烈的地震作用下，震区的山体发生大范围破裂，形成了大量震裂山体（许强，2009），该类滑体拉裂缝极为发育，现今稳定性较差。例如，道孚县崩龙村滑坡和足湾村滑坡 [图 5-4（e）（f）]，滑坡拉裂缝极为发育，稳定性较差，在强降雨或地震作用下，极易发生滑动（郭长宝等，2015）。

 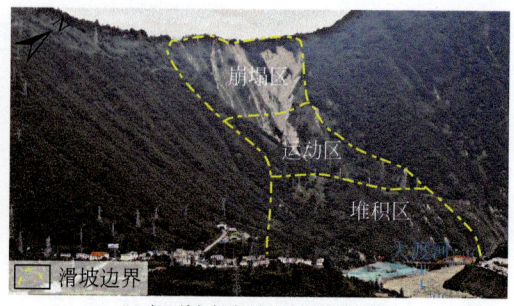

(a)八美镇下瓦西村幸福沟高位远程古滑坡(镜向NE)　　(b)磨西镇摩岗岭滑坡(镜向NW)

(c)道孚县热瓦村滑坡(镜向NNE)

(d)炉霍县邦达滑坡(镜向SE)

(e)道孚县崩龙村滑坡(镜向E)

(f)道孚县足湾村滑坡(镜向E)

图 5-4 鲜水河断裂带典型地震滑坡

(二) 典型地震滑坡发育特征

(1) 炉霍县 55 道班滑坡。炉霍县 55 道班滑坡位于 G317 旦都乡洛扎村段（也称老虎嘴滑坡），处于鲜水河断裂带炉霍断裂的两条分支断裂中部，规模为特大型，滑坡后壁高陡，为地震滑坡（王东辉等，2014；李明辉等，2013）。滑坡区分布的基岩主要为如年各组（T_3r^2）绢云母板岩、变质砂岩等 [图 5-5（a）]，岩体破碎强烈。野外调查表明，炉霍县 55 道班滑坡位于鲜水河断裂带北西段断层破碎带内，滑坡前部覆盖于达曲河二级阶地之上，^{14}C 测年结果表明该阶地形成年代为 28000±1300a。

炉霍县 55 道班滑坡在平面上总体呈舌形，根据滑坡空间分布特征可将其划分为三个区域 [图 5-5（b）]：Ⅰ区，位于滑坡后缘，鲜水河断裂带从Ⅰ区的东侧通过；Ⅱ区，位于滑坡南侧，次级滑坡后缘陡坎清晰，目前整体处于蠕滑状态；Ⅲ区，位于滑坡的北侧，整体稳定性差，由多个次级滑坡组成。滑坡前缘高程 3326.14m，后缘高程 3489.42m，高差 163.28m，滑坡平均长为 647m，平均宽为 635.5m，滑坡面积为 $41.12×10^4m^2$，滑体平均厚度约 25.5m，体积约 $1048.43×10^4m^3$，属于巨型中厚层滑坡。目前，滑坡Ⅱ区北侧前部发生复活，变形破坏迹象明显，特别是滑坡前缘变形较严重，引起地面隆起和挡墙开裂，造成了 G317 发生损毁，G317 新线路已绕行鲜水河左岸，该滑坡整体处于不稳定状态，正发生持续蠕滑，滑坡体中下部有多条拉裂缝，在断裂蠕滑和降雨作用下，该滑坡稳定性将进一步降低，可能发生大规模滑动，滑体会堰塞鲜水河，并对 G317 新线的安全造成较大影响（郭长宝等，2015）。

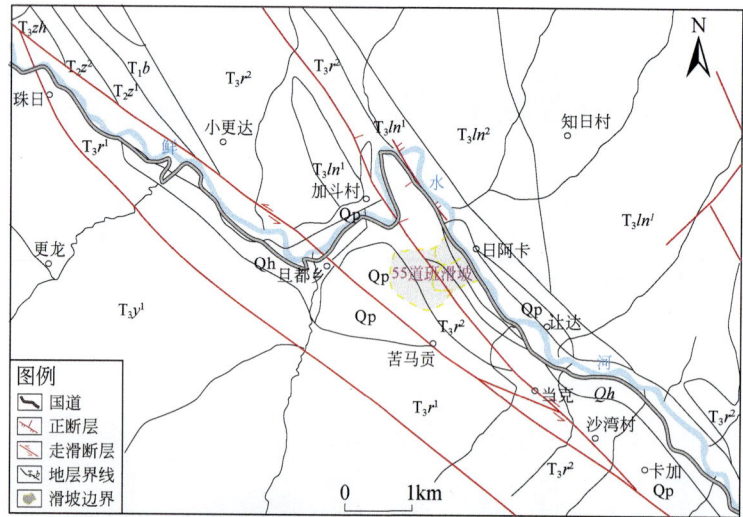

(a) 炉霍县55道班滑坡工程地质平面图

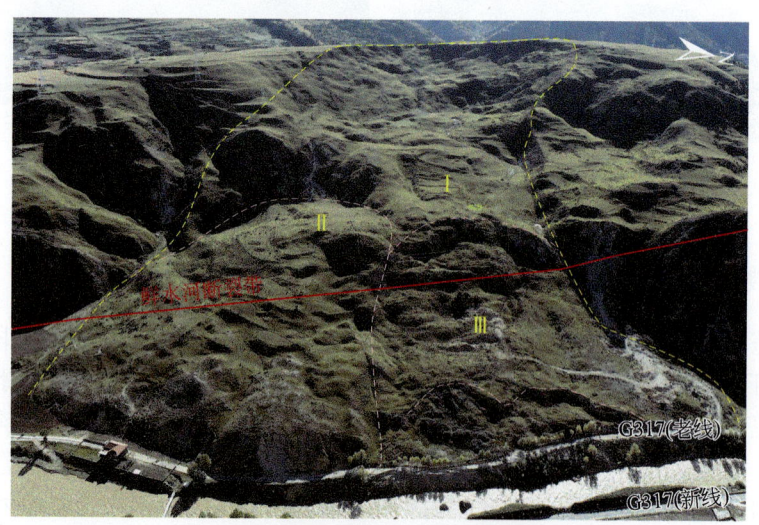

(b) 炉霍县55道班滑坡发育全貌图(镜向NW)

图 5-5 炉霍县 55 道班滑坡典型地貌图和工程地质平面图

（2）泸定县河庄子滑坡。泸定县河庄子滑坡位于泸定县加郡乡河口村，大渡河一级支流左岸，位于距色拉哈-磨西段断裂10km处。该滑坡平面形态呈舌形[图5-6（a）]，边界清晰，左右侧以下错陡坎为界，后缘以基岩为界，后壁陡直，是典型的地震滑坡，推测其形成受1786年磨西地震影响。滑坡后缘高程1288m，前缘高程1744m，高差为456m，滑坡纵长约620m，宽350m，滑坡面积为$21.7\times10^4m^2$，平均厚约10m，体积约为$153\times10^4m^3$，属于大型中厚层老滑坡。滑坡基岩岩性为花岗岩，发育两组节理，产状分别为10°∠90°和270°∠88°[图5-6（b）]，滑坡中部为堆积体组成的平台[图5-6（c）]，平台上存在滑坡后壁崩落的碎石，粒径以0.5~1m为主，局部可见3m巨石，滚落距离较远[图5-6（d）]，堆积体主要由花岗岩碎块石及花岗岩风化物质组成。滑坡前缘平台以河流为界，砾石存在磨圆［图 5-6（e）］，推测该滑坡发生后造成河流改道，后经人为改造形成前缘平台，用以种植作物。目前，坡体上植被较为发育，经调查未发现拉裂缝，滑坡稳定性较好，2022 年 9 月 5 日泸定地震发生后，据影像解译，该滑坡未出现明显崩滑等现象。

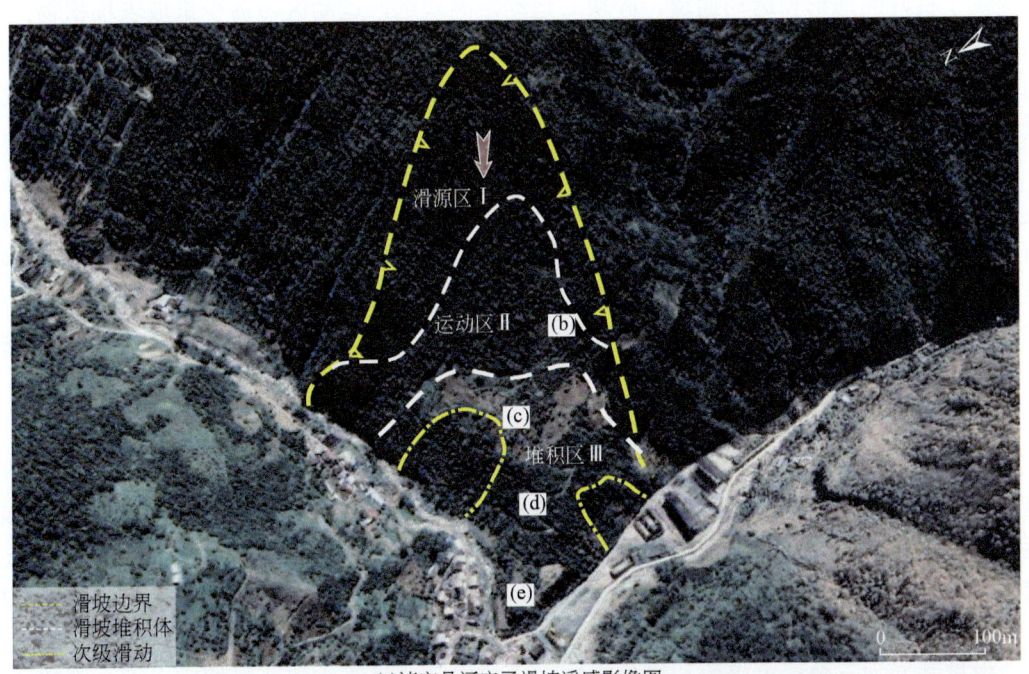

(a)泸定县河庄子滑坡遥感影像图

(b)滑坡后壁基岩(镜向E)　　　　　　　　(c)滑坡中部平台(镜向N)

(d)滑坡中部巨石(镜向E)　　　　　　　　(e)滑坡前缘平台(镜向N)

图 5-6　泸定县河庄子滑坡发育特征图

该滑坡平面上可分为三个区：滑源区（Ⅰ）、运动区（Ⅱ）、堆积区（Ⅲ）[图 5-6（a）]。滑源区主要为花岗岩和坡表堆积物，花岗岩节理发育，在地震震动作用下，导致后缘基岩崩落，形成碎块石堆积于滑坡堆积体上；运动区坡度较陡，坡度 35°～40°，为堆积体运动提供了良好的地形和运动通道，碎块石运动距离较远，运动区覆盖少量坡表堆积物；堆积区的土石堆积物主要为花岗岩碎块石和花岗岩风化物质，坡体植被发育，后缘基岩崩落的碎块石覆盖于土质堆积体之上，滑坡前缘平台推测为滑坡发生后导致河流改道，经人为改造后形成。

（3）八美镇幸福沟滑坡。鲜水河断裂带在地质历史时期曾处于挤压状态，沿断裂带产生几十米至近千米宽的破碎带。八美镇附近挤压破碎带中常见呈陡立状态的砂板岩，破碎的岩块呈棱角状，甚至成为糜棱岩化的粉末状，经淋滤后呈石林状，常称"土石林"，主要由角砾岩和断层泥组成，原岩主要为中三叠统-上三叠统如年各组（T_3r^2）变质砂岩夹板岩（郭长宝等，2015）。彭东等（2012）认为，旦都地区土石林属于脆性断裂，破碎产生的断裂破碎岩是重力和地震波联合作用的产物。

幸福沟滑坡位于道孚县八美镇幸福沟村，为一大型土质滑坡，滑坡平面形态不规则[图5-7（a）]，后缘顶点高程 3800m，前缘高程 3616m。滑坡边界清晰，后缘以基岩后壁为界，出露基岩高约 30m[图 5-7（b）]，滑坡左边界以冲沟为界，冲沟深 2～3m，右边界以基岩陡坎为界，前缘延伸到冲沟，滑坡堆积体分为Ⅰ、Ⅱ两个区域，植被较为发育，堆积体上发育冲沟。滑动方向大致为 210°，滑坡纵长平均 350m，横宽约 220m，滑坡面积约 115×10^4m^2，推测滑体厚约 15m，体积约 115×10^4m^3，为一大型堆积体滑坡。

滑坡基岩为三叠纪黄褐色和黑色板岩、千枚岩，分界线大致在滑坡中上部，产状 90°∠65°，为横向坡；堆积体主要为板岩、千枚岩风化物质，粒径 1～20cm。滑坡后缘可见长 2m，宽 1.5m，高 1.5m 的板岩巨石，为后缘崩塌所致。滑体表面发育一条冲沟，深约 0.5m，延伸至坡脚，冲沟剖面出露灰黑色千枚岩、板岩风化物质[图 5-7（c）]。滑坡左侧中上部出露黑褐色板岩风化物质，该处植被不发育，滑体表面其他处被植被覆盖。滑坡后缘发育一级平台，高程约 3765m，平台右侧前缘为一陡坎，以陡坎为界，滑坡发生过一次次级滑动（Ⅰ区）。滑坡左侧以小陡坎为界发生过次级滑动，目前次级滑动区被植被覆盖（Ⅱ区）。目前，在滑坡坡脚处发育一大型冲沟[图 5-7（d）]，冲沟延伸至乡村公路，冲沟侧壁剖面可见大粒径块石，呈混杂堆积，冲沟两侧为强风化板岩，无大砾径板岩块石，推测大砾径板岩块石为滑坡堆积体在降雨条件下沿冲沟滑移所致。

（三）断裂蠕滑作用控制的大型滑坡发育特征

鲜水河断裂带的强烈左旋走滑运动错断发育一系列水系、山脊，其错断活动在部分斜坡带直接诱发或加剧滑坡灾害的发生。当活动断裂通过斜坡体时，断裂活动直接控制着坡体的稳定，并且在断裂的持续活动下，滑坡体多次发生滑动，危害严重，如炉霍县呷拉宗古滑坡等。

1. 炉霍县呷拉宗古滑坡发育特征

根据遥感解译和现场调查，呷拉宗古滑坡位于鲜水河左岸，平面形态呈簸箕状，后缘呈圈椅状，鲜水河断裂从滑坡后部通过（图 5-8），在滑坡两侧，切错Ⅲ级阶地并形成断裂

(a)幸福沟滑坡全貌图(镜向NE)

(b)滑坡基岩后壁(镜向NW)

(c)滑坡次级滑动区冲沟(镜向N)

(d)滑坡前缘冲沟(镜向SE)

图 5-7 道孚县八美镇幸福沟滑坡发育特征图

槽谷，在滑坡前缘切错残存的Ⅰ、Ⅱ级阶地，左旋走滑特征明显。滑坡后缘高程约 3450m，前缘高程 3060m，高差达 390m，滑坡后壁明显，高约 5m，主滑方向为 235°。滑体纵长约 700m，宽 1000m，平均厚度约 45m，体积约 $3150×10^4m^3$，为一巨型古滑坡，古滑坡体被两条 NE 向冲沟切割成三部分，分别为Ⅰ号次级滑坡稳定区、Ⅱ号次级滑坡（图 5-8），次级滑坡表面又发育多个缓坡平台，平台之间存在 2~8m 的陡坎，地表裂缝发育，说明古滑坡后期经历了多期复活和变形破坏（潘保田等，2004；李东旭，2007；唐汉军等，1995；刘筱怡等，2019）。

呷拉宗古滑坡所在斜坡基岩主要为上三叠统如年各组（T_3r^2）和两河口组（T_3lh^2）灰-深灰色薄层状变质石英砂岩、深灰-灰色粉砂质板岩和碳质板岩，受断裂作用影响，岩体破碎严重。古滑坡的滑体主要由碎裂的砂质板岩、碳质板岩组成，表层分布粉质黏土夹碎块石。根据钻探及高密度电法探测资料（图 5-9），主滑带断续分布于深部基岩软弱层中，埋深约 42~89m，下部滑床基岩产状微倾向坡内，坡脚处产状为 80°∠25°。断续分布的主滑带说明其尚未贯通，巨型古滑坡不同部位的稳定性有所差异。上述主滑带向前缘延伸的潜在剪出口,大致位于目前Ⅱ级阶地的顶面附近。据河流阶地形成时间推断,呷拉宗古滑坡形成时间介于 30~42ka B.P.,属晚更新世晚期形成的古滑坡。

图 5-8 炉霍县呷拉宗古滑坡发育特征

2012 年汛期发生强降雨,呷拉宗古滑坡出现局部复活,前缘变形迹象尤为明显。由于滑坡沿鲜水河断裂发育,在库水位波动和强降雨联合作用下极可能产生进一步变形破坏,一旦滑体失稳涌入水库,产生的涌浪将严重威胁下游大坝和城镇的安全。

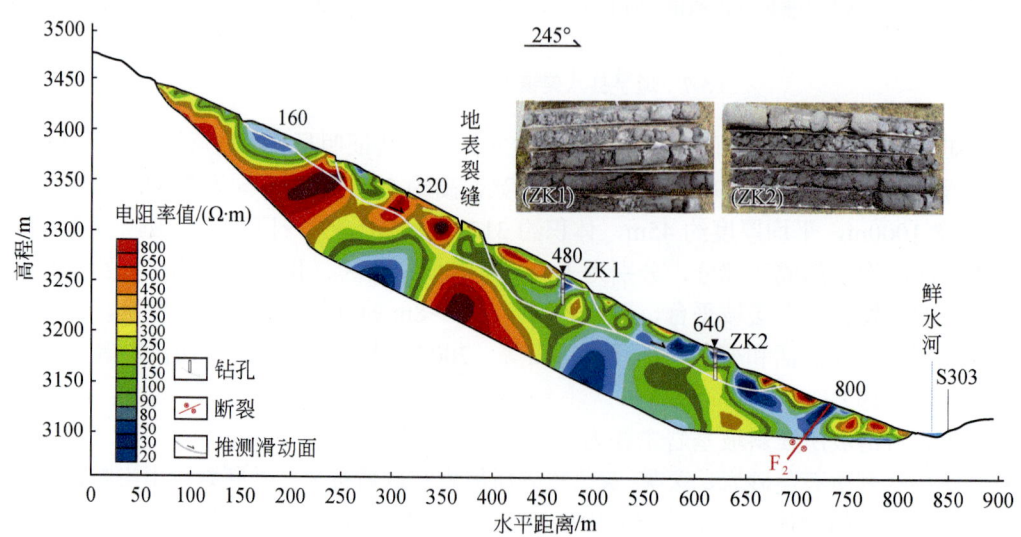

图 5-9 呷拉宗古滑坡物探剖面图(剖面线见图 5-8)

2. 炉霍县呷拉宗古滑坡复活变形特征

距今 30~10ka 的晚更新世晚期-全新世早期，鲜水河断裂带道孚-炉霍段断裂水平滑移有减慢的趋势，但垂向隆升或河流下切呈加快趋势（李建忠，2012），此时期也是鲜水河断裂带历史地震的强震活跃期（邓天岗和龙德雄，1986；葛肖虹等，2014），在地震活动以及河流下切等作用下，古滑坡堆积体首次发生复活，铲刮滑坡前缘的Ⅱ级阶地，导致滑坡区仅局部残存Ⅱ级阶地，强震引发震松效应，使坡表裂缝明显增多，坡体的变形进一步加剧。Ⅰ级阶地形成之后，全新世以来鲜水河断裂继续经历多次地震活动，古滑坡体经历了多次复活，促使原滑坡表面裂缝进一步加深、加宽，局部陡坎坍塌，为降雨入渗诱发滑坡变形失稳提供了有利条件。21 世纪以来，在修建水电站等人类工程活动和极端降雨作用下，古滑坡呈现向后缘扩展的渐进式复活趋势。

基于 SBAS-InSAR 时序分析方法，采用 2018 年 6 月 7 日~2022 年 1 月 17 日的 89 景哨兵 1 号（Sentinel-1）降轨数据，分析得到呷拉宗古滑坡 2018 年 6 月~2022 年 1 月降轨数据视线线路（line of sight，LOS）方向的变形特征。将 SBAS-InSAR 形变监测结果与光学影像叠加可以初步识别呷拉宗古滑坡目前正在复活变形的区域（图 5-10），其中负值形变速率代表坡体沿着雷达视线线路方向远离卫星运动；正值形变速率代表坡体沿着雷达视线线路方向靠近卫星运动，且最大形变速率为 -19.05 mm/a，最大累积形变量为 -124.99 mm（图 5-11）。

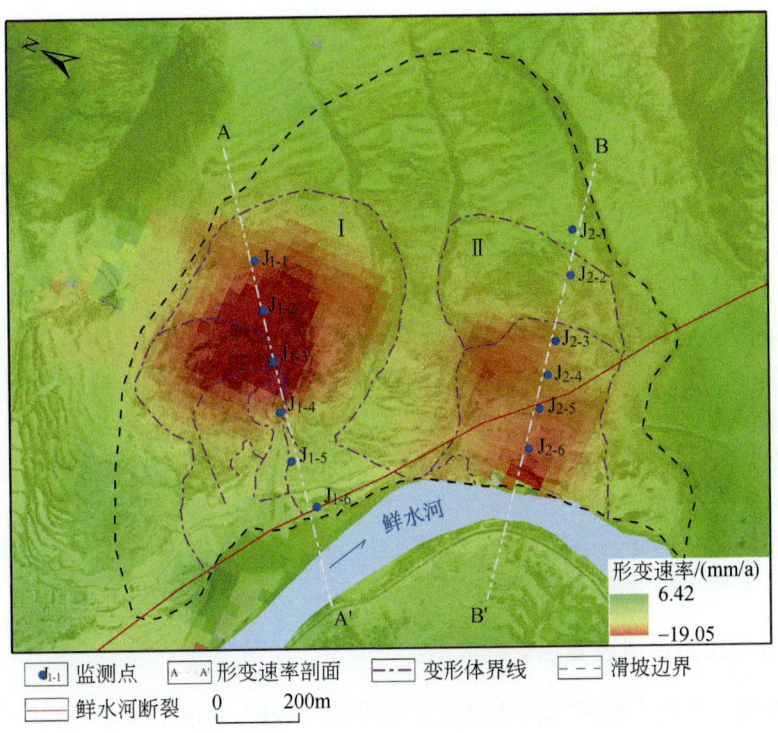

图 5-10 呷拉宗古滑坡地表 InSAR 形变特征图（2018~2022 年）

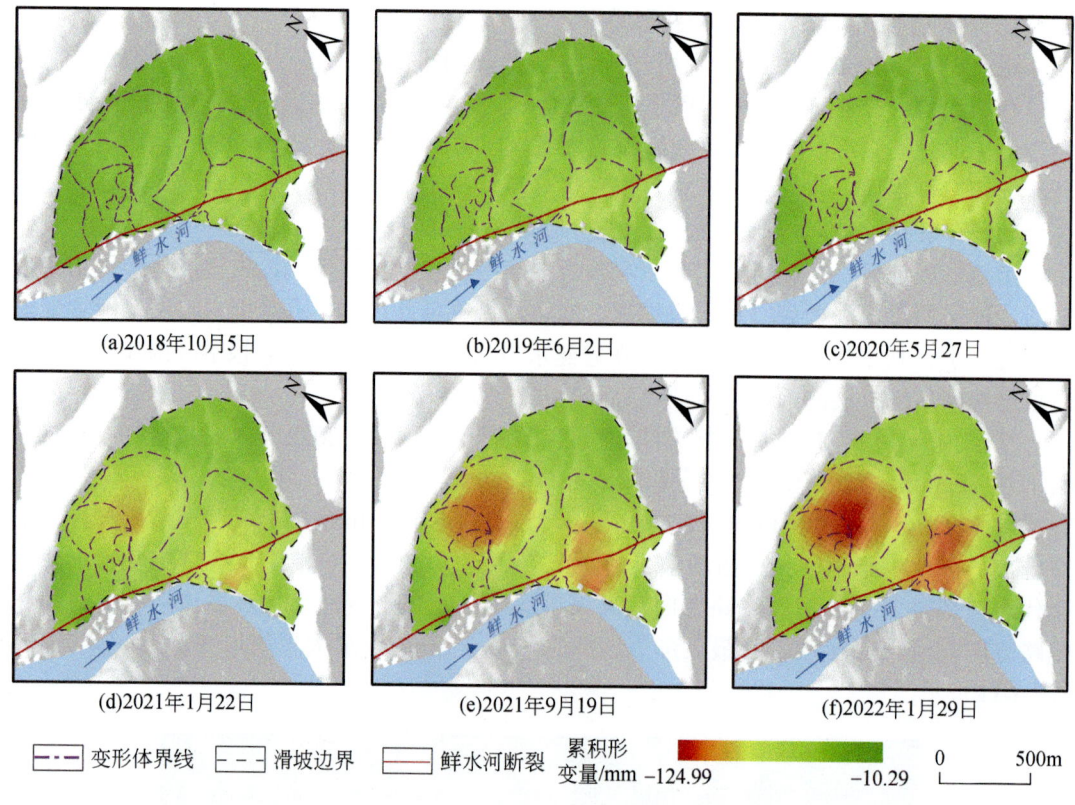

图 5-11 呷拉宗古滑坡 2018~2022 年时间段累积形变量变化图（LOS 方向）

Ⅰ号次级滑坡在平面上呈半圆形，滑坡后壁形成高 4～5m 的陡坎，滑坡体斜长 600m、宽 500m、体积约 $1500×10^4m^3$，主滑方向 250°，Ⅰ号次级滑坡内部发育多个次级滑体（图 5-8）。InSAR 监测结果表明，Ⅰ号次级滑坡中部偏前部形变速率大，复活迹象明显，次级滑坡范围内形变速率分布在 -19～2.4mm/a（图 5-10），滑坡后部变形不明显。滑坡表面裂缝发育，多呈弧形拉裂缝，长约 20～50m，宽度可达 1～2m，多垂直于滑坡主滑方向。

Ⅱ号次级滑坡平面形态呈狭长的舌形，滑体斜长 500m、宽 380m、体积约 $570×10^4m^3$，滑坡主滑方向 230°，Ⅱ号次级滑坡内部也发育多个次级滑体（图 5-8）。InSAR 监测结果表明，Ⅱ号次级滑坡中前部形变速率大，复活迹象明显，次级滑坡范围内形变速率分布在 -17.2～0mm/a（图 5-10），变形速率整体小于Ⅰ号次级滑坡。野外现场调查表明，目前该次级滑坡体仅在前缘发现变形破坏迹象，主要表现为前期在坡体表面形成的阶梯状断坎出现局部坍塌，与Ⅰ号次级滑坡相比，整体稳定性较好。

3. 炉霍县呷拉宗古滑坡复活影响因素

（1）水库蓄水作用：据鲜水河电站水库调度运行规程（2008 年），鲜水河电站采用水库溢流坝、坝后式引水发电，正常蓄水位下库容约 $250×10^4m^3$。该水库蓄水后的最高水位达到Ⅰ级阶地前缘，纵然水库蓄水会使呷拉宗古滑坡前缘河流侵蚀基准面和地下水位升高，但由于水库蓄水仅到Ⅰ级阶地前缘，距古滑坡的坡脚距离较远，不易使坡脚处于饱水状态，因而蓄水对滑坡的稳定性影响较小。

（2）强降水作用：呷拉宗古滑坡所在区域6～9月的降雨量约占全年的70%，且多为暴雨，近年来，该区极端强降雨频发，集中强降雨对滑坡复活具有明显的促进作用。基于SBAS-InSAR结果，绘制出呷拉宗古滑坡2018~2022年在监测时间段内的累积形变量变化图（图5-11），在2018年6月~2022年1月，呷拉宗古滑坡三年内的最大累积形变量为－124.99mm，Ⅱ号次级滑坡先于Ⅰ号次级滑坡发生复活变形。沿Ⅰ号和Ⅱ号次级滑坡两条剖面线上各选取了6个特征点（图5-11），通过小基线集（SBAS）技术获取的时间序列值，绘制滑坡日降雨量与累积形变量关系曲线图（图5-12），可以看出滑坡形变量呈现明显的线性变形特征，选取的12个特征点在2020年6~9月均有明显的上升趋势，强降雨作用下滑坡累积形变量增加幅度较大，形变速率加快，降雨对滑坡地表变形具有明显的促进作用，强降雨作用造成地表土体强度弱化，可能导致滑坡稳定性降低。滑坡前缘受鲜水河冲蚀，且强降雨会导致河流侵蚀加速，使滑坡体变形严重并且持续变形。此外，滑坡表面发育多条裂缝和冲沟，雨水通过各种裂缝、节理裂隙等通道渗入滑坡体，一方面产生静水压力和动水压力，使岩土体有效正应力和摩擦阻力降低；另一方面弱化滑坡体和滑带土的物理力学性质，易沿饱水软弱带发生滑动。

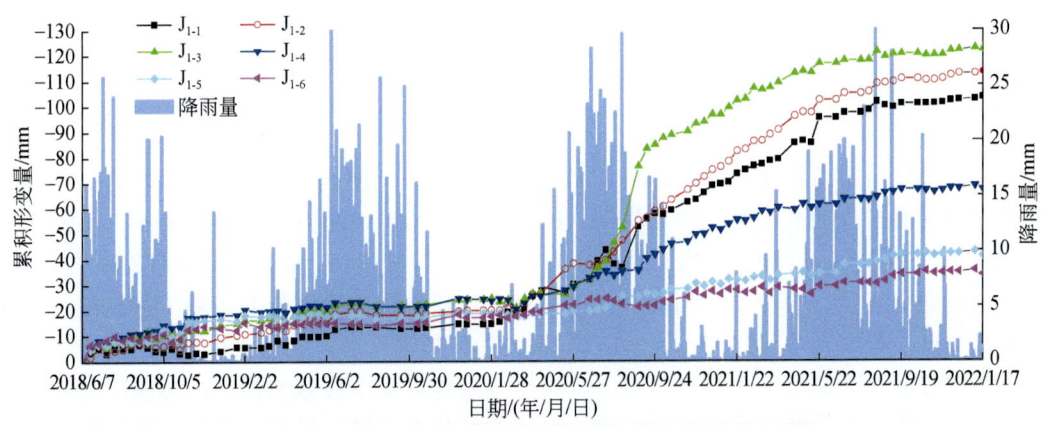

(a) Ⅰ号次级滑坡A-A′剖面特征点日降雨量与累积形变量关系曲线

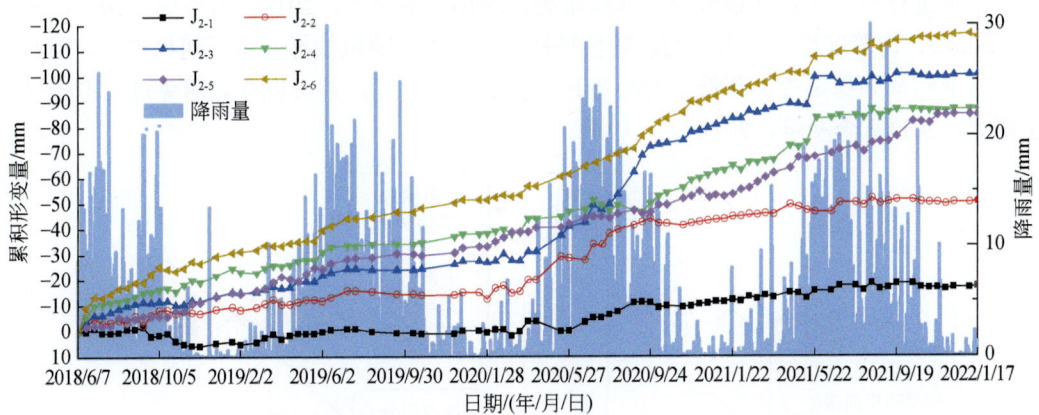

(b) Ⅱ号次级滑坡B-B′剖面特征点日降雨量与累积形变量关系曲线

图5-12 滑坡日降雨量与累积形变量关系曲线图（剖面位置见图5-10）

第三节 鲜水河断裂带地质灾害易发性评价

地质灾害易发性是指在区域地质灾害调查的基础上，对该区地质灾害易发条件和空间发生概率的预测评价（石菊松等，2007）。目前，区域滑坡灾害易发性评价主要依靠启发式推断法、数理统计分析法和非线性法等，后两类评价方法具有运算效率高和因子权重客观获取的优势而被广泛运用（沈玲玲等，2016）。启发式推断法以定性分析为主，定量分析为辅，结合专家经验，进行滑坡易发性区划，如层次分析法（AHP）通常应用于启发式的滑坡易发性区划，针对缺乏充足滑坡编目信息的地区（许冲等，2009；张建强等，2009）；数理统计分析法包括基于原始数据，对其规律进行基础处理的信息量模型、确定性系数模型、证据权法模型等（李宁等，2020；乔德京等，2020；闫怡秋等，2021）；非线性法包括基于人工智能学习的人工神经网络模型、决策树模型、支持向量机模型及逻辑回归模型等（田乃满等，2020；陈飞等，2020；盛明强等，2021；许嘉慧等，2021）。因此，本书基于机器学习中的随机森林模型对鲜水河断裂带进行地质灾害易发性评价。

一、随机森林模型

（一）随机森林算法原理

随机森林是由布赖曼（Breiman）于 2001 年提出的一种基于统计学习理论的由多个决策树弱分类器构成的智能集成学习算法（Breiman，2001）。随机森林是由众多决策树分类模型$\{h(X, \theta_k), k=1, \cdots\}$组成的组合分类模型，且参数集$\{\theta_k\}$是独立同分布的随机向量，在给定自变量$X$下，每个决策树分类模型都有一票权来选择最优分类结果（图 5-13；方匡南等，2011；赖成光等，2015；吴孝情等，2017）。基本原理：利用 Bootstrap 抽样从原始训练集中有放回地抽取k个样本，对k个样本分别建立k个决策树模型；每棵决策树根据数据集中纯度最高的特征作为划分依据，得到k种分类结果；最后，根据k种分类结果对每个记录进行投票决定其最终分类（姚雄等，2016；刘坚等，2018；石辉等，2021；杨硕等，2021）。计算过程中引入了两次随机抽样，即样本的随机抽样及特征随机抽样，提升了模型的准确率和稳定性，降低了对噪声和异常值的敏感度，并可以有效避免过度拟合（方匡南等，2011；李亭等，2014）。

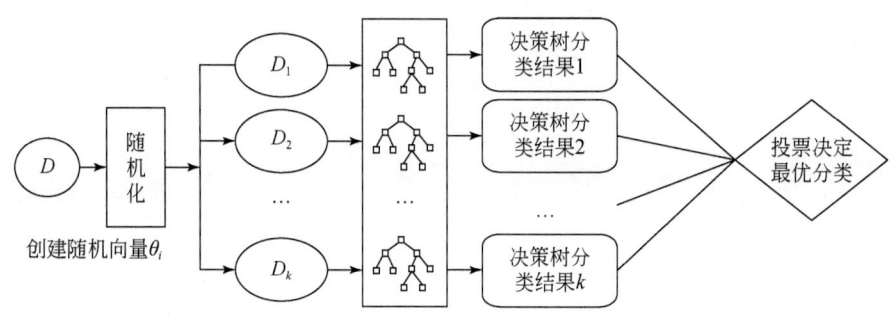

图 5-13 随机森林工作原理示意图

（二）随机森林权重计算

随机森林依靠决策树的分类结果作为划分标准，在训练过程中依据不同特征进行训练，通过训练找到数据集中纯度最高的特征作为最佳划分依据。因此，各特征的重要性程度通过计算不纯度的减少值获得，即不纯度减少得越多，划分结果越好，表明特征的重要程度越高（石辉等，2021）。其中不纯度的减少值通过 Gini 指数法计算，Gini 指数法是使用最广泛的一种分割规则，假设集合 t 包含 k 个类别的记录（赖成光等，2015；吴孝情等，2017；林荣福等，2020），那么 Gini 指数为

$$\text{Gini}(t) = 1 - \sum_{i=1}^{k} P_i^2 \tag{5-1}$$

式中，Gini（t）为集合 t 的 Gini 指数；P_i 为评价因子 i 出现在 t 的频率；k 为评价因子类别个数。

当 Gini 为 0 时，表示在 t 节点处的样本数据为同一个类别，此时能得到最大的有用信息；Gini 越大，表明在 t 节点处的样本数据越趋于均匀分布，能获得的有用信息越小（赖成光等，2015）。

第 i 个评价因子的权重 W_i 则是平均 Gini 指数减少值在所有指标平均 Gini 指数减少值总和中占的百分比（吴孝情等，2017）：

$$W_i = \frac{\overline{\Delta}_i}{\sum_{i=1}^{k} \overline{\Delta}_i} \tag{5-2}$$

式中，k 为评价因子类别个数；$\overline{\Delta}_i$ 为评价因子 i 在节点分割时平均基尼指数的减少值；W_i 为第 i 个评价因子的权重值，满足 $\sum_{i=1}^{k} W_i = 1$。

二、频率比模型

频率比（frequency ratio，FR）模型是滑坡易发性评价的常用方法，其原理是对滑坡分布与其影响因子状态之间的空间关系进行分析。设滑坡面积为 L，影响因子为 F，按照一定的规则将 F 划分为不同的区间，进而计算不同区间内落入滑坡的面积，将影响因子 F 的第 j 个区间的频率比 F_jR 定义为（李文彦和王喜乐，2020；吴润泽等，2021；王世宝等，2022）

$$F_j R = \frac{P(LF_j)}{P(F_j)} = \frac{A_{LF_j} / A_L}{A_{F_j} / A} = \frac{A_{LF_j} / A_{F_j}}{A_L / A} = \frac{P(LF_j)}{P(L)} \tag{5-3}$$

式中，$P(LF_j)$ 为 L 中的 F_j 频率；$P(F_j)$ 为研究区中 F_j 的频率；A_{LF_j} 为 L 中 F_j 的面积；A_L 为 L 的总面积；A_{F_j} 为 F_j 的总面积；A 为研究区总面积；$P(L)$ 是指滑坡发生在区域 L 内的总概率。

$F_jR>1$ 时，表明该环境因子区间与滑坡相关性较强，则滑坡发生概率较大；$F_jR<1$ 时，

表明该环境因子区间与滑坡相关性较弱,滑坡发生概率较小(李文彦和王喜乐,2020)。

三、频率比-随机森林耦合模型

在频率比模型中,因子不同等级下的频率比值可以反映影响因子不同分级范围内和滑坡之间的关系如贡献率等,但不能整体反映不同因子如何影响滑坡发生。而在随机森林模型中,可以反映各影响因子对滑坡发生的贡献率,但无法表达各因子内部即在不同等级下与滑坡发生的关系(吴润泽等,2021)。

综合考虑滑坡影响因子在不同区间的致灾意义以及不同滑坡影响因子对滑坡发生的影响(邓念东等,2020;吴润泽等,2021;闫怡秋等,2021),将频率比和随机森林模型进行耦合,形成频率比-随机森林耦合模型(FR-RF)。滑坡易发性评价指数(LSI)如下:

$$LSI = \sum_{i=1}^{n} W_i F_j R \tag{5-4}$$

式中,LSI 为评价区域某单元滑坡易发性评价指数;W_i 为第 i 个因子的权重值。

四、滑坡易发性评价体系构建

本书主要通过 RF 计算因子指标权重,利用 FR 计算各因子指标内部权重,构建基于 RF-FR 模型的滑坡易发性的评价模型(赖成光等,2015;吴孝情等,2017),基于频率比-随机森林耦合模型滑坡灾害易发性评价流程图如图 5-14 所示,RF-FR 模型的滑坡易发性的评价步骤如下。

(1)选取指标因子,建立指标体系;

(2)选取样本点。通过 ArcGIS 软件采集滑坡点各项滑坡评价指标的属性值,以此作为滑坡点,记为"yes";非滑坡样本是在已知滑坡点位 100m 外随机生成同样数目的点作为非滑坡点,同样采集非滑坡点各项滑坡评价指标的属性值,记为"no",组成总样本数据(郝国栋,2019);

(3)利用 R 语言从总样本数据中随机选取 70%的样本点作为训练集,30%的样本点为测试集;

(4)将训练样本输入 RF 算法中构建模型,获取各因子指标权重,利用测试样本进行模型检验;

(5)通过 FR 模型求得各因子指标内部权重;

(6)基于 ArcGIS 平台进行易发性评价,生成滑坡易发性分区图;

(7)利用成功率曲线 ROC 检验易发性评价结果的准确性。

五、滑坡易发性评价与结果分析

(一)评价因子

在 R 语言中利用随机森林模型计算出各因子的平均基尼减少值,将 10 个因子进行重要性排序,具体结果见图 5-15,其中地形坡度、距断裂距离和地面高程的因子重要性较高,工程地质岩组和 NDVI 的因子重要性较低。

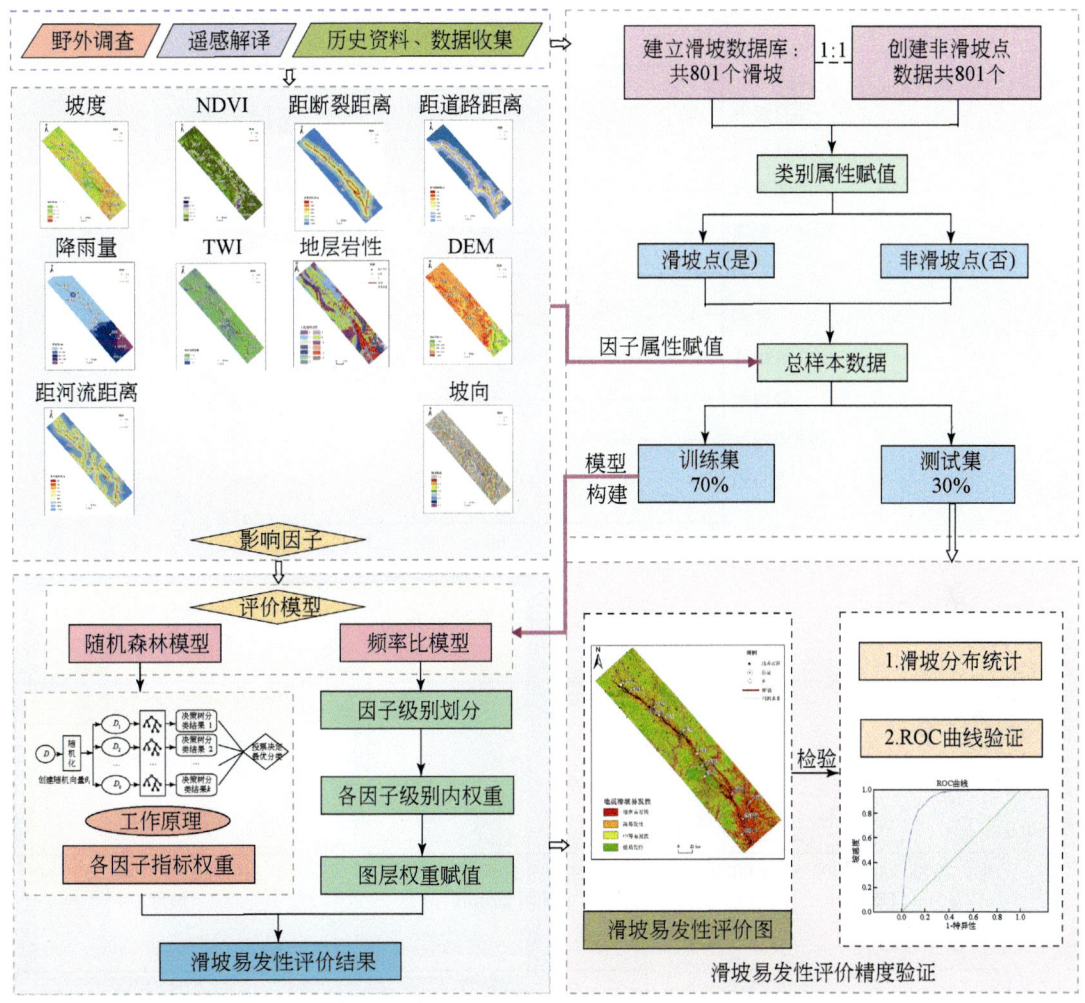

图 5-14 基于频率比-随机森林耦合模型滑坡灾害易发性评价流程图

NDVI-植被归一化指数；TWI-地形湿度指数

利用因子信息量分析因子对滑坡的影响。信息量值越大，对滑坡影响越大；反之，对滑坡影响越小（图 5-16）。地形地貌控制自然斜坡的临空条件，较大程度地决定了滑坡的发育与分布状况：在海拔 2000~3000m，对滑坡发生的影响最大，随着海拔的升高，其影响逐渐减小；地形坡度小于 20°对滑坡发生的影响较低，随着地形坡度的升高，影响逐渐增大；地形坡向方面，SW 坡向对滑坡发生的影响较大；沿鲜水河断裂带两侧 20km 范围内降雨量 600~800mm 对滑坡的影响较大；一定范围内，NDVI 对滑坡影响的总体趋势随着值的增大，对滑坡的影响越大；随着距河流、断裂、道路的距离越远，对滑坡发生的影响逐渐减小；软质散体结构岩组对滑坡发生的影响较高，坚硬块状花岗岩、安山岩、闪长岩岩组对滑坡发生的影响较低。

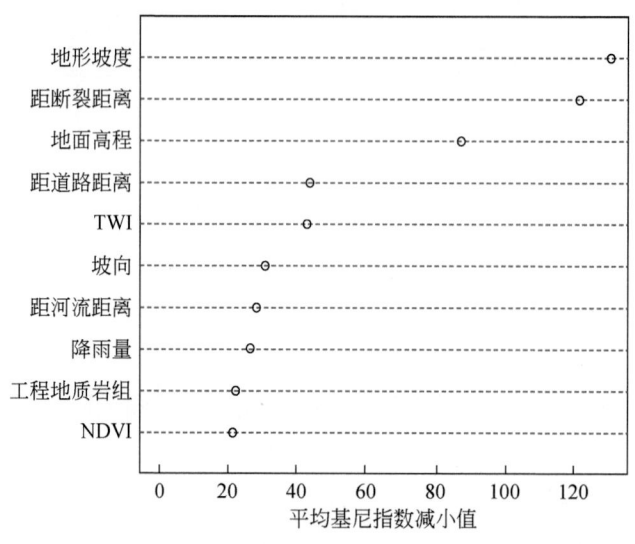

图 5-15　因子重要性分布图

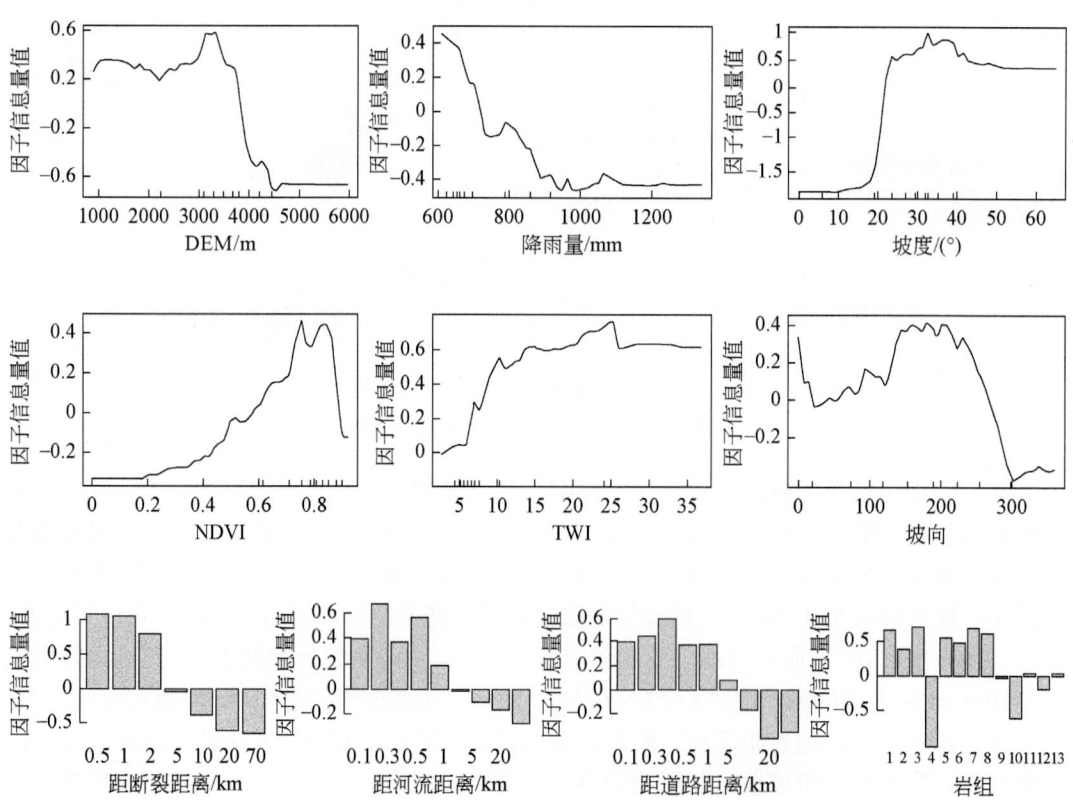

图 5-16　主要因子信息量分布图

（二）结果分析

在深入研究分析鲜水河断裂带滑坡孕灾背景的基础上，在鲜水河断裂带两侧 20km 范围内选取了地形坡度、坡向、地面高程、地形湿度指数（TWI）、活动断裂、工程地质岩组、降雨量、距河流距离、距道路距离和植被归一化指数（NDVI）作为滑坡易发性评价的影响因子，采用基于 R 语言和 ArcGIS 平台的 RF-FR 模型开展滑坡易发性评价。将矢量格式的影响因子图层栅格化为 25m×25m 分辨率的栅格格式的因子图层进行分析统计。在滑坡易发性指数的基础上，根据自然断点法，将其按滑坡易发程度分为极高、高、中等、低易发区，分别占该区总面积的 19.24%、30.15%、22.69%、27.92%（图 5-17），ROC 曲线下的面积值（AUC）越接近 1.0，模型的评价精度越高，基于 RF-FR 模型计算获得的易发性评价结果进行验证，显示 AUC 为 0.75，评价精度较高（图 5-18），具体分区特征如下：

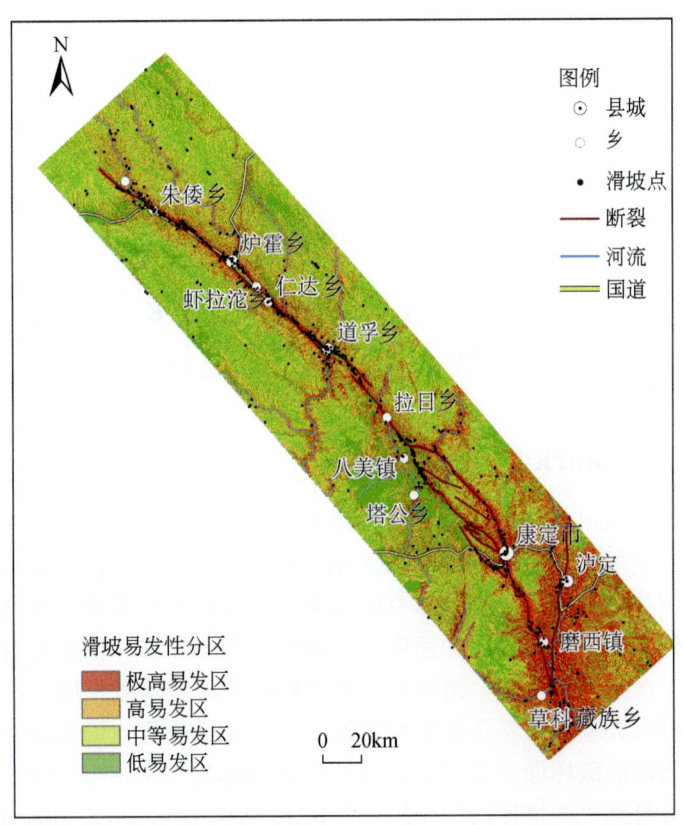

图 5-17　基于频率比-随机森林耦合模型滑坡易发性评价结果

极高易发区和高易发区主要分布在炉霍朱倭到道孚沿鲜水河断裂带分布以及大渡河两侧地区，包括康定、泸定及磨西周边地区，这个区域的滑坡多以大型为主，典型滑坡主要有呷拉宗古滑坡、白土坎滑坡、甘草村古滑坡和摩岗岭滑坡等；中等易发区主要分布断裂带两侧及水系两侧；低易发区主要分布在人类工程活动微弱的高山地带以及地形相对平缓的区域，滑坡灾害发育较少，一般以小型浅表层滑坡为主。

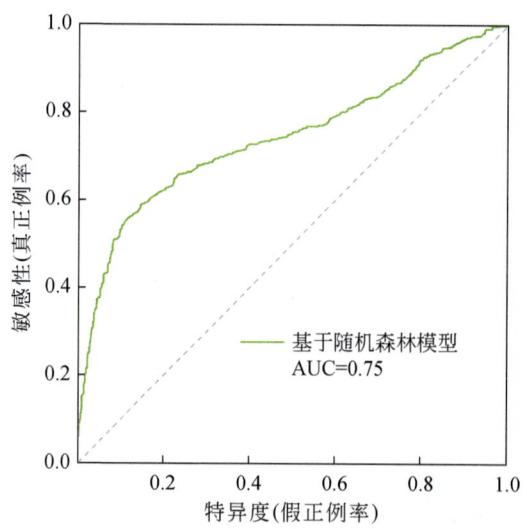

图 5-18 基于随机森林模型滑坡易发性的评价成功率曲线

第四节 基于 LS-D-Newmark 模型的潜在地震滑坡危险性评价

一、传统 Newmark 斜坡位移模型

英国科学家 Newmark 于 1965 年首次提出用斜面上刚体的移动来模拟滑坡的方法，该模型的理论基础是无限斜坡（infinite slope）的极限平衡（limit-equilibrium）理论。该模型将滑体视为一个刚体，主要研究坡体本身的临界加速度和安全系数，假设滑体内部不产生形变，当受到的外力作用小于临界加速度时，坡体不产生位移；当受到的外力作用大于临界加速度时，则会产生有限位移，滑块的永久位移是在地震荷载作用下，滑动块体沿着最危险滑动面发生瞬时失稳后位移不断累积所致。当施加于最危险滑动面处的加速度超过临界加速度时，块体即沿破坏面发生滑动；将外荷载加速度与临界加速度的差值部分对时间进行二次积分即可得到永久位移[式（5-5）；图 3-21；Newmark，1965；Jibson，1993；Roberto，2000；王涛等，2013]：

$$D_n = \iint_{t\,t} [a(t) - a_c] \mathrm{d}t \qquad (5\text{-}5)$$

式中，D_n 为地震诱发斜坡位移量；$a(t)$ 为外荷载加速度，a_c 为临界加速度。

该模型被应用到多个区域地震滑坡定量危险性评价工作中，对不同地区的地震滑坡危险性评价发挥了重要作用，如 1994 年美国北岭（矩震级）M_W6.7 地震（Jibson et al.，1998）、2008 年汶川 M_S8.0 地震（王涛等，2013）、2015 年尼泊尔 M_S8.1 地震（杨志华等，2017c）

等,近年来该模型得到不断地改进,在地震滑坡危险性评价中考虑地形因素对地震的放大效应、岩土体参数的取值和岩组类别划分依据等影响因素,针对不同地区的地震滑坡提出来适应于不同区域、不同地震条件下的 Newmark 模型(王涛等,2013;金凯平等,2019;李鑫等,2018)。

二、LS-D-Newmark 模型

Newmark 模型忽略了地震工况下边坡滑动面抗剪强度的衰减效应,进行地震滑坡危险性计算时未直接应用到历史地震滑坡的相关数据,是导致地震滑坡危险性较低的主要原因(金凯平等,2019;秦胜伍等,2017;冯卫等,2019)。因此,本书在以往地震滑坡危险性评价的基础上,提出了基于已有滑坡密度的 Newmark 模型(LS-D-Newmark 模型)地震滑坡危险性评价方法,该模型同样把滑体看作是一个刚体,考虑历史地震滑坡发育密度不同区域内摩擦角和黏聚力的折减性,按照历史地震滑坡密度的划分对不同密度区的岩土体参数分别加入折减系数,进而计算获得斜坡静态安全系数和斜坡临界加速度;通过二次积分外载荷加速度和地震滑坡密度影响下的临界加速度 a_{c-L} 的差值,即可获得永久位移:

$$D_n = \iint_{t\ t} [a(t) - a_{c-L}] dt \tag{5-6}$$

LS-D-Newmark 模型基于 Newmark 模型和历史地震滑坡密度,考虑地形坡度、岩土体力学参数和地震动峰值加速度的情况下,加入已有滑坡密度因子,基于历史地震滑坡发育密度,考虑研究区内不同密度区岩土体参数的折减性,计算获得已有滑坡不同密度区优化后的岩土体参数,使其参与到滑坡危险性评价中,从而使地震滑坡的评价更具有针对性。

(一)LS-D-Newmark 模型潜在地震滑坡危险性评价步骤

LS-D-Newmark 模型地震滑坡危险性评价步骤主要有:①通过遥感解译、历史资料收集和野外调查,建立滑坡数据库;②据地震滑坡数据库中已有滑坡面积的统计,计算已有滑坡密度;③在完成研究区工程地质岩组分类及岩土体参数的赋值的基础上,对历史地震滑坡密度进行划分,加入地震滑坡发育密度较高的地区考虑岩土体参数的折减系数,将已有滑坡密度不同区域的内摩擦角和黏聚力赋值不同的折减系数;④基于优化后的岩土体参数计算得到区域斜坡静态安全系数 F_s,当 $F_s \geq 1$ 时,斜坡在静态情况下保持稳定性;⑤利用研究区的斜坡静态安全系数 F_s 推导得到该区域斜坡临界加速度 a_c;⑥利用斜坡临界加速度和地震动峰值加速度(PGA)计算获得地震诱发斜坡位移 D_n 进而计算地震作用下滑坡发生的概率,完成地震滑坡危险性评价(图 5-19)。

(二)LS-D-Newmark 模型潜在地震滑坡危险性评价过程

1. 历史地震滑坡密度

根据所建立的地质灾害数据库中 802 处滑坡灾害点,利用 ArcGIS 软件空间分析中的核密度算法计算已有滑坡点密度,计算结果显示,该区域已有滑坡密度最大为 1.29 处/km²(图 5-20)。

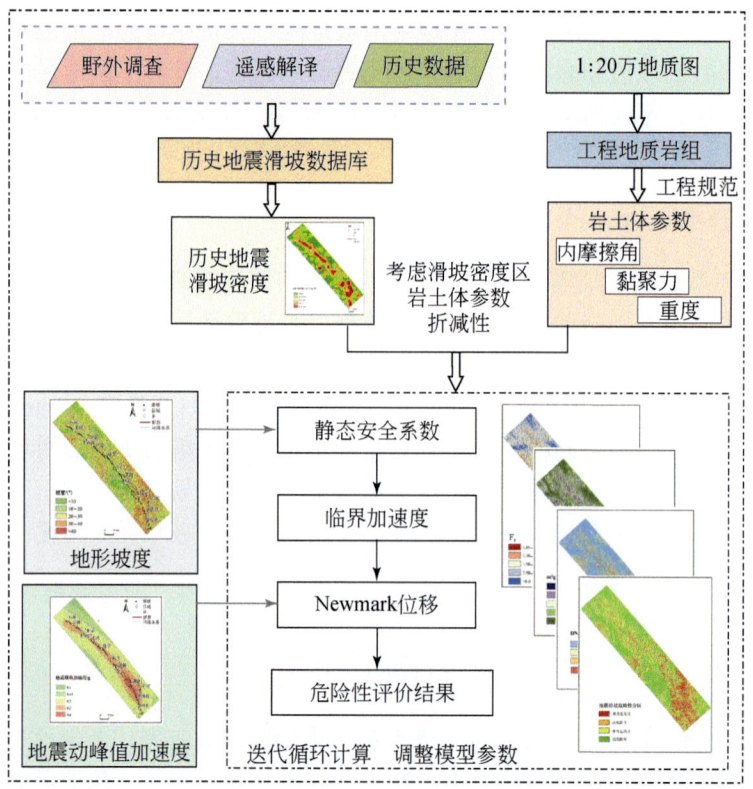

图 5-19 基于 LS-D-Newmark 模型的地震滑坡危险性评价流程图

2. 斜坡静态安全系数

基于 Newmark 模型的滑块极限平衡理论的斜坡安全系数公式（5-7），利用岩土体力学参数和坡体形态参数，计算区域斜坡静态安全系数 F_s（Miles and Ho.，1999；Jibson et al.，2000），在多次迭代循环计算过程中，调整模型参数，保证斜坡在无外动力作用下的斜坡静态安全系数 F_s 大于 1：

$$F_s = \frac{c'}{\gamma t \sin\alpha} + \frac{\tan\varphi'}{\tan\alpha} - \frac{m\gamma_w \tan\varphi'}{\gamma \tan\alpha} = \frac{c'}{\gamma t \sin\alpha} + \left(1 - \frac{m\gamma_w}{\gamma}\right) \times \frac{\tan\varphi'}{\tan\alpha} \quad (5\text{-}7)$$

式中，c' 为黏聚力，kPa；γ 为岩体重度，kN/m³；t 为潜在滑体厚度，m；α 为潜在滑面倾角，（°）；φ' 为有效内摩擦角，（°）；m 为潜在滑体中饱和部分占总滑体厚度的比例；γ_w 为地下水重度，kN/m³。

LS-D-Newmark 模型在 Newmark 模型的基础上加入了已有滑坡密度因子，由于已有的滑坡密度较高的区域斜坡稳定性较低，即岩土体参数有效内摩擦角和黏聚力参数的值有所折减，根据预测结果与实际滑坡面积及位置的吻合程度，确定区域岩土体强度参数合理取值区间，按照已有滑坡发育密度进行岩土体参数的优化，基于优化后岩土体力学参数计算获得斜坡静态安全系数 F_s，但在无外力作用下历史地震滑坡区域未发生变形滑动，因此斜坡静态安全系数 F_s 仍大于 1。如式（5-8）所示：

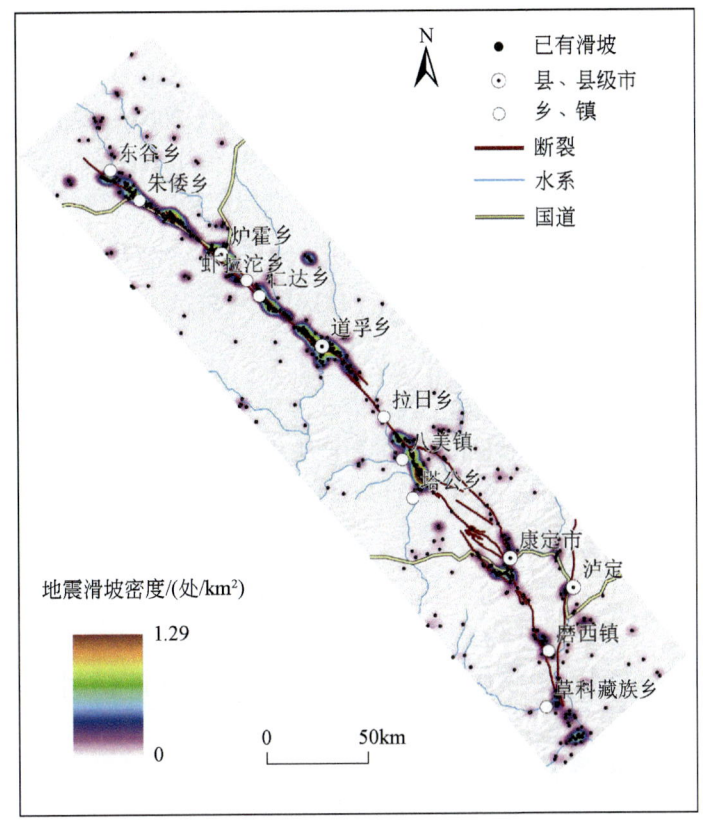

图 5-20 鲜水河断裂带两侧 20km 范围内地震滑坡密度分布图

$$F_s = \frac{\Delta x_{1,2,3,\cdots,n} c'}{\gamma t \sin\alpha} + \left(1 - \frac{m\gamma_w}{\gamma}\right) \times \frac{\tan(\Delta y_{1,2,3,\cdots,n} \varphi')}{\tan\alpha} \tag{5-8}$$

式中，n 为地震滑坡密度划分等级；$\Delta x_{1,2,3,\cdots,n}$ 为黏聚力折减系数；$\Delta y_{1,2,3,\cdots,n}$ 为内摩擦角折减系数。

密度等级划分	等级一	等级二	等级三	等级四
Δx	1	0.85	0.6	0.5
Δy	1	0.85	0.7	0.65

3. 斜坡临界加速度

斜坡临界加速度是指在地震动荷载作用下，滑块的下滑力等于抗滑力时（极限平衡状态）对应的地震动加速度（Wilson and Keefer, 1983）。斜坡临界加速度越小，越容易触发滑坡。通过比较静力和地震动力条件下滑块的受力状态，可以建立地震作用下的滑块极限平衡状态方程，利用不同区域中斜坡静态安全系数 F_{s-L} 推导得到相应的斜坡临界加速度 a_{c-L} 的计算公式（5-9）：

$$a_{c-L} = (F_{s-L} - 1) g \sin\alpha \tag{5-9}$$

4. 地震诱发斜坡位移

采用 50 年超越概率 10%的《中国地震动参数区划图》（GB 18306—2015）的地震动峰值加速度（PGA），来计算地震诱发斜坡位移 D_{n-L}（Jibson，2007）。通过统计分析大量地震加速度记录和地震滑坡实例，获得了地震诱发斜坡位移与斜坡临界加速度和地震动峰值加速度（PGA）的函数关系式，并对不同区域的地震诱发斜坡位移进行计算：

$$\lg D_{n-L} = 0.215 + \lg\left[\left(1 - \frac{a_{c-L}}{PGA}\right)^{2.341}\left(\frac{a_{c-L}}{PGA}\right)^{-1.438}\right] \tag{5-10}$$

5. 地震滑坡危险性

地震诱发斜坡位移并不一定会发生坡体滑动，只有当地震诱发斜坡位移累积到一定程度，坡体才会发生失稳，并沿滑动面下滑进而产生滑坡灾害。因此，根据地震诱发斜坡位移和滑坡发生概率之间的相关关系式（5-11）（Jibson et al.，2000），计算地震作用下的滑坡发生概率（P）：

$$P = 0.335\left[1 - \exp(-0.048 D_n^{1.565})\right] \tag{5-11}$$

三、LS-D-Newmark 模型潜在地震滑坡危险性评价计算

（一）地震滑坡危险性分区计算

1. 地形坡度

国内学者根据地震滑坡易发性和危险性评估经验认为，地形坡度小于 10°的斜坡通常比较稳定（王涛等，2013），一般极少发生较大规模的滑坡，为进一步提升评价计算效率，对相应区域斜坡不予计算，沿鲜水河断裂带两侧 20km 范围内地形坡度分布如图 5-21（a）所示。

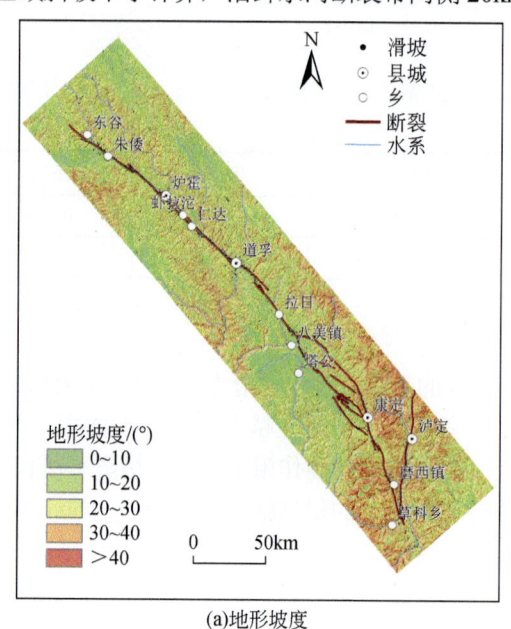

(a)地形坡度

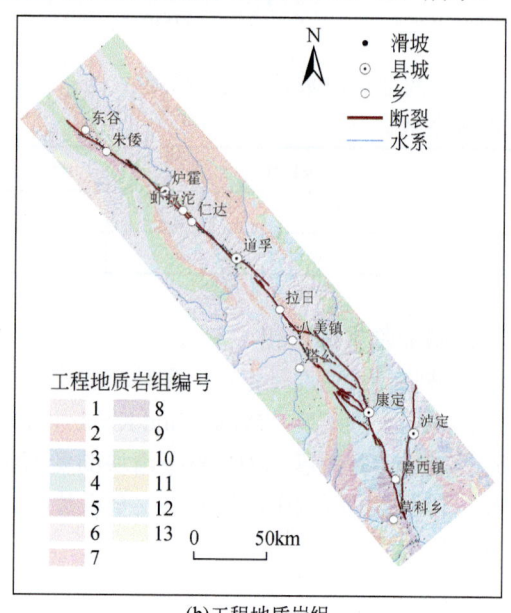

(b)工程地质岩组

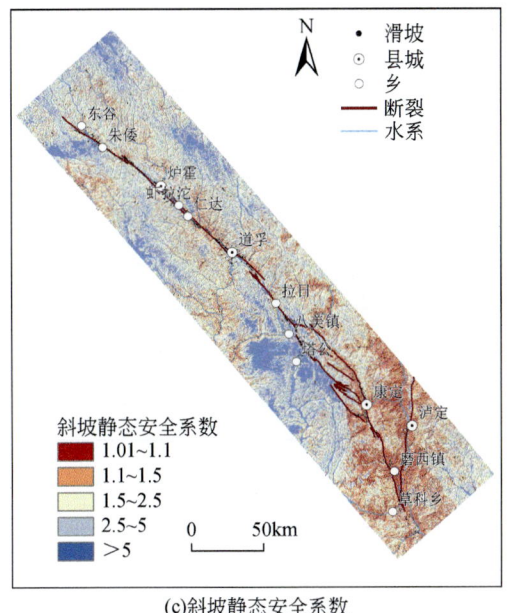
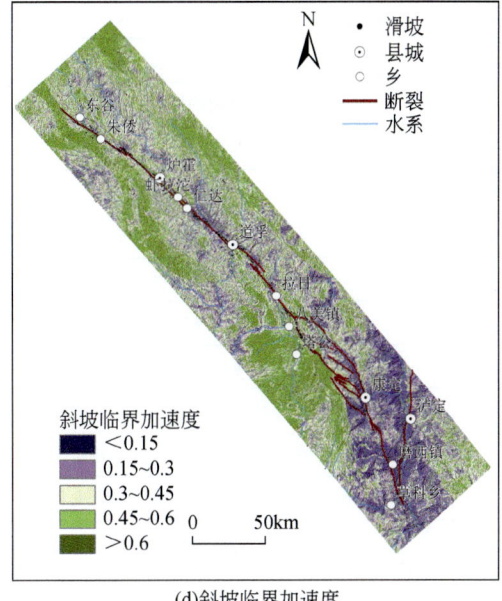

(c)斜坡静态安全系数　　　　　　　　(d)斜坡临界加速度

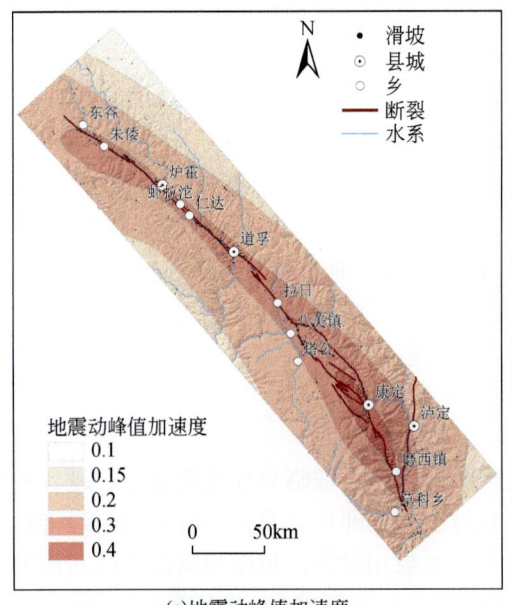
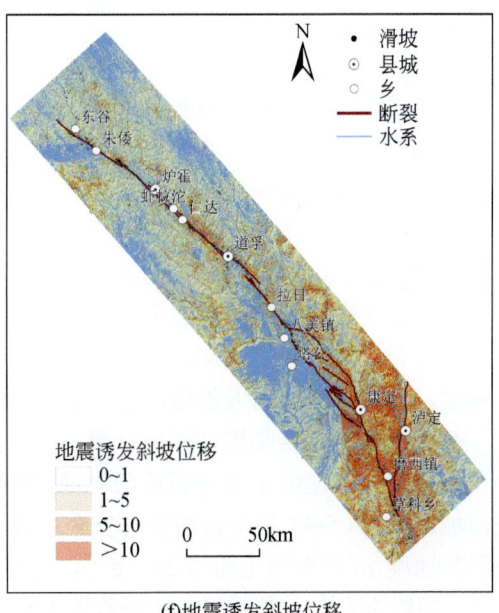

(e)地震动峰值加速度　　　　　　　　(f)地震诱发斜坡位移

图 5-21　鲜水河断裂带地震滑坡危险性评估因子图

2. 工程地质岩组划分

综合考虑地质构造、地层年代、岩土体类型和岩体风化破碎程度等因素将鲜水河断裂带地层岩性划分为 13 个工程地质岩组 [图 5-21（b），表 5-3]。根据《工程地质手册（第 4 版）》（常士骠等，2007）综合初始化工程地质岩组的物理力学参数。

表 5-3 鲜水河断裂带工程地质岩组物理力学性质

ID	工程地质岩组名称	c'/kPa	φ'/(°)	γ/(kN/m^3)
1	坚硬的厚层状砂岩岩组	26	33	26
2	较坚硬-坚硬的中-厚层状砂岩夹砾岩、泥岩、板岩岩组	25	32	25
3	软硬相间的中-厚层状砂岩、泥岩夹灰岩、泥质灰岩及其互层岩组	25	32	24
4	软弱-较坚硬薄-中厚层状砂、泥岩及砾、泥岩互层岩组	20	27	23
5	软弱的薄层状泥、页岩岩组	24	31	21
6	坚硬的中-厚层状灰岩及白云岩岩组	23	31	25
7	较坚硬的薄-中厚层状灰岩、泥质灰岩岩组	23	30	24
8	软硬相间的中-厚层状灰岩、白云岩夹砂、泥岩、千枚岩、板岩岩组	22	29	23
9	较坚硬-坚硬薄-中厚层状板岩、千枚岩与变质砂岩互层岩组	21	28	22
10	较弱-较坚硬的薄-中厚层状千枚岩、片岩夹灰岩、砂岩、火山岩岩组	28	35	21
11	坚硬的块状玄武岩为主的岩组	27	34	29
12	坚硬块状花岗岩、安山岩、闪长岩岩组	19	26	28
13	软质散体结构岩组	15	25	18

注：ID 与图 5-21（b）中的工程地质岩组号码一致。

3. 斜坡静态斜坡安全系数计算

采用式（5-7）计算斜坡静态安全系数 F_s，在多次迭代循环计算过程中，调整模型参数，保证斜坡在无外动力作用下的斜坡静态安全系数 F_s 大于 1，因地形坡度小于 10°的斜坡通常十分稳定，因此对应区域的斜坡不参与斜坡静态安全系数的计算，以此确定模型参数为：c'、φ' 和 γ 见表 5-3，γ_w=10kN/m^3，t=2.5m，m=0.3，α 取值地形坡度［图 5-21（a）］。计算得到的鲜水河断裂带斜坡静态安全系数 F_s 见图 5-21（c），具有较低静态安全性的斜坡沿深切河谷分布，总体上呈现 NNE 方向；具有静态安全性较高的斜坡主要分布在地形坡度较缓的地区，如塔公草原附近斜坡静态安全系数大于 5。

4. 鲜水河断裂带临界加速度计算

斜坡临界加速度是描述斜坡动力稳定性的唯一参数，斜坡临界加速度越小，越容易触发滑坡。据式（5-9）利用斜坡静态安全系数 F_s 和坡度数据即可计算得到鲜水河断裂带斜坡临界加速度 a_c 分布图［图 5-21（d）］，与静态安全系数相对应，坡度越高的地区其稳定性越差，即静态安全系数越低，诱发斜坡失稳所需的临界加速度越小。在坡度较陡峭山坡上，斜坡临界加速度小于 0.15g，在坡度较缓的河谷、盆地和草原，斜坡临界加速度大于 0.6g，最大值可达到 0.98g。

5. 地震动峰值加速度

地震动峰值加速度用于计算斜坡静态安全系数。鲜水河断裂带地震动峰值加速度随着距离断裂带越远，其逐渐减小，地震动峰值加速度在康定附近达到最高，为 0.4g［图 5-21（e）］。

6. 鲜水河断裂带斜坡位移计算

给定一个地震动峰值加速度，具有相同临界加速度的斜坡将产生相同的 Newmark 位移,即使这些斜坡具有不同的几何形状和物性(李雪婧等,2019)。根据式(5-10)计算得到鲜水河断裂带地震诱发斜坡位移,结果显示,较大的地震诱发斜坡位移主要分布在较小的斜坡临界加速度和较大的地震动峰值加速度区域,即朱倭附近、炉霍-道孚段、康定-磨西段、大渡河流域及坡度较大的地区,位移可达到10cm以上[图5-21(f)]。

(二)地震滑坡危险性分区评价

利用LS-D-Newmark模型计算获得鲜水河断裂带地震滑坡危险性分区,根据地震滑坡发生概率,参考《地质灾害危险性评估规范》(DZ/T 0286—2015)和国内外地震滑坡危险性分区研究成果(Jibson et al.,2000),进一步把鲜水河断裂带地震滑坡危险性划分为低危险区、中等危险区、高危险区和极高危险区(图5-22),结合已有滑坡点验证,评价精度较高,AUC为0.78(图5-23),各分区特点如下:

(1)地震滑坡低危险区约占该区面积的48.37%,主要分布在地形坡度较缓的河谷及草原地区,该区域分布的滑坡面积占滑坡总面积的8.43%;

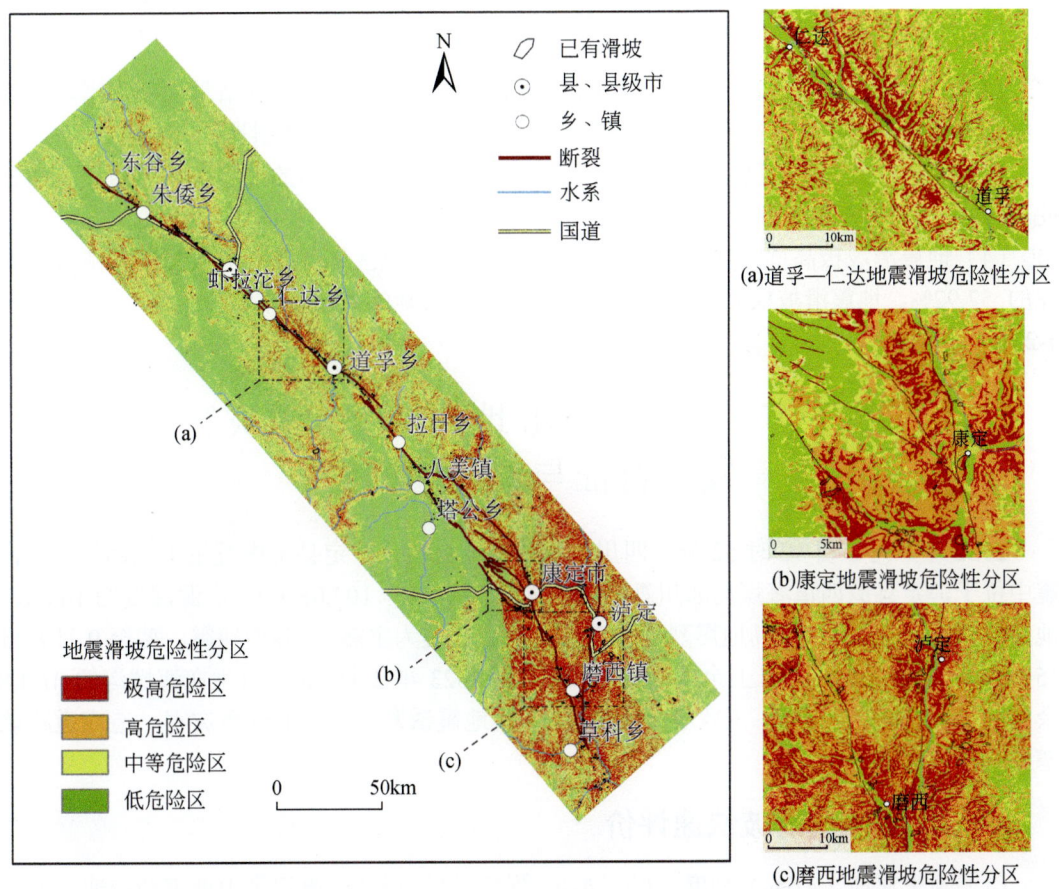

图5-22 鲜水河断裂带地震滑坡危险性分区图

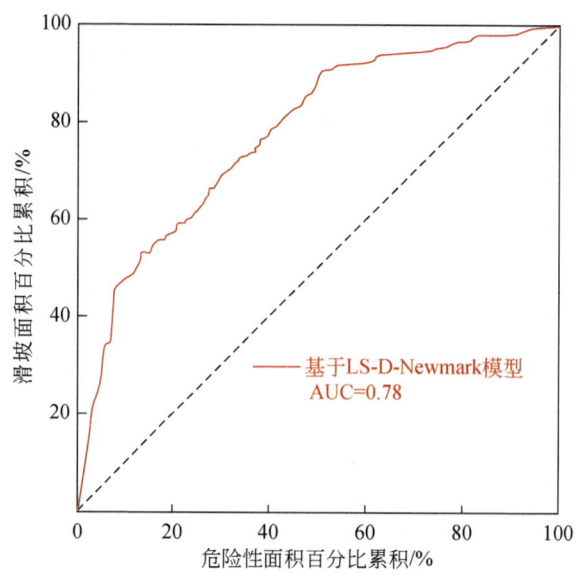

图 5-23 基于 LS-D-Newmark 模型的鲜水河断裂带地震滑坡危险性评价成功率曲线

（2）地震滑坡中等危险区约占该区面积的 18.34%，该区域分布的滑坡面积占滑坡总面积的 3.73%，其主要分布在鲜水河断裂带北段河谷两侧坡度较缓的斜坡；

（3）地震滑坡高危险区约占该区面积的 25.89%，该区域分布的滑坡面积占滑坡总面积的 29.92%，地震滑坡高危险区主要分布在康定及周边地区；

（4）地震滑坡极高危险区约占区域面积的 7.40%，该区域分布的滑坡面积占滑坡总面积的 57.92%，地震滑坡极高危险区主要分布在坡度较陡的大渡河流域和康定-磨西段 [图 5-22（a）～（c）]。

第五节 泸定 M_S6.8 地震诱发地质灾害发育特征与危险性评价

2022 年 9 月 5 日 12 时 52 分，四川省甘孜藏族自治州泸定县境内发生了 M_S6.8 地震，震中位于泸定县磨西镇海螺沟冰川森林公园内（29.59°N，102.08°E），震源深度约 16km，地震持续时间约 20s，最高地震烈度达Ⅸ度。此次地震为主-余震型地震，截至 9 月 8 日 15 时共记录到 M_S2.8 及以上余震 20 次，最大为 2023 年 2 月 28 日发生在海螺沟的 M_S4.8 余震（范宣梅等，2022b；王欣等，2023）。本次地震诱发了大量的地质灾害，造成道路堵塞、人员伤亡等。

一、泸定地震滑坡快速评价

（1）阿里亚斯（Arias）烈度（I_a）。Arias 烈度（I_a）通过强震记录中地震动加速度的平方在强震持时内对时间积分再乘以常数确定（Arias，1970），具有反映地震动振幅、频率及持时等信息的优势。Arias 烈度利用地震矩震级 M_W 和场地震源距 R 式（5-12）计算获得，

矩震级 M_W 通过式（5-13）换算得到（Wilson and Keefer, 1983; Zhang et al., 2017; 图 5-24）：

$$\lg I_a = \begin{cases} M_W - 2\lg R - 4.1 & M_W \leqslant 7.0 \\ 0.75 M_W - 2\lg R - 2.35 & M_W > 7.0 \end{cases} \quad (5\text{-}12)$$

$$M_W = 0.844 M_S + 0.951 \quad (5\text{-}13)$$

式中，M_W 为矩震级；M_S 为面波震级；R 为场地震源距，km。

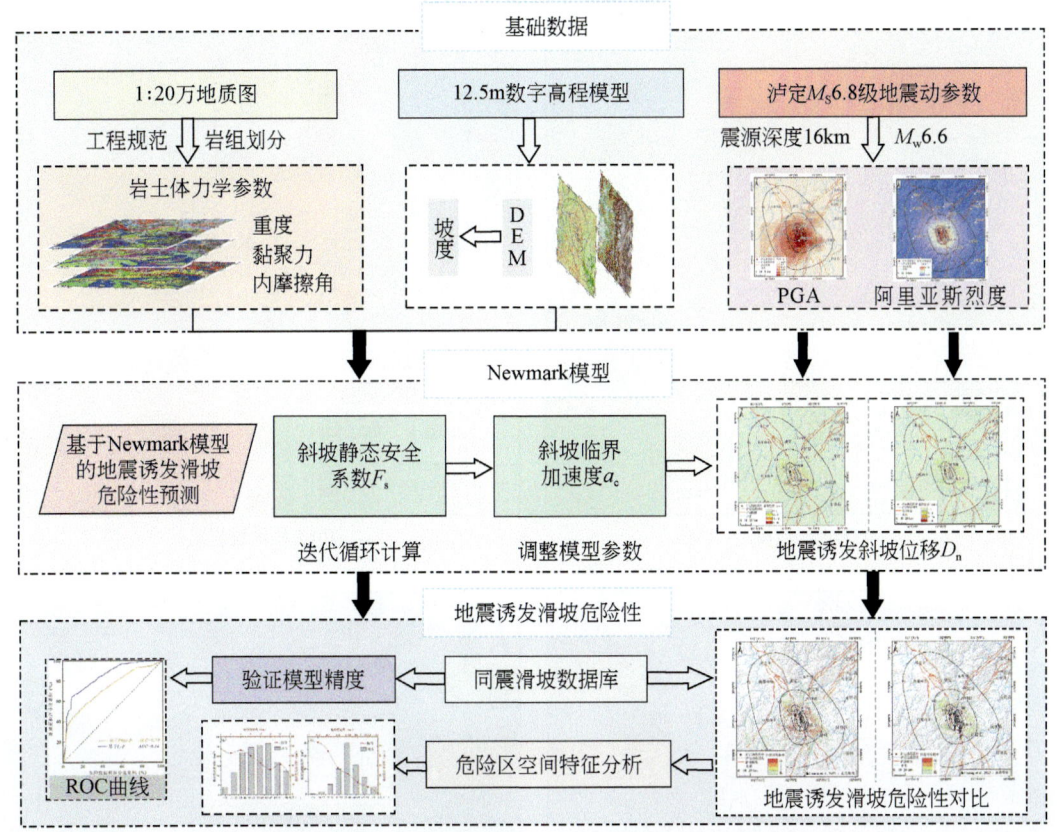

图 5-24 泸定地震滑坡危险性快速评价流程图

（2）地震诱发斜坡位移 D_n。通过分析大量地震加速度记录和地震滑坡实例，获得了地震诱发斜坡位移 D_n 与斜坡临界加速度 a_c 和地震动峰值加速度（PGA）的相互关系式 [Jibson, 2007; 式（5-14）]：

$$\lg D_n = 0.215 + \log\left[\left(1 - \frac{a_c}{\text{PGA}}\right)^{2341}\left(\frac{a_c}{\text{PGA}}\right)^{-1.438}\right] \quad (5\text{-}14)$$

区域地震滑坡产生的地震诱发斜坡位移与斜坡临界加速度 a_c 和 Arias 烈度 I_a 也存在较好的函数相关性，关系式如式（5-15）所示（Jibson et al., 2000; Jibson, 2007）：

$$\lg D_n = 2.401 \lg I_a - 3.481 \lg a_c - 3.230 \quad (5\text{-}15)$$

（一）主要影响因素分析

（1）地形坡度。据地震滑坡危险性评估经验，地形坡度小于10°的斜坡通常比较稳定，很少发生大规模的滑坡。因此，地形坡度小于10°的斜坡不参与计算［杨志华等，2017c；李雪婧等，2019；图5-25（a）］。

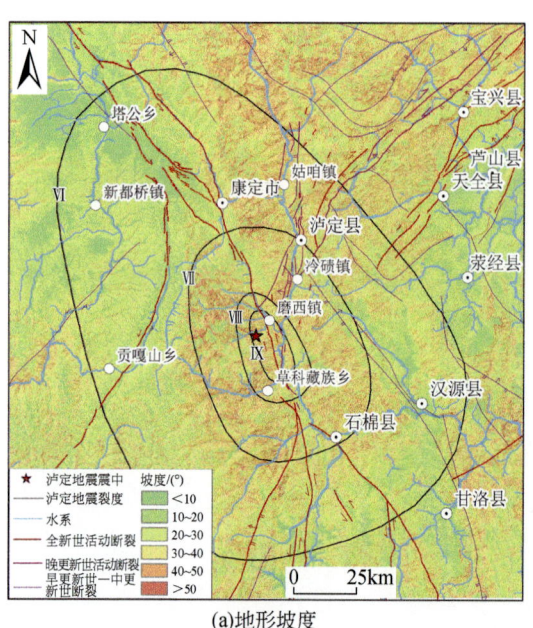

(a)地形坡度

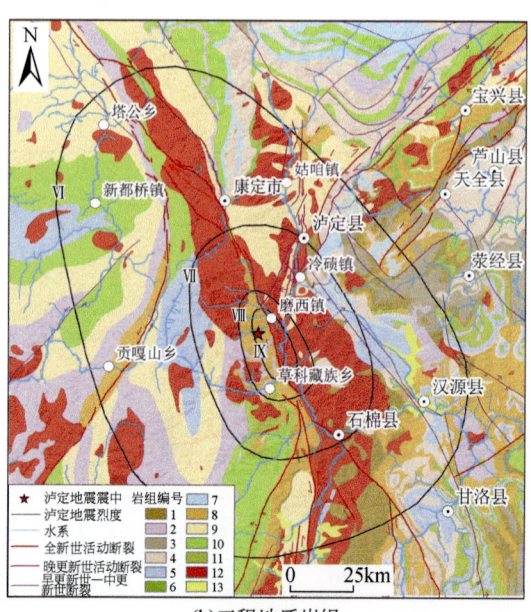

(b)工程地质岩组

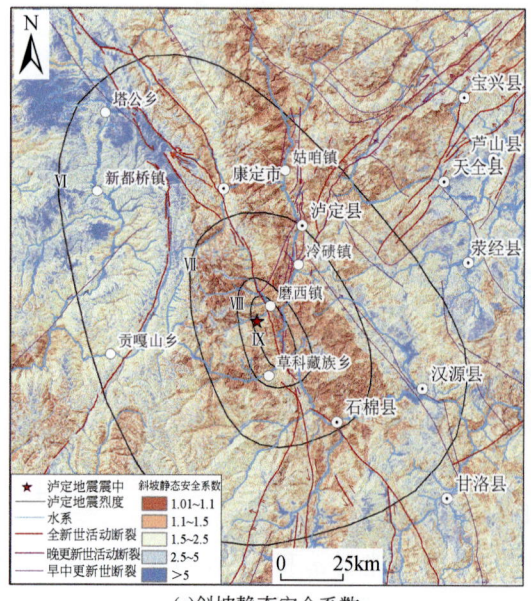

(c)斜坡静态安全系数

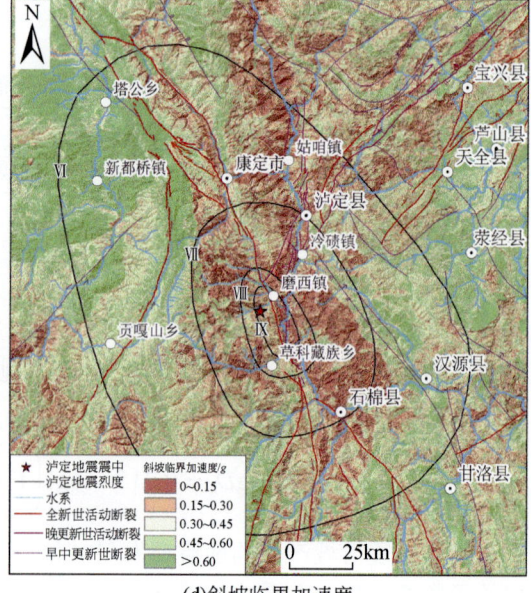

(d)斜坡临界加速度

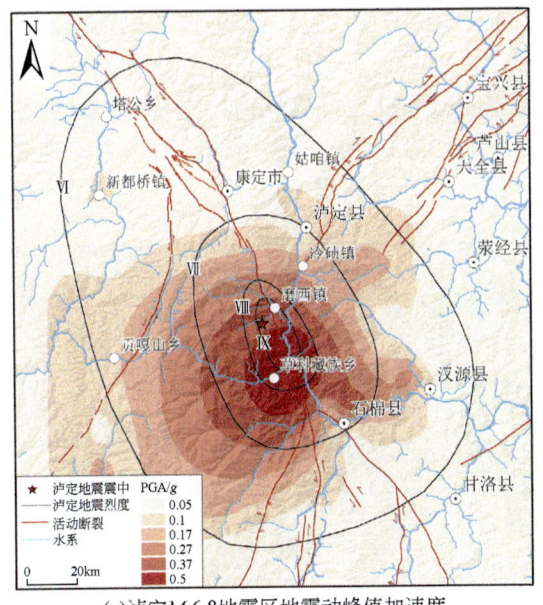
(e)泸定M_S6.8地震区地震动峰值加速度

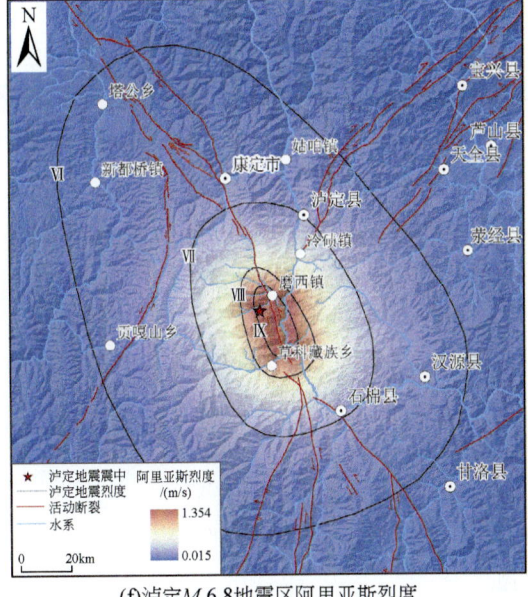
(f)泸定M_S6.8地震区阿里亚斯烈度

图 5-25 泸定地震滑坡危险性快速评估因子图

（2）工程地质岩组划分。根据区域 1∶20 万地质图，区域内地层岩性主要为，第四纪堆积物，二叠纪石英岩、板岩、灰岩和大理岩等，斜长花岗质混合岩、石英闪长岩，斜长花岗岩等。综合考虑地质构造、地层年代、岩土体类型和岩体风化破碎程度等因素，将鲜水河断裂带地层岩性划分为 13 个工程地质岩组［图 5-25（b），表 5-3］。

（3）斜坡静态安全系数计算。通过多次迭代循环计算，调整模型参数，使斜坡在无外力作用下的斜坡静态安全系数 F_s 大于 1。模型参数为：c'、φ'和 γ，γ_w=10kN/m³，t=2.5m，m=0.3（表 5-3），α 取值地形坡度。计算得到的泸定地震震区斜坡静态安全系数 F_s［图 5-25（c）］，具有较低静态安全性的斜坡主要沿大渡河和磨西河两岸等坡度较陡的地区分布，静态安全性较高的斜坡主要分布在坡度较缓的地区，如塔公草原、新都桥、荥经县等地静态安全系数大于 5。

（4）鲜水河断裂带临界加速度计算。与静态安全系数相对应，坡度越高的地区其稳定性越差，即斜坡静态安全系数越低，诱发斜坡失稳所需的斜坡临界加速度越小。在大渡河沿岸和磨西河附近等地坡度较陡的斜坡上，斜坡临界加速度小于 0.15g，在坡度较缓的河谷、盆地和塔公草原，斜坡临界加速度大于 0.6g，最大值可达到 0.93g［图 5-25（d）］。

（5）地震动峰值加速度。本书采用泸定震后的地震动峰值加速值（范宣梅等，2022b）进行地震诱发斜坡位移计算［图 5-25（e）］，震中附近的地震动峰值加速度最高达 0.5g，距离震中越远，地震动峰值加速度越小。

（6）鲜水河断裂带斜坡位移计算。①基于泸定 M_S6.8 地震 PGA 的地震诱发斜坡位移，PGA 计算的地震诱发斜坡位移显示，发生位移的区域主要分布于Ⅶ烈度区内［图 5-26（a）］，地震诱发斜坡位移较大的区域主要分布在震中东南方向区域，沿大渡河、磨西断裂带分布，沿大渡河两岸最远影响范围向北最远到德威乡，向南达石棉县城附近以及草科藏族乡西侧，地震诱发斜坡位移可达 5cm 以上。②基于泸定 $M_S6.8$ 地震 I_a 的地震诱发斜坡位移，基于 I_a 计算的地震诱发斜坡位移显示，发生位移的区域只存在于Ⅶ烈度区内 [图 5-26（b）]，地震诱发斜坡位移较大的区域主要分布在Ⅷ烈度区内，主要分布于磨西断裂带东侧的大渡河两岸，最远影响范围向北最远到德威乡，向南达草科藏族乡，地震斜坡位移可达 5cm 以上。

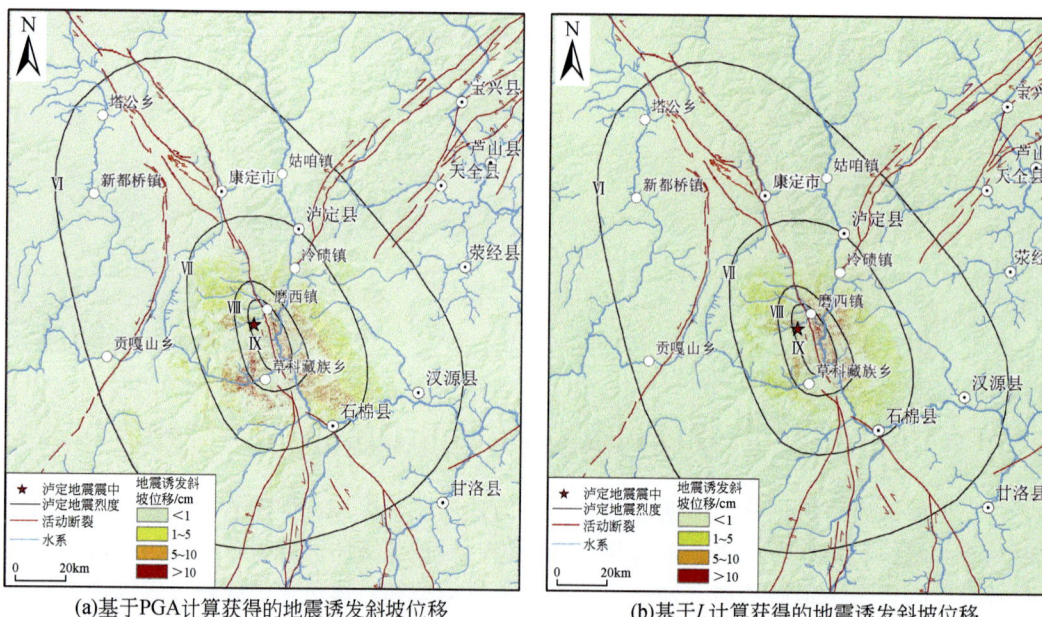

(a) 基于PGA计算获得的地震诱发斜坡位移　　　　(b) 基于I_a计算获得的地震诱发斜坡位移

图 5-26　泸定震区地震诱发斜坡位移

（二）地震滑坡概率分布预测评价结果

基于 Newmark 模型分别利用 PGA 和 I_a 计算获得泸定 $M_S6.8$ 地震滑坡危险性，根据地震滑坡发生概率，将研究区划分为地震滑坡低危险区、中等危险区、高危险区和极高危险区。评价结果显示地震滑坡极高危险区、高危险区均具有沿大渡河两岸和磨西断裂带两侧分布的特征，危险性分区与陈博等（2022）和范宣梅等（2022b）对泸定 $M_S6.8$ 地震滑坡危险性预测评价结果具有较好的一致性。

利用 PGA 计算获得的地震滑坡危险性分区显示地震滑坡极高危险区、高危险区分布范围较大，占研究区总面积的 1.81%，主要分布于大渡河沿岸、磨西断裂带两侧，向北达加郡乡，向南达石棉县城附近以及草科藏族乡西侧 [图 5-27（a）]。随着距离断裂越远，极高危险区面积有所浮动，总体上呈减小趋势，在坡度 25°～45°，极高危险区面积较大 [图 5-28（a）]。

利用 I_a 计算获得的地震滑坡危险性分区显示地震滑坡极高危险区、高危险区分布面积占研究区总面积的 0.71%，主要分布于Ⅶ烈度区内，主要沿大渡河和磨西断裂带分布，最北端至德威乡，南端延伸至草科藏族乡 [图 5-28（b）]。地震滑坡极高危险区距断裂距离越远，极高危险区面积越小，在坡度30°～45°时极高危险区面积最大［图5-28（b）］，与Huang等（2023）解译的同震滑坡分布较吻合。

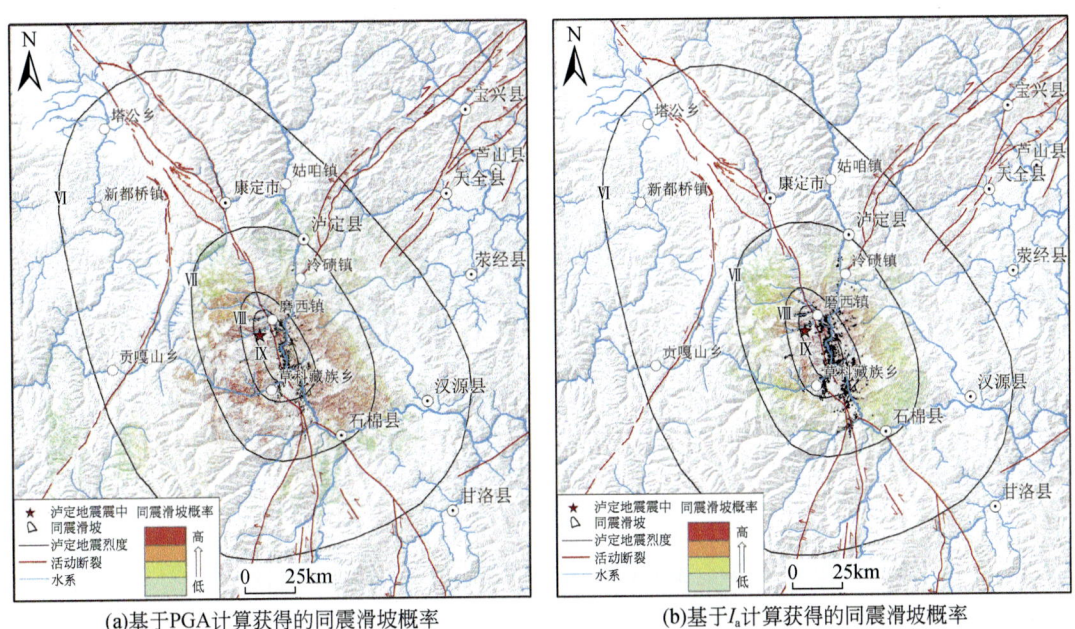

(a)基于PGA计算获得的同震滑坡概率　　　　(b)基于I_a计算获得的同震滑坡概率

图5-27　泸定Ms6.8地震区同震滑坡概率分布图

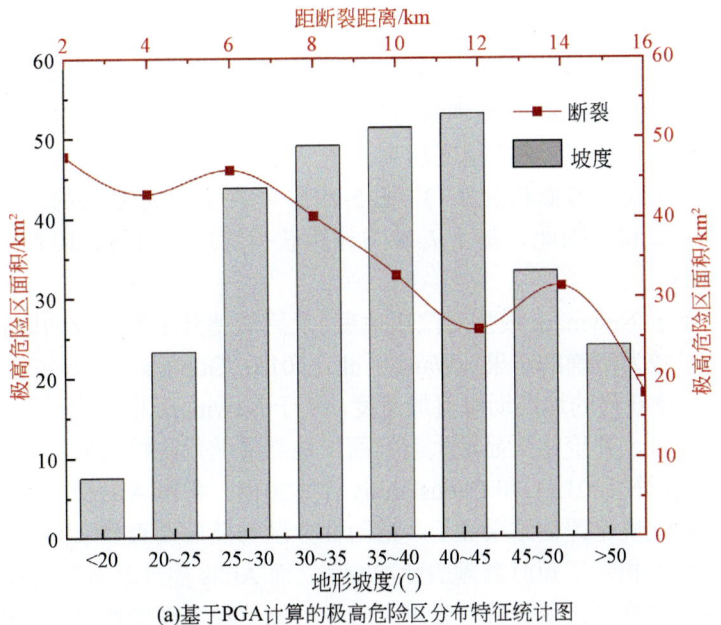

(a)基于PGA计算的极高危险区分布特征统计图

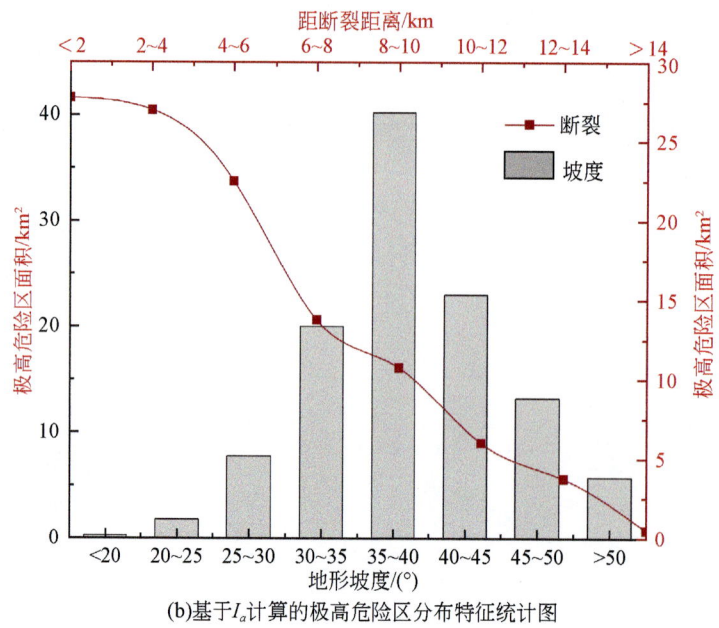

(b)基于I_a计算的极高危险区分布特征统计图

图 5-28 泸定M_S6.8 地震滑坡极高危险区分布特征统计图

(三)基于 PGA 与 Arias 烈度在地震滑坡快速预测评价效果的讨论

为检验基于 Newmark 模型分别利用 PGA 和 I_a 计算获得泸定地震同震滑坡的危险性精度,本书基于 Huang 等(2023)共享地震诱发同震滑坡数据(图 5-29)对本次地震滑坡危险性评价结果进行精度验证。采用在地质灾害危险性评价中常用的成功率 ROC 曲线的方法,对泸定 M_S6.8 地震滑坡危险性评价结果进行检验,ROC 曲线下的面积(AUC)越接近 1.0,模型的评价精度越高。基于 PGA 参与计算获得的地震滑坡危险性评价结果的 ROC 曲线下方面积为 0.73(图 5-29),利用 I_a 计算获得的地震滑坡危险性评价结果的 AUC 为 0.84。因此,基于 I_a 参与计算获得的地震滑坡危险性评价方法具有较高的精度和可靠性。

已有研究中基于 Newmark 模型对汶川地震、北阿坎德邦地震诱发的地震滑坡等进行危险性评价,获得了较为精确的结果(Wang et al.,2013;Gupta and Satyam,2022)。刘甲美等(2023)利用估算获得的地震动峰值加速度,基于 Newmark 模型进行泸定 M_S6.8 地震诱发崩滑快速预测评价,评价结果显示大渡河两岸地震滑坡危险性较低,与实际地震滑坡分布存在差异;Wang 等(2013)和 Chousianitis 等(2014)利用 Arias 烈度基于 Newmark 模型的地震滑坡危险性快速评估结果显示,危险性分区与震后调查显示的地震滑坡密集区整体一致性较好。PGA 指示了短时高频的脉冲幅值,而 Arias 烈度具有同时反映地震动振幅、频率及持时等综合信息,比受干扰因素影响较多的峰值加速度参数更能准确反映真正的地震动水平,因而与地表破坏程度的关系也更为密切,并且在泸定 M_S6.8 地震滑坡危险性快速预测评价中评价结果与同震滑坡实际分布的一致性较高。因此,在分析区域地震滑坡与地震动强度关系时，为避免遗漏地震动信息，采用 Arias 烈度相比地震动峰值加速度等更为合理（Jibson，2007，2011；Wang et al.，2013）。

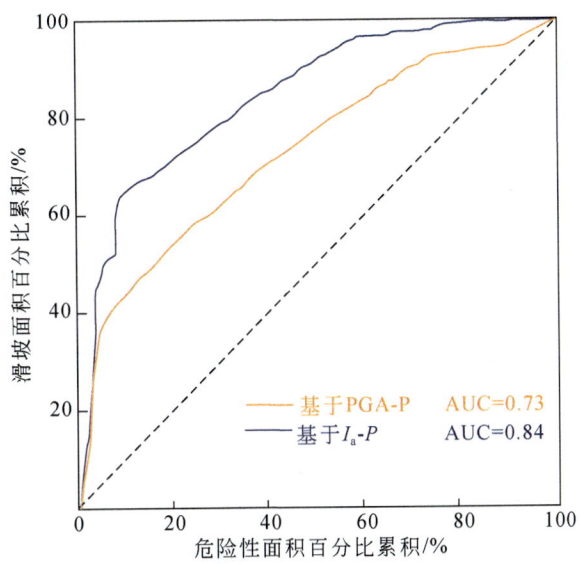

图 5-29 泸定 M_S6.8 地震滑坡危险性成功率曲线

二、泸定地震同震滑坡遥感解译与现场验证

泸定地震发生后，快速获取地震诱发滑坡的空间分布特征对灾后应急救援与灾后重建规划具有重要意义。高精度的光学卫星遥感影像具有覆盖范围广、多时相、多尺度、多光谱、多数据源、精确度高的特点，对变形迹象明显的同震滑坡具有较好的识别能力，在目视解译的基础上能够快速圈定地震诱发的滑坡灾害。

通过收集泸定地震前后不同时段的多源光学卫星影像，对比地震发生前后的多源光学卫星影像，开展泸定 M_S6.8 地震同震滑坡遥感解译工作。采用多源、多时相的光学卫星影像，基于目视解译对泸定 M_S6.8 地震烈度Ⅵ度区 14696km^2 范围内的区域开展遥感解译工作（图 5-30），建立泸定地震同震滑坡编目。

（一）采用的主要影像数据

2022 年泸定 M_S6.8 地震发生后，中国资源卫星应用中心于 9 月 5 日下午紧急调动在轨光学卫星（高分一号、高分二号、高分七号、环境二号、资源一号、资源三号等）对灾区进行拍摄，但受天气影响，直到 9 月 10 日高分六号和高分二号卫星才拍摄到灾区有效的光学影像数据（陈博等，2022）。考虑到不同影像的分辨率和质量效果，综合采用高分六号、资源三号、陆地（Landsat）卫星等多源、多时相的卫星光学影像（表 5-4），全面开展同震滑坡遥感解译识别（图 5-31）。

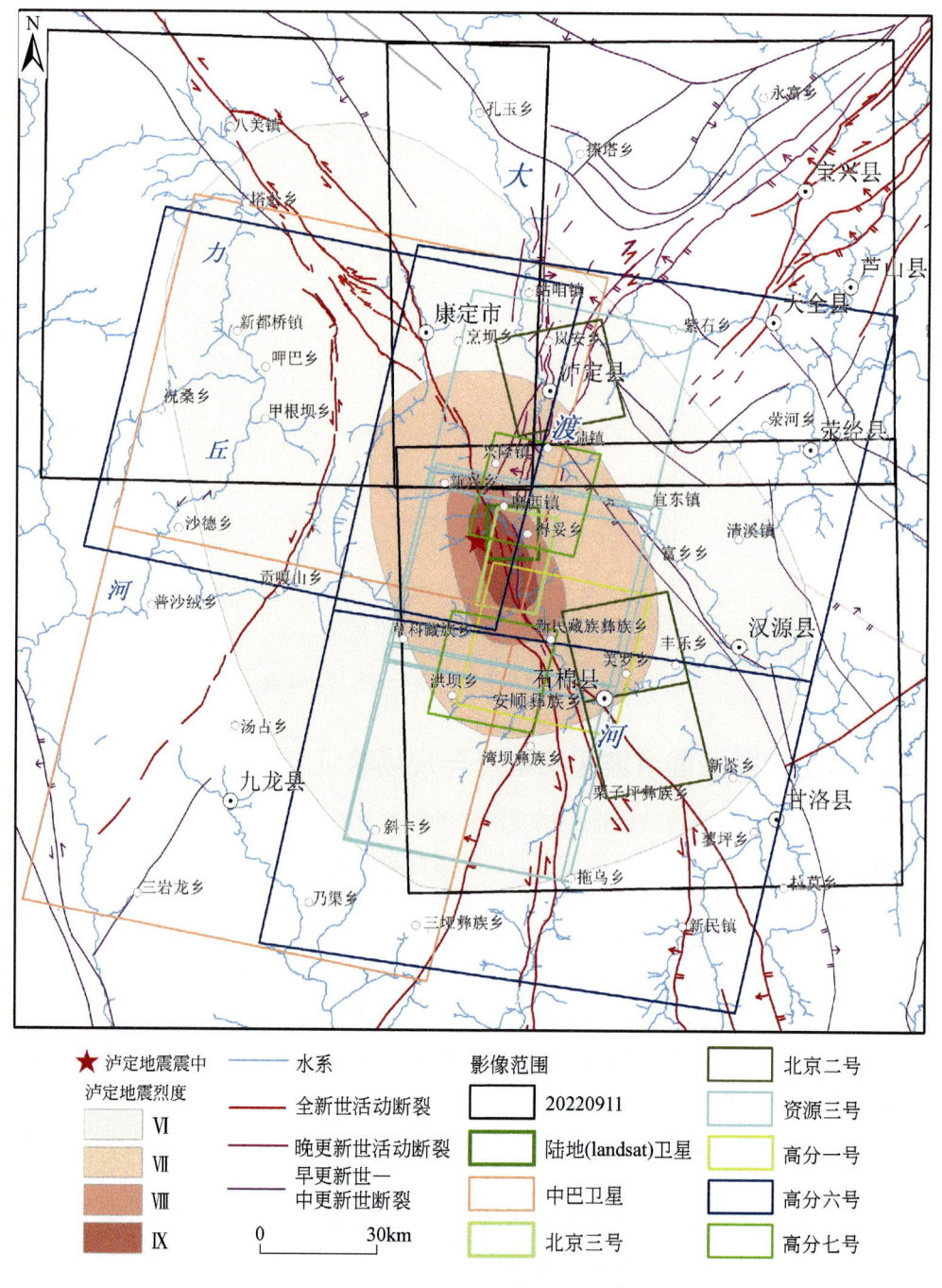

图 5-30 多源光学卫星影像覆盖范围

表 5-4 遥感数据集

数据类型	影像名称	时间	空间分辨率/m
震前	Google Earth	2010~2020 年	<1
	高分一号	2022 年 7 月 5 日	2

续表

数据类型	影像名称	时间	空间分辨率/m
震前	高分二号	2022年1月2日~7月23日	0.8
	高分六号	2022年7月7日	2
	高分七号	2022年1月14日~7月25日	0.8
震后	Landsat卫星	2022年9月13日	0.6
	北京二号	2022年9月11日	0.8
	北京三号	2022年9月10日	0.5
	高分六号	2022年9月10日、2022年10月1日	2
	高分七号	2022年9月12日	0.76
	资源三号	2022年9月13日、2022年9月29日	2.5
	高分一号	2022年10月3日	2.3
	中巴卫星	2022年10月20日	2.3
	无人机影像	2022年9月6日、2022年9月7日	0.44 / 0.28
DEM	ALOS	2006年	12.5

(二)同震滑坡识别指标

采用泸定地震震前多源光学遥感卫星影像和Google Earth影像,以及经过正射校正及图像融合的震后多源光学卫星影像(图5-30),利用ArcGIS平台,通过目视对比地震前后光学影像。因震区地处夏季,且植被覆盖较好,以地表的色调、平面形态、纹理与阴影、变形标志和微地貌等作为同震滑坡解译标志(表5-5),并重点聚焦于滑坡的几何形状、植被发育情况和道路及房屋损坏情况,结合以往在该区开展地质灾害调查研究的认识与成果,开展泸定M_S6.8地震同震滑坡目视解译工作,精确圈定同震滑坡的位置与变形范围。

表5-5 遥感影像滑坡识别标志

分析对象	滑坡基本特征
分布特征	滑坡多分布在峡谷两岸、分水岭地段,植被覆盖较低的区域
坡体特征	滑坡体表现为舌形、簸箕形、圈椅状、不规则形态等特定形态特征
	滑坡后壁呈现圈椅状,向上弯曲的弧形
	滑坡体上的植被与周围植被差异较大
	滑坡体内部发育滑坡阶地,表现为深色调
	滑坡裂隙分布于坡体前缘及中部,表现为色调和纹理异常
地貌特征	滑坡两侧发育冲沟,双沟同源状
	滑坡体与周围山体相比坡度较缓,甚至发育凹地
	滑坡松散堆积物造成河流的转折
	滑坡边界与坡体相交的部位常发生坡向转折

解译同震滑坡使用光学影像的原则为:以区域范围内最高空间分辨率影像为主,若出

现云层遮挡现象,将采取空间分辨率从高到低的顺序原则,直到光学影像清晰可见。震前、震后影像进行对比时,尽可能选择空间分辨率相近的光学影像。研究发现,同震滑坡的遥感影像解译主要存在三种情况:①震前存在滑坡,但震后滑坡扩大,为同震滑坡［图 5-31（a）(b)］;②震前无滑坡,震后有滑坡,为同震滑坡［图 5-31（c）(d)］;③震前、震后滑坡无显著变化,为非同震滑坡［图 5-31（e）(f)］。

(三)同震滑坡判识结果

1. 同震滑坡判识数据库

基于上述同震滑坡识别指标,对泸定地震震区共计 14696km² 范围内的震前、震后影像开展了遥感解译工作,范围覆盖地震烈度Ⅵ度区,建立了 2022 年泸定 M_S6.8 地震同震滑坡编目,绘制了泸定地震同震滑坡分布图(图 5-32)。研究揭示,此次地震诱发滑坡共计 4794 处,总面积达 46.79km²。滑坡主要集中分布在震中及震中东南侧,沿大渡河两岸滑坡分布较为密集,尤其是震中附近的磨西镇、得妥镇、草科藏族乡、王岗坪彝族藏族乡等地区,且滑坡多发生在发震断层(磨西断裂带)的西侧。经现场调查验证,遥感解译结果与现场实际情况较为吻合。

此外,将同震滑坡解译结果与上述基于 I_a 计算的地震滑坡危险性评价结果(图 5-32)互相验证。其中,极高危险区内的同震滑坡 3154 个,占比约 65.79%;高危险区的同震滑坡为 764 个,占比约 15.94%;中等危险区的同震滑坡为 486 个,占比约 10.13%;低危险区的同震滑坡为 390 个,占比约 8.14%。

(a)2022年5月10日震前影像

(b)2022年9月10日震后影像

(c)2022年5月10日震前影像

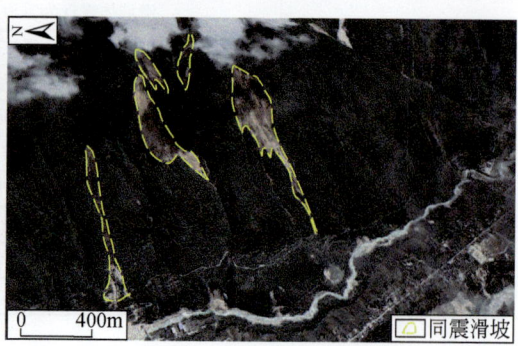
(d)2022年9月10日震后影像

第五章 鲜水河断裂带地震滑坡危险性评价 ·129·

(e)2022年5月10日震前影像　　　　　　　　(f)2022年9月11日震后影像

图 5-31　同震滑坡遥感解译示例

（a）（b）为震前存在滑坡，震后滑坡扩大，为同震滑坡（29°30′00.19″N，102°11′01.46″E）；（c）（d）为震前无滑坡，震后有滑坡，为同震滑坡（29°40′15.04″N，102°7′4.74″E）；（e）（f）为震前、震后滑坡无显著变化，为非同震滑坡（29°53′44.38″N，102°12′15.36″E）

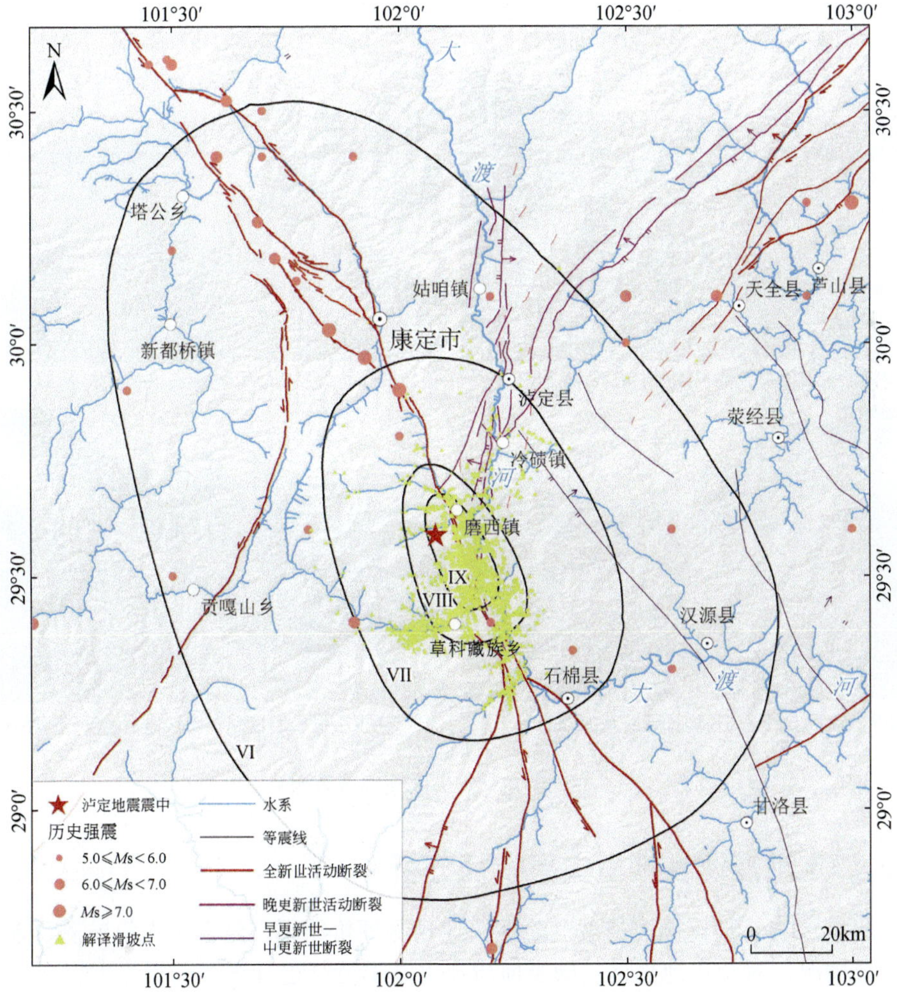

图 5-32　泸定 M_S6.8 地震同震滑坡分布图

2. 同震滑坡规模分析

根据遥感解译结果（图 5-32）和现场调查验证（图 5-33），本次泸定 $M_S6.8$ 地震诱发的同震滑坡具有数量多、规模小、成群呈带状分布的特点。光学遥感影像解译揭示，本次地震共诱发同震滑坡 4794 处，总面积约 46.79km²。数据统计分析表明，震区最大的同震滑坡面积为 0.35 km²，最小的同震滑坡面积为 35.4 m²，同震滑坡平均面积为 9759.38 m²，以中小型同震滑坡为主。

(a)大渡河得妥镇段沿岸崩塌(镜向SE)

(b)磨西台地高陡边坡崩塌、落石(镜向SW)

(c)摩岗岭滑坡后壁及堆积体变形破坏(镜向SW)

(d)燕子沟镇高位滑坡-泥石流链式灾害(镜向NE)

(e)得妥镇新华村路口滑坡损毁路基(镜向NE)

(f)得妥镇S211岔路口滑坡再次活动(镜向SW)

图 5-33 泸定地震灾区现场调查照片

三、泸定地震诱发地质灾害特征分析

基于泸定 $M_S6.8$ 地震同震滑坡危险性快速预测评价结果，结合无人机航测、遥感解译和现场调查情况，对泸定地震诱发同震地质灾害基本特征进行详细分析。

（一）同震地质灾害空间分布基本特征

泸定地震震中位于鲜水河断裂带、龙门山断裂带和安宁河断裂带三大断裂带交汇处，强烈的构造运动和深切河谷作用导致区域内岩体破碎、节理裂隙发育（郭长宝等，2021a；王运生等，2022b），易发生小规模崩滑灾害，进一步加剧了地震诱发地质灾害的致灾效应。本次泸定地震造成了地面强振动变形，触发了大量的崩塌、滑坡等同震地质灾害（表5-6），具有数量多、规模小、成群呈带状分布的特点。

表5-6　泸定 $M_S6.8$ 地震诱发典型地质灾害特征

序号	名称	位置	坐标 经度/(°)	坐标 纬度/(°)	滑坡长度/m	顶底高差/m	解译体积 /10⁴m³	规模	造成的危害
1	刘大坪滑坡	得妥镇大渡河旁	102.16	29.53	270	240	55	中型	阻断S211
2	银厂沟崩塌	得妥镇银厂沟	102.14	29.54	400	310	40	大型	部分堵塞湾东河
3	刘大坪滑坡	得妥镇大渡河旁	102.17	29.54	340	320	138	大型	阻断道路
4	红花岗崩塌	得妥镇红花岗	102.15	29.54	400	340	64	大型	—
5	弯木杆滑坡	得妥镇弯木杆村	102.16	29.54	250	230	94	中型	—
6	大坪崩塌	磨西镇海螺沟	102.16	29.60	600	350	204	巨型	—
7	繁荣村崩塌	磨西镇繁荣村后山	102.17	29.60	580	470	226	巨型	堵塞S211
8	大湾头滑坡	得妥镇大湾头	102.16	29.54	480	450	155	大型	—

综合遥感解译结果和现场调查，此次强震诱发的地质灾害大多数发育在地震烈度Ⅶ度区范围内，集中在大渡河及支流两岸的陡峭山体，沿河流和线性工程边坡发育，鲜水河断裂带和大渡河河谷地形地貌对同震地质灾害分布起控制性作用，具有显著的群发性效应（范宣梅等，2022b），部分同震地质灾害具有高位、高隐蔽性的特点。地震震中附近的泸定县海螺沟、磨西镇以及震中东南部的泸定县得妥镇和石棉县草科藏族乡、王岗坪乡为地震诱发地质灾害重灾区；在海螺沟流域、磨西台地周缘、湾东河流域、王岗坪乡和大渡河磨西镇至王岗坪乡段两岸发育大量浅表层崩塌、滑坡，其余地区的同震地质灾害发育程度相对较轻（图5-33）。S211泸定县加郡乡至石棉县田湾乡段受崩塌、滑坡等地质灾害影响损毁严重，多处道路中断；泸定县冷碛镇、磨西镇、得妥镇和石棉县草科乡、王岗坪乡等地区县、乡道沿线崩塌、滑坡发育，道路中断，阻碍震后应急救援和交通运输。本次泸定 $M_S6.8$ 地震震亡人员因地质灾害所致占比约80%，以滚石、滑坡灾害致死为主，分布地点与地震烈度区高度相关（许娟等，2023）。

通过对比震前地质灾害隐患点数据库，此次地震诱发地质灾害规模以小型为主，比例为70%（孙东等，2023）。目前，在库的有18.47%的隐患点在地震作用下变形加剧，隐患点复活以小型地质灾害为主，但中型滑坡、小型崩塌在同灾种内占比较大（铁永波等，2022；孙东等，2023）。

1. 地震诱发崩塌主要特征

泸定地震诱发的崩塌灾害主要集中在地震高烈度区的深切河谷谷肩部位及人工开挖切

坡的陡坡部位，如峡谷陡坡、冲沟岸坡、深切河谷的凹岸等地带的高陡斜坡和人工开挖切坡形成的高陡工程边坡，规模以中小型为主，部分具有高位、高隐蔽性的特点，致灾性极强（图 5-34）。崩塌多发生在花岗岩、闪长岩、砂岩板岩等基岩地层、山体表层和坡脚的松散崩坡积物及松散-半胶结的冰水堆积物中，在河谷深切边坡卸荷和地形放大效应作用下，受地震动作用影响，块石具有较大的初始动能，极易演化成滚石灾害，进一步加重了崩塌的危害程度，在大渡河及支流两岸的高陡边坡、磨西台地周缘等地造成道路毁坏及居民房屋受损。尤其在大渡河两岸，崩塌运动模式表现出两种模式：相对坚硬的块石多以落石方式崩落，且运动距离较远，部分直接进入大渡河，多数停留在坡脚下道路、建筑及平缓地带并且致灾，这也是导致大渡河沿河道路损坏的主要原因；而相对松散碎裂的岩体崩落后，在运动过程中解体，以碎块石的形式堆积在斜坡中下部地形低缓处，其运动距离相对较短，造成直接破坏的范围相对有限。

(a)甘谷地崩塌(镜向S)

(b)田坝村崩塌(镜向SE)

(c)S211崩塌(镜向S)

(d)大渡河沿岸崩塌(镜向S)

图 5-34 泸定地震诱发典型崩塌发育特征

2. 地震诱发滑坡主要特征

此次地震诱发的滑坡灾害在鲜水河断裂带沿线、大渡河及支沟河谷区诱发了大量浅表层滑坡，多发育于山体表层和坡脚的松散崩坡积物及松散-半胶结的冰水堆积物中，单体规模相对较小，规模以中小型为主；发育于坚硬岩性地层的大型-巨型滑坡极少。部分山坡的坡肩、高位失稳破坏形成滑坡，转化为滑坡-碎屑流灾害链［图 5-35（b）］，造成道路和建筑损坏（图 5-35）。震后遥感影像与现场调查表明，在磨西台地周缘、海螺沟、湾东河沟口区和王岗坪乡的同震滑坡密集发育，部分大渡河支流河道及历史泥石流沟被同震崩滑体堵塞或半堵塞，形成堰塞湖（Zhao et al.，2022）。

(a)滑坡阻断道路(镜向S)

(b)河口村滑坡(镜向N)

(c)大渡河沿岸滑坡(镜向S)

(d)滑坡阻断S211(镜向S)

图 5-35　泸定地震诱发典型滑坡发育特征

泸定震区为历史地震滑坡多发区，大渡河两岸发育多个古（老）滑坡，以大型-巨型古滑坡为典型，如1786年的磨西 M_S7.75 地震诱发的摩岗岭滑坡和烂田湾滑坡（Wang and Wu，2019；Zhao et al.，2021）。通过对比泸定地震震前、震后滑坡解译数据库，发现在地震高烈度区的部分中小型古（老）滑坡发生显著变形复活（图5-36），而大型-巨型古（老）滑坡部分发生局部变形破坏（图5-37），滑坡整体稳定性暂未受到明显影响，但需持续关注地震作用对此类古滑坡的影响，尤其需研究其震后在降雨、人类工程活动等外界因素作用下的长期稳定性与变形复活趋势。

(a)震前Google Earth光学遥感影像

(b)震后无人机航拍影像(镜向W)

图 5-36　桃坝隧道出口处地震前后滑坡发育特征对比图

(a)烂田湾滑坡(镜向SEE)

(b)马列村古滑坡(镜向NE)

(c)摩岗岭滑坡(镜向NW)

图 5-37　泸定县得妥镇典型古滑坡震后影像

海螺沟地处泸定地震震中，是同震滑坡集中分布区。基于 2022 年 9 月 5 日震后高分三号合成孔径雷达影像，结合无人机航拍影像，解译出多处同震滑坡，海螺沟两岸山体受此次地震影响较大，沟道内松散物源增多，极大增加了震后泥石流的致灾风险，但地震未造成海螺沟内冰川的运动速度大范围显著增加，仅对冰舌前缘扰动较大（李为乐等，2023）。局部原始山体受长期风化冻融影响，岩体破碎，地震致使山体长大裂缝进一步扩展（图5-38），后续存在变形破坏风险，应密切关注。

3. 地震诱发泥石流主要特征

泸定震区为泥石流多发区，中小型泥石流极为发育，受气候条件控制，具有群发性和夜发性的特点（巴仁基等，2008；倪化勇，2009）。地震发生后，该区暂未出现强降雨和持续降雨，且每年 10 月后泸定地区进入旱季，气候干旱少雨。因此，暂未出现危害较大的泥石流灾害。但是需特别指出，本次地震在震区形成大量的松散岩体，许多物质停积在坡脚或沟谷地带，为泥石流的发生提供充足物源，在后续强降雨或持续降雨作用下极易激发泥石流。结合现场地质调查结果和汶川 M_S8.0 地震、九寨沟 M_S7.0 地震研究经验，预测在泸定地震烈度Ⅸ度和Ⅷ度范围内，未来 5 年泥石流灾害较为活跃，泥石流活动频率增加，尤其需关注磨西镇、得妥镇、王岗坪乡和田湾乡等地区。

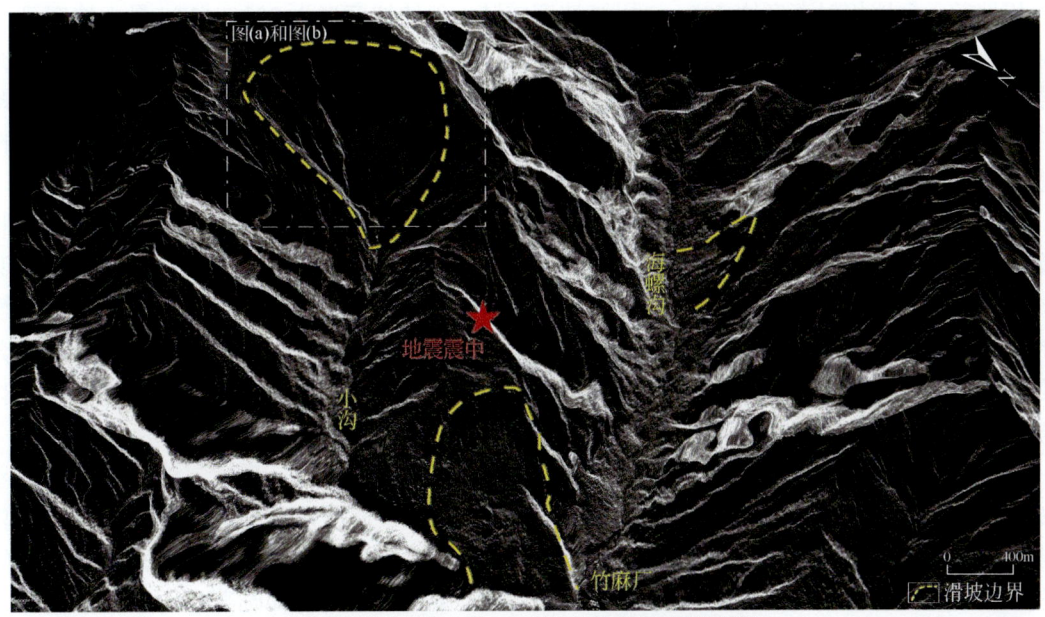

(a)磨西镇海螺沟中段SAR影像地质灾害遥感解译图

(b)地质灾害隐患点震前光学影像(Google Earth)

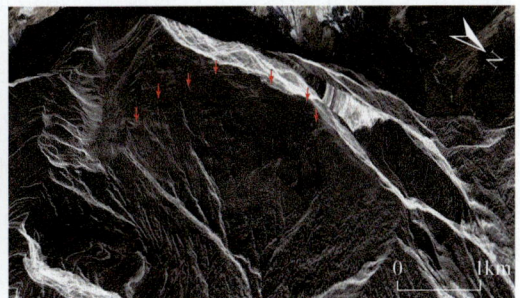

(c)震后地质灾害隐患点SAR影像

图 5-38　磨西镇海螺沟中段地震地质灾害发育特征

（a）（c）底图为 2022 年 9 月 5 日 19 时高分三号卫星升轨 SAR 处理后影像，数据来源：https://vertex.daac.asf.alaska.edu/

（二）典型地震高烈度区地质灾害特征

泸定地震诱发滑坡主要以中小型规模崩塌、滑坡为主，其中磨西台地、湾东河流域一带为地震高烈度区和地震地质灾害高发区，也是泸定地震同震滑坡危险性极高-高危险区。结合遥感解译、无人机航测和现场调查，对部分典型地震高烈度区的地震地质灾害特征进行解译分析。

1. 磨西台地段地震地质灾害发育特征

磨西台地位于泸定地震震中 NE 方向 7～8km，大部分位于地震Ⅸ烈度内，鲜水河断裂带南段的磨西断裂从该区西侧穿越。

（1）磨西台地段地质条件。磨西台地为冰水堆积物组成的松散-半胶结地层，为典型的冰川地貌，台地相对高度约 120m，周缘坡度较陡，斜坡坡度多为 30°～65°，最大坡度可达 80°（姚鑫等，2009）。堆积物密实度较大，级配良好，主要砾石成分为花岗岩、花岗闪长岩等，块径为 20～80cm（苏珍等，2002）。台地东侧为雅家梗河，西侧为燕子沟，台地周缘被河流切割呈高陡斜坡，斜坡表层残坡积物和浅表层冰水堆积体较为松散，震前发育的地质灾害主要分为冲蚀滑塌和浅层流滑两类（姚鑫等，2009），在强震作用下极易失稳。

（2）磨西台地段地震地质灾害解译特征。基于震后光学卫星遥感影像和无人机航拍影像，对磨西镇开展地质灾害遥感解译（图 5-39）。共解译出同震滑坡 348 处，滑坡投影面积约 3.61km^2，占调查区面积的 8.49%。其中，投影面积大于 1km^2 的滑坡 45 处，占滑坡总数的 21.5%。最大的同震滑坡面积为 0.25km^2，最小的同震滑坡面积为 57m^2，同震滑坡平均面积为 0.01km^2。滑坡面密度为 0.085 个/km^2；点密度为 8.13 处/km^2。该区整体以中小型滑坡、崩塌为主，解译滑坡方量为 1×10^4～15×10^4m^3。

（3）磨西台地段地震地质灾害发育分布规律。综合分析认为，受泸定地震影响，该区地震地质灾害以崩塌、滑坡和滚石为主，现场调查发现，地震诱发的地质灾害主要为小型岩质崩塌、土质滑坡和松散堆积体滑坡。单体地质灾害规模较小，但密度较大，主要分布在磨西台地边缘及沟谷两侧的高陡山体（图 5-40），磨西台地周缘即临燕子沟和雅家埂河一侧临空区域，因台地相对高度较高，周缘坡度较陡，且为冰水堆积体，虽胶结程度较好，但在强震作用下仍会诱发大量的崩塌、滑坡地质灾害，损毁部分桥梁和建筑，导致磨西镇至得妥镇的道路损毁；沟谷两侧的高陡山体发育的滑坡具有高位启滑特征，部分转化为滑坡-碎屑流灾害链，多分布在海螺沟两岸、燕子沟磨西段右岸、雅家埂河磨西段左岸坡体中上部，分布相对松散。

相较于区内其他高山峡谷地区，磨西台地周缘呈现地质灾害连片密集发育的特点。在磨西台地周缘诱发的地质灾害造成多处房屋、道路、桥梁的损坏和人员伤亡，影响应急救援和交通运输。

此外，地震造成大渡河两岸发育的摩岗岭、烂田湾、马列村等大型-巨型古（老）滑坡发生局部变形破坏。其中，在摩岗岭滑坡坡顶发生局部变形破坏，具有高位崩滑特征，但均为浅表层溜滑，滑坡整体稳定性未受到影响（图 5-41）。

2. 湾东河沟口区地震地质灾害发育特征

湾东河流域地处四川省泸定县得妥镇，位于泸定地震震中 SE 方向，地震IX烈度区内，距离震中约 9.0km。湾东河为大渡河一级支流，河长 26.98km，流域面积 166.08km^2，总落差达 3232m，沟床纵比降为 119.8‰，河口多年平均流量为 5.56m^3/s，历史上泥石流频发。湾东河流域地表起伏极大，具有典型点的 V 形侵蚀河谷地貌。

（1）湾东河流域地质条件。受鲜水河断裂带和安宁河断裂带活动影响，湾东河流域附近历史地震较为活跃，岩体结构面发育，完整性较差。流域内山坡极为陡峭，坡度为 30°～50°，临空面发育，为地质灾害发育提供良好的地形条件。鲜水河断裂带南北向穿过，形成典型的深切河谷区。叠加地形放大效应和高程放大效应，当地震烈度较大时极易诱发地质灾害，断裂带两侧发育数个古（老）滑坡。该区出露地层为上二叠统（P$_2$）和闪长岩（δ$_2$），二者呈断层接触，区内广泛出露闪长岩、片岩、石英岩、大理岩等基岩。历史上湾东河泥石流频发，沟内物质松散，物源丰富。

图 5-39 泸定县磨西镇至燕子沟镇地震诱发地质灾害遥感解译图

(a)燕子沟震前航拍影像(NNW)

(b)燕子沟震后航拍影像(NNW)

(c)磨西台地震前航拍影像(NNW)

(d)磨西台地震后航拍影像(NNW)

(e)小牛坪震前航拍影像(镜向NE)

(f)小牛坪震后航拍影像(镜向NE)

图 5-40　泸定县地震前后磨西镇地形地貌与地质灾害对比图

（a）（c）（e）底图为震前无人机航拍影像；（b）（d）（f）底图为 2022 年 9 月 7 日震后无人机航拍影像，数据来源：Guo 等，2024

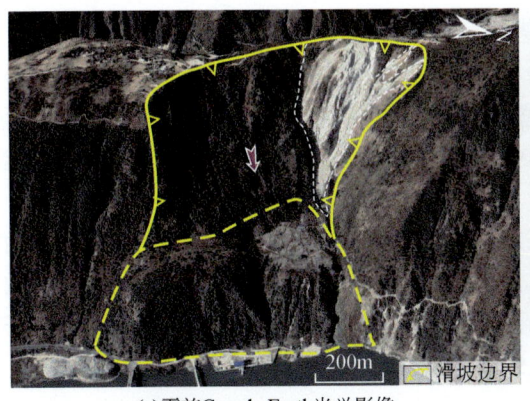 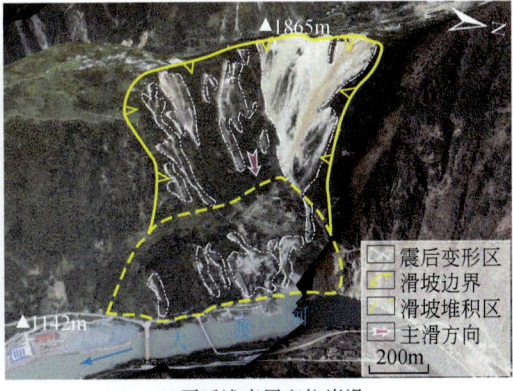

(a)震前Google Earth光学影像　　　　(b)震后浅表层高位崩滑

图 5-41　泸定地震前后摩岗岭滑坡变形破坏对比图

（2）湾东河沟口区地震地质灾害解译特征。地震在湾东河流域内诱发大量崩塌、滑坡等地质灾害，主沟道两侧地质灾害严重。在整个湾东河流域内地震共诱发 513 处同震崩滑，总面积达 8.88km^2（张宪政等，2022）。对震后湾东河口区开展遥感解译，共识别出地震诱发同震滑坡 131 处，投影面积达 1.76 km^2，占调查区的 25.07%。其分布范围与地震烈度呈现强相关，以中小型规模为主，多具有高位崩滑的特点（图 5-42）。区内最大同震滑坡面积为 0.10km^2，最小同震滑坡面积为 26m^2，同震滑坡平均面积为 0.01km^2。该区的同震滑坡面密度为 0.25 个/km^2，点密度为 18.66 处/km^2，远大于磨西台地段（8.13 处/km^2）。

图 5-42　泸定县得妥镇湾东河口区地震诱发地质灾害遥感解译图

（3）湾东河沟口区地震地质灾害发育分布规律。湾东河流域为地震烈度Ⅸ度区，地质灾害密集发育，多以浅表层群发性高位崩滑为主，密度极大，成群呈片状分布，并呈现沿断裂带和河谷展布的特点。同震地质灾害密集发育在坡体和山脊中上部，为山体浅表层残积物和强风化岩体混合成群滑塌，多为高陡斜坡和古（老）滑坡发生局部变形破坏（图5-42）。崩滑体多堆积在斜坡中下部低洼或地形较平缓区域，总体较为松散，为土石混合结构。区内主要道路、水电站和建筑受同震地质灾害影响损毁严重，受阻道路长约 4.9km，道路受阻占比达36.4%（王欣等，2023）。

大渡河两岸沿江展布道路的切坡处也是此次地震诱发地质灾害的密集发育区，人工开挖的高边坡为地质灾害孕育提供了有利的地形条件。该处同震地质灾害多发育在坡体上部，坚硬的块石多以落石方式崩落，在地震动作用下运动距离较远，损坏坡脚道路；而浅表层残积物和风化碎裂岩体崩落堆积坡脚，造成大渡河沿岸的S211完全阻断无法通行（图5-43）。

(a)湾东河堰塞湖　　　　　　　　(b)湾东河流域山体垮塌

(c)湾东河滑坡堰塞坝　　　　　　(d)湾东河地质灾害发育

图5-43　湾东河沟口区同震地质灾害发育特征

四、泸定地震滑坡分布发育特征

（一）同震滑坡发育分布规律

采用ALOS卫星全色遥感立体测绘仪（PRISM）DEM数据，分辨率为12.5m（数据来源为NASA地球科学数据网站https://www.earthdata.nasa.gov/）。基于泸定地震诱发的4794处同震滑坡数据库，研究地形地貌、地震、地质三大类，地面高程、地形坡度、坡向、距断裂距离、距震中距离、地震烈度、地层岩性、距道路距离和距水系距离共9个因素对同震地质灾害空间分布的影响规律。结果如下。

1. 同震滑坡与地形地貌的关系

地形地貌对地震诱发滑坡的分布起着重要作用,陡峭的高山地形比平缓的地形更容易发生滑坡。统计发现,本次泸定地震诱发滑坡主要分布在高程为 1000~2500m,同震滑坡面积为 36.73km²,占总面积的 78.46%[图 5-44(a)(b)];坡度在 30°~50°的同震滑坡面积占到滑坡总面积的 30.94km²,占比为 66.10%,其中坡度在 35°~45°的同震滑坡面积相对最大,占比为 38.34%[图 5-44(c)(d)];在坡向为 SE、S 和 E 的同震滑坡面积达 25.45km²,占比为 54.39%,分别占比为 18.71%、18.21%、17.47%[图 5-44(e)(f)]。综上所述,本次泸定 M_S6.8 地震同震滑坡主要分布在 1000~2500m,坡度为 30°~50°,坡向为 SE、S 和 E 的斜坡上。

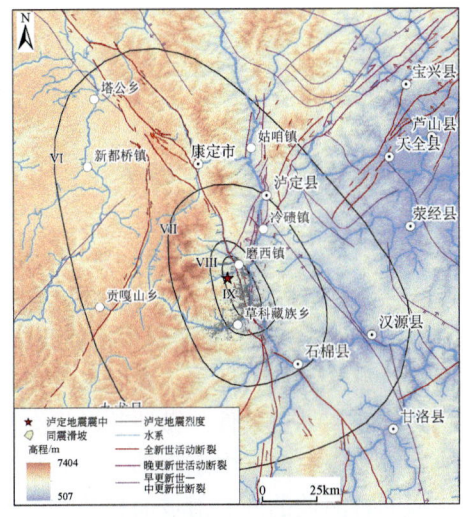

(a)高程与同震滑坡之间的空间关系

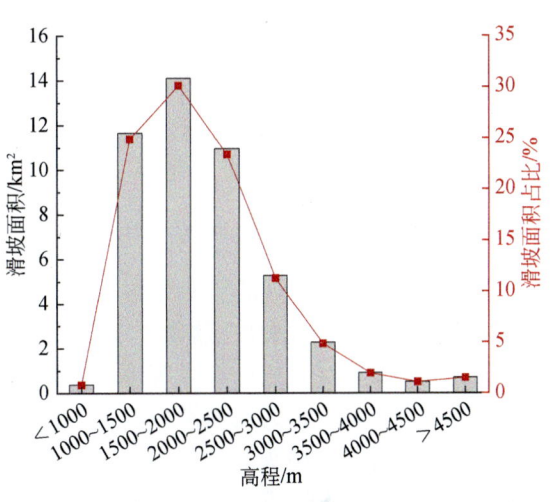

(b)同震滑坡分布与高程的关系

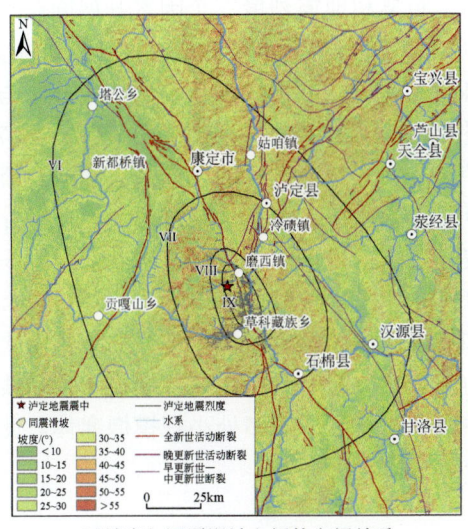

(c)坡度与同震滑坡之间的空间关系

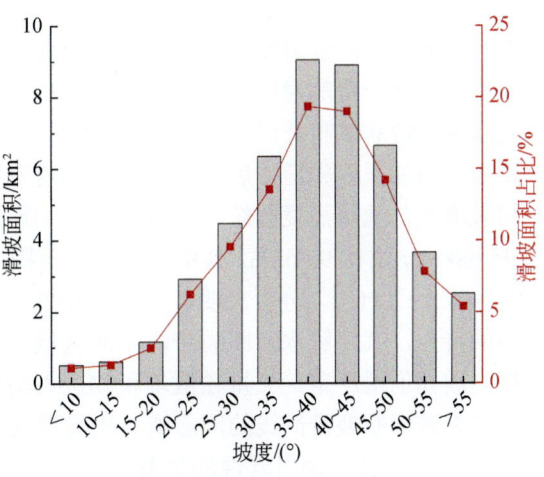

(d)同震滑坡分布与坡度的关系

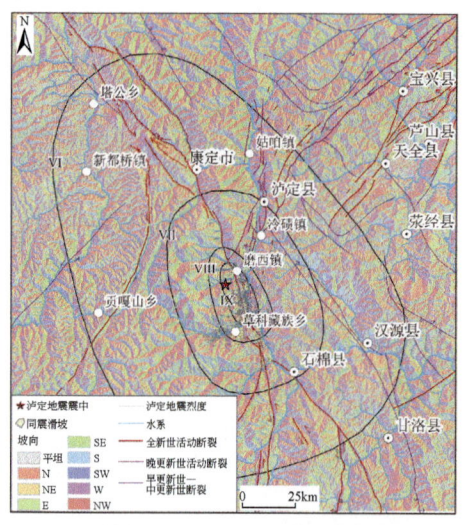
(e)坡向与同震滑坡之间的空间关系

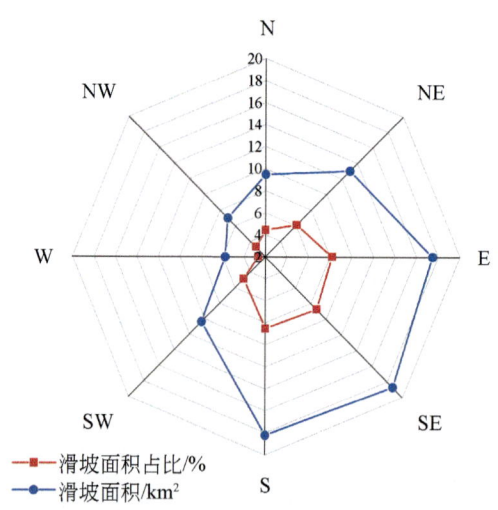
(f)同震滑坡分布与坡向的关系

图 5-44　泸定 $M_S6.8$ 地震同震滑坡与地形地貌的关系

分析认为，同震滑坡的空间分布与地形坡度、地貌、高差等关系密切，受斜坡临空面、有效势能及地形高位放大效应影响，高地震烈度区同震滑坡密集发育，主要集中在磨西镇、得妥镇、草科藏族乡、王岗坪乡等地，此区域为典型的河流侵蚀沟谷地貌，高陡岸坡和狭窄沟道形成的陡峭地形为同震滑坡的发生提供了有利的势能和临空条件。微地貌以临沟临崖、单薄山脊和孤立山头的坡肩为主。此外，此次地震滑坡集中在震中东南部，而同震滑坡主要位于坡向为 SE、S 和 E 的斜坡上，即地震波传播的背面坡的同震滑坡面积及数量远大于迎面坡一侧，地震滑坡的"背面坡效应"显著。

2. 同震滑坡与地震因素的关系

基于同震滑坡数据库，选取距断裂距离、距震中距离和地震烈度三个因素开展同震滑坡与地震因素关系的分析研究。分析认为，同震滑坡面积随距断裂距离的增加而迅速减小。其中，51.14%的同震滑坡面积分布在距断裂距离 4km 范围内，显示同震滑坡的空间分布与地质构造存在一定的对应关系，多集中分布于断裂带附近［图 5-45（c）（d）］；而与 2017 年九寨沟 $M_S7.0$ 地震类似（陈博等，2022），此次泸定 $M_S6.8$ 地震诱发的同震滑坡随着距震中距离的增加呈现先增加后减小的趋势，较为集中地分布在 6~26km ［图 5-45（a）（b）］；对同震滑坡与地震烈度的统计分析揭示，同震滑坡集中发生在Ⅸ~Ⅶ度区，同震滑坡面积为 45.68km²，占比 97.62%。其中在Ⅸ度区范围内的同震滑坡面积为 23.65km²，占比 50.54%［图 5-45（e）（f）］。分析表明，在地震烈度Ⅸ度和Ⅷ度区内的同震滑坡呈现沿断裂带密集分布的特点，其中鲜水河断裂带湾东河区域一带的同震滑坡最为严重，地震造成断裂沿线两岸的坡体崩滑严重，大量松散堆积物进入沟道并造成堵塞，形成多处小规模堰塞体。此外，在大渡河断裂带沿线的同震滑坡也呈现线状分布的特点。

3. 同震滑坡与地层岩性的关系

基于区域 1∶20 万地质图，综合考虑地质构造、地层年代、岩土体类型和岩体风化破碎程度等因素，将区内的地层岩性划分为 13 个工程地质岩组［图 5-46（a）］。基于同震滑坡数据库，通过空间统计分析发现，泸定 M_S6.8 地震诱发的同震滑坡近半数发生在花岗岩、安山岩、闪长岩等岩石坚硬地层的坡表松散堆积物中，占比达 49.65%［图 5-46（a）（b）］。分析认为，泸定地震区域的地层岩性多以花岗岩等坚硬岩浆岩为主，坡表松散堆积物较浅，滑坡规模普遍较小，相较于九寨沟地震震区的灰岩，造成中、大型滑坡的概率相对较小（范宣梅等，2022b）。

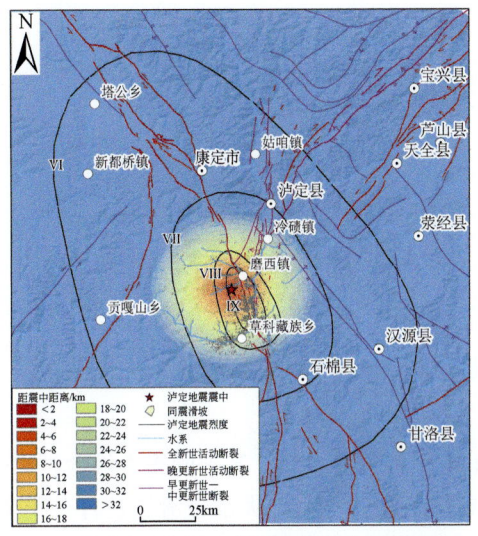

(a)距震中距离与同震滑坡之间的空间关系

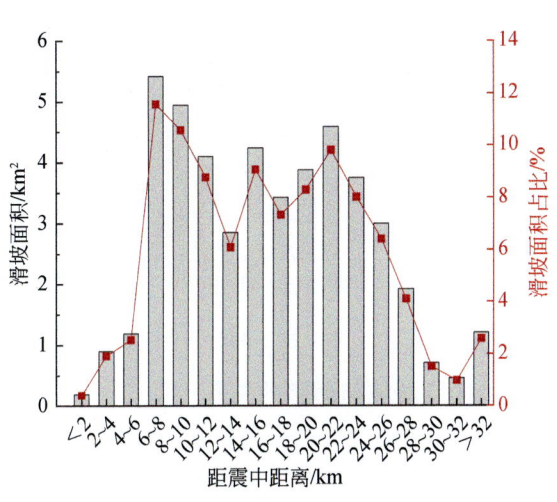

(b)同震滑坡分布与距震中距离的关系

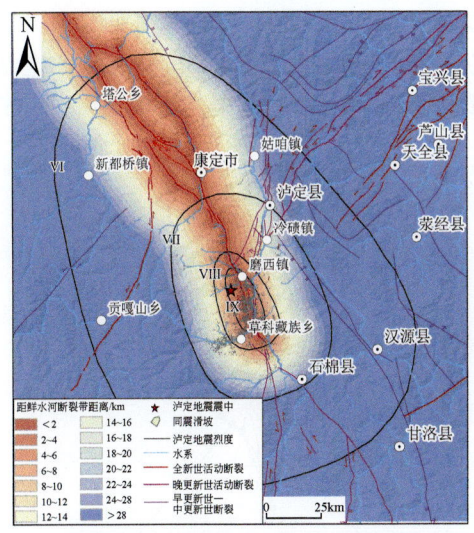

(c)距断裂距离与同震滑坡之间的空间关系

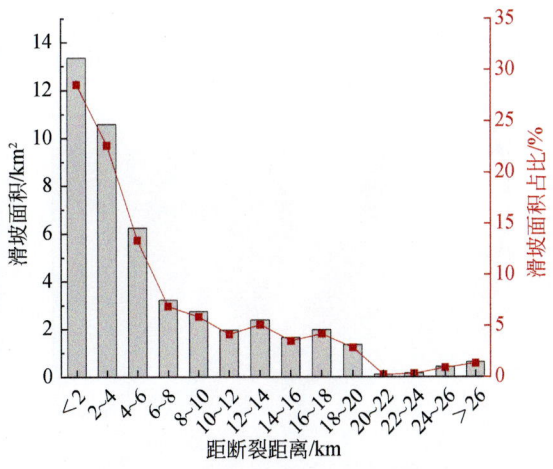

(d)同震滑坡分布与距断裂距离的关系

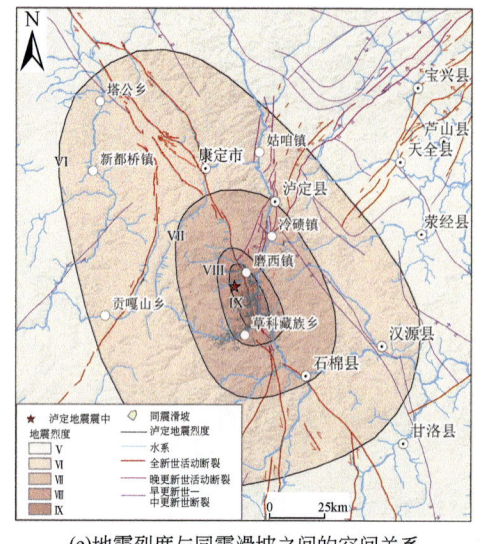
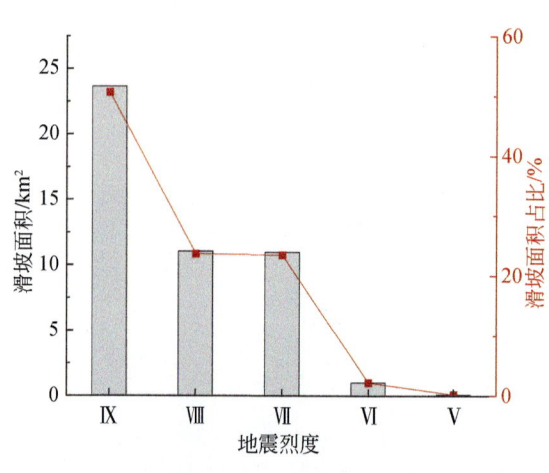

(e)地震烈度与同震滑坡之间的空间关系

(f)同震滑坡分布与地震烈度的关系

图 5-45 泸定 M_S6.8 地震同震滑坡与地震因素的关系

4. 同震滑坡与道路的关系

该区的道路交通网主要包括 G318、S211、S434 和多条县乡道。基于同震滑坡数据库，统计分析发现，同震滑坡的发育面积与距道路距离呈负相关关系，大部分滑坡发育在距道路 1km 范围内，占比达 49.07%［图 5-46（c）（d）］。表明道路开挖切坡形成高陡边坡对同震滑坡分布具有一定的控制作用，沿线地质灾害的密度极高。现场调查发现，道路主要受同震崩滑堆积阻挡道路或致使道路坍塌损坏。例如，S211 安顺场镇-王岗坪乡什月河大桥段发育不同规模灾害点 88 处，造成多处公路断道（铁永波等，2022）；S217 龙头石水电站大坝至桃坝隧道南口灾害点密度达 6.3 处/km，新民镇至王岗坪乡的县道先新桃路灾害点密

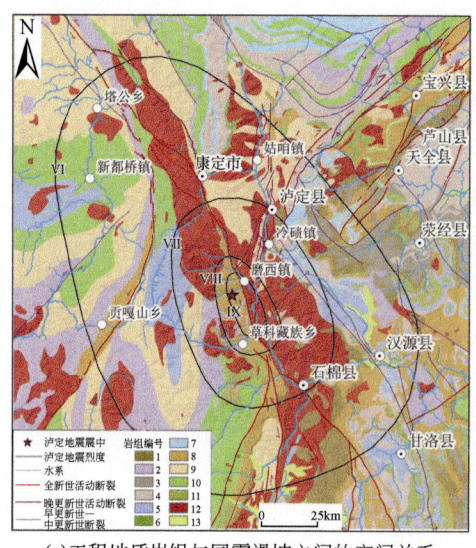
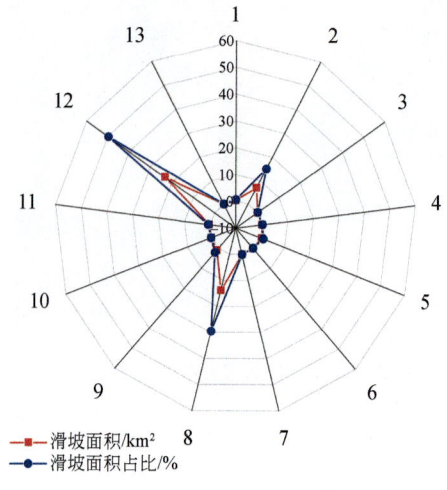

(a)工程地质岩组与同震滑坡之间的空间关系

(b)同震滑坡分布与工程地质岩组的关系

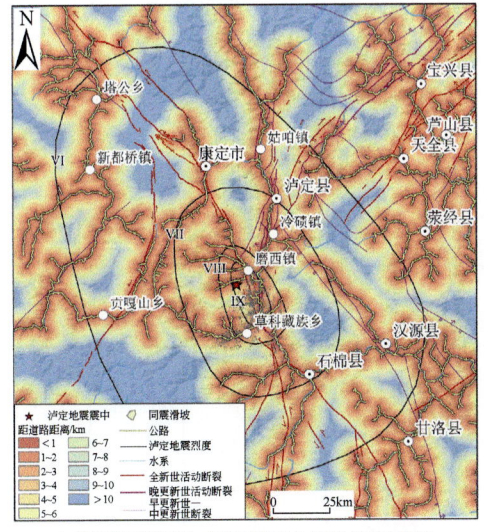

(c)距道路距离与同震滑坡之间的空间关系

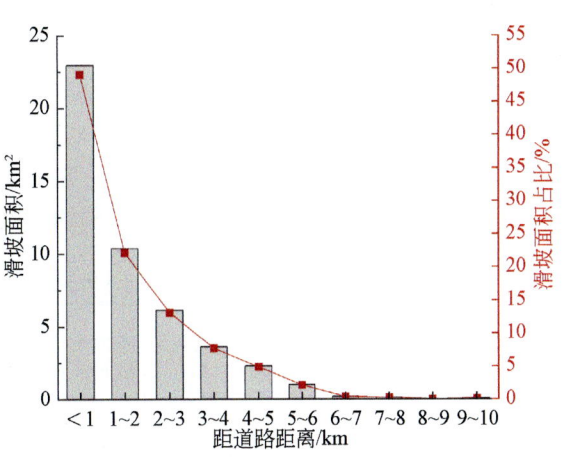

(d)同震滑坡分布与距道路距离的关系

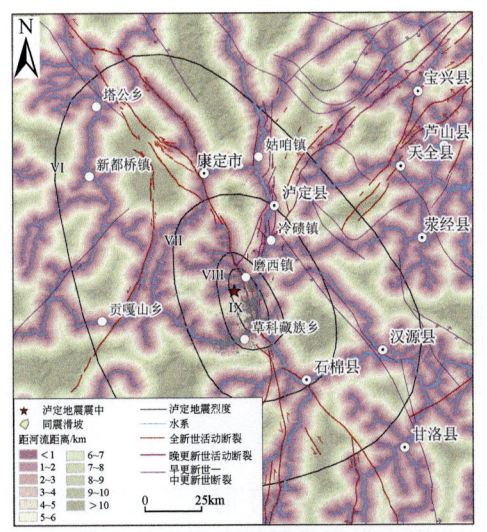

(e)距河流距离与同震滑坡之间的空间关系

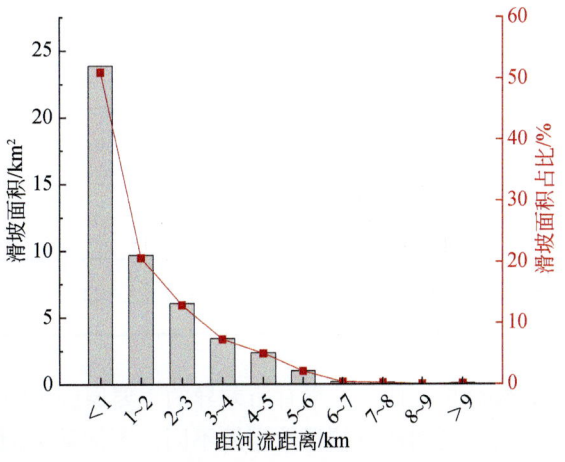

(f)同震滑坡分布与距河流距离的关系

图 5-46 工程地质岩组、距道路距离和距河流距离与泸定 M_S6.8 地震同震滑坡之间的关系

度达到了 6.28 处/km，大岗山坝前公路灾害点密度达到了 11.9 处/km，大岗山库区左岸的挖丰路灾害点密度达到了 11.1 处/km（孙东等，2023）。

5. 同震滑坡与河流的关系

同震滑坡的发育面积与距河流距离呈负相关关系，分析结果显示，超过半数的同震滑坡发育在距河流 1km 范围内，占比达 51.04%[图 5-46（e）（f）]，与道路对同震滑坡的空间分布的影响规律较为相似。表明河流下切形成的深切河谷与边坡应力释放同样对同震滑坡具有一定的控制作用。具体表现为同震滑坡在地震烈度为Ⅸ度和Ⅷ度区内的磨西沟、海螺沟、湾东河、什月河、田湾河等两岸密集分布，如磨西沟磨西台地段同震滑坡极为发育，沿着台地边缘发育，磨西台地两侧河流沿岸的同震滑坡密度达 6.5 处/km。

6. 同震滑坡数据库对比分析

泸定 $M_S6.8$ 地震发生后，国内多家科研单位启动了应急响应，派出工作组进行应急救援与现场调查，并通过多种技术方法手段第一时间开展地震滑坡快速预测评估与地质灾害遥感解译分析。通过梳理统计已发表的研究结果（表5-7）发现，识别的同震滑坡数量、总面积及滑坡发育规律与国内相关研究机构的研究认识基本一致。

表5-7 泸定 $M_S6.8$ 地震诱发地质灾害研究结果对比

文献来源	解译区面积/km²	滑坡数量/个	滑坡总面积/km²	滑坡面积占比/%	最大滑坡面积/m²	最小滑坡面积/m²	平均滑坡面积/m²	地形 高程/m	地形 坡度/(°)	地形 坡向	距断裂距离/km	地层岩性
范宣梅等，2022b；王欣等，2023	312	3633	13.78	4.14	—	49	—	1200~1400	40~45	E	1	花岗岩
陈博等，2022；韩炳权等，2022	—	2692	47	—	—	220.77	—	1800~2000	40~45	E	1	砂质板岩
李为乐等，2023	—	2717	23	—	—	—	—	—	—	—	—	—
Huang et al.，2022	—	5007	17.36	—	120747	65	3466.78	—	—	—	—	—
Zhao et al.，2022	2600	4528	28.1	1.08	3.2×10⁵	—	6211	1000~2200	35~50	—	5	花岗岩
本次解译	41696	4794	46.79	0.32	3.5×10⁵	35.4	9759.38	1000~2500	30~50	SE、S、E	4	花岗岩

经分析，研究结果有所差异的主要原因为：

（1）使用遥感解译数据源不同。不同数据源的影像空间分辨率不同，无人机影像分辨率相较于光学卫星遥感影像分辨率较高。综合采用多源光学卫星影像和无人机影像，对比各影像质量，选取最优的影像效果，开展同震滑坡目视解译工作。

（2）研究范围不同。不同研究团队在研究中基于不同影像数据，选取的研究范围不同，故解译出的同震滑坡数量有差异。选取泸定地震烈度Ⅵ度区范围为解译范围，能够获取更为全面的泸定 $M_S6.8$ 地震同震滑坡数据。

（3）工程地质岩组划分不同。不同研究团队在研究过程中采用不同的岩组数据库，如 1∶2500000 全国岩性数据（陈博等，2022）、区域 1∶20 万地质图等，并采取不同的地层岩性划分方式，故结果存在些许差异，但多认为同震滑坡发育在花岗岩地层。综合现场调查，区内同震滑坡多发的地层岩性以花岗岩、闪长岩等硬质基性岩为主。

（4）同震滑坡解译手段与方法不同。综合各研究团队成果，现有滑坡解译手段以机器学习、人工智能、人工目视解译等为主，受限于智能技术、影像效果和识别者经验等，对解译结果会产生不同程度的影响。

（二）典型地震滑坡发育特征

1. 湾东村地震滑坡-堵河灾害链

湾东河历史上泥石流活跃，河道内残留大量固体物质。泸定地震前，湾东河流域内崩滑体主要分布在流域的下游，以中小型崩滑体为主，分布在沟道的两侧，其中主沟道两侧的崩滑体面积占总面积的51%（张宪政等，2022）。

在泸定地震激发下，两岸斜坡固体物质加速向沟道内堆积。遥感解译揭示，在湾东河流域下游，地震诱发了大量的山体滑坡，堵塞湾东河流域主沟。地震在湾东河南侧支沟右岸诱发多处堵河滑坡，以发育在闪长岩地层中居多，鲜水河断裂带磨西断裂从坡脚处通过。震后影像显示，湾东河流域下游共有 8 个堰塞湖，其中最大的堰塞湖面积为 7592m²，总面积为 $2.9×10^4 m^2$，估算体积为 $3.6×10^5 m^3$（张宪政等，2022）。

2022 年 9 月 5 日 21 时 30 分许，湾东河右岸山体发生滑坡，滑坡堆积体与泥石流堆积体一同堵塞河道，形成堰塞湖，影响湾东河水电站及两岸道路、村庄。其中，1 号滑坡纵长约 330m，平均横宽约 150m，顶底高差达 280m，形成的堆积区面积约 0.12km²，形成最大高度 20m 的堰塞坝，堰塞湖汇水区面积约 0.03km² [图 5-47（a）]，并未造成大规模堵塞湾东河，仅导致主沟断流约 12h，9 月 6 日下午堰塞湖自然过流 [图 5-47（c）]，堰塞湖的初始溃决流量为 150～200m³/s，经过 12h 后，流量降低为 10～15m³/s（中国安能建设集团有限公司，数据来源：http://www.sasac.gov.cn/n2588025 /n2588124/c25944122/content.html），对大渡河干流及下游未造成显著影响。

湾东村流域内的河谷两岸发育大量同震滑坡，沟谷两岸山体崩滑极为严重，大量松散堆积物进入沟道并造成堵塞，形成多处小规模堰塞体和地震-滑坡-堵江-堰塞湖灾害链，造成较为严重的次生灾害，表现为典型的高山峡谷区地震滑坡特征。需特别指出的是，同震崩滑产生的松散碎屑物将成为震后湾东河泥石流的主要物源，易被侵蚀冲刷，转化为泥石流，泥石流频率和活动性将进一步增强。

2. 磨西台地咱地村滑坡

咱地村滑坡位于泸定县磨西镇，地处磨西台地边缘，据地震震中约 7.3km。滑坡纵长约 130m，平均横宽约 260m，顶底高差达 110m，推测体积为 $16×10^4 m^3$，为一中型滑坡 [图 5-48（a）]。滑坡发育于冰水堆积体地层中，坡脚临燕子沟。每年雨季受降雨和燕子沟丰水期冲刷坡脚影响，表层稳定性较差，常发生局部滑塌 [图 5-48（b）]。受泸定地震影响，滑塌范围较震前显著扩大，形成相对平滑的滑动面，具有"一坡到顶"的特点 [图 5-48（c）]，造成滑坡坡顶道路损毁 [图 5-48（d）]。咱地村滑坡发育于松散-半胶结的冰水堆积物中，为典型的堆积层滑坡，与高山峡谷区的同震滑坡所表现的运动特征启滑机制有所差别。

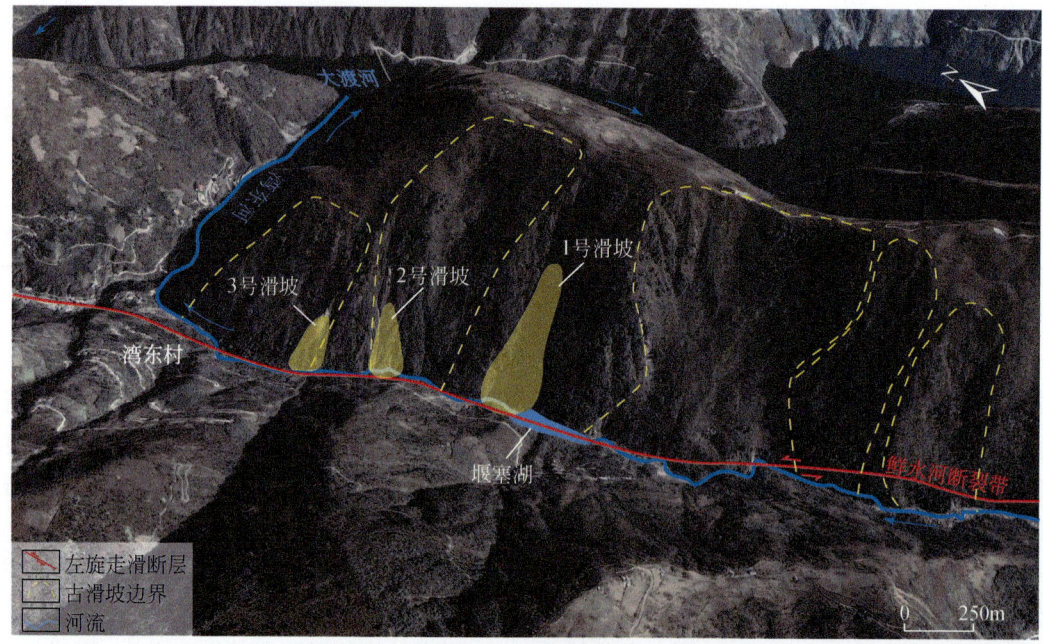

(a)湾东河地震-滑坡-堵江示意图(Google Earth)

(b)湾东河口处滑坡、崩塌(镜向W)

(c)湾东河堰塞湖泄流(影像来源：中国安能建设集团有限公司)

图 5-47　湾东村地震–滑坡–堵江灾害链发育特征

3. 磨西镇青岗坪大桥高位滑坡

青岗坪大桥高位滑坡发育于磨西镇青岗坪大桥西南侧山体，距地震震中约 6.9km。滑坡整体呈长舌状，坡度约 40°，震前坡表植被茂密，斜坡冲沟发育［图 5-49（a）］。在地震作用下，山体中上部岩体滑出后沿陡峭斜坡快速下滑，沿途铲刮山体浅表层及冲沟内松散岩土体，形成一纵长约 330m，平均横宽约 100m，顶底高差达 280m，面积约 $2.2×10^4m^2$，体积为 $11.0×10^4m^3$，具有高位启滑特点，为典型的高位滑坡-碎屑流滑坡灾害链，在高烈度区的高陡山体较为常见。流通铲刮区与震前原始斜坡冲沟走向一致，损坏 X019 县道和青岗坪大桥［图 5-49（b）］。

第五章 鲜水河断裂带地震滑坡危险性评价 ·149·

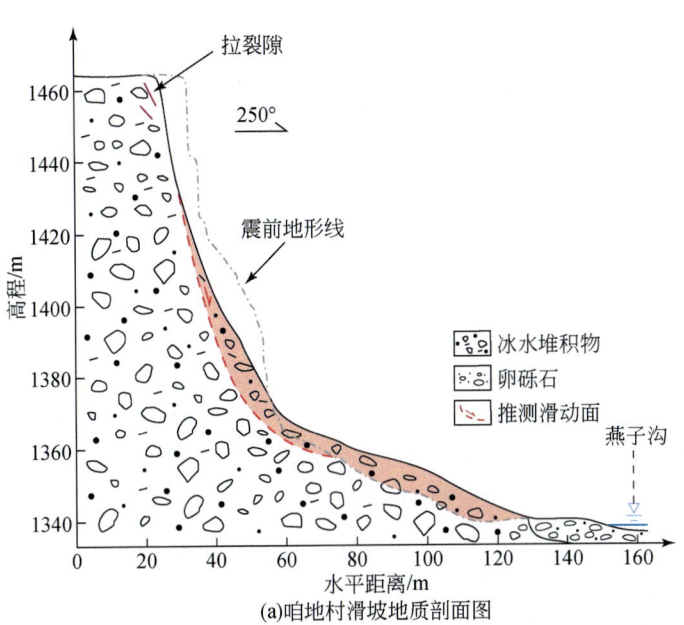
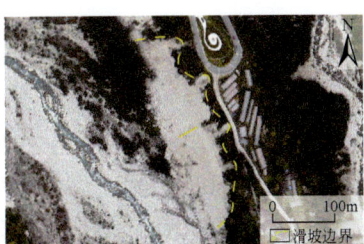
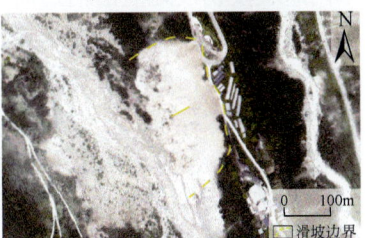

(a)咱地村滑坡地质剖面图　　(b)震前无人机航拍图　(c)震后无人机航拍图　(d)滑坡坡顶道路损毁(镜向NW)

图 5-48　磨西镇咱地村滑坡发育特征

(b) 底图为 2020 年 10 月 30 日无人机航摄影像（刘巧和杜小林），数据来源 Guo 等（2024）；(c) 底图为 2022 年 9 月 5 日震后无人机航摄影像（据四川省地质调查研究院、成都纵横大鹏无人机科技有限公司）

(a)震前无人机航拍影像(镜向SW)　　(b)震后无人机航拍影像(镜向SW)

图 5-49　泸定地震前后青岗坪大桥无人机航拍影像对比图

（a）底图为震前无人机航拍影像；（b）底图为 2022 年 9 月 7 日震后无人机航拍影像，数据来源：Guo 等（2024）

第六节 小 结

（1）鲜水河断裂带位于青藏高原东部，断裂带北起甘孜东谷附近，向南经炉霍县、道孚县至石棉县，总体走向北北西，呈略向北东凸出的弧形，是古生代形成的一条大型左旋走滑断裂，鲜水河断裂由9条分支断裂组成。利用震级与频数最小二乘法关系拟合曲线和不同断裂段诱发地震的消逝时间，对鲜水河断裂带未来地震危险性发展趋势进行了推测，表明在道孚县和乾宁县（八美镇）之间具有发生 $M_S7.0$ 以上强震的可能性。

（2）鲜水河断裂带规模大、活动性强、沿断裂带历史地震频发，在内外动力耦合作用下，大型崩塌、滑坡、泥石流等地质灾害在该区密集分布，加之破碎的岩土体及其软弱的力学性质，导致鲜水河断裂带内大型-巨型滑坡极为发育，如历史地震作用下形成的炉霍县55道班滑坡、泸定县河庄子滑坡、八美镇土石林区内的幸福沟滑坡以及受断裂蠕滑作用控制下的呷拉宗古滑坡等。

（3）在深入研究分析鲜水河断裂带滑坡孕灾背景的基础上，沿鲜水河断裂带两侧20km范围内选取了地形坡度、坡向、地面高程、地形湿度指数（TWI）、活动断裂、工程地质岩组、降雨量、距河流距离、距道路距离和植被归一化指数（NDVI）等10个因子作为滑坡易发性评价的影响因子，基于RF-FR模型开展滑坡易发性评价，滑坡易发程度分为4个级别：极高、高、中等、低易发区，分别占该区总面积的19.24%、30.15%、22.69%、27.92%。极高和高易发区主要分布在炉霍县朱倭镇到道孚县沿鲜水河断裂带分布以及大渡河两侧地区，包括康定市、泸定县及磨西镇周边地区，以大型滑坡为主。

（4）在鲜水河断裂带地震滑坡调查研究基础上，利用LS-D-Newmark模型，考虑历史地震滑坡发育密度不同区域内摩擦角和黏聚力的折减性，按照历史地震滑坡密度的划分对不同密度区的岩土体参数分别加入折减系数，进而采用概率地震危险性分析方法对鲜水河断裂带两侧约20km范围内进行地震滑坡危险性评价，地震滑坡极高、高、中等和低危险区分别占该区总面积的7.40%、25.89%、18.34%和48.37%，危险性较高的地区主要分布在康定市-磨西镇段、大渡河附近以及坡度较陡的斜坡上。

（5）四川省泸定县 $M_S6.8$ 地震震源深度约16km，最高地震烈度达Ⅸ度。基于泸定地震前后光学卫星影像开展目视解译，共解译出同震滑坡4794处，滑坡总面积达46.79km^2。同震滑坡以中、小型群发性高位崩塌和滑坡为主，滑坡总体沿NW-SE向分布，集中分布在地震烈度Ⅸ度区和大渡河两岸高陡的边坡上，包括磨西镇、得妥镇及湾东河流域等。利用PGA和Arias烈度，基于Newmark模型开展地震诱发滑坡快速预测评估，结果显示利用 I_a 计算获得的地震滑坡危险性评价结果的AUC为0.84，相比于利用PGA进行危险性评价的精度高，更适用于本次地震诱发滑坡快速预测评价。泸定地震滑坡危险性具有沿断裂带集中分布的趋势，尤其是NNW-SSE向鲜水河断裂带及其邻近的大渡河区域具有较高的危险性，在坡度为35°～45°中极高危险区所占面积最大。同震滑坡数据库中有2672处位于地震滑坡极高危险区和高危险区，占滑坡总面积的76.95%。

（6）通过统计研究泸定震区的地形、地震与地质三大因素9个因子对同震滑坡空间分布的影响规律，发现本次地震同震滑坡主要分布在1000～2500m高程范围内，坡度为30°～

50°，坡向为 SE、S 和 E 的斜坡上。距断裂带距离对同震滑坡分布起着控制作用，大部分滑坡分布在距离断裂带 4 km 范围内。此外，滑坡的发育密度与距河流距离、距道路距离均呈负相关关系，表明河流下切和道路开挖对同震滑坡具有一定的控制作用。受此次地震影响，震区形成的大量松散岩体、堆积体，需进一步通过空-天-地综合技术开展地震地质灾害调查分析研究，并做好高位隐蔽性地质灾害隐患点调查、物源调查和监测预警工作。

第六章 巴塘断裂带地质灾害发育特征与危险性评价

巴塘断裂带位于青藏高原东部，呈北东-南西向展布，全新世活动强烈，沿断裂带崩塌、滑坡、泥石流等地质灾害极为发育。本章在调查巴塘断裂带沿线崩塌、滑坡、泥石流等地质灾害发育分布规律的基础上，开展巴塘断裂带沿线 10km 范围内地质灾害易发性评价，选取区域内典型复活古滑坡，采用 InSAR 与 GNSS 监测技术对古滑坡复活特征进行分析，并基于力学测试与数值模拟分析其形成机理与稳定性影响因素，相关研究可为滑坡风险防控与区域重大工程规划建设提供支撑。

第一节 巴塘断裂带空间展布特征与活动性

一、巴塘断裂带空间展布特征

巴塘断裂带北东起于莫西附近，向南西延伸经松多、雅洼、黄草坪、巴塘、水磨沟，过金沙江后继续向南西延伸，经竹巴龙乡莽岭至澜沧江边消失，全长约 200km。断裂走向约 N30°E，总体倾向 NW，倾角较陡，表现为右旋走滑运动，斜切金沙江构造带主体，系特提斯造山系后期陆内变形作用的产物，右旋错断金沙江断裂带一系列分支断裂，断距在 15～20km（图 6-1），其形成时间应稍晚于金沙江构造带，晚新生代以来的右旋总位移量至少在 10km（Wang et al.，1998）。巴塘断裂带晚第四纪以来具有明显的活动性，曾于 1870 年发生 M_S7.25 地震，该次地震产生的地表破裂在一些地段上现今仍依稀可辨（周荣军等，2005）。

二、断裂活动性

自有地震记录以来，巴塘断裂带及其邻区发生过多起地震事件，沿巴塘断裂带追索，发现了多处断裂全新世活动或地震地表破裂遗迹。莽岭一带，冲沟西岸断层槽谷、断陷塘等错断地貌非常发育，局部可见错断晚第四纪地层的断面和断层陡坎。在巴楚河与金沙江交汇附近的尼曾和巴塘县城附近见断层错断晚更新世-全新世地层，并沿向地表。黄草坪一带，断层错断现代冲洪积扇，形成断层陡坎；多条小冲沟同步位错，右旋位移量 2.0～2.5m，在松多乡下莫西村见高达 4m 的断层陡坎地貌，沿线发育多个地震滑坡。拉哇乡甲英村和莫多乡俄打一带，可见明显的断层槽谷地貌和水系右旋位错。上莫西村一带，线性断层槽谷地貌清晰、连续，断层陡坎发育（高帅坡，2021）。在拉纳山隧道口等处见断面直接延向地表。

综合前人研究成果和现今 GPS 观测数据，巴塘断裂带晚全新世以来的水平滑动速度在 3～4mm/a（徐锡伟等，2005；周荣军等，2005；程佳，2008）。高帅坡（2021）基于莫西、党巴、黄草坪和莽岭探槽古地震结果（表 6-1），认为巴塘断裂带在全新世早期表现出较弱的活动性，但进入公元元年以来活动加剧，进入丛集阶段，地震复发间隔缩短至约830年。

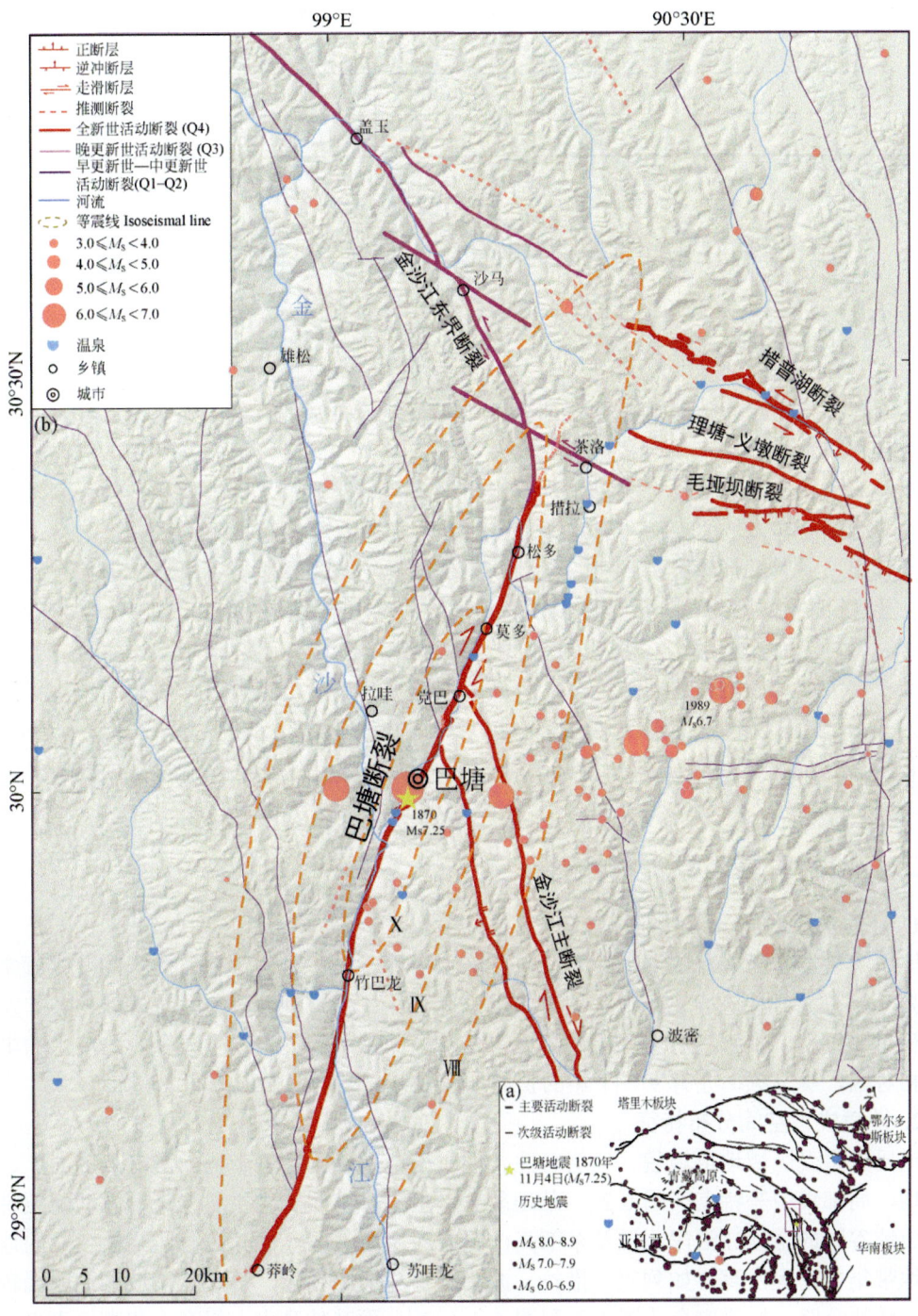

图 6-1　巴塘断裂带空间几何展布和历史地震分布图

表 6-1 巴塘断裂古地震探槽揭露的地震事件汇总（高帅坡，2021）

探槽名	事件1	事件2	事件3	事件4
莫西		844AD 之前	839～1405AD	1448AD 之后
党巴			5489BC 之前	1700AD 之后
黄草坪	3716BC 之前	3671～1203BC	488～1250AD	1585AD 之后
莽岭			11856～7136BC	1426AD 之后

第二节　巴塘断裂带地质灾害发育分布特征

一、主要地质灾害类型

巴塘断裂带沿线岩体结构破碎，部分地段断裂破碎带宽几百米至数公里，在地震、断裂蠕滑和强降雨等作用下，区域地质灾害发育，危害大。同时，近年来，随着社会经济的快速发展，公路交通、矿山开采、水利水电建设项目日益增多，区内生态环境、斜坡等遭受不同程度的破坏，坡体深切冲沟发育，加剧地质灾害的发育形成（白永健等，2010）。根据资料收集、遥感解译和野外调查，巴塘断裂带地质灾害类型主要为滑坡、崩塌、泥石流等，沿巴塘断裂带两侧各 30km 范围内发育地质灾害共 452 处（图 6-2），其中，崩塌 37 处，占比 8%，主要为岩质崩塌，规模以中小型为主；滑坡 342 处，占比 76%，主要有岩质滑坡和堆积层滑坡，以堆积层滑坡为主，且蠕滑型滑坡和老滑坡较发育，岩质滑坡规模以中小型为主，而堆积层滑坡规模以大中型为主，滑面普遍埋深较大；泥石流 73 处，占比 16%，主要有沟谷型泥石流和坡面型泥石流，以低频稀性降雨沟谷型泥石流为主，规模多为中小型。

二、地质灾害发育分布规律

1. 地质灾害时间分布特征

地质灾害发生与降水的周期基本一致，降水多的年份、月份，地质灾害的发生频率明显偏高，5～9 月发生灾害占地质灾害总数的 95% 以上。通过地质灾害发生时间与各年及月降雨量对比发现，丰水年滑坡、泥石流灾害暴发多，枯水年灾害发生较少。与降水的丰枯周期相对应，暴发频率亦有 9～11 年的长周期和 3～4 年的短周期。

2. 地质灾害空间分布特征

地质灾害受区域地形地貌、地层岩性、地质构造及降雨量等影响，具有点多面广、分布不均、局部集中等特点（图 6-2）。从地貌分区上看，地质灾害主要分布于巴塘断裂带西部高山峡谷区的金沙江沿岸，以及东部高山区的深切河谷区，尤其在德达至松多段的地形高陡地带集中密集发育，如列衣、措拉、波戈溪等深切峡谷区，下部陡峭坡体中崩塌较为发育，威胁公路、桥梁安全［图 6-3 和图 6-4（a）］，而其他高山、极高山和高原夷平面地区由于人类工程活动强度低，地质灾害不发育。金沙江干流沿岸深切峡谷区，受长期河流

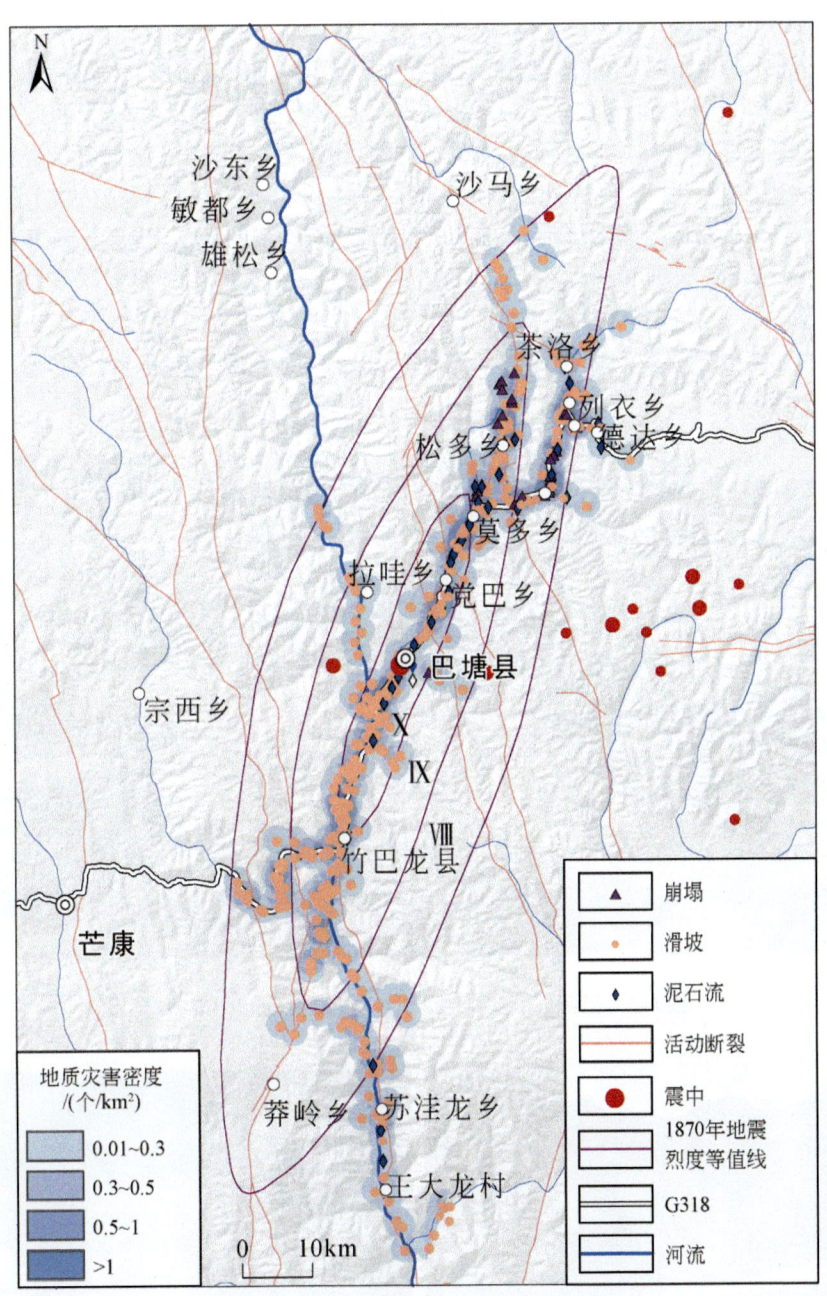

图 6-2 巴塘断裂带地质灾害发育分布图

冲刷和重力作用，发育大量蠕滑型滑坡不稳定斜坡体，并且地震诱发大型-巨型岩质堵江滑坡发育，如金沙江雪隆囊堵江滑坡［Chen et al.，2013；Wang et al.，2014；图 6-4（d）］；巴曲流域地形切割强烈，坡降大，沟谷发育，且两岸岩体结构破碎，发育大量蠕滑型滑坡［图 6-4（b）］，厚层堆积体中发育大量冲沟，以及小型泥石流。巴塘断裂带沿线地震滑坡发育,部分滑坡发生复活失稳,如茶树山滑坡在后续降雨、长期灌溉作用下发生局部复活等,对城镇、公路等安全造成影响;松多乡段发育大量中小型岩质地震滑坡群,主要沿河流左岸呈串珠状分布,滑坡体挤压河道,导致河流局部弯曲,部分滑体曾堵塞巴楚河(图6-3)。巴塘县夏邛镇和竹巴龙乡区域为北北东向巴塘活动构造带和北北西向多条金沙江分支断裂构造带的交切部位,大面积发育千枚岩和片岩,节理裂隙发育,岩体工程性质较差,地质灾害发育,以滑坡和泥石流危害较为突出,泥石流以暴雨型为主[图6-4(c)],具有规模小、点多密集、集中分布的特征(白永健等,2010)。巴塘县降雨量从空间分布来看,在地域上有一定的差异,北东及中部降雨偏多,西南部偏少,差别较大,从德达、措拉、列衣、波戈溪、莫多、松多、党巴、夏邛一线,年均降雨量在500mm左右,属于巴塘县境内降雨最多的地带,每年5~9月为巴塘县地质灾害多发时段,多发育于德达-夏邛一带。

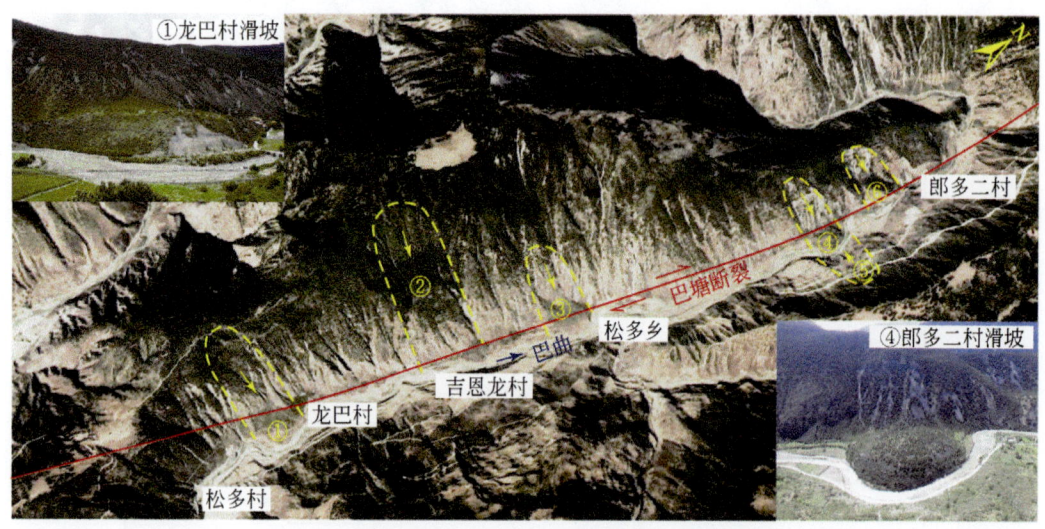

图6-3 巴塘县松多乡地震滑坡群(据Google Earth)

(a)G318波戈溪隧道口崩塌

(b)巴塘县党巴乡蠕滑型滑坡

(c) 巴塘县夏邛镇滑雪村泥石流

(d) 金沙江雪隆囊堵江滑坡

图 6-4　巴塘断裂带典型地质灾害实例

第三节　巴塘断裂带地质灾害易发性评价

一、地质灾害易发性评价方法

随着 GIS 技术在地学领域中的广泛应用，国内外学者对滑坡易发性评价展开了多层次的研究，如基于专家打分法（石菊松等，2007）、逻辑回归模型（Lee and Evangwlista.，2006）、证据权模型（Majid，2009；范强等，2014；Guo et al.，2015）、加权信息量模型（杨志华等，2017a）、信息量模型和逻辑回归模型组合评价（张晓东等，2018）等多方法的滑坡易发性评价研究。其中，证据权模型是一种综合各种证据来支持一种假设的定量方法，能够很好地解决影响因子内部不同级别对地质灾害易发性的影响，但对于影响因子之间的关系不能明确解释。因此，本书采用层次分析法，建立集成传统层次分析法与证据权模型的加权证据权模型来评价巴塘断裂带两侧 10km 范围内的滑坡易发性。

为充分考虑不同影响因子对滑坡灾害发生影响程度的差异，将层次分析法与证据权模型相结合，进行赋权，其表达式如下：

$$\mathrm{LSI} = \sum_{i=1}^{n} a_i W_f = \sum_{i=1}^{n} a_i (W_i^+ - W_i^-) \tag{6-1}$$

式中，a_i 为第 i 个影响因子的权重值；W_f 为该影响因子级别内滑坡发生的权重；W_i 代表影响因子级别内滑坡发生的权重；W_i^+ 表示该影响因子在滑坡发生区域内的权重，W_i^- 表示该影响因子在滑坡未发生区域内的权重。

二、滑坡易发性影响因素分析

滑坡的形成是一个复杂的动力学地质过程，根据地质条件、地形地貌和滑坡发育分布特征，主要选取分析地面高程、地形坡度、坡向、地形湿度指数（TWI）、距断裂距离、工程地质岩组、降雨量、距河流距离、距道路距离和植被归一化指数（NDVI）等 10 个因子

（Gökçe and Murat，2012）对巴塘断裂带滑坡易发程度的影响。

1. 地形影响因素分析

（1）地面高程。地面高程是地形要素中最重要的因素之一，根据数字高程模型（DEM），区域海拔高度主要为2400~6000m，并将地面高程分为6类，分类标准依次为：＜2500m，2500~3000m，3000~3500m，3500~4000m，4000~5000m和＞5000m。其中在2500~3500m的高程范围，滑坡面积比例高达76%，超过滑坡总面积的三分之二 [图6-5（a），表6-2]。从3500m开始，随着高程的增高，滑坡面积比例逐渐变小，表明在该区域内滑坡易发生在2500~3500m，超过3500m易发生崩塌。

（2）地形坡度。地形坡度是最基本的地形要素，对滑坡形成极为关键，主要表现为斜坡体变形提供有效的临空面，缓坡重力沿斜坡方向的分量较少，下滑力较低，失稳概率较小。随着坡度的增加，重力沿斜坡方向的分量增加，斜坡易失稳破坏。将地形坡度分为5类，分别为：0°~10°，10°~20°，20°~30°，30°~40°和＞40°。分析地形坡度与滑坡分布相关性表明：大多数滑坡发育在10°~20°坡度范围内，坡度10°~20°最有利于滑坡的形成，20°~40°坡度范围滑坡发育较少，0°~10°和＞40°的坡度范围滑坡几乎很少发育 [图6-5（b），表6-2]。

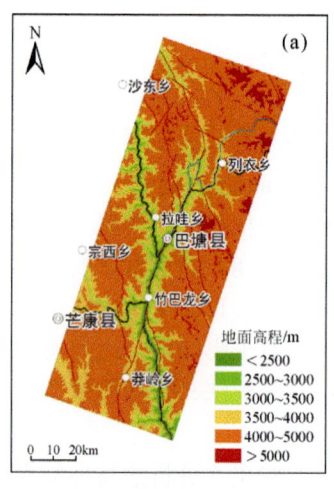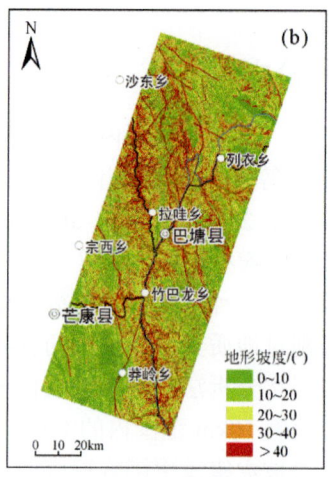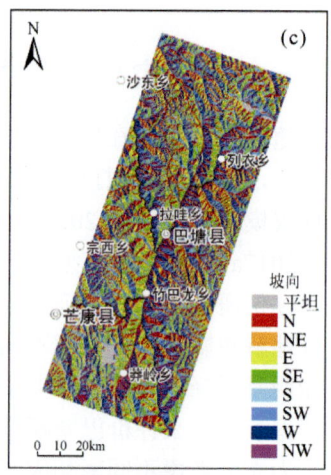
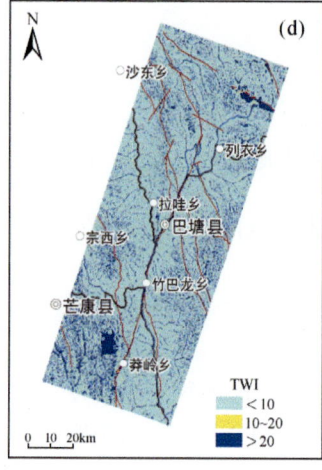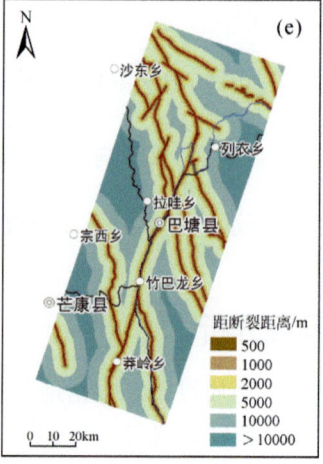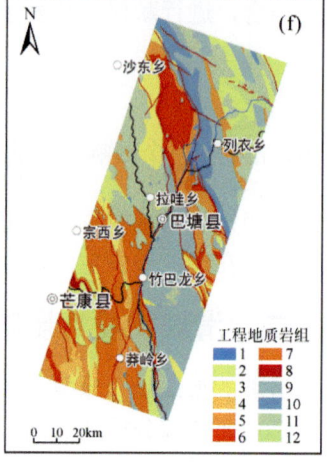

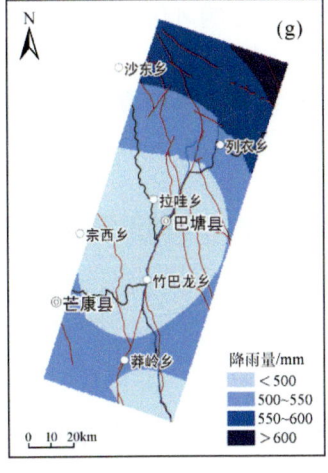 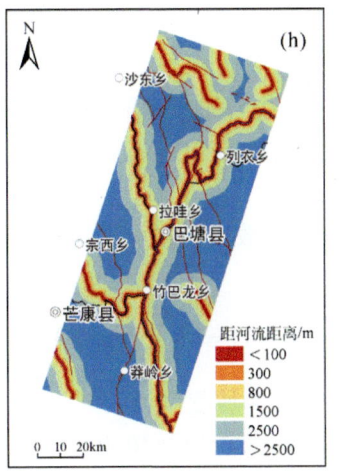 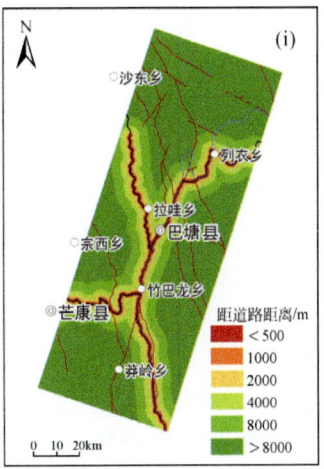

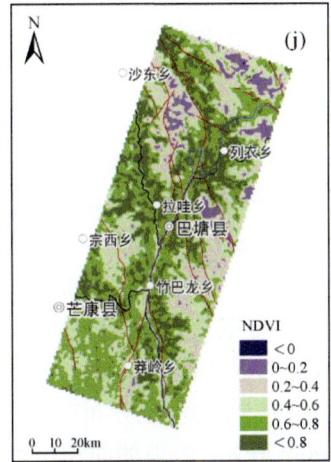

图 6-5 巴塘断裂带滑坡易发性评价因子图

表 6-2 次分析法判断矩阵与因子权重值

评价因子	地面高程	地形坡度	坡向	TWI	距断裂距离	工程地质岩组	降雨量	距河流的距离	距道路距离	NDVI	权重值（a_i）
地面高程	1	1/3	1/2	2	1/4	1/3	1	1/2	1/2	2	0.15
地形坡度	3	1	3	2	1	1/2	1/2	2	2	2	0.21
坡向	2	1/3	1	1/4	1/4	1/3	1/4	1/2	1/2	1/2	0.06
TWI	1/2	1/2	4	1	1	1	2	1/4	1	4	0.11
距断裂距离	4	1	4	1	1	2	1	2	2	1	0.11
工程地质岩组	3	2	3	2	1/2	1	2	2	3	2	0.05
降雨量	1	2	4	2	1	1/2	1	2	2	4	0.06
距河流距离	2	1/2	2	4	1/2	1/2	1/2	1	2	1/2	0.09
距道路距离	2	1/2	2	1	1/2	2/7	1/2	1/2	1	1	0.11
NDVI	1/2	1/2	2	1/4	1	1/2	1/4	2	1	1	0.05

（3）坡向。坡向是滑坡易发性评价中非常重要的因素，坡向会影响风化作用、气候状态、土地覆盖和土壤渗透能力等。坡向从 0°到 360°，分为平坦（无坡向）、N、NE、E、SE、S、SW、W 和 NW 共 9 类 [图 6-5（c），表 6-3]，巴塘断裂带内约有 20%的滑坡分布在西向的斜坡上，这可能与西向斜坡受阳光照射时间长、风化作用强烈有一定关系，进而导致斜坡失稳。

（4）地形湿度指数。地形湿度指数（TWI）可以定量模拟流域内土壤的干湿状况，其计算公式如下：

$$\text{TWI} = \ln(A_s / \tan\beta) \tag{6-2}$$

式中，A_s 为特定集水区面积，m^2；β 为坡度，（°）。

将地形湿度指数分为＜10，10~20 和＞20 共三类。分析地形湿度指数与滑坡分布的相关性可知，在巴塘地区地形湿度指数越大，饱和带发展潜力越大，土壤越容易达到饱和，因而更易发育滑坡，所以大多数滑坡发育在 TWI 高的区域 [图 6-5（d），表 6-2]。

2. 活动断裂影响分析

构造活动在地质灾害形成过程中起着非常重要的作用，地壳抬升、断裂活动、地震等内动力作用直接或间接影响着滑坡的形成和演化。巴塘断裂带是控制滑坡类型和滑坡分布的重要因素，断裂活动造成岩体破碎强烈，岩体力学性质差，在诱发地震的同时也造成大量崩塌、滑坡。对活动断裂两侧 500m，1000m，2000m，5000m，10000m 和＞10000m 范围做缓冲区，分析活动断裂与滑坡分布相关性结果表明：滑坡主要分布巴塘断裂带的两侧，大约 19%、22%和 30%的滑坡分别分布在距离断裂 0~500m、1000~2000m 和 2000~5000m 的区域内，巴塘断裂带 10km 范围内 75%的滑坡分布在距离巴塘断裂 5000m 的区域内 [图 6-5（e），表 6-2]。从距离断裂 5000m 开始，滑坡的面积比例随着距断裂的距离增大而减小。因此，距离断裂带 0~5000m 是滑坡发育的优势区间，活动断裂对滑坡的发育分布影响十分显著。

3. 工程地质岩组分析

岩土体是滑坡形成的物质基础，其岩性及结构特征对滑坡变形失稳的影响非常显著。根据岩性组合及其工程地质力学特性，地层岩性可以划分为坚硬的厚层状砾岩砂岩岩组等 12 类工程地质岩组（图 6-6，表 6-3）。分析表明，坚硬的厚层状砾岩砂岩岩组以及较坚硬-坚硬的薄-中厚层状板岩、千枚岩与变质砂岩互层岩组是最易发育滑坡的岩组 [图 6-5（f），表 6-2]。

表 6-3 巴塘断裂带工程地质岩组一览表

序号	工程地质岩组名称	主要地层代号
1	坚硬的厚层状砾岩砂岩岩组	T_3l
2	较坚硬-坚硬的中-厚层状砂岩夹砾岩、泥岩、板岩岩组	T_3z，P_{1j}

续表

序号	工程地质岩组名称	主要地层代号
3	软硬相间的中-厚层状砂岩、泥岩夹灰岩、泥质灰岩及其互层岩组	SDr, T₃w, P₂, J, C₁
4	弱-较坚硬的薄-中厚层状砂、泥岩及砾、泥岩互层岩组	T₂₋₃j
5	坚硬的中-厚层状灰岩及白云岩岩组	T₃g, Sg, P₁m
6	较坚硬的薄-中厚层状灰岩、泥质灰岩岩组	Dg-t
7	软硬相间的中-厚层状灰岩、白云岩夹砂、泥岩、千枚岩、板岩岩组	T₁₋₂m
8	较坚硬-坚硬的薄-中厚层状板岩、千枚岩与变质砂岩互层岩组	D₁₋₂h
9	较弱-较坚硬的薄-中厚层状千枚岩、片岩夹灰岩、砂岩、火山岩岩组	T₁₋₂Y, P₁e
10	坚硬的块状玄武岩为主的岩组	P₂g, T₃gl
11	坚硬的块状花岗岩、安山岩、闪长岩岩组	Pt₂₋₃N, Pt₂, T₃MC, Tγδ, Jγδ, Jγ, Tγ, Eγ
12	软质散体结构岩组	Qp, Qh

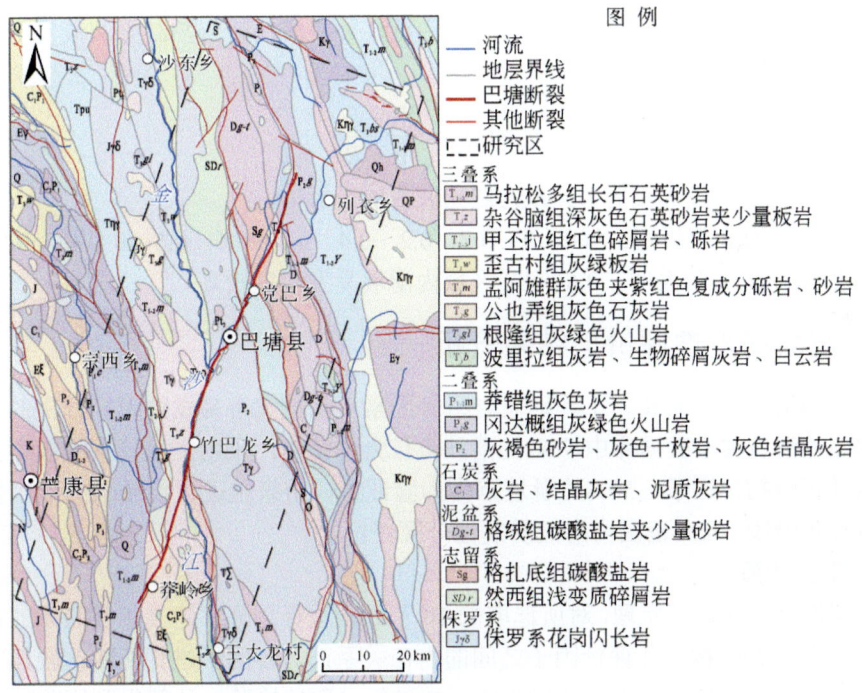

图 6-6 巴塘断裂带地层工程地质岩组图

4. 降雨因素分析

巴塘地区年均降雨量为 451.4～828.8mm，降雨量的分布受地形、地貌等因素的影响。本次易发性评价将降雨数据划分为＜500mm，500～550mm，550～600mm 和＞600mm 共 4 个级别，滑坡所占每个级别的面积百分比为 63.31%、34.76%、1.93%、0.00%［图 6-5（g），

表6-2]。随着降雨量的增加，滑坡百分比没有显著增加的趋势。

5. 距河流距离

河流是控制坡体侵蚀过程的主要因素之一，流水直接冲蚀坡脚，造成河流下切。对巴塘断裂带区域河流两侧<100m，300m，800m，1500m，2500m 和>2500m 进行缓冲区分析［图6-5（h）］，分析数据可知，巴塘断裂带10km范围内约35.9%滑坡分布在距离河流800m范围内（表6-2），这表明距河流的距离越近，坡脚受河流侵蚀作用影响，斜坡失稳的概率越高。

6. 距道路距离

道路建设特别是切坡也是导致斜坡失稳的重要因素。对巴塘断裂带10km范围内道路两侧<500m，1000m，2000m，4000m，8000m 和>8000m 进行缓冲区分析［图6-5（i）］，分析表明，2000～8000m缓冲区内斜坡失稳的概率较高（表6-2），随着距道路距离的增加，滑坡比例也逐渐增加。

7. 植被覆盖因素

地表的植被覆盖同样影响滑坡的发育和分布。植被归一化指数（NDVI）是对增强型专题制图仪（ETM+）遥感影像经过处理，增强植被信号，消弱噪音组合而成，是植被生长状态及植被覆盖度最佳指示因子。计算公式为近红外波段反射值与红光波段反射值之差与两者之和的比值：

$$\text{NDVI} = \frac{\text{IR} - R}{\text{IR} + R} \tag{6-3}$$

式中，IR 为近红外波段的反射值；R 为红光波段的反射值。

将 NDVI 分为6个级别：<0，0～0.2，0.2～0.4，0.4～0.6，0.6～0.8 和>0.8 ［图6-5（j），表6-2］。空间分析表明，0.6～0.8区域内滑坡易发程度较高。

三、滑坡易发性评价与结果分析

在上述地形、活动断裂、工程地质岩组等因素对滑坡灾害易发性影响分析的基础上，本书将建立的滑坡灾害数据库中70%的滑坡点作为训练集，采用加权证据权模型来计算滑坡的易发性评价指标因子，30%的滑坡点作为验证集，用来验证评价结果的准确性，并完成巴塘断裂带沿线10km范围内滑坡易发性分区评价。

1. 权重值计算

按照层次分析法计算原理，对所选取的10个因子进行划分并建立相互联系的评价模型层次结构（表6-2）。按照各评价因子之间的内在关系，对各因子进行两两比较建立判断矩阵，进行层次排序，确定各因子的权重值，并进行一致性检验。计算得到矩阵的最大特征值为6.83，进行归一化处理得到各影响因子的权重为{0.15, 0.21, 0.06, 0.11, 0.11, 0.05, 0.06, 0.09, 0.11, 0.05}。一致性检验指标 CI 为0.04，随机一致性比率 CR 为0.03，二者都小于0.1，表明层次排序结果具有较满意的一致性。

根据加权证据权模型公式（6-1），在滑坡因子权重值（表6-2）和证据权值（表6-4）的基础上，分别将10个因子的证据权值进行加权，并进行空间叠加计算，得到滑坡易发性评价指数（LSI），LSI越高，滑坡易发程度越高。通过计算，巴塘断裂带10km范围滑坡易发性指数分布范围为-13.36～8.73。

表6-4 巴塘断裂带滑坡易发性评价证据权模型计算结果

影响因子	分级	分区面积/km²	总面积占比/%	滑坡面积/km²	滑坡面积数占比/%	W_i^+	W_i^-	W_f
地面高程/m	<2500	50.8413	0.51	2.7863	4.06	2.1204	−0.0366	2.1569
	2500～3000	444.3900	4.47	24.5856	35.82	2.1304	−0.4000	2.5304
	3000～3500	861.6144	8.67	27.7275	40.40	1.5644	−0.4292	1.9935
	3500～4000	1816.7450	18.29	12.5494	18.28	−0.0002	0.0000	−0.0002
	4000～5000	6414.4406	64.57	0.9863	1.44	−3.8120	1.0355	−4.8475
	>5000	346.4044	3.49	0	0	—	—	—
地形坡度/(°)	0～10	1943.9850	19.57	10.3150	15.03	−0.2655	0.0553	−0.6781
	10～20	1680.3769	16.91	6.4500	9.40	−0.5908	0.0872	1.4367
	20～30	3110.1256	31.31	25.0975	36.57	0.5565	−0.8802	0.5843
	30～40	2385.4331	24.01	20.1781	29.40	0.7040	−0.5740	0.1754
	>40	814.5144	8.20	6.5944	9.60	0.1598	−0.0156	−0.3208
坡向	平坦（无坡向）	1847.2694	18.59	10.4013	15.15	−0.2059	0.0417	−0.2475
	N	475.7450	4.79	2.3031	3.36	−0.3577	0.0150	−0.3728
	NE	1113.3931	11.21	5.8163	8.47	−0.2812	0.0305	−0.3118
	E	1143.3944	11.51	5.5513	8.09	−0.3548	0.0382	−0.3930
	SE	993.1250	10.00	4.4219	6.44	−0.4418	0.0390	−0.4808
	S	908.4138	9.14	5.6544	8.24	−0.1050	0.0100	−0.1150
	SW	1194.7006	12.03	9.8525	14.35	0.1784	−0.0270	0.2054
	W	1194.7019	12.03	13.9450	20.32	0.5292	−0.0996	0.6289
	NW	1063.6925	10.70	10.6894	15.58	0.3779	−0.0564	0.4343
TWI	<10	8303.7419	83.59	58.0894	84.84	0.0148	−0.0790	0.0938
	10～20	271.9288	2.74	2.1025	3.07	0.1156	−0.0035	0.1191
	>20	1356.6163	13.67	8.2769	12.09	−0.1229	0.0181	−0.1411
距断裂距离/m	0～500	696.2944	7.01	13.3588	19.37	1.0333	−0.1438	1.1771
	500～1000	663.7988	6.68	10.9975	15.94	0.8839	−0.1055	0.9894
	1000～2000	1246.3838	12.55	15.7375	22.81	0.6083	−0.1264	0.7346
	2000～5000	2982.9469	30.03	20.7675	30.11	0.0072	−0.0031	0.0103
	5000～10000	2868.7906	28.88	7.3369	10.64	−0.9987	0.2282	−1.2269
	>10000	1521.3975	14.85	0.7838	1.13	−2.6030	0.1551	−2.7582
工程地质岩组	1	17.8394	0.18	1.3569	1.97	2.4712	−0.0182	2.4895
	2	867.8188	8.74	1.1613	1.68	−1.6468	0.0745	−1.7213
	3	649.2063	6.53	0	0	—	—	—

续表

影响因子	分级	分区面积/km²	总面积占比/%	滑坡面积/km²	滑坡面积数占比/%	W_i^+	W_i^-	W_f
工程地质岩组	4	261.6444	2.63	0.9363	1.36	−0.6609	0.0130	−0.6739
	6	1160.7344	11.68	2.8563	4.14	−1.0365	0.0819	−1.1184
	7	672.9538	6.77	1.6300	2.36	−1.0523	0.0462	−1.0985
	8	1452.0331	14.62	25.1438	36.48	0.9297	−0.2984	1.2281
	9	26.2119	0.26	0	0	—	—	—
	10	2264.2200	22.79	17.7750	25.79	0.1290	−0.0412	0.1703
	11	553.7900	5.57	7.6363	11.08	0.6984	−0.0607	0.7591
	12	1776.7938	17.89	10.4281	15.13	−0.1638	0.0322	−0.1961
	13	276.2438	2.34	0	0.01	—	—	—
降雨量/mm	<500	4589.0000	46.19	43.5763	63.31	0.3223	−0.3890	0.7113
	500~550	3364.7500	33.87	23.9269	34.76	0.0307	−0.0160	0.0467
	550~600	1764.7500	17.76	1.3263	1.93	−2.2229	0.1765	−2.3994
	>600	260.7500	2.18	0	0	—	—	—
距河流距离/m	0~100	89.3575	0.90	3.2644	4.73	1.6951	−0.0398	1.7349
	100~300	178.6094	1.80	6.3838	9.25	1.6724	−0.0796	1.7520
	300~800	444.8663	4.48	15.1438	21.95	1.6219	−0.2035	1.8255
	800~1500	615.7194	6.20	14.0219	20.33	1.2083	−0.1646	1.3730
	1500~2500	869.5431	8.75	16.8438	24.42	1.0431	−0.1900	1.2330
	>2500	7781.1656	78.87	13.3244	19.32	−1.4007	1.3170	−2.7177
距道路距离/m	0~500	156.1731	1.57	7.7013	11.17	2.0089	−0.1033	2.1123
	500~1000	151.2900	1.52	4.6369	6.72	1.5139	−0.0547	1.5686
	1000~2000	294.8769	2.97	6.2075	9.00	1.1284	−0.0648	1.1932
	2000~4000	562.2188	5.66	8.3513	12.11	0.7734	−0.0716	0.8450
	4000~8000	1056.6594	10.64	11.1631	16.19	0.4283	−0.0651	0.4935
	>8000	7758.2138	77.64	30.8906	44.81	−0.5541	0.9186	−1.4727
NDVI	<0.0	1.0025	0.01	0	0	—	—	—
	0~0.2	478.6656	4.82	0	0	—	—	—
	0.2~0.4	1196.9838	12.05	1.4150	2.07	−1.7648	0.1077	−1.8725
	0.4~0.6	2338.1638	23.54	13.0406	19.04	−0.2090	0.0562	−0.2652
	0.6~0.8	4141.9388	41.69	40.6575	59.35	0.3606	−0.3661	0.7266
	>0.8	1821.8363	17.89	13.3888	19.54	0.0686	−0.0160	—

2. 易发性分区与结果检验

在滑坡易发性评价过程中,还需要检验评价结果的合理性和模型的准确性,这也是地质灾害易发性研究工作中十分重要的一步。本书采用在地质灾害易发性评价中比较常用的成功率(ROC)曲线方法,对巴塘断裂带滑坡易发性评价结果进行检验,ROC 曲线下的面积 AUC 一般为 0.5~1,面积越接近 1,说明模型的判别效果越好,试验结果越好;相反,如果 AUC 越接近 0.5,说明方案模型的准确性越低。本次巴塘断裂带滑坡易发性评价结果的 ROC 曲线下方面积为 0.823(图 6-7),表明滑坡易发性评价结果具有较好的精度。

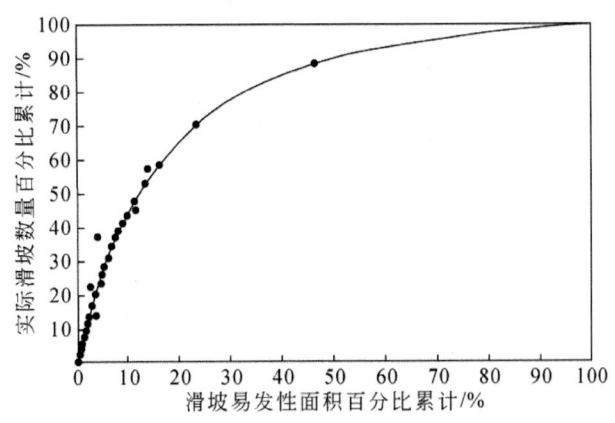

图 6-7 巴塘断裂带滑坡易发性成功率曲线

在滑坡易发性评价指数的基础上,根据自然断点法,并结合野外地质调查,按照中国地质调查局地质调查技术标准《地质灾害调查技术要求(1∶50000)》(DD 2019—08)要求,将区域滑坡易发程度划分为 4 个等级,本次评价结果为极高易发区(6.80≤LSI<8.73)、高易发区(3.49≤LSI<6.80)、中易发区(-1.14≤LSI<3.49)和低易发区(-13.36≤LSI<-1.14),分别占巴塘断裂带 10km 范围总面积的 9%、15%、21%和 55%(图 6-8)。按照前述滑坡易发性评价方法,本书将 70%的滑坡点作为训练集,30%的滑坡点作为验证集,用来验证评价结果的准确性。验证结果表明,在验证集的滑坡中,有 60%分布于滑坡极高易发分区、26.67%分布于滑坡高易发分区、10%分布于滑坡中易发分区、3.3%分布于滑坡低易发分区中。因此,从验证集滑坡的分布特征可见,基于加权证据权模型的滑坡易发性评价结果与实际情况符合度较好。

3. 评价结果分析

滑坡极高易发区和高易发区主要分布在党巴乡到竹巴龙村沿巴塘断裂带分布以及金沙江和一级支流巴曲两侧地区,包括苏洼龙乡和王大龙乡周边地区,这个区域的滑坡规模多以大型为主,典型滑坡主要有茶树山滑坡、自热村滑坡和莫多乡滑坡等;中等易发区主要分布在巴曲各支流中上游地区,这个区域的滑坡多以中小型为主,典型滑坡主要有列衣滑坡、朗多二村滑坡等;低易发区主要分布在人类工程活动微弱的高山地带以及地形相对平缓的区域,滑坡灾害发育较弱,一般以小型浅表层滑坡为主。

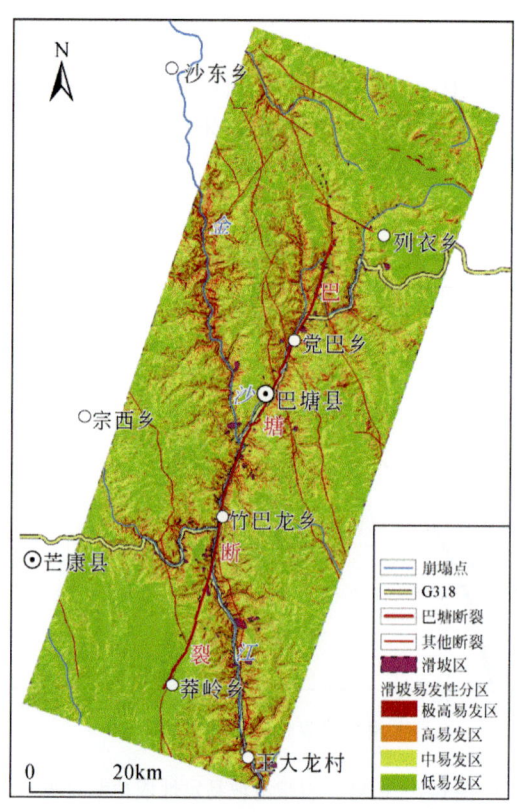

图 6-8 巴塘断裂带滑坡易发性评价结果图

第四节 四川巴塘德达古滑坡发育特征与复活机理

一、滑坡基本特征

德达古滑坡位于四川省巴塘县德达乡德达村，巴楚河右岸。古滑坡在巴曲河的侵蚀冲刷作用下，前缘临空部位的斜坡坡度较大，局部陡坎发育，还发育小型滑塌体，坡体中部发育有缓坡平台，后缘可见基岩出露，岩性为灰岩，并以陡缓交界处为界。德达古滑坡斜坡地形呈陡-缓-陡折线形，总体呈现为簸箕状。坡度平均为20°～45°，斜坡坡向为230°～250°。平面上以坡体中部冲沟为界，将其划分为德达Ⅰ号滑体和德达Ⅱ号滑体两个次级滑坡堆积体（图6-9）。

德达Ⅰ号滑体平面形态不规则，后缘窄，前缘较宽，在中部该滑坡左侧以冲沟为界，右侧以基岩陡坎为界，岩性主要为板岩和灰岩，后缘以灰岩陡坎为界，陡坎高约200m，前缘以巴曲河为界，前缘滑坡体位于Ⅰ级阶地之下，主滑方向为230°。Ⅰ号滑体高程分布范围为3630～4200m，后缘宽约400m，中部宽约500m，前缘宽约580m，纵长430～540m，平面面积约$26 \times 10^4 m^2$，根据钻探资料，可知滑体厚度为25～35m，平均体积约$780 \times 10^4 m^3$。

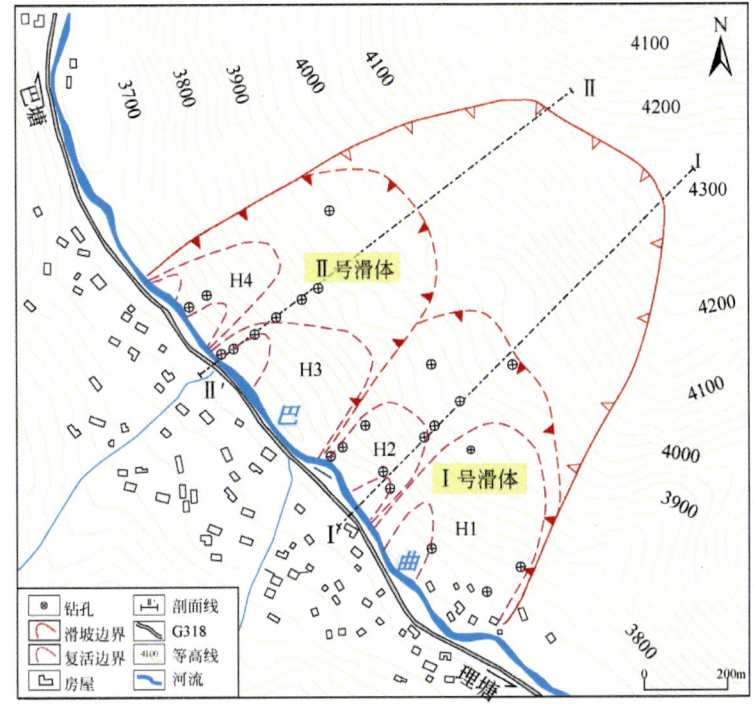

图 6-9 四川巴塘德达古滑坡工程地质平面图

德达Ⅱ号滑体圈椅状明显,滑体左侧以板岩和灰岩陡坎为界,右侧以冲沟为界,后缘以灰岩陡坎为界,陡坎高约150m,前缘以巴曲河为界,高程分布范围为3600~4180m,纵长约570m,宽为340~540m,平面面积约 $27\times10^4m^2$,根据钻探资料,滑体厚度为25~35m,体积约为 $810\times10^4m^3$。

二、滑坡空间结构特征与物质组成

德达古滑坡后壁主要出露地层为上三叠统曲嘎寺组上段（T_3q^1）灰色结晶灰岩,地形较为陡峭,局部地段有崩塌落石。中上部地层岩性主要为中三叠统-下三叠统上组（$T_{1-2}b$）砂质板岩（图6-10）,岩性较软弱并且受到活动断裂、季节性强降水、河流侵蚀等影响造成滑坡区岩体破碎。根据野外调查以及钻探揭露,滑体物质主要由灰岩崩落形成的岩块与板岩、千枚岩、砂岩等风化解体组成的灰黄色碎石土,中密,稍湿,碎石含量为70%~80%,粒径主要为3~15cm,呈棱角状、片状,局部可见块石,块径最大可达80cm,间隙填充黏粒、粉粒及角砾,集中堆积在滑坡中下部,厚度25~35m。古滑坡发育一层滑带,沿碎石土堆积体与下层岩体交界处发育,埋深25~35m,为黄棕色粉质黏土夹角砾,稍湿,密实,角砾粒径约10mm,含量约5%。

三、滑坡体积

目前滑坡体积计算方法主要有4种:野外测量法、几何法、数值模拟法和DEM计算法,但这些方法均存在不足之处,如野外测量法和几何法工作量大且实际任务烦琐,计算精度低而难以满足要求；数值模拟法在还原滑坡发生过程所需的各种参数时具有不确定性，并不能做到真正准确的还原，需要对比分析滑坡滑动前后两幅 DEM，对于滑坡运动前未曾有遥感影像的古滑坡来说并不适用。

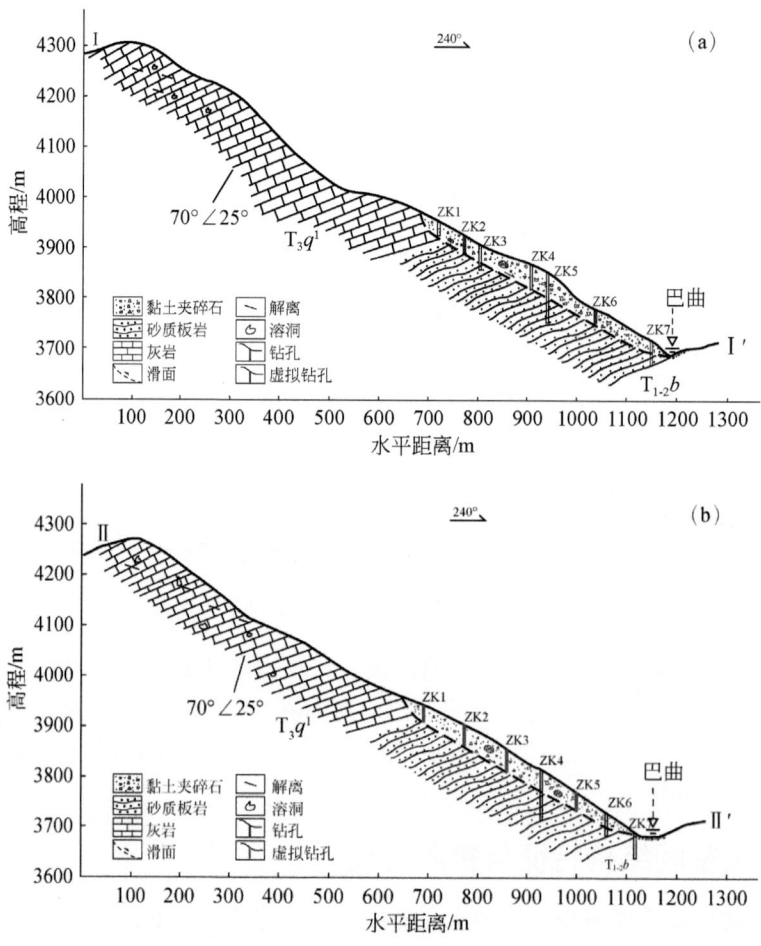

图 6-10 四川巴塘德达古滑坡 I-I'（a）与 II-II'（b）工程地质剖面图

为了提高滑坡体积计算的精度，本书基于 LiDAR 地形测绘与钻探面重构相结合的滑坡体积计算方法，通过 ArcGIS 软件平台中的填挖方功能计算获得滑坡体体积，即基于 LiDAR 地形测绘与钻探面重构相结合的滑坡体积计算方法（landslide volume calculation based on LiDAR terrain and drilling slip surface reconstruction，LS-Drill_Volume）。计算流程如下（图 6-11）：① 通过 LiDAR 高精度地表模型重建获取滑坡表面精确的地形数据数字表面模型（DSM）和数字正射影像图（DOM）；② 利用滑坡体上已知的钻孔数据，绘制滑坡纵向剖面图，推测滑带的位置，纵向上建立虚拟钻孔，推测其在地表与滑动面之间的厚度；③ 将钻孔数据网格化，绘制滑坡横向剖面图，对比横向上虚拟钻孔在地表与滑动面之间的厚度；④ 将获得的滑坡边界点和钻孔数据，利用克里金插值法重构滑动面 DEM；⑤ 计算所得的滑坡表面与滑动面之间的体积为滑坡体的体积。

第六章 巴塘断裂带地质灾害发育特征与危险性评价

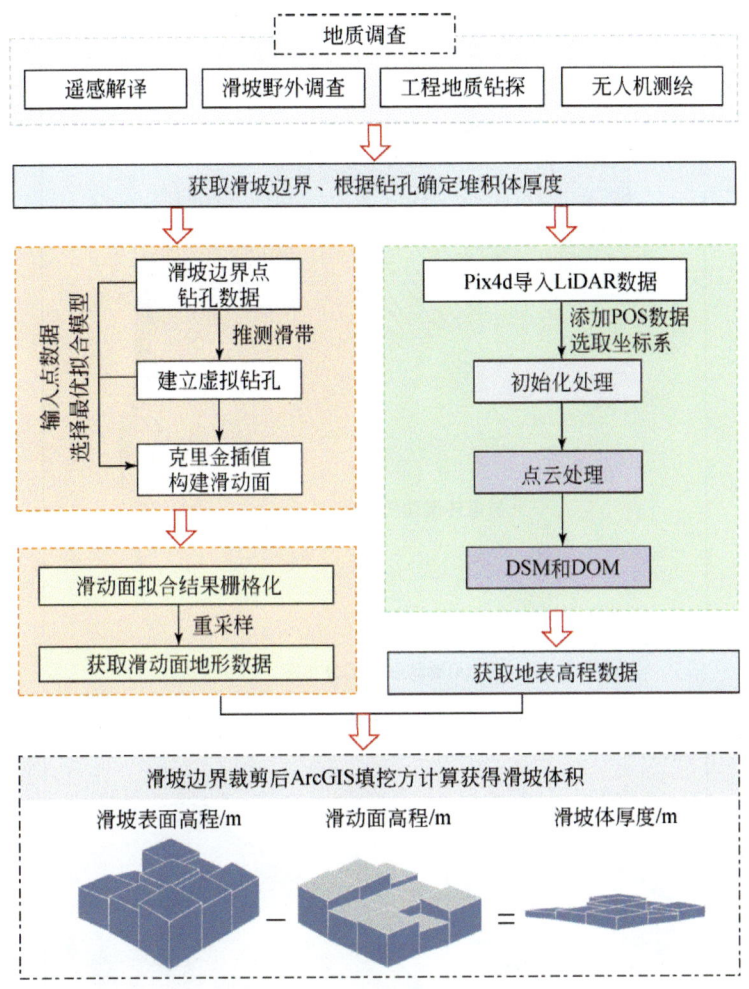

图 6-11 滑坡体积计算技术方法流程

基于 LS-Drill_Volume 方法计算得到德达古滑坡体积为 $1259×10^4m^3$，其中 I 号滑坡体积为 $613×10^4m^3$，II 号滑坡体积为 $646×10^4m^3$，估算法取得的两个滑体厚度均为 30m，实际上，在靠近滑坡边界处的坡体厚度远达不到 30m，因此导致体积估算结果比实际计算结果偏大。基于 LS-Drill_Volume 方法计算获得的体积比野外测量估算体积获得的结果精度有所提升，计算精度与野外测量法相比分别提升了 20.8%、21.4% 和 20.2%（表 6-5，图 6-12）。

表 6-5 德达古滑坡体积计算结果对比表

名称	野外测量估算体积 /10^4m^3	LS-Drill_Volume 方法计算体积/10^4m^3	建议体积/10^4m^3	基于本方法的计算精度提升/%
I 号滑坡体	780	613	613	21.4
II 号滑坡体	810	646	646	20.2
滑坡总体积	1590	1259	1259	20.8

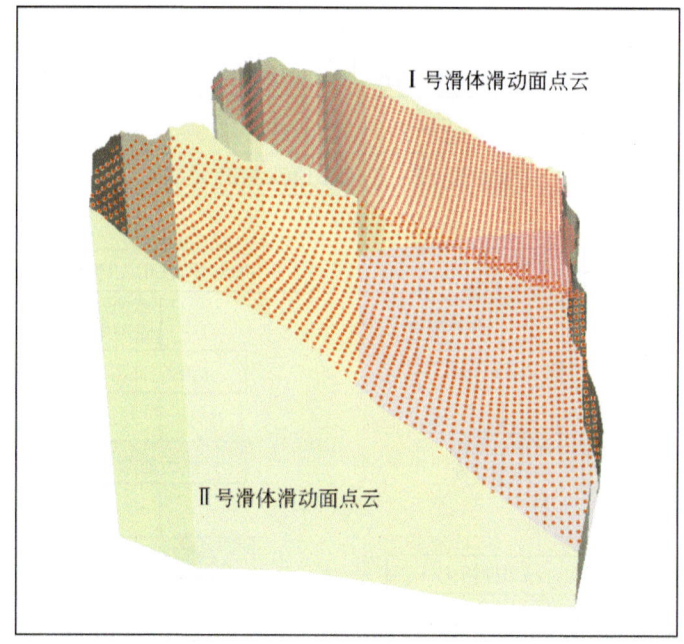

(a)滑动面点云分布图

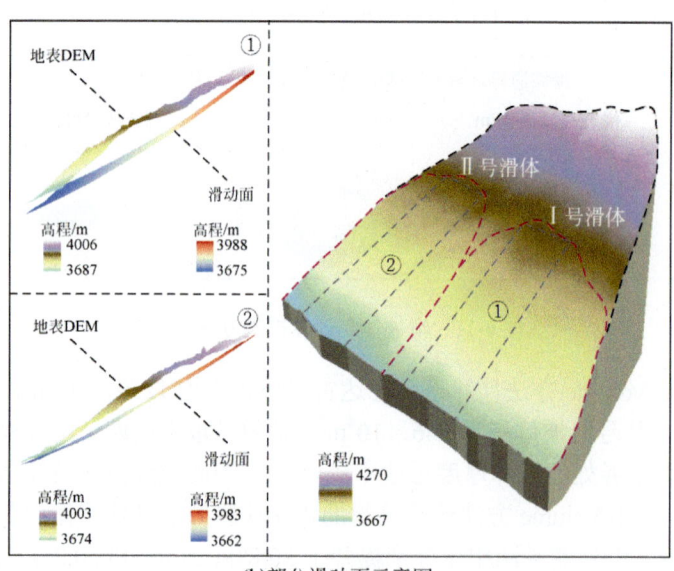

(b)部分滑动面示意图

图 6-12 四川巴塘德达古滑坡滑动面拟合结果

四、滑坡复活特征

1. 复活区特征

在现场调查以及遥感解译的基础上，对德达Ⅰ号和Ⅱ号古滑坡进行机载激光雷达（LiDAR）地形测量，对德达Ⅰ号和Ⅱ号古滑坡变形特征进行分析。野外调查发现，巴塘断

图 6-21 四川巴塘扎马古滑坡钻孔岩心特征及滑带土微观结构特征

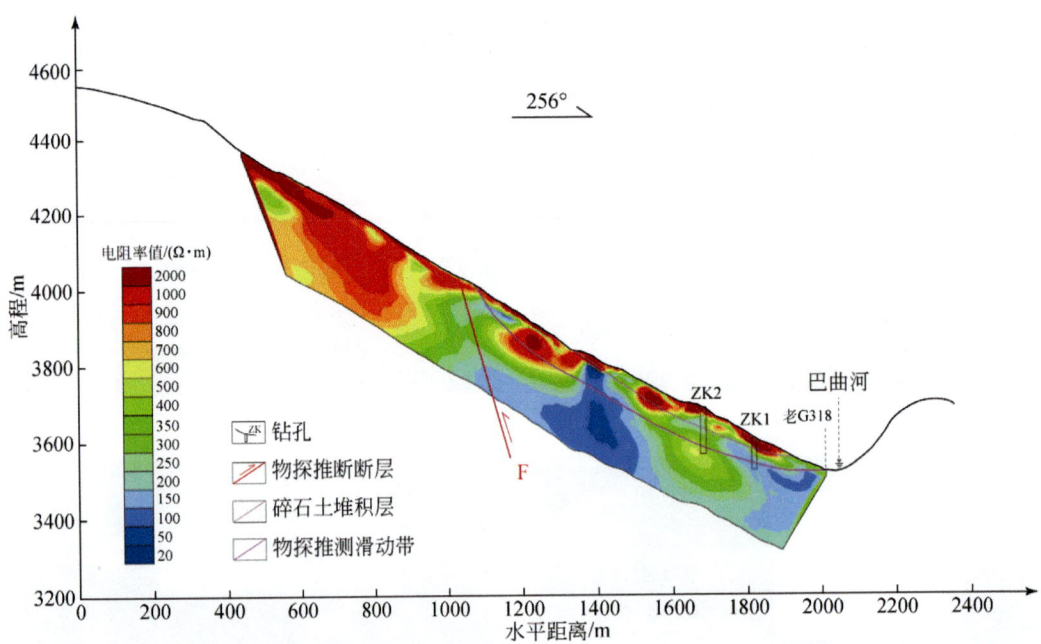

图 6-19 四川巴塘扎马古滑坡物探成果图

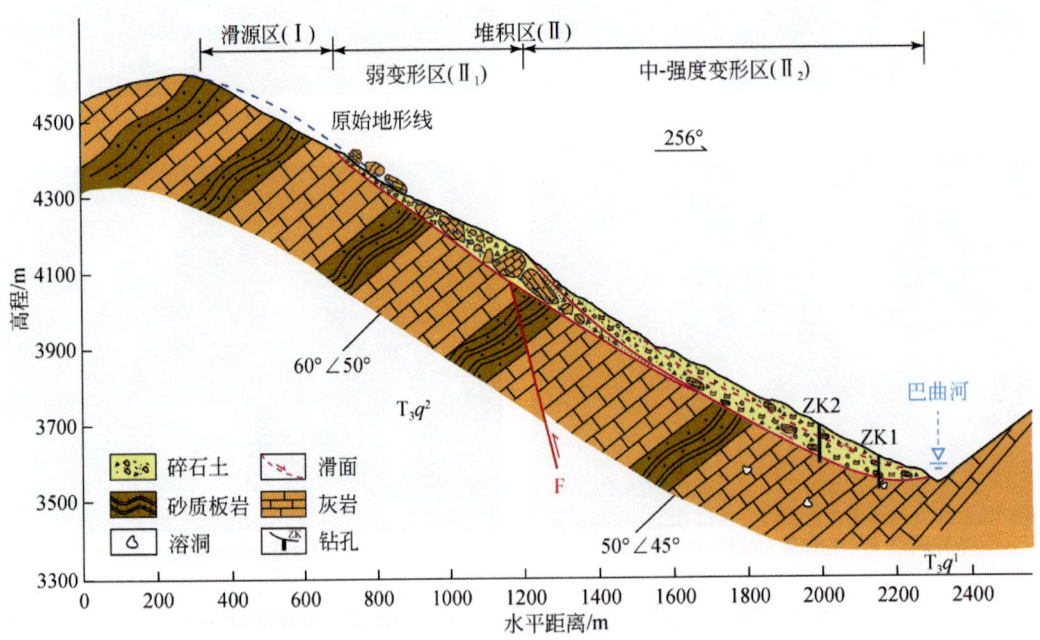

图 6-20 四川巴塘扎马古滑坡工程地质剖面（A-A′剖面线）与扎马古滑坡滑床特征

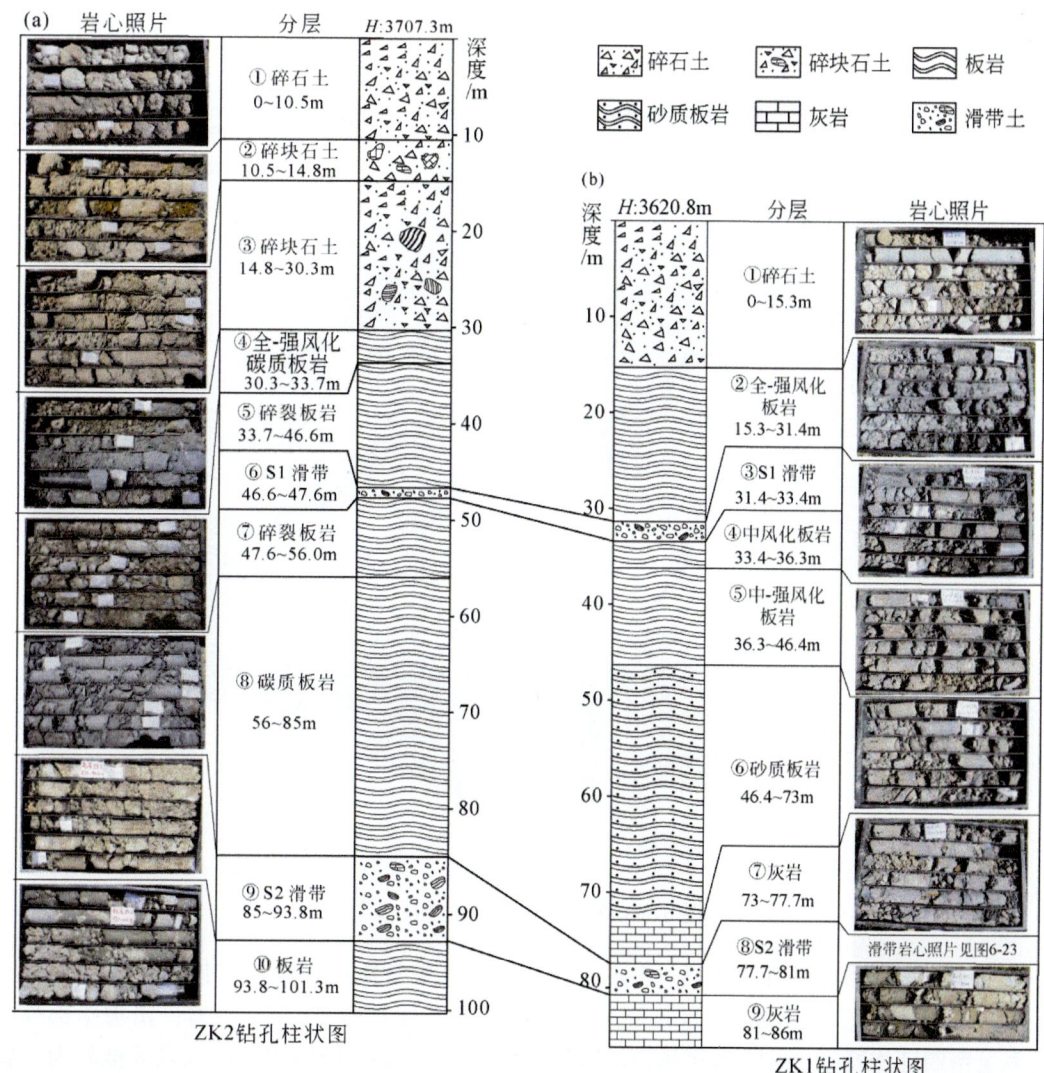

图 6-18 四川巴塘扎马古滑坡钻孔柱状图

二、扎马古滑坡复活变形特征

1. 基于 SBAS-InSAR 的地表形变特征

基于 SBAS-InSAR 技术,计算了 2016 年 9 月 14 日~2022 年 2 月 3 日期间扎马古滑坡沿雷达视线方向的形变结果(图 6-22)。InSAR 形变监测结果显示扎马古滑坡堆积区中下部形变速率(V_{LOS})整体为负值,其中前缘强变形区速率最大值可达 -36.9mm/a。扎马古滑坡的变形区主要集中于古滑坡前缘强变形区(Ⅱ₂)的陡坡部位和滑坡源区顶部(Ⅰ),其中前缘强变形区(Ⅱ₂)主要以滑坡体复活变形为主,滑坡源区顶部变形主要为持续发生的小规模崩塌落石。

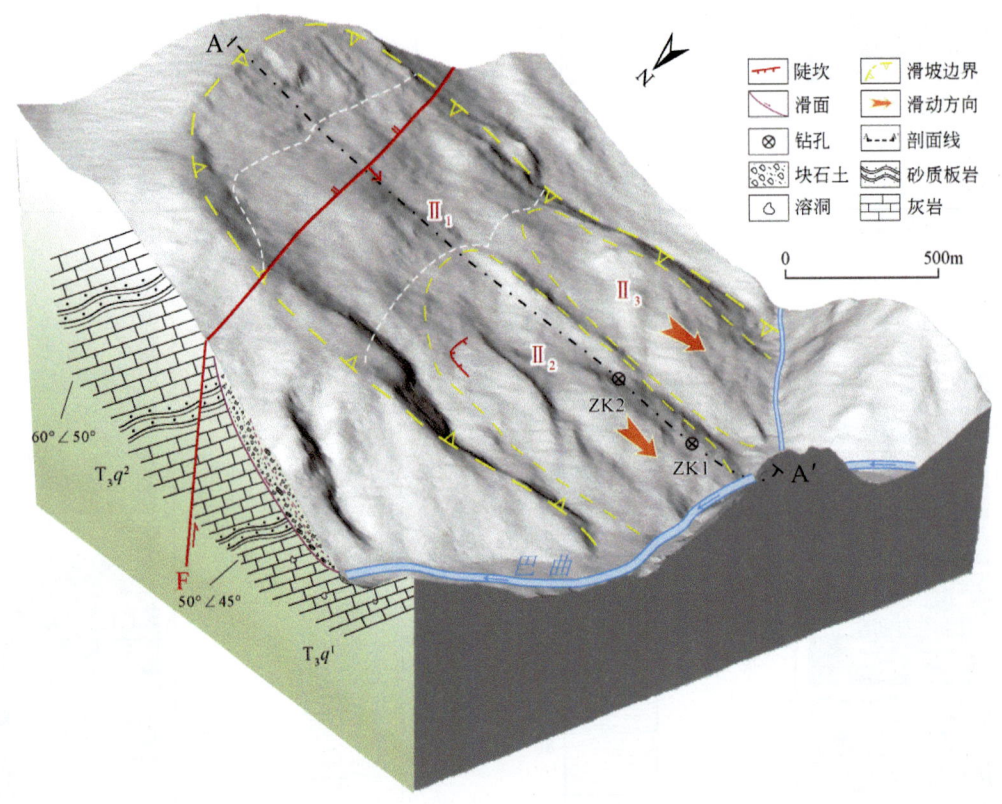

图 6-17 扎马古滑坡三维地质模型

滑床为三叠系曲嘎寺组下段（T_3q^1）强风化板岩和三叠系曲嘎寺组上段（T_3q^2）灰岩。其中，物探揭示的坡顶高电阻区推断为三叠系曲嘎寺组上段（T_3q^2）灰岩；滑坡中部视电阻率呈错断陡坎特征，推断为穿越该滑坡的查龙-然布断裂；坡体中下部低阻区推断为三叠系曲嘎寺组下段（T_3q^1）强风化板岩，岩呈灰黑色，岩体结构破碎，节理裂隙发育，主要由黏土、云母、石英、长石等组成，变余结构，板状构造，节理裂隙中常充填有少量粗砂，岩层产状位 60°∠50°。根据现场调查与钻探结果，推测滑体厚 30～94m，平均厚约 40m，滑坡体积约为 $2840×10^4 m^3$，为一特大型滑坡。

（2）滑带土特征。根据钻孔 ZK1 和 ZK2（图 6-18）揭露的地层岩性，推断扎马古滑坡发育 2 级滑带。其中，钻孔 ZK1 揭露滑带位置分别为 31.4～33.4 m 和 77.7～81 m，钻孔 ZK2 揭露滑带位置分别为 46.6～47.6 m 和 85～93.8 m。浅部滑带位于基覆界面处，滑带物质为角砾土；深部滑带全风化板岩，极破碎，泥质充填（图 6-20）。通过对扎马古滑坡滑带土进行 SEM 电镜扫描微观结构分析，发现滑带土呈骨架状结构，由结晶较大的黏土矿物以边面或边边结合方式组成球状、椭球状集合体，在骨架之间的孔隙中填充水和胶结物质，粒团内孔隙发育[图 6-21（e）和（f）]。

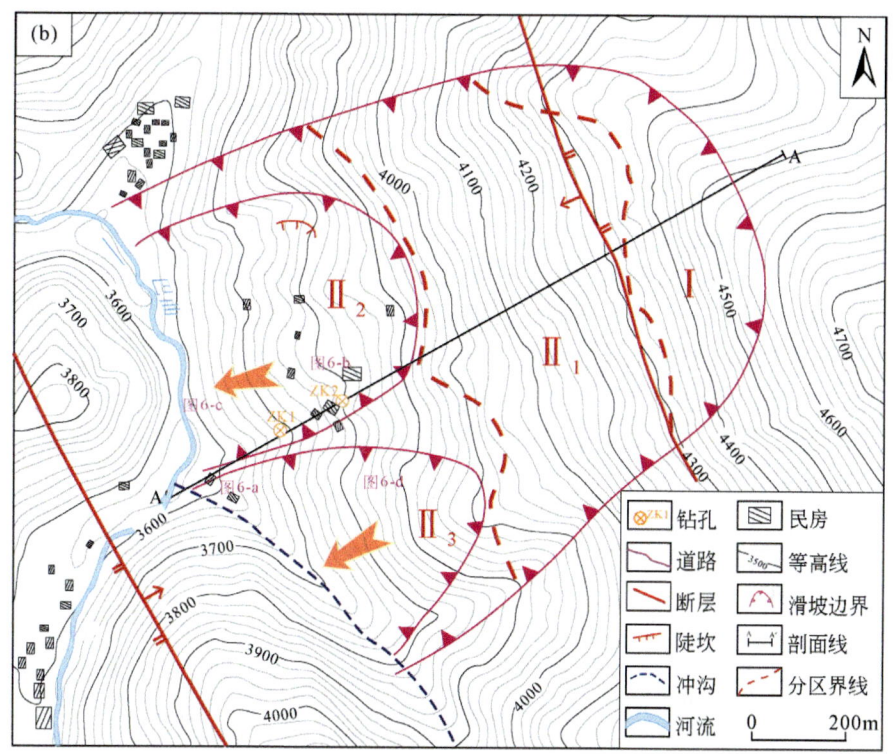

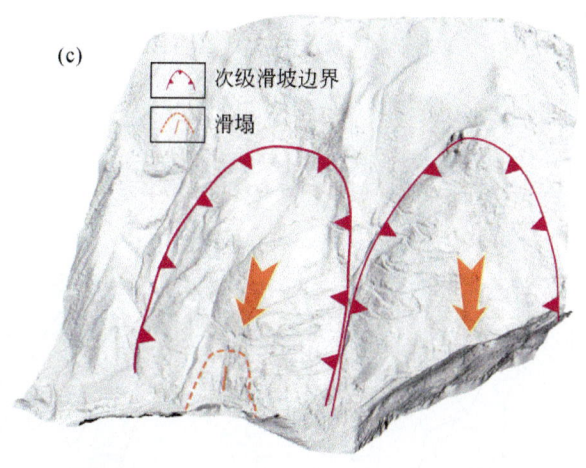

图 6-16 巴塘德达乡段地质灾害分布图

2. 滑坡空间结构特征与物质组成

（1）扎马古滑坡滑带发育特征。综合根据野外地面调查、工程地质钻探和地球物理探测资料，认为扎马古滑坡滑体为第四纪崩坡积碎石土（图6-18）。其中，碎石土呈黄褐色，局部呈高电阻率特征（图6-19），稍湿，稍密-中密，碎石含量为60%～70%，粒径一般为3～15cm，局部可见块石，块径最大可达50cm，碎块石成分以中风化灰岩、板岩等为主，被角砾、粗砂、粉质黏土等充填（图6-18）。

710m，滑坡区平面面积 $1.3×10^6 m^2$。通过遥感影像解译，结合滑坡变形特征现场调查分析，可将扎马古滑坡在平面上划分为两个分区（图 6-17），滑坡后壁（Ⅰ）和滑坡堆积体（Ⅱ），分区的具体特征如下：

（1）滑坡后壁（Ⅰ）。滑坡后壁的高程分布范围主要在 4290～4480m，该区主要位于滑坡堆积体上部，地形较陡。斜坡出露基岩陡壁，基岩的岩性为上三叠统曲嘎寺组上段（T_3q^2）灰色结晶灰岩，局部分布有后缘高位崩落堆积的落石，崩塌落石的堆载作用可能会影响滑坡的稳定状态，但是目前尚未发现明显的裂缝、陡坎等坡表变形迹象。

（2）滑坡堆积体（Ⅱ）。滑坡堆积体的高程分布范围主要在 3550～4290m。通过现场调查和遥感解译，滑坡处于整体稳定状态，变形主要以局部变形为主。该区根据坡体变形程度被划分为中部局部稳定区（Ⅱ$_1$）和前缘强变形区（Ⅱ$_2$、Ⅱ$_3$）。滑坡前缘强变形区中部发育了一条大型冲沟，沿沟可见明显的冲蚀滑塌痕迹，强变形区内的两个次级滑体Ⅱ$_2$ 和Ⅱ$_3$ 以该冲沟为界（图 6-16）。

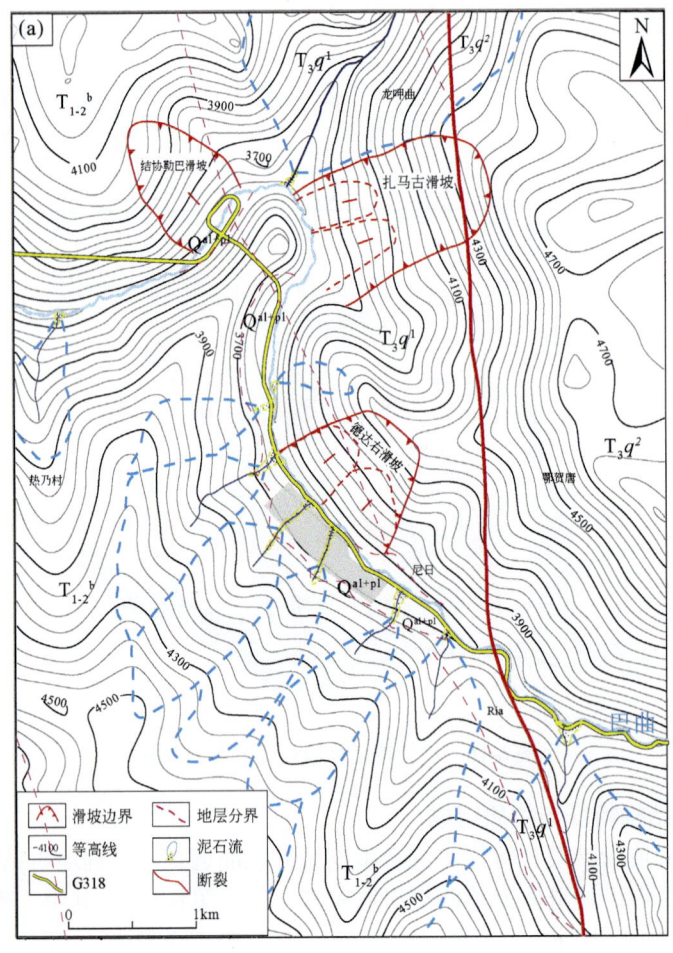

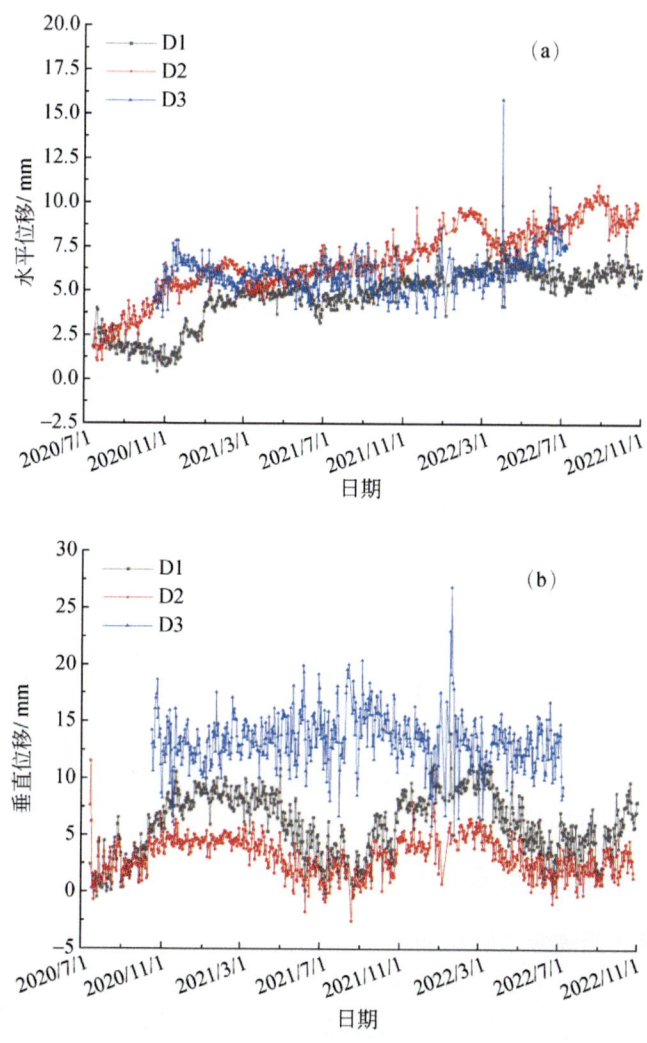

图 6-15 四川巴塘德达古滑坡 GNSS 水平位移监测（a）与垂直位移监测曲线（b）

第五节 四川巴塘扎马古滑坡发育特征与复活机理

一、扎马古滑坡发育特征

1. 滑坡基本特征

扎马古滑坡位于四川省巴塘县德达乡附近，发育于金沙江一级支流巴曲河东岸。扎马古滑坡的形态近似呈簸箕形，滑坡边界为两侧发育的冲沟，滑坡前缘临近巴曲河谷，后缘延伸至后方岩质陡壁。坡体中部发育的冲沟将滑坡体可划分为两个次级滑体（图6-16）。扎马古滑坡平均坡度约27°，前缘海拔约为3550m，后缘海拔约为4580m，前后缘相对高差较大，高达1030m，滑坡的主要滑动方向为252°。滑坡长约1750m，宽约

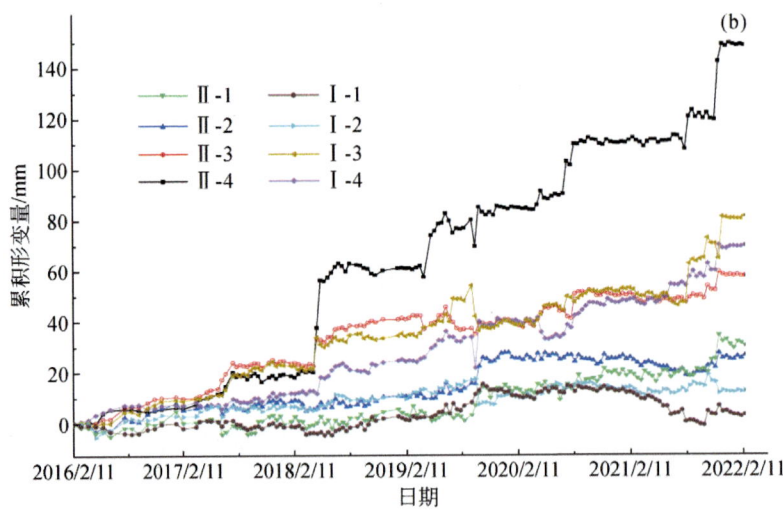

图 6-14　四川巴塘德达古滑坡形变速率图（a）与累积形变量曲线图（b）

3. GNSS 监测分析

为监测德达古滑坡稳定性，在德达 I 号古滑坡上布设三套 GNSS 位移监测设备，获取了 2020 年 7 月 15 日～2022 年 11 月 1 日水平位移与沉降位移数据与监测曲线（图 6-15）。GNSS 监测数据表明，德达古滑坡沿 SW250°方向发生形变，中部监测点 D2 水平位移变化最大，监测结果显示每年 8～11 月水平位移与垂直位移均呈现增加趋势，但形变量较小，推测与该区 6～9 月的降雨相关。

五、滑坡复活影响因素分析

1. 地震对德达古滑坡复活的影响

活动断裂对地质灾害有明显控制作用，一方面活动断裂长期演化控制着斜坡岩体结构及局部地应力条件等，另一方面断裂活动引发地震，当地震震级大于 $M_S4.0$ 时便会触发滑坡灾害（吉锋等，2015）。德达古滑坡位于巴塘断裂带分支断裂附近，巴塘断裂带全新世以来的水平滑动速率为 3～4mm/a（伍先国和蔡长星，1992；周荣军等，2005；徐锡伟等，2005），受构造作用影响，区域内岩体变形强烈，岩体结构破碎，内部多发育节理、裂隙等，形成优势入渗通道，裂缝与降雨耦合作用加剧德达古滑坡蠕滑变形。

2. 水动力作用对德达古滑坡复活的影响

（1）强降雨作用。德达古滑坡区域降雨集中，5～9 月多年年均降雨量为 391mm，占全年的 90%，且该区 24h 最大降雨量为 128mm。强降雨沿坡表裂缝与孔隙入渗，并冲刷坡表土体，将降低滑体与滑带抗剪强度，形成较高的动水压力，从而导致滑坡变形加剧。此外，降雨入渗使滑坡体和滑带土含水率增加，降低滑坡体和滑带土的抗剪强度，使上部土体沿饱水软弱带发生滑动。

（2）河流侵蚀。德达古滑坡前缘为巴曲河，主要补给来源为冰雪融水与降雨，5～9 月的强降雨与高温天气极大地增加了巴曲河流量与侵蚀速率，河流对坡脚部位强烈的冲刷、侵蚀，导致滑坡前缘逐渐失稳，降低滑坡的整体稳定性。

H1 复活区：位于 I 号古滑坡前缘左侧位置，左右边界及后缘均以陡坎为界，前缘以巴曲河为界，高程分布范围为 3630～3900m，在滑坡后部存在缓坡平台，为该区域复活滑动形成。该区域前缘还存在三处次级滑动，目前仍在复活变形中。

H2 复活区：位于 I 号古滑坡前缘右侧位置，左侧及后缘以陡坎为界，右侧以冲沟为界，前缘以巴曲河为界，高程分布范围为 3630～3750m。该区域前缘存在两处次级滑动，目前仍在复活变形中。

H3 复活区：位于 II 号古滑坡前缘左侧位置，左右两侧以冲沟为界，后缘均以陡坎为界，前缘以巴曲河为界，高程分布范围为 3630～3730m，该区域前缘存在两处次级滑动，目前仍在复活变形中。

H4 复活区：位于 II 号古滑坡前缘右侧位置，左侧以冲沟为界，右侧及后缘以陡坎为界，前缘以巴曲河为界，高程分布范围为 3630～3700m。该区域前缘存在两处次级滑动，目前仍在复活变形中。

2. InSAR 形变监测分析

在野外现场调查和无人机航测的基础上，采用 Sentinel-1A 卫星所获得的滑坡区 2016 年 2 月 11 日～2022 年 2 月 11 日期间的 150 景数据进行处理，得到时序 SBAS-InSAR 影像图［图 6-14（a）］，对德达古滑坡复活特征进行形变分析。德达 II 号古滑坡较为稳定，地表形变主要集中分布于滑坡中前部，且其速率值最大为 –2.3mm/a［图 6-14（a）］。

InSAR 形变监测揭示，在德达 I 号古滑坡出现红色集中区域表明该处为主要的高形变速率值集中区，达到 –2.3mm/a，中部强变形区主要在平台前缘的陡缓交界处沿线，根据现场调查和无人机航拍影像，该区域变形以浅表层溜滑为主；德达 II 号古滑坡次级滑体在前部稳定性明显较差［图 6-14（b）］，次级滑体后部相较于其他区域，其稳定性较好，地表形变速率较均匀。

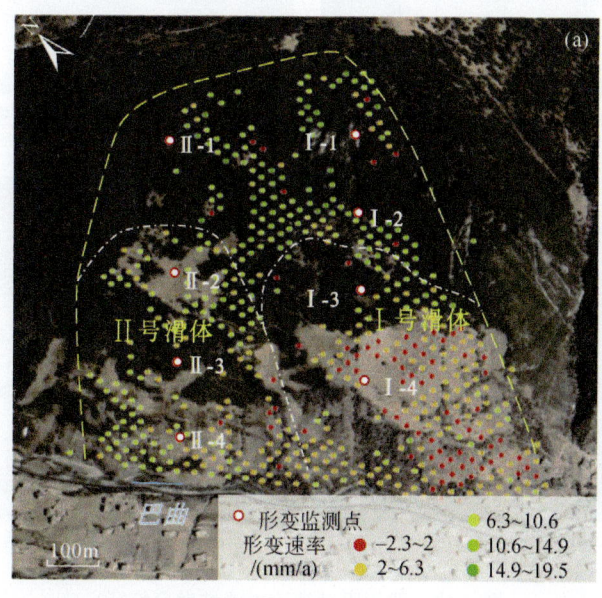

裂带分支断裂从滑坡后部通过，存在明显的断裂陡坎，该断裂长期蠕滑活动，使岩体更加破碎，降低了岩体的力学强度，在外界干扰下易发生滑动。德达古滑坡复活变形区主要集中在滑坡前缘，推测主要原因为巴曲河对坡脚持续冲刷下切，导致坡体应力分布改变，前缘发生复活变形。顺坡向从左至右将Ⅰ号、Ⅱ号滑坡体进一步划为4个复活区：H1、H2、H3和H4，复活区边界以下错陡坎为主，每个复活区又发育次级变形区（图6-9，图6-13）。

(a) Ⅱ号滑体后缘陡壁(镜向NE)

(b) Ⅱ号滑体缓坡平台(镜向SE)

(c) Ⅱ号滑体前源复活区(镜向NE)

(d) Ⅰ号滑体后缘陡壁(镜向NE)

(e) Ⅰ号滑体缓坡平台(镜向NE)

(f) Ⅰ号滑体前缘复活区(镜向NW)

图6-13 四川巴塘德达古滑坡发育特征

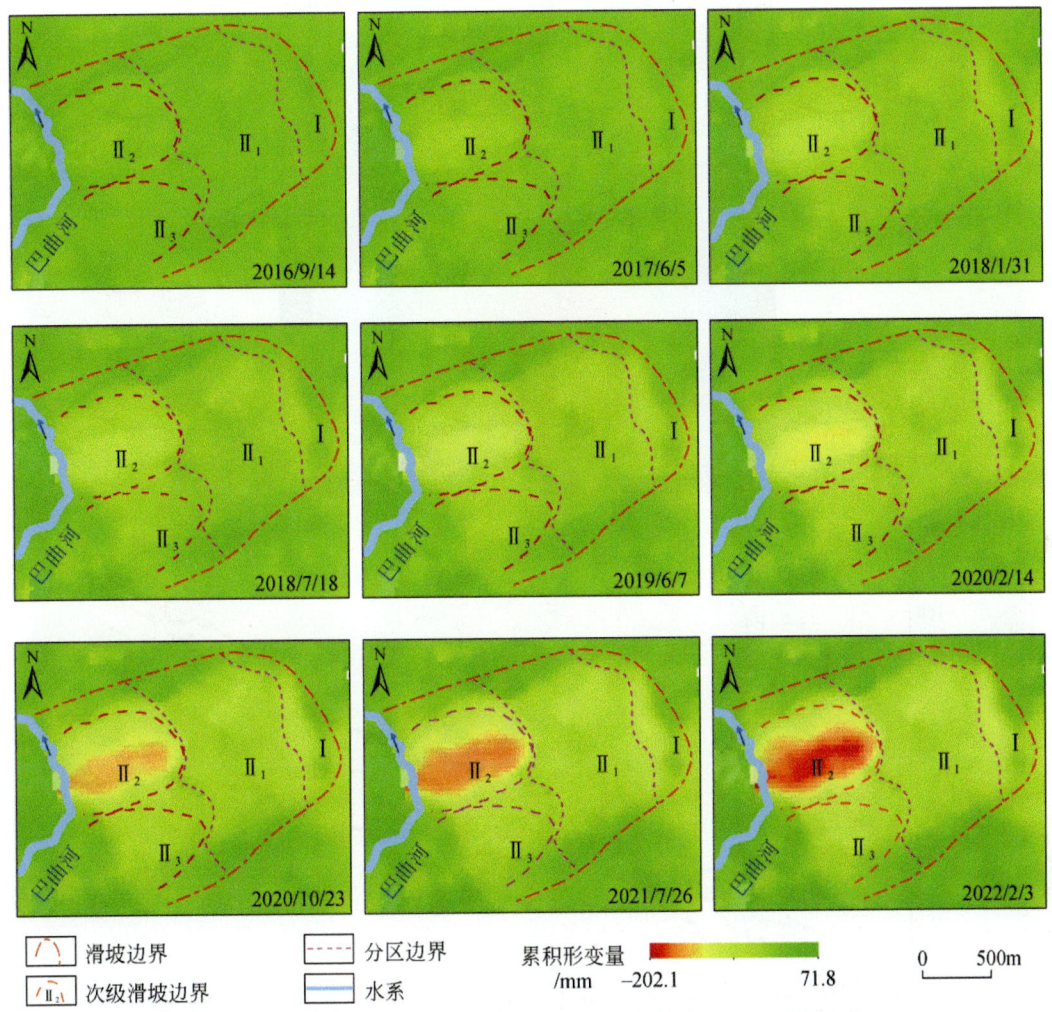

图 6-22 四川巴塘扎马古滑坡不同时间段形变结果（2016年9月14～2022年2月3日）

根据野外地质调查和扎马古滑坡的形变速率分布图，绘制了扎马古滑坡 2016 年 2 月～2022 年 2 月期间不同阶段的累积形变量图（图 6-22）。结果表明，扎马古滑坡在监测时段内最大累积沉降形变量为 291.6mm，主要集中于古滑坡前缘强变形区（Ⅱ$_2$），且扎马古滑坡的沉降量随着日期的推移逐渐增加。为进一步分析扎马古滑坡的变形破坏模式，在扎马古滑坡体前缘强变形区（Ⅱ$_2$）上选择了 P1、P2、P3 等三个监测点和滑坡源区顶部（Ⅰ）处 P4 监测点，计算滑坡体累积形变量，绘制了累积形变量曲线（图 6-23），其中，P1、P3 两点的累积形变量大于 P2、P4 点，形变量最大可达到 180mm。结合扎马古滑坡形变速率图和累积形变量曲线可以看出滑坡前缘形变大于后缘，且古滑坡体前缘强变形区（Ⅱ$_2$）后部形变大于前部，以蠕滑变形为主，整体呈推移式变形特征。

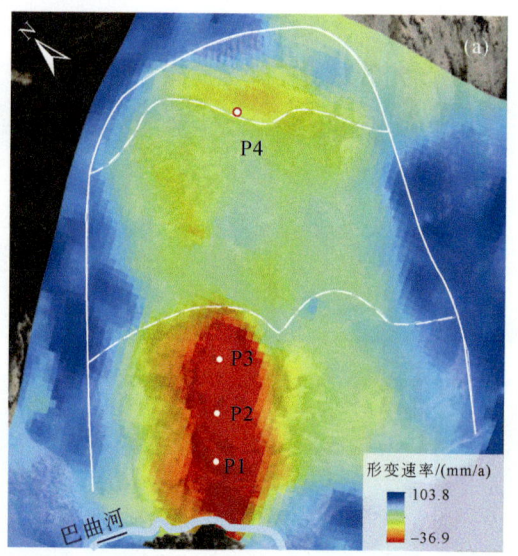

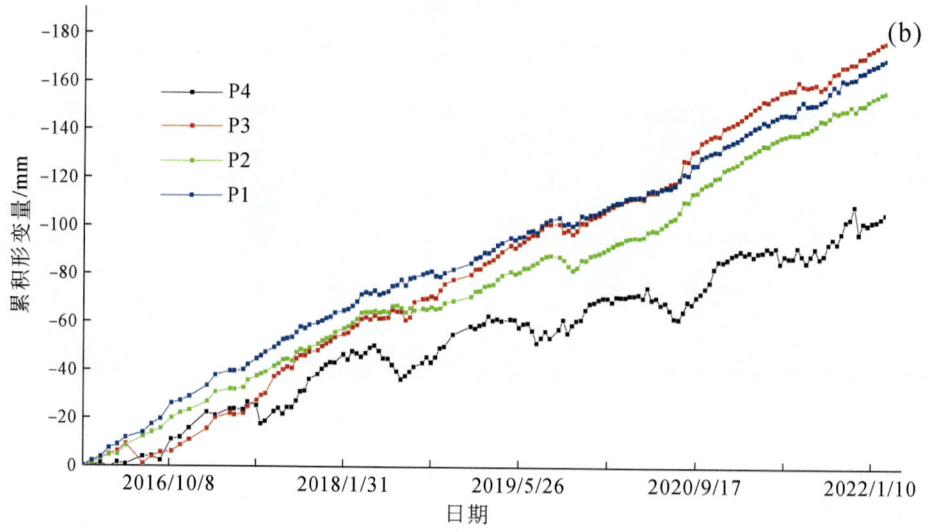

图 6-23 川西巴塘扎马古滑坡 InSAR 形变速率图（a）与累积形变特征图（b）

2. 现场验证

结合 InSAR 形变监测结果与野外调查分析认为，扎马古滑坡目前整体比较稳定，滑坡变形主要发生在坡表，且以局部变形为主，存在次级滑动、坡面侵蚀沟、陡坎、拉张裂缝等变形迹象，InSAR 形变监测结果与野外调查验证一致性强。

扎马古滑坡前缘变形区中部发育一大型冲沟，沿沟见明显的冲蚀滑塌痕迹，两个次级滑体 II_2 和 II_3 以该冲沟为界（图 6-24）。次级滑体 II_2 上的道路可见因坡体变形而形成的裂缝（图 6-24）。滑坡体前缘几乎每年汛期均发生次级滑动，导致下方老 G318 中断，且坡体中部修建的小型公路也常发生破坏和变形。

(a)坡面侵蚀沟发生泥石流

(b)建房开挖形成陡坎

(c)滑坡前缘变形区

(d)坡体上公路开裂

图 6-24 扎马古滑坡变形发育特征

三、扎马古滑坡复活机理及主要影响因素分析

古滑坡复活机制的研究一直是工程地质和地质灾害界的重要研究内容。古滑坡复活通常是一个受地震、降雨、人类工程活动、河流下切侵蚀、岸坡卸荷、断裂活动和库区蓄水及地下水位的变化等多因素影响下的复杂地质过程（张永双等，2018）。天然状态下较稳定的古滑坡在地震后出现局部复活迹象，地震造成岩土体结构松散，以及拉裂缝的形成为降雨入渗提供有利通道，加剧了处于蠕滑变形的古滑坡加速复活变形（张永双等，2013；杜飞等，2015）。降雨一方面增加了岩土体自重，降低岩土体强度，另一方面引起地下水位变化，形成渗透压力，诱发古滑坡发生复活变形（宋磊等，2012；姚贺冬等，2015）。扎马古滑坡位于巴塘断裂带及其影响区内，巴塘断裂带是位于青藏高原东部的一条大型右旋走滑断裂带，全新世以来表现出强活动性，区内地震频发（徐锡伟等，2005），滑坡前缘临巴曲河，故诱发扎马古滑坡复活的可能因素主要有断裂活动、地震、河流侵蚀作用、降雨、后缘加载作用与人类工程活动等。

1. 地震与断裂活动对扎马古滑坡复活的影响

地震是触发滑坡灾害的主要因素之一，地震震级大于 $M_S4.0$ 时便会触发滑坡（吉锋等，2015）。地震滑坡的影响主要表现在两方面：①地震惯性力作用于岩土体上，会造成过大的附加荷载而使其沿倾斜的软弱结构面滑动；②地震会导致软弱地层的强度进一步降低，引起滑坡灾害。胡新丽和殷坤龙（2001）利用数值模拟对古滑坡形成机制进行研究，认为古滑坡的产生主要受地震力的触发，物质基础为岩体结构及岩性组合，滑坡形成的主导因素为河谷下切卸荷，河谷下切同时为变形提供了动力及空间条件；胡卸文等（2009）以唐家山堰塞湖上游的马铃岩古滑坡为例，研究发现地震对大型古滑坡复活主要受控于其地形坡度及微地貌特征；薛德敏（2010）以东河口巨型滑坡为例，研究了地震触发型古滑坡的复活机制，发现地震加速度高程放大效应、长持时作用是导致滑动面剪切破坏并贯通的重要原因；李育枢等（2012）通过地形反演、地震历史资料分析及动力有限元计算，认为地震荷载是形成唐家湾东古滑坡的直接原因；Wang 等（2014）在对金沙江上游苏哇龙滑坡进行现场调查取样的基础上，结合区域滑坡残留堆积体、湖相沉积物质的测年结果，认为苏哇龙滑坡由古地震诱发。

2. 水动力作用对扎马古滑坡复活的影响

降雨通过多种作用方式诱发古滑坡发生复活变形。降雨一方面起加载作用，饱和岩土体、增大容重，产生动静水压力；另一方面雨水渗入弱化岩体，软化滑带，黏土矿物的水化作用导致黏聚力降低甚至消失，降低岩土体强度；降雨还能侵蚀坡脚、破坏坡体，改变边坡结构（谢守益和徐卫亚，1999）。汤明高（2007）以三峡库区泄滩滑坡为研究对象，通过现场观测方法对滑体基质吸力、孔隙水压力和降雨量进行监测，分析了降雨诱发基质吸力和孔隙水压力变化规律。代贞伟等（2016）采用非稳态非饱和渗流方法研究滑坡极端降雨条件下变形失稳过程，认为降雨前期，雨水主要通过入渗增加自重，由于渗流量小对滑体稳定性影响较小，之后持续强降雨致使基岩顶面处孔隙水压力不断增大，为滑体提供动态浮托力，内部形成渗流场降低稳定性。张永双等（2021b）研究认为，裂缝可缩短降雨入渗和抵达古滑坡滑带的时间，裂缝形成的优势入渗通道是加剧古滑坡复活的必要条件。

据巴塘县气象局资料（1990~2015 年），巴塘县地区降雨量月际之间分配有差异，具有明显的季节性，区内年降雨主要集中于 5~9 月，约占全年降雨量的 89%，年际变化也很不均匀，最多降雨年份较最少年份相差两倍。同时，区内地质构造复杂，断裂带发育，岩体较破碎，岩土体结构松散，为降雨入渗提供有利通道，加剧了正处于复活蠕滑阶段的古滑坡变形。如巴塘县茶树山滑坡上部透水层和下部隔水层的二元结构为滑坡体的富水提供了有利条件，强降雨作用使滑坡稳定性处于临界状态，渠水入渗和冻融作用直接诱发滑坡（任三绍等，2017）；巴塘县列衣乡自热村滑坡于 1998 年开始变形，现阶段以降雨和自重作用引起的局部变形为主（杨志华等，2021）。

3. 人类工程活动对扎马古滑坡复活的影响

人类工程活动诱发古滑坡复活。切割坡脚、植被破坏、耕种灌溉等人类工程活动改变坡体结构、受力状态等，容易造成古滑坡失稳。巴塘县人口居住密度较高，分散的农户以及 G318、县道、乡村公路等交通线路多沿河谷坡脚修建，切割坡脚降低了滑坡体的抗滑力，同时使得坡肩和坡脚应力集中，坡顶出现拉裂缝，坡脚挤压破坏，坡体后缘形成多条拉裂缝并逐渐贯通，加速了古滑坡的复活。区内自然条件恶劣，过度砍伐后植被恢复能力差，失去了对斜坡表层土体的保护作用，松散浅表层岩土体为滑坡灾害发生提供物源。村民耕种灌溉，灌溉水持续不断地渗入坡体，软化土体，降低其强度，易诱发古滑坡复活。

四、扎马古滑坡滑带土力学强度特征

1. 滑带土基本物理性质

扎马古滑坡具有浅部滑带（钻孔 ZK1、ZK2 揭露位置分别为 31.8～33.4m 和 46.6～47.6m）和深部滑带（钻孔 ZK1、ZK2 揭露位置分别为 77.7～81m 和 85～93.8m）等 2 级滑带，其中，浅部滑带主要为角砾土，深部滑带物质为全风化板岩，极破碎，泥质充填。选取扎马古滑坡深部滑带土，制作成 6 组试样，并按照《土工试验方法标准》（GB/T 50123—2019）开展了室内试验，获得滑带土基本物性参数（表6-6）。

表6-6 四川巴塘扎马古滑坡滑带土基本物性参数表

试样编号	含水率 w/%	土粒比重 G_s	湿密度 ρ/(g/cm³)	干密度 ρ_d/(g/cm³)	饱和度 S_r/%	孔隙比 e	孔隙率 n/%	液限 W_L/%	塑限 W_P/%	塑性指数 I_P
ZMS01	0.8	2.70	1.80	1.79	4.2	0.512	33.9	23.7	15.7	8.0
ZMS02	1.0	2.69	1.78	1.76	5.1	0.526	34.5	24.0	17.1	6.9
ZMS03	10.3	2.69	2.01	1.82	58.2	0.476	32.3	22.8	16.5	6.3
ZMS04	0.8	2.69	1.88	1.87	4.9	0.442	30.7	20.3	13.5	6.8
ZMS05	14.4	2.71	2.12	1.85	84.4	0.462	31.6	24.4	13.4	11.0
ZMS06	0.9	2.70	1.78	1.76	4.6	0.531	34.7	24.1	15.8	8.3

为进一步分析扎马古滑坡滑带土的矿物成分和含量，开展矿物成分分析（表 6-7，表 6-8）。结果表明，扎马古滑坡滑带土中主要矿物为石英、黏土矿物、方解石、白云石和少量斜长石、钾长石、菱铁矿等，以石英和黏土矿物含量最多。

表6-7 四川巴塘扎马古滑坡滑带土全岩矿物相对含量

样品编号	全岩检测结果/%							
	石英	钾长石	斜长石	方解石	白云石	菱铁矿	黄铁矿	黏土矿物
ZK01-ZMS01	47	1	7	—	21	3	—	21
ZK02-ZMS04	33	2	3	39	—	—	—	23

表6-8 四川巴塘扎马古滑坡滑带土黏土矿物相对含量

送样号	黏土检测结果/%					
	S	I/S	It	Kao	C	I/S 混层比/%S
ZK01-ZMS01	—	—	98	2	—	—
ZK02-ZMS04	—	—	93	3	4	—

注：S-蒙脱石；I/S-伊蒙混层；It-伊利石；Kao-高岭石；C-绿泥石。

2. 滑带土力学性质

（1）滑带土峰值剪切强度。滑带土峰值剪切强度是应力-应变曲线上的最高点对应的抗剪强度值，为获取扎马古滑坡滑带土的峰值剪切强度，采用应变控制式直剪仪，选取ZMS01、ZMS02、ZMS04和ZMS06等4组试样，开展8%、12%和16%含水率条件的不固结不排水剪切试验。

直剪试验得到不同含水率下的抗剪强度，根据抗剪强度值绘制抗剪强度拟合曲线（图6-25），由抗剪强度拟合曲线获得滑带土的c、φ等强度参数（表6-9）。当含水率从8%增加至16%时，滑带土的黏聚力整体上随含水率增加而减小，尤其当含水率增加接近液限含水率时，黏聚力发生大幅降低，而滑带土的内摩擦角也整体随含水率的增加而减小。

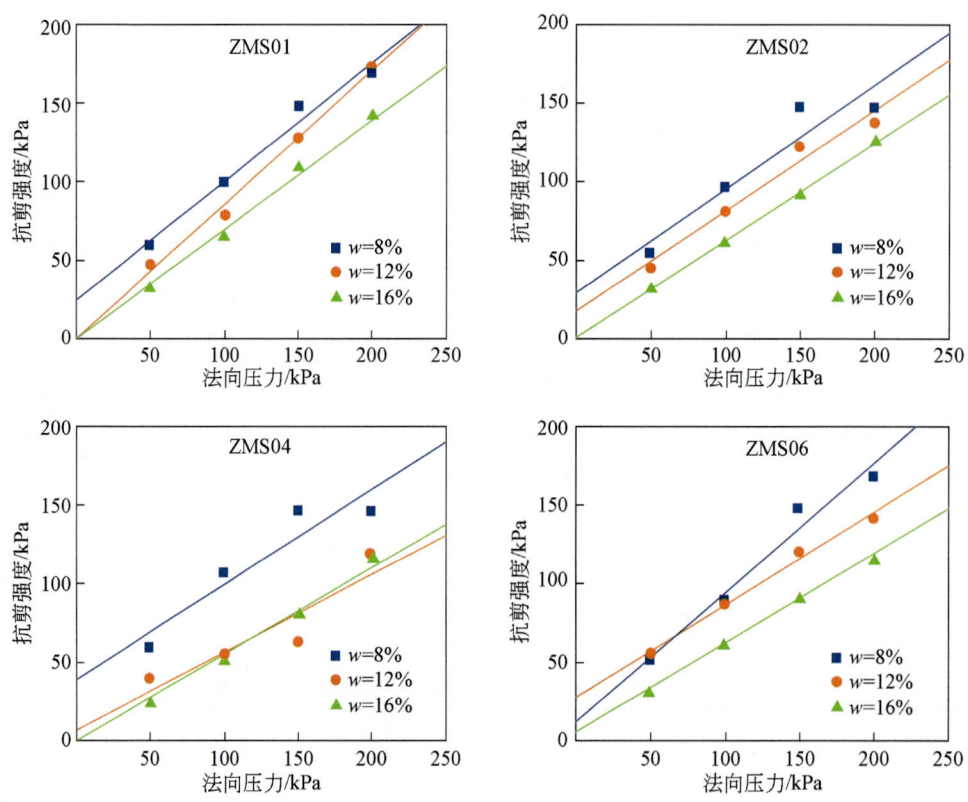

图6-25 不同含水率下扎马古滑坡滑带土抗剪强度拟合曲线

w-含水率

表6-9 四川巴塘扎马古滑坡滑带土快剪试验结果

样品编号	含水率 w/%	黏聚力 c/kPa	内摩擦角 φ/(°)
ZMS01	8	25.1	37.0
	12	0.0	40.4
	16	0.5	34.8

续表

样品编号	含水率 w/%	黏聚力 c/kPa	内摩擦角 φ/(°)
ZMS02	8	29.6	33.3
	12	16.5	32.9
	16	0.4	31.8
ZMS04	8	40.9	31.0
	12	5.9	26.6
	16	0.2	28.8
ZMS06	8	11.9	39.5
	12	28.7	30.5
	16	5.1	29.9

滑带土所受到的剪应力随着剪应变增加而缓慢增加，呈现出应变硬化的特征，且随着法向压力的增大，应变硬化特征明显，但当含水率越高时，应变硬化的特征随之变弱（图6-26）。含水率较低时，土样的饱和度较小，能够产生的压缩变形有限，抗剪强度值就比较大，黏聚力和内摩擦角等强度参数值也较大；增大土样的含水率后，颗粒间的强联结被破坏，土体强度减弱，抗剪强度减小，强度参数值也随之减小。

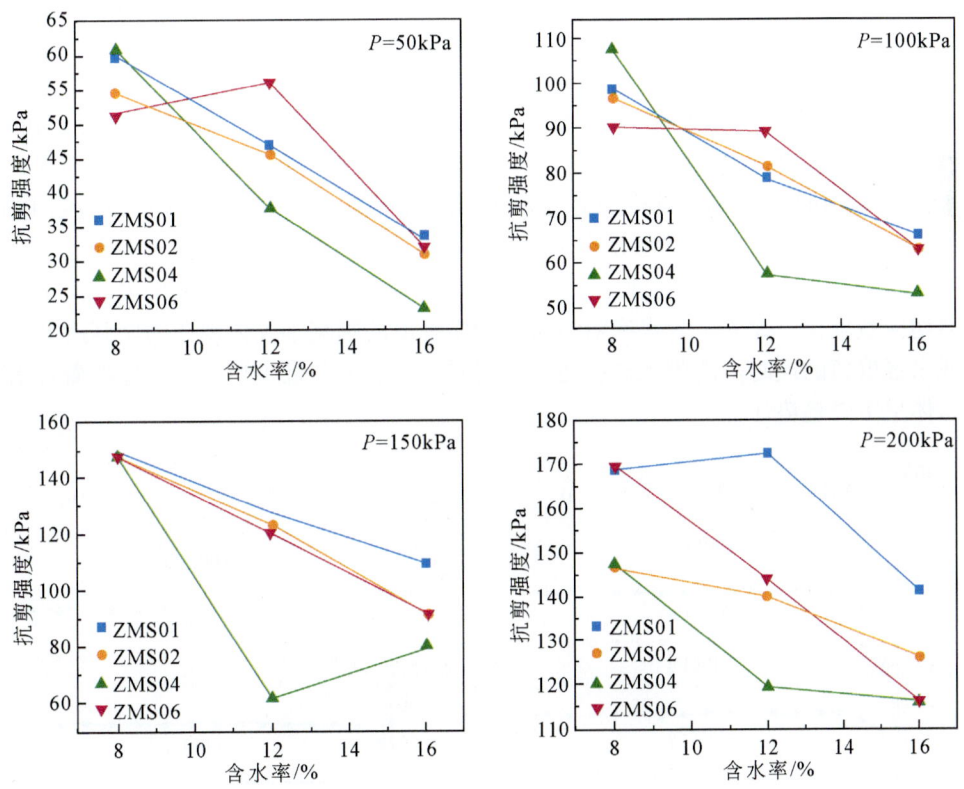

图 6-26　不同法向压力条件下扎马古滑坡滑带土抗剪强度与含水率的关系

（2）滑带土残余剪切强度。应力-应变曲线上达到峰值强度后趋于稳定的最终强度一般被认为是滑带土的残余强度值。环剪试验具有可以模拟土体长距离剪切过程的优点，对于滑坡稳定性评价和揭示滑坡启滑机制具有重要意义，因而越来越多地被应用于获取滑带土的残余强度等力学参数，本次环剪试验所采用的试验仪器为 SRS-150 型动态环剪仪（图 6-27）。

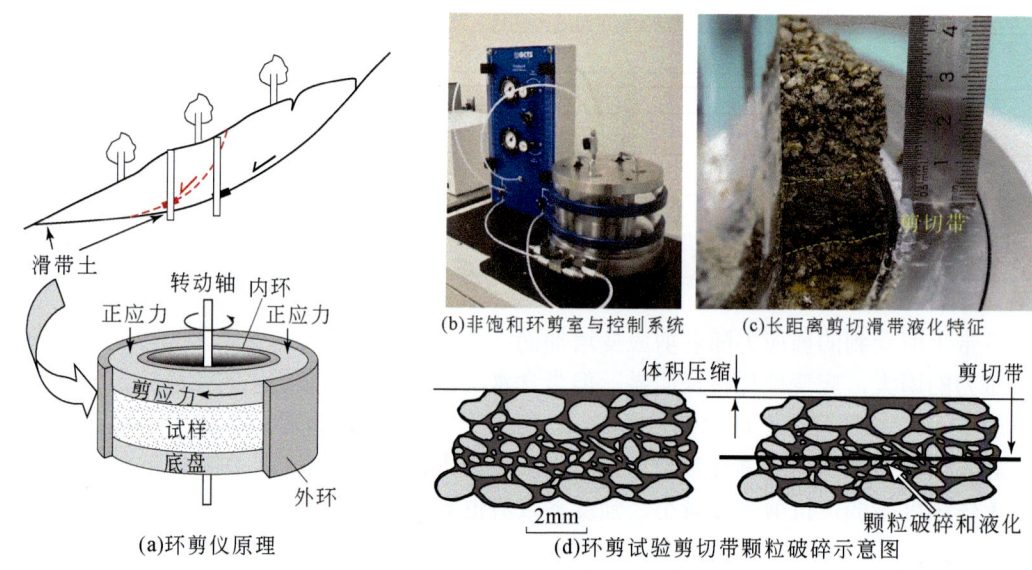

图 6-27　环剪试验装置及原理图

本次环剪试验开展了不同含水率条件下（10%、14%、18%）的环剪试验，设置了 100kPa、200kPa、300kPa 和 400kPa 等 4 级法向应力，剪切速率设置为 0.1mm/min。获取不同含水率条件下（10%、14%、18%）试样的剪应力-剪切位移曲线（图 6-28）。本次试验结果显示，滑带土在 100kPa、200kPa 这两级法向应力条件下峰值强度与残余强度的差值相差不大，而在 400kPa 的法向应力条件下呈现出应变软化特征，可以看出随法向应力的增加而呈现出明显的剪切应变软化。此外，含水率对滑带土力学强度的影响不仅体现在力学强度方面，在降低残余强度值的同时，滑带土试样达到峰值强度时所需的最小剪切位移值随着含水率的增加总体呈下降趋势。

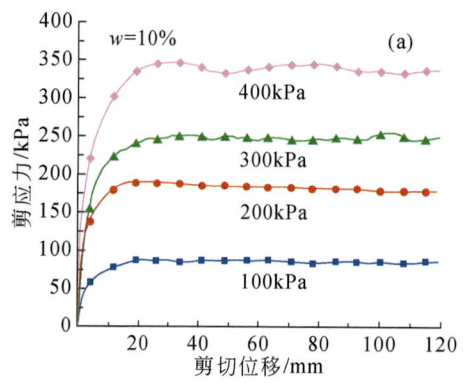
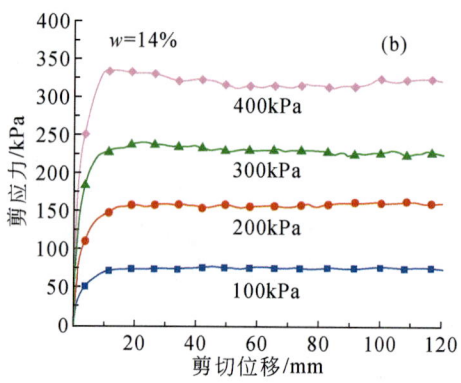

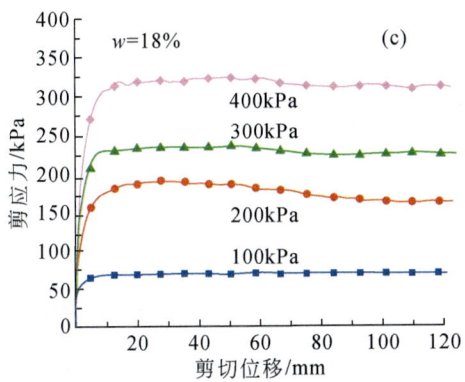

图 6-28　四川巴塘扎马古滑坡滑带土不同含水率环剪试验剪应力-剪切位移曲线

根据滑带土剪应力-位移曲线，得出不同含水率条件和不同法向应力条件下滑带土的残余强度，数据表明残余强度随含水率增大呈现显著的下降趋势（图 6-29，表 6-10），滑带含水率较低时，土样的饱和度较小，能够产生的压缩变形有限，土样此时表现出来的抗剪强度较大；增大土样的含水率后，颗粒间的强联结因被破坏而导致土体强度减弱，强度随之减小。拟合残余强度与法向应力的关系得到滑带土强度参数（图 6-30，表 6-11）。此外，滑带土试样达到峰值强度时所需的最小剪切位移值随着含水率的增加总体呈下降趋势，即在剪应力-位移曲线图上表现出（图 6-30）。

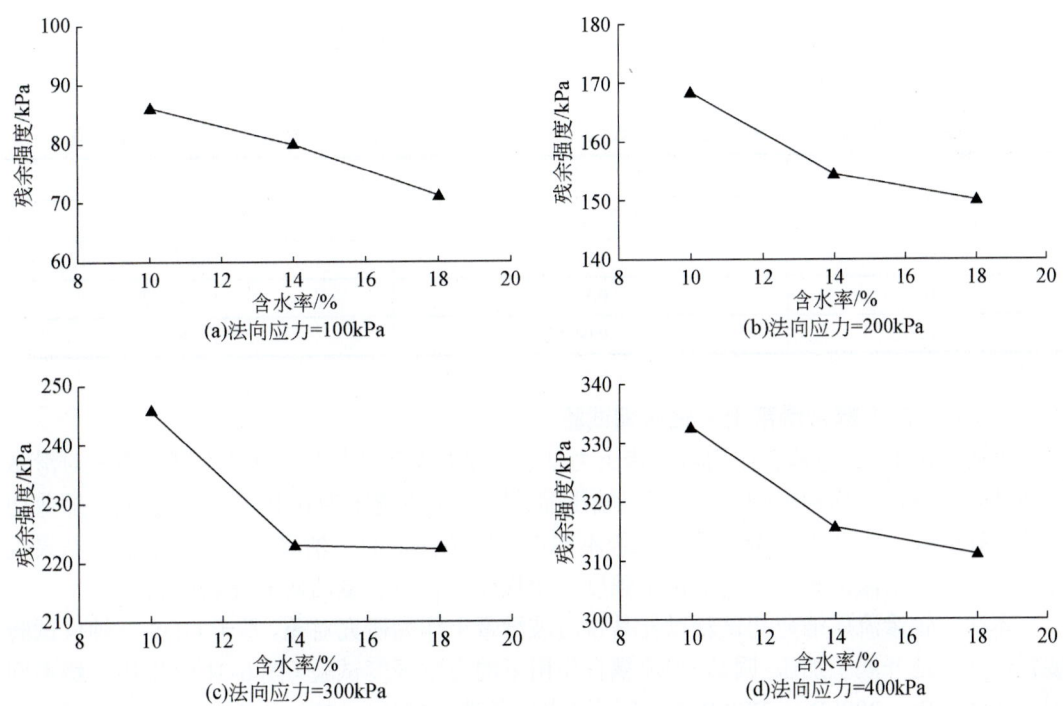

图 6-29　四川巴塘扎马古滑坡滑带土残余强度与含水率的关系曲线图

表 6-10 四川巴塘扎马古滑坡滑带土环剪试验残余强度结果

含水率 w/%	法向应力=100/kPa	法向应力=200/kPa	法向应力=300/kPa	法向应力=400/kPa
10	86.5	168.3	246.7	332.4
14	80.2	154.6	225.1	316.8

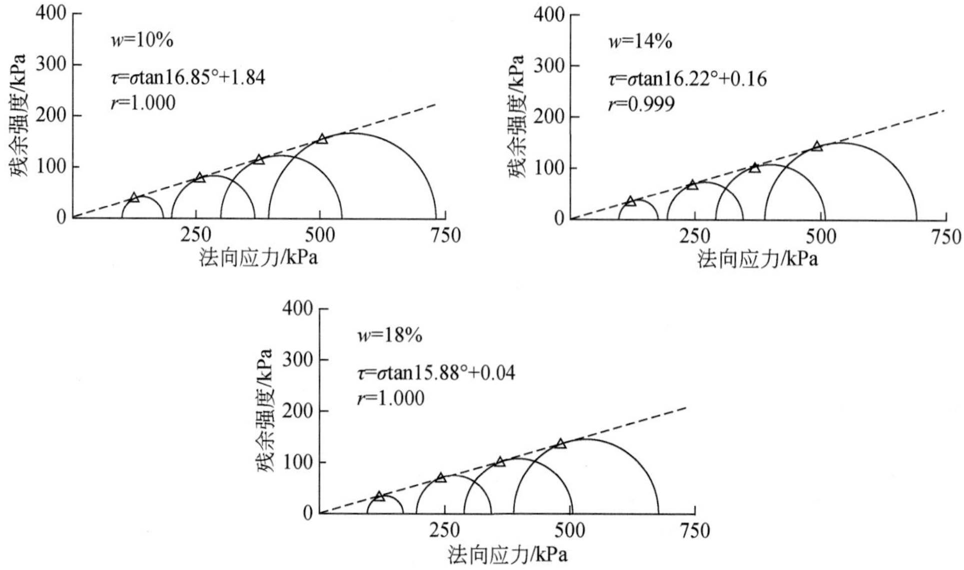

图 6-30 不同含水率下扎马古滑坡滑带土环剪试验残余强度与法向应力的关系

r 为拟合系数，大小为 0~1，越接近 1 说明拟合效果越好；τ 为抗剪强度

表 6-11 不同含水率条件下扎马古滑坡滑带土环剪试验所得残余强度线性拟合的强度参数值

含水率 w/%	抗剪强度线性拟合的强度参数	
	黏聚力 c/kPa	内摩擦角 φ/(°)
10	1.84	16.85
14	0.16	16.22
18	0.04	15.88

3. 渗流-应力耦合滑带土三轴压缩试验

为研究渗流-应力耦合作用对滑带土力学强度是否会产生影响，以及不同渗透压对滑带土剪切强度将产生何种影响，将常规三轴压缩试验视作渗透压为 0kPa 的三轴渗流压缩剪切试验（图 6-31），并将其试验结果与三级不同渗透压条件下的三轴渗流压缩剪切试验结果进行对比，为降雨渗流条件下的滑带土强度演变规律与古滑坡复活研究提供依据。

本次三轴渗流压缩剪切试验以扎马古滑坡滑带土作为研究对象，基于 GDS 三轴仪试验装置创新性地开展了加压-固结-渗流耦合作用下的力学强度试验（图 6-31），采用三级不同围压（100kPa、200kPa、300kPa）、不同含水率条件（10%、13%、16%）与不同渗透压条件（20kPa、35kPa、50kPa）下的三轴渗流压缩剪切试验，得到不同渗透压条件下的应力-应变曲线与强度包线，从而得到不同渗流条件下的抗剪强度（图 6-32）。

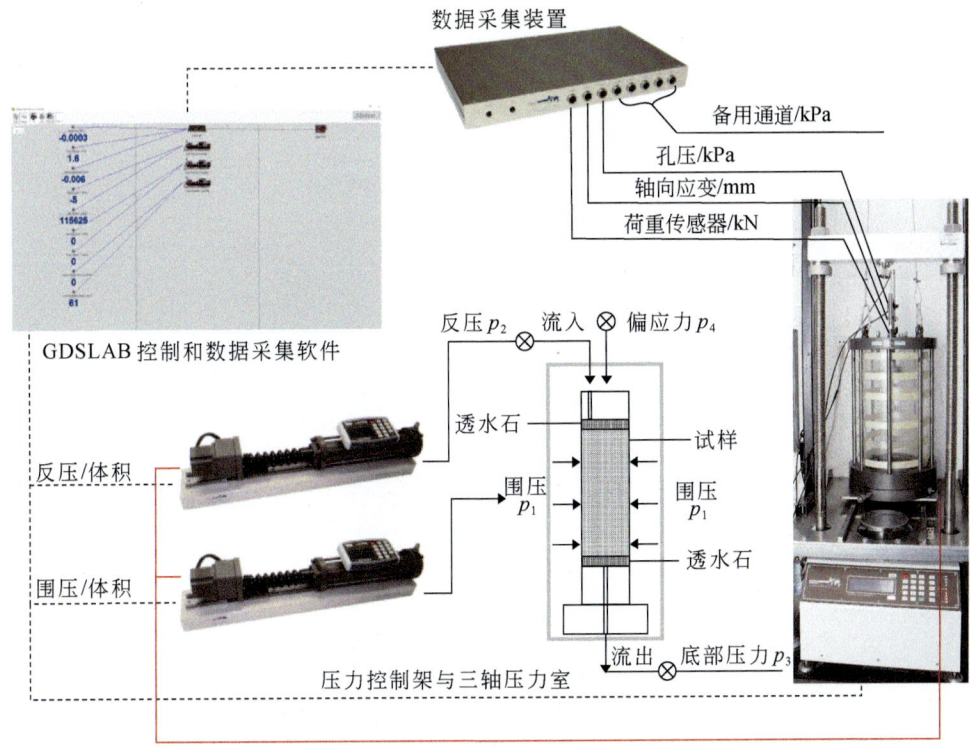

图 6-31　GDS 三轴仪试验装置系统及三轴渗流压缩剪切试验原理图

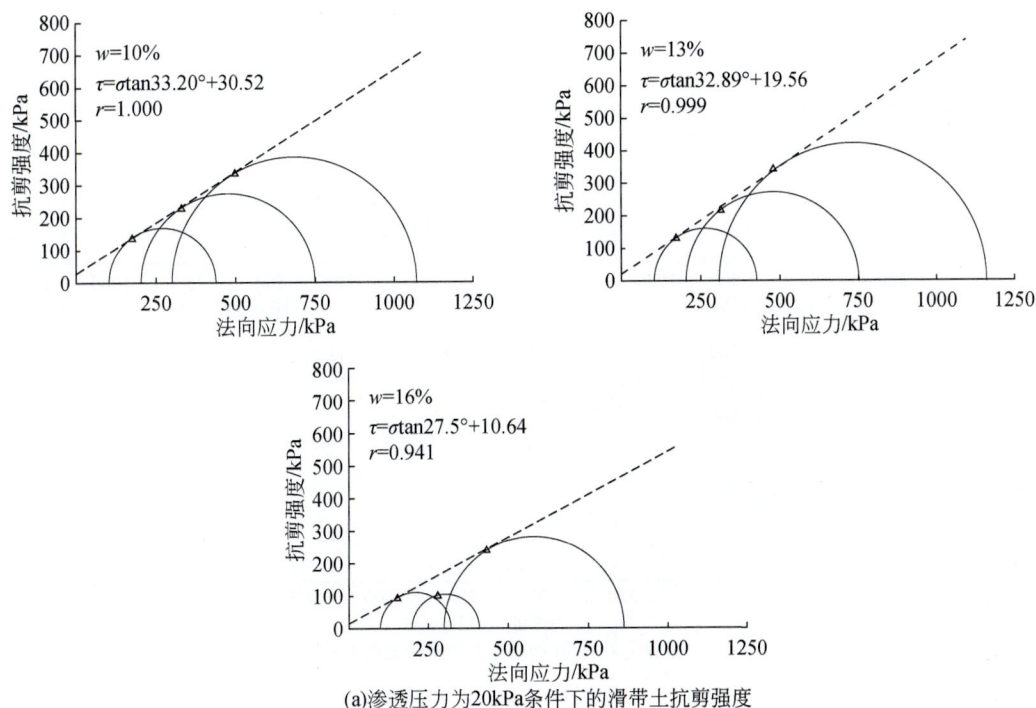

(a) 渗透压力为20kPa条件下的滑带土抗剪强度

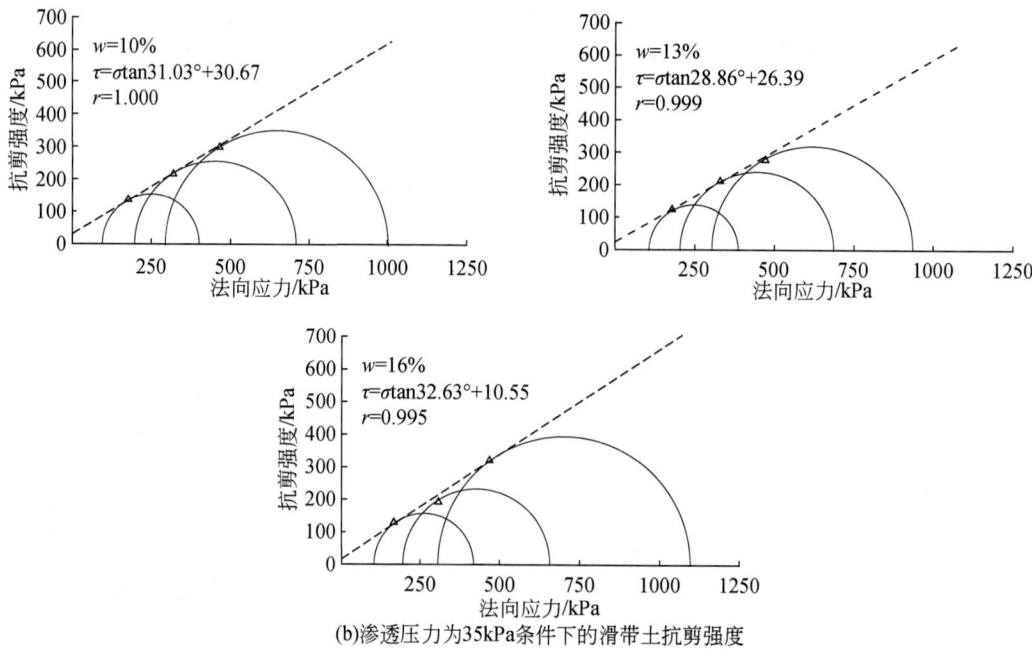

(b)渗透压力为35kPa条件下的滑带土抗剪强度

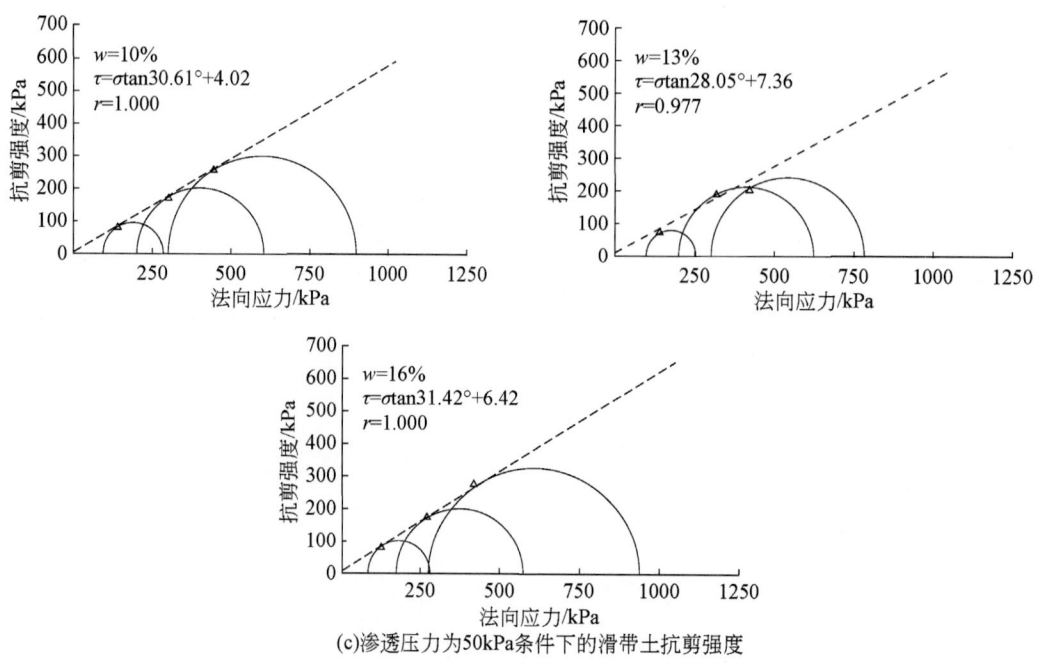

(c)渗透压力为50kPa条件下的滑带土抗剪强度

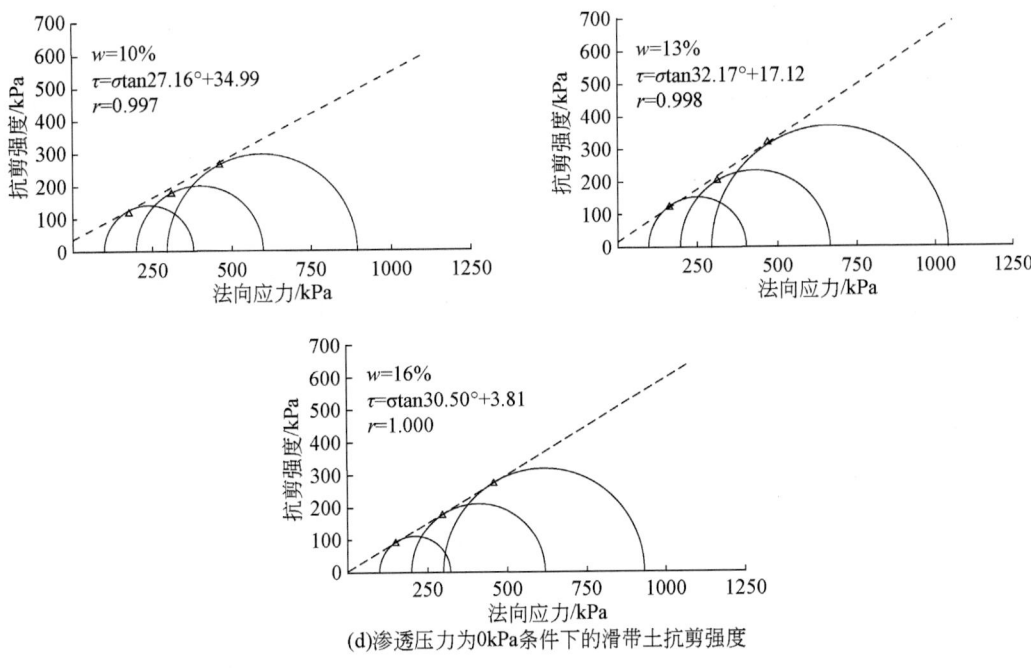

图 6-32 四川巴塘扎马古滑坡滑带土三轴渗流压缩剪切试验

（1）含水率的变化对滑带土力学强度的影响。根据试验所得的应力-应变曲线可以得到滑带土的抗剪强度，进一步绘制抗剪强度与法向应力的强度包线，拟合可以得到不同含水率（10%、13%、16%）和不同渗透压条件（0kPa、20kPa、35kPa、50kPa）下的黏聚力 c（kPa）和内摩擦角 φ（°）（表 6-12）。从表 6-12 中的强度参数值可以看出黏聚力 c 和内摩擦角 φ 均随着含水率的增大而大体上明显呈减小的趋势。

表 6-12 不同渗透压条件下扎马古滑坡滑带土抗剪强度线性拟合的强度参数值

含水率 w/%	渗透压/kPa	黏聚力 c/kPa	内摩擦角 φ/（°）
10	0	27.16	34.99
	20	30.52	33.20
	35	30.67	31.03
	50	4.02	30.61
13	0	17.12	32.17
	20	19.56	32.89
	35	26.39	28.86
	50	7.36	28.05
16	0	3.81	30.50
	20	10.64	27.5
	35	10.55	32.63
	50	6.42	31.42

（2）渗透压的变化对滑带土力学强度的影响。从表 6-12 中的强度参数值不仅可以看出黏聚力 c 和内摩擦角 φ 随含水率的变化情况，还可以得到黏聚力 c 和内摩擦角 φ 随渗透压的变化情况，强度参数值显示黏聚力 c 随着渗透压的增大先增大后减小，且在 50kPa 这一较高渗透压条件下黏聚力 c 具有较大的降低幅度，而内摩擦角 φ 随渗透压的增大整体呈减小趋势。为能够更加直观地观察黏聚力 c 和内摩擦角 φ 随渗透压变化的响应特征，绘制了黏聚力 c 和内摩擦角 φ 随渗透压变化的关系图（图6-33），可以看出黏聚力 c 比内摩擦角 φ 对渗透压的变化更为敏感，黏聚力 c 随着渗透压的增大先增大后减小，而内摩擦角 φ 随渗透压的增大整体呈减小趋势，这可能是受到含水率和渗透系数等因素对强度参数影响的结果，含水率越高，渗透系数降低，渗透性变弱，而含水率增高能够使土的强度减弱和渗透性变弱，这两者的耦合作用使得内摩擦角 φ 的变化规律不明显。

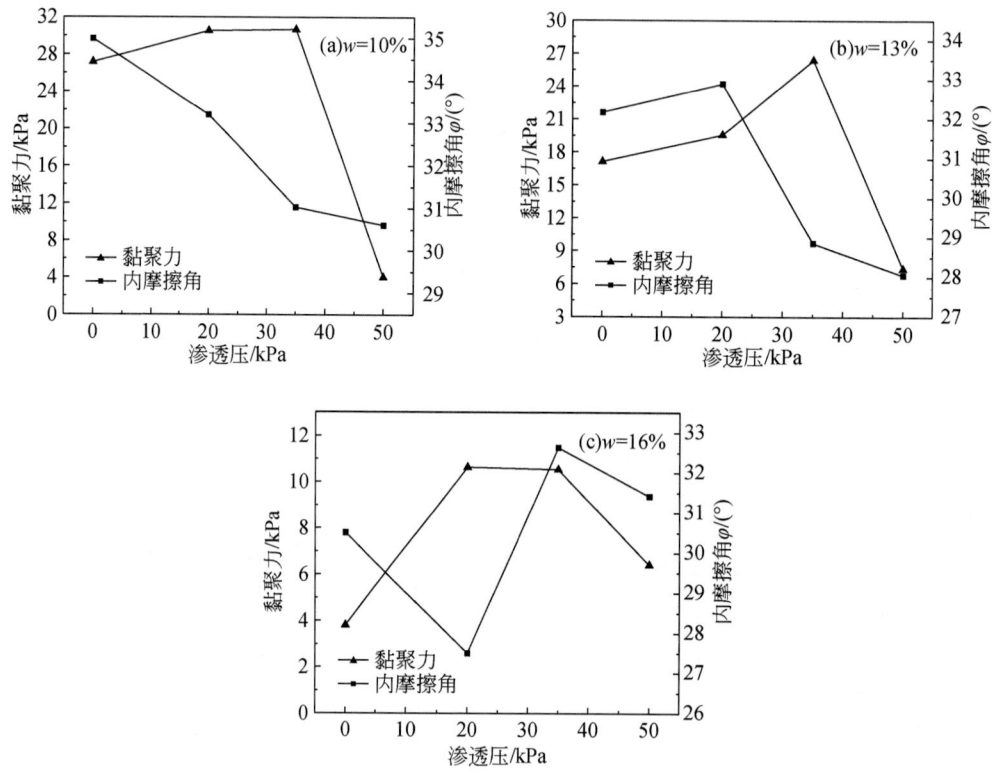

图 6-33　不同含水率条件下扎马古滑坡滑带土力学强度参数与渗透压关系图

当水在土体孔隙介质中流动时，水与土在相互作用时，往往会伴随着吸水-膨胀-崩解-冲蚀等一系列水土相互作用的过程发生。土体的吸水引起的膨胀，实际上是矿物颗粒在与水的接触过程中，复杂的物理化学作用向力学作用转变的结果。颗粒之间的联结力在此过程中变弱，且土体中孔隙得到了发育，土体结构的完整性又得到了进一步的破坏，这一方面使土体抗剪强度降低，另一方面又为水土作用的深入发展提供了有利条件，促进了渗流作用的发生。黏土渗透性普遍较差，但土体中孔隙发育，会提升其渗透性能，会进一步影响土体的力学强度，这就可以解释在较高的渗透压条件下土体的力学强度更弱。在水土作用特别是渗流作用的作用下能对土体强度造成更为严重的破坏，使土体强度大幅降低。渗透压和含水率对土体结构的破坏，结合前文对内摩擦角 φ 的变化规律不明显原因的分析，可以解释为什么黏聚力 c 会呈现出比内摩擦角 φ 对渗透压的变化更为敏感的特点。

五、扎马古滑坡变形与复活趋势分析

通过上述分析，降雨和地震是扎马古滑坡复活的主要影响因素。降雨沿滑坡体后缘拉裂缝入渗至滑体内部，造成坡体后缘岩土体强度劣化，同时促进了后缘裂缝的扩张和发育；地震震级 $M_S4.0$ 时便会触发滑坡灾害（吉锋等，2015）。此外，地震累积效应、加速效应等对滑坡稳定性造成极大影响。根据扎马古滑坡的工程地质剖面图（图6-20）与数值模拟软件的计算要求，概化出扎马古滑坡的地质模型，主要包括碎石土堆积体、滑带、基岩和河床。该模型设水平长2110m，高1200m，垂直剖面长700m（图6-34）。

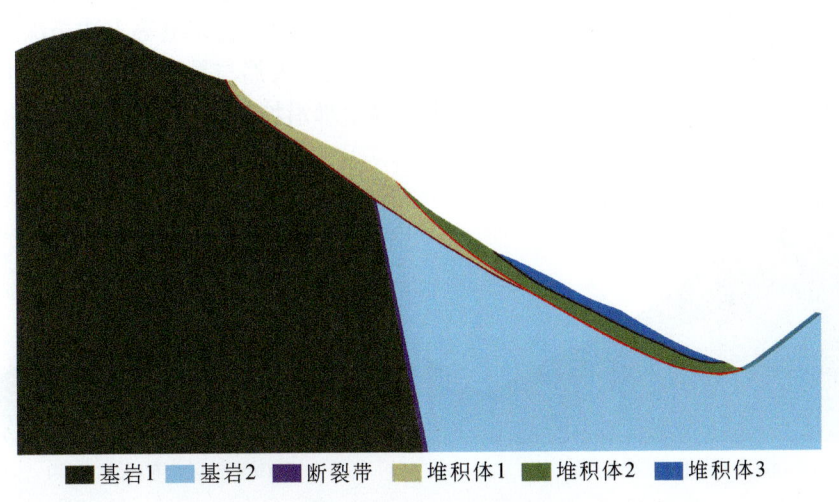

图6-34 扎马古滑坡模型建立

材料选取的模型为弹塑性力学模型，强度准则为莫尔-库仑（Mohr-Coulomb）准则。综合岩性组合特征、完整性情况、软硬程度等特点以及室内物理力学试验，对试验得出的参数建议值进行调整和简化，体积模量和剪切模量由式（6-4）计算求得，数值模拟计算在各条件下采用的岩体力学参数如下（表6-13）：

$$K=\frac{E}{3(1+2\upsilon)}, \quad G=\frac{E}{2(1+2\upsilon)} \qquad (6-4)$$

式中，K 为体积模量，MPa；G 为剪切模量，MPa；E 为弹性模量，MPa；υ 为泊松比，量纲为1，无单位。

表 6-13 扎马古滑坡岩土体模拟计算主要参数

岩性	体积模量 K/GPa	剪切模量 G/GPa	密度 ρ /(g/cm³)	内摩擦角 φ/(°) 天然	内摩擦角 φ/(°) 饱和	黏聚力 c/kPa 天然	黏聚力 c/kPa 饱和
碎石土堆积体	25	7.5	2.0	25	20	150	130
断裂带	70	26	1.9	38	35	350	300
浅层滑带	0.6	0.26	1.78	40	30	28	5
深层滑带	0.4	0.2	1.88	35	32	27	0.5
基岩	40	15	2.4	45	43	400	350

1. 暴雨条件下扎马古滑坡变形与复活趋势

(1) 暴雨条件下滑坡位移变形分析。天然和暴雨两种条件下滑坡位移增量最大值在堆积体中前部产生。天然条件下滑坡沿着浅层滑带和中层滑带上部发生的位移形变量较大，而暴雨条件下滑坡则从堆积体中上部开始产生变形，对堆积体产生推移作用，加剧坡体沿着中层滑带的滑动变形。这说明暴雨条件下，降雨沿着后缘拉裂缝等入渗至深层滑带，降低滑带岩土体的抗剪强度，使滑坡沿其发生整体滑动。天然与暴雨条件下沿坡面方向最大位移均可达 0.3m（图 6-35）。而暴雨条件下滑坡体上部沿坡面位移最大为 0.25m（图 6-35）。

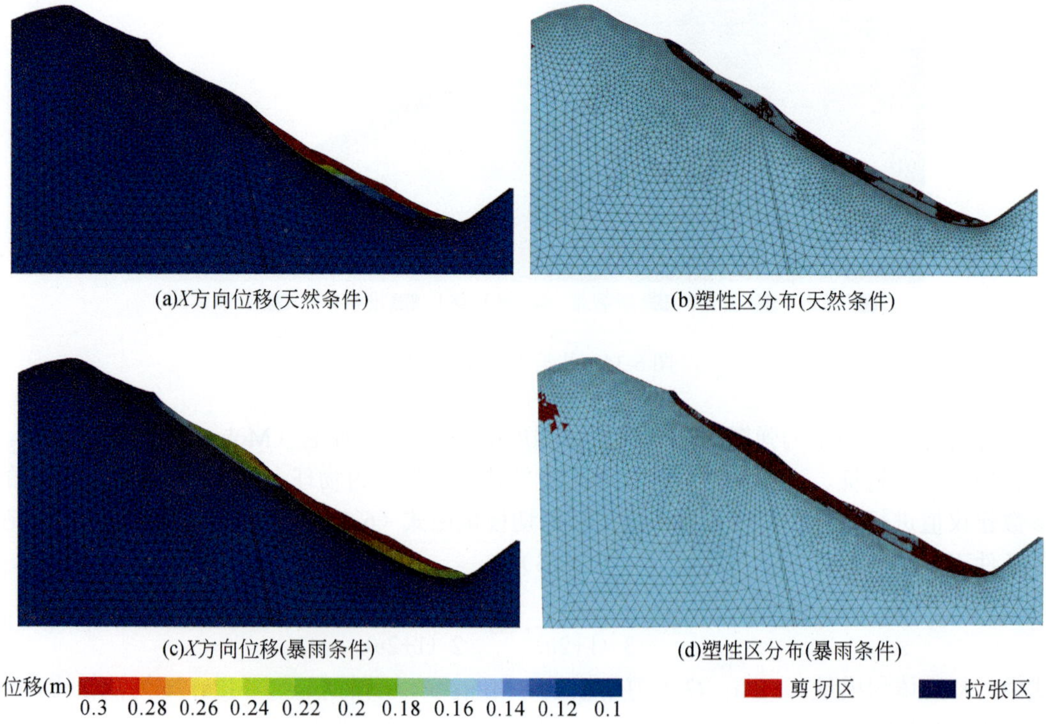

(a) X 方向位移(天然条件)

(b) 塑性区分布(天然条件)

(c) X 方向位移(暴雨条件)

(d) 塑性区分布(暴雨条件)

位移(m) 0.3 0.28 0.26 0.24 0.22 0.2 0.18 0.16 0.14 0.12 0.1   ■剪切区 ■拉张区

图 6-35 扎马古滑坡位移变化与塑性区分布图

（2）塑性区分布特征。分析不同条件下扎马古滑坡塑性区分布图可知，天然条件下和暴雨条件下的最大剪应变增量云图具有一定相似性，两者均在堆积体中前部出现塑性区，堆积体后缘边界出现拉张区（图6-35）。不同的是，相对于天然条件，暴雨条件下滑坡坡脚部分也出现较大剪切区。最大剪应变增量主要集中于剪切强度较低的部位，天然条件下滑坡拉张区主要集中于中层滑带后缘；而暴雨条件下拉张区主要位于深层滑带后缘部位，堆积体后缘的推移力造成后缘的拉裂缝扩张，为降雨入渗提供通道，进一步降低土体强度，与坡脚出现的变形发生进一步拓展，进而易形成贯通的滑带，沿着此带发生整体剪切破坏。

通过以上分析可知，天然条件下堆积体中前部发生的位移变化较大，而暴雨条件下堆积体后缘与坡脚部位均发生了剪切变形，降雨入渗导致中上部堆积体与深层滑带物理力学性质发生变化，上部土体发生变形并向下运动，挤压下部堆积体并加剧堆积体的变形。

2. 地震条件下扎马古滑坡变形与复活趋势

地震作用作为扎马古滑坡稳定性的重要影响因素，查龙-然布断裂沿滑坡中部穿插而过，在强震的扰动作用下扎马古滑坡可能再次产生变形失稳。故此次开展扎马古滑坡在地震作用下的变形特征数值模拟分析，本次模拟采用地震加速度作为地震对滑坡的外部影响因素（图6-36），放大系数选取0.1，通过滤波等操作后保留频率在15Hz以内的地震波，同时选取自由场边界作为扎马古滑坡模型的边界条件。岩土体对应物理力学参数参考降雨条件的对应参数，扎马古滑坡岩土体模拟计算主要参数如表6-13所示。计算时间设置为10s，实际时间对应为20min。

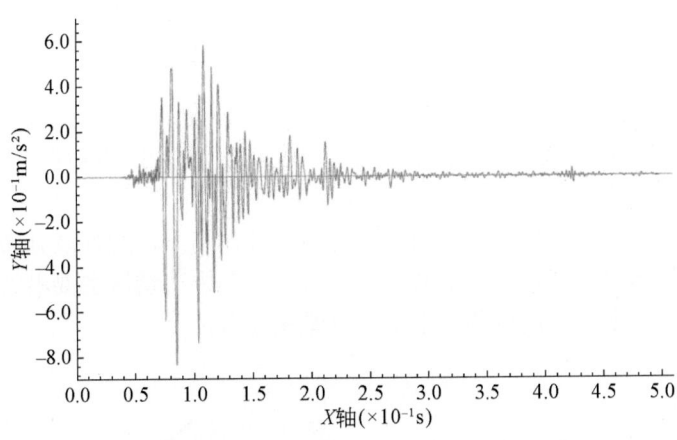

图6-36 地震加速度曲线图

在天然条件下，扎马古滑坡的形变量总体较小，总体位移量<0.6m，且主要集中于滑坡体的中下部位，变形体整体变形特征表现为上高下低、表层高深层低，浅层滑动面已基本贯通，但深层滑动面仅部分贯通。随着地震波的剧烈扰动，扎马古滑坡内部岩土体结构发生破坏与变化，原有的结构面张裂、松弛，同时在地震力的反复振动冲击下，斜坡岩土体就更容易发生变形。在地震波的剧烈扰动作用下，扎马古滑坡模型的位移量增大较为明显，总体位移量最大值可达1.5m，且相较于天然条件下，地震条件下滑坡模型中下部的形变值增大，最大值主要集中于坡脚位置，同时滑坡体变形范围由中下部向上部不断扩展，

从位移云图（图 6-37）可明显看出此时滑坡体变形已经完全贯穿深层滑带面，滑坡体中部滑体位置出现明显位移区。

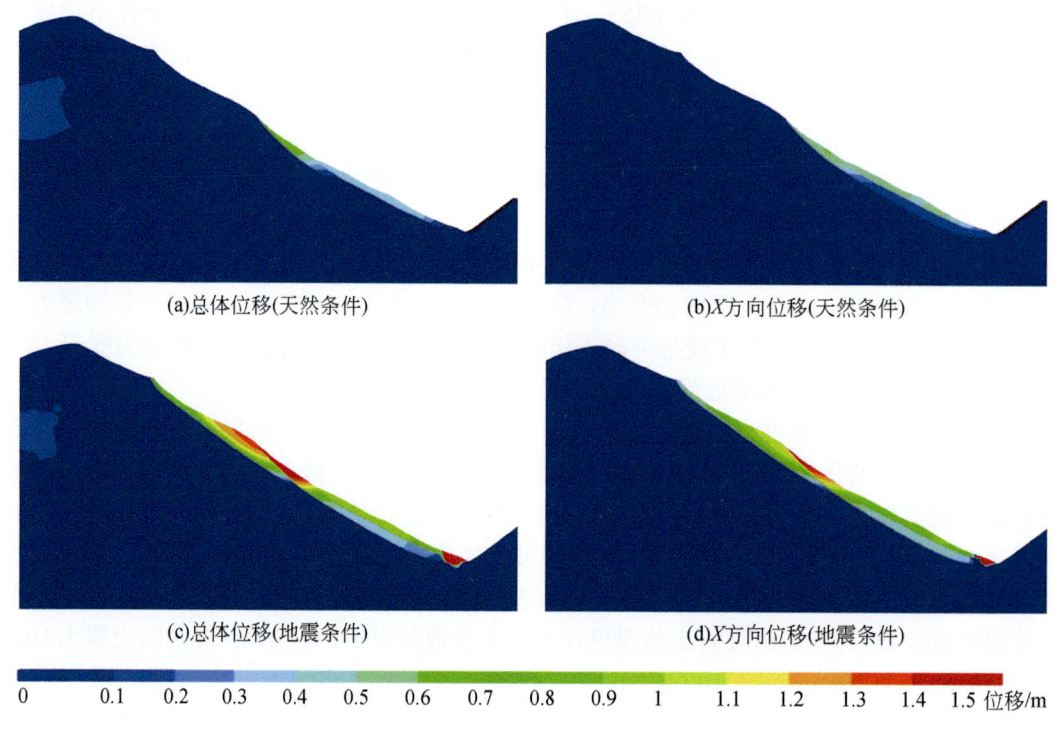

图 6-37 地震条件下扎马古滑坡数值模拟位移云图

扎马古滑坡在天然条件下坡体塑性区分布与位移变形分布特征基本保持一致（图 6-38），主要位移发生在滑坡体模型的中下部位，剪切区沿中下部深层滑带均有分布，但滑坡模型下部深层滑带位置未有剪切区分布，可见天然条件下滑坡体变形未能贯穿深层滑带，拉张区仅在滑坡体中部的表层存在分布。在地震条件作用下，塑性区分布于整个模型的滑体部位，且已经基本贯通滑坡模型的整条深层滑带，其中剪切区主要沿滑体分布，拉张区则主要集中于滑体的上部表层位置，中下部也偶有分布。

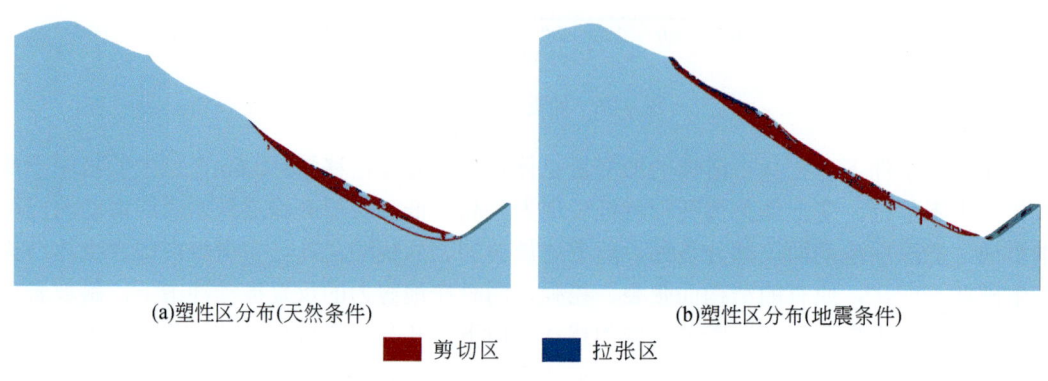

图 6-38 地震条件下扎马古滑坡数值模拟塑性区分布图

第六节 小 结

本章在收集和实地调查巴塘断裂带内滑坡、崩塌和泥石流地质灾害的基础上，分析了区内地质灾害的时空分布规律和发育特征，剖析了地质灾害的形成条件和影响因素，在此基础上采用加权信息量模型评价了区内滑坡易发性，得出以下主要结论。

（1）根据资料收集、遥感解译和野外调查，巴塘断裂带沿线地质灾害类型主要为滑坡、崩塌、泥石流等，沿巴塘断裂带两侧各 30km 范围内发育地质灾害共 452 处（图 6-2），其中，崩塌 37 处，占比 8%；滑坡 342 处，占比 76%；泥石流 73 处，占比 16%。巴塘断裂带地质灾害具有点多面广、分布不均、局部集中等特点；地质灾害主要分布于西部高山峡谷区的金沙江沿岸，以及东部高山区的深切河谷区。

（2）选取地面高程、地形坡度、坡向、地形湿度指数（TWI）、活动断裂、工程地质岩组、降雨量、距河流距离、距道路距离和植被归一化指数（NDVI）等 10 个因子作为滑坡易发性评价影响因子，采用集成传统层次分析法与证据权模型的加权证据权模型完成了巴塘断裂带滑坡易发性评价，滑坡极高易发区和高易发区主要分布在松多乡到竹巴龙村沿巴塘断裂带以及金沙江及一级支流巴曲两侧地区，呈带状分布；中等易发区主要分布在巴曲河各支流中上游两岸；低易发区主要分布在人类工程活动微弱的高山地带以及地形相对平缓的区域。

（3）扎马古滑坡滑带土的强度受不同围压、含水率、渗透压条件的影响，围压越大，应力-应变曲线出现拐点时所产生的应变也越大；黏聚力 c 和内摩擦角 φ 均随着含水率的增大而整体上呈明显减小的趋势；通过黏聚力 c 和内摩擦角 φ 随渗透压变化的关系曲线图可以看出黏聚力 c 随着渗透压的增大先增大后减小，且在 50kPa 这一高渗透压条件下降低幅度更大，而内摩擦角 φ 随渗透压的增大整体呈减小趋势，黏聚力 c 比内摩擦角 φ 对渗透压的变化更为敏感。

（4）德达滑坡和扎马古滑坡为蠕滑型滑坡，在强降雨、地震、河流侵蚀等多种因素作用下，会发生局部破坏，应加强德达滑坡与扎马古滑坡动态监测，避免产生古滑坡复活事件，确保人民生命财产安全。通过 FLAC3D 数值模拟分析，暴雨条件下滑坡可能失稳破坏，后缘与坡脚部位均发生了剪切变形，在后缘推移作用与前缘牵引作用下，易产生贯通的滑动面，并沿此面发生整体剪切破坏；在地震条件下，滑坡体变形完全贯穿深层滑带面，滑坡体中部滑体位置出现明显位移区。

第七章 金沙江上游江达至巴塘段大型滑坡发育特征与形成机制研究

金沙江上游江达至巴塘段是青藏高原东缘构造运动最强烈的地区之一，也是国家铁路、水利水电等重大工程规划建设区。该段位于金沙江断裂带内，此断裂带是一条以强烈挤压走滑为主的活动断裂带，带内岩体结构破碎，软弱岩层发育，流域性地质灾害频繁发生。本章以金沙江上游江达至巴塘段为例，在已有调查研究资料分析基础上，基于高分辨率光学遥感解译、无人机 LiDAR、光学遥感影像配准与关联（co-registration of optically sensed images and correlation，COSI-Corr）像素偏移量追踪、偏移追踪（Offset-Tracking）、SBAS-InSAR 和野外调查等方法，开展了区域大型滑坡发育分布特征和形成机制研究，选取了沃达滑坡、白格滑坡、色拉滑坡等典型大型滑坡为例，深入剖析了其形成机理，为地方政府防灾减灾和重大工程规划建设提供地质技术支撑。

第一节 金沙江断裂带展布特征与活动性

一、金沙江断裂带展布特征

金沙江断裂带是一条由多组不同期次、近于平行的断裂及其次级断裂组成的复杂构造带，具有明显的挤压形式，构成了川滇菱形块体西北边界断裂（许志琴等，1992；夏金梧和朱萌，2020）。金沙江断裂带北起白玉附近，向南延伸经巴塘、得荣、香格里拉至剑川以南与红河断裂带相交，为总体走向近南北的高倾角断裂带，断裂带以逆冲为主，局部具有左旋或右旋走滑特征，分段活动性强，为中更新世-全新世活动断裂。金沙江断裂带是由金沙江东界断裂、金沙江主断裂、金沙江西界断裂、巴塘断裂、德钦-中甸断裂等 6~7 条次级断裂组成的一条长约 700km，东西宽约 80km 的复杂构造带（图 7-1）（许志琴等，1992；宋方敏等，1997），在平面上呈略向东凸出的弧形，弧顶在巴塘附近，构造带内发育大规模蛇绿混杂岩带，挤压构造变形破坏强烈。

在区域构造演化研究方面，张勤文（1981）认为金沙江构造带是二叠纪打开，晚三叠纪早、中期闭合的弧后海盆。在寒武纪就存在金沙江，在晚石炭世至二叠纪开始向陆地下部俯冲，三叠纪大洋消失并开始构造造山过程，断裂带具有强烈的逆冲推覆性质。费鼎（1983）等将金沙江断裂与红河断裂相连，称金沙江-红河断裂带，认为金沙江-红河断裂带包括党村-茨巫-尼西断裂、巴塘-日雨断裂和西边界的玉树-羊拉断裂，同时也认为金沙江断裂是由若干断裂组成的宽度可达数十公里的复杂断裂构造带，陆地部分长约 2000km，总长超过 3700km，金沙江变质带、点苍山变质带、哀牢山变质带都在断裂带内。刘增乾和陈福忠（1983）认为在西藏昌都地区是江达-德钦构造带与松潘-甘孜印支褶皱系的分界，倾向西，倾角 45°~60°，具有逆冲性质。姚冬生（1983）认为在金沙江断裂带有一条岗拖-雅洼-奔子栏超壳断裂，它的南段与巴塘-日雨断裂的位置相近，北段从巴塘县城东边13km通过，根据沿带发育有海西晚期-印支早期基性-超基性岩带确定它是超壳断裂。陈炳蔚（1984）则认为金沙江断裂带是单条深断裂，位于巴塘县城和得荣县城东 12~15km（相当于党村-茨巫-尼西断裂的位置），古生代阶段是扬子准地台与西南地槽区的分界线，在奔子栏附近至金沙江边，发育有宽50~60km的二叠纪蛇绿混杂岩，与四川省得荣县蛇绿混杂岩相连。唐荣昌和韩渭宾（1993）等认为金沙江断裂带在川滇藏交界地带由5条大断裂组成，从东到西分别是金沙江断裂、雄松-苏洼龙断裂、本协-大盖顶断裂、字嘎寺-德钦断裂和曾子顶断裂，断裂带宽约50km。

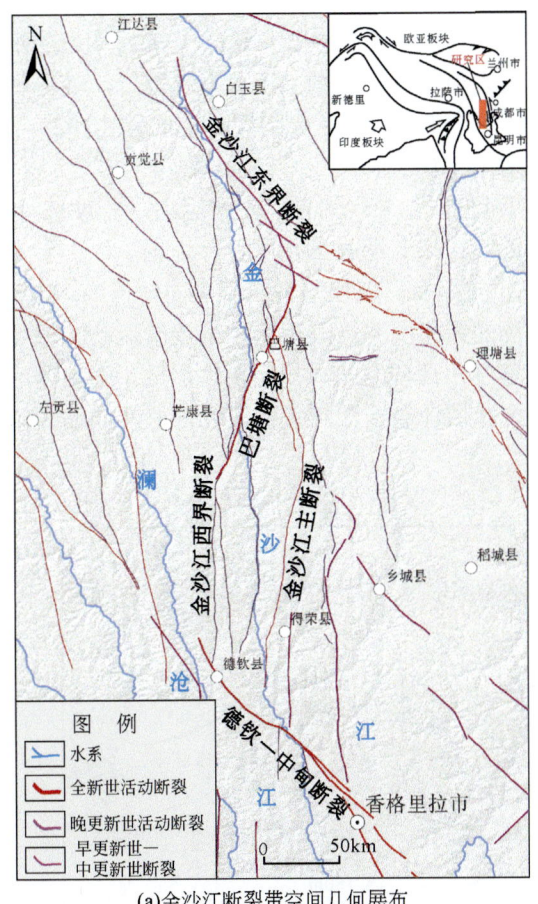

(a)金沙江断裂带空间几何展布

(b)巴塘县北东向线性河谷

(c)弄巴村线性排列的断层三角面

图 7-1　金沙江断裂带空间分布图

二、金沙江断裂带活动性

自中更新世以来，金沙江断裂带在中更新世末期、晚更新世晚期和全新世发生过三期活动。据 GNSS 位移监测等研究结果，金沙江断裂带晚更新世以来近东西向缩短速度为 2~3mm/a。唐荣昌和韩渭宾（1993）在巴塘县城附近的曲真共晚更新世河流相砂砾石层中发现两条近 SN 向的正断层,中上部热释光年龄为 73900±5600a,有可能是背驮式逆断层上部的构造变形效应。在德仁多南刀许附近,该段金沙江断裂呈 N20°~30°W 方向切过山体边坡,使一系列冲沟同步左旋位错了 120~140m,在水系断错位置上还伴生一系列大小不等的断塞塘 [图 7-2 (a)]。在小巴冲-将巴顶附近,断裂沿 N30°W 方向斜切山体边坡,呈反向抬升,形成高约 2~5m 的断层陡坎,并伴生规模很小的断塞塘(地表下 30cm 处的 ^{14}C 年龄为 770±30a),一条小干沟及其侧缘陡坎被左旋位错了 9m。在亚日贡及其以南,断裂走向为 N30°~40°E,将一系列冲沟及其洪积扇侧缘陡坎右旋位错了 180~210m [图 7-2 (b) 和 (c)],并在洪积扇面上形成高约 1217m 的断层陡坎(顶部热释光年龄为 51700±4200~54600±4300a),据此估计该段断裂的平均水平滑动速度为 3.3~4.1mm/a,平均垂直滑动速度约为 0.2mm/a。由于垂直位错容易遭受外动力作用而致陡坎高度降低,且陡坎下方的断塞沉积物厚度不明,因而垂直滑动速率估值应视为最小值。巴塘县王大龙村附近,晚更新世期-全新世的洪积扇面上发育一条高度仅 0.5m 左右的 SN 向断层陡坎,可能是由 1923 年该断裂上发生的 6.5 级地震所致(唐荣昌和韩渭宾,1993)。

综上所述,金沙江断裂带在转折为 NNW 向延伸时,表现为左旋走滑运动,呈 NNE 向时则主要表现为右旋走滑运动,而 SN 走向的断裂段未见明显的水平位移证据。以上事实表明,金沙江断裂带自晚第四纪以来应为近 EW 向缩短,仅仅是在断裂走向转折为 NNW 或 NNE 向时,由于断裂走向与区域主压应力场的夹角关系才表现为水平走滑运动。现今 GPS 测量结果显示藏东块体以 17~18mm/a 的速度由西向东挤入川西块体,至川西块体的滑移速度为 14~16mm/a(陈智梁等,1998),据此估计金沙江断裂带现今近 EW 向缩短年速度为 2~3mm/a。

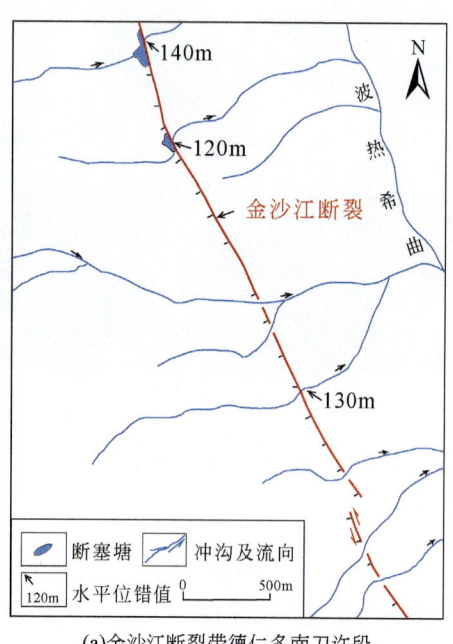

(a)金沙江断裂带德仁多南刀许段

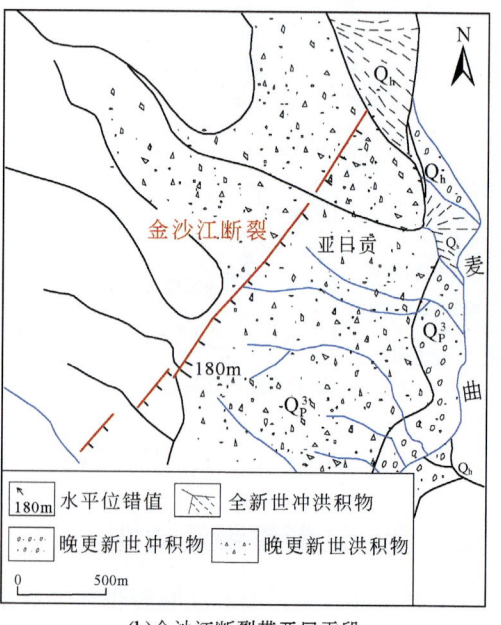

(b)金沙江断裂带亚日贡段

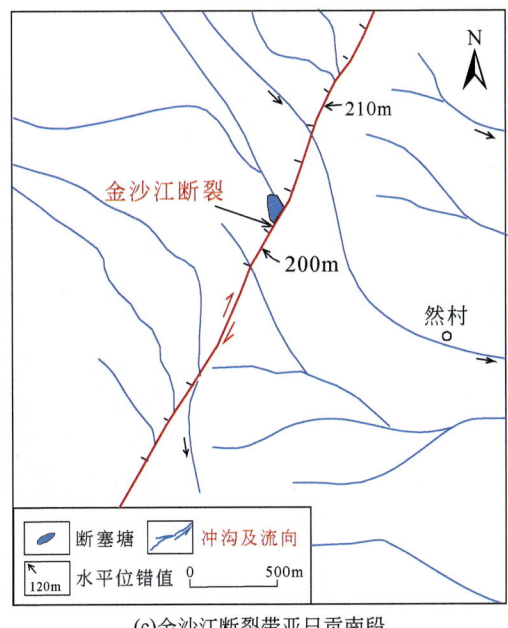

(c)金沙江断裂带亚日贡南段

图 7-2　金沙江断裂带典型位置位移分布图（据周荣军等，2005 修编）

第二节　金沙江上游江达至巴塘段大型滑坡灾害发育分布特征

一、金沙江上游江达至巴塘段滑坡空间分布特征

金沙江上游江达至巴塘段位于青藏高原东缘深切河谷区，地质灾害发育密度大，形成机理复杂。同时该段具有构造破碎、岩体结构复杂、河谷深切强卸荷改造等多种不良因素叠合的特征（彭建兵等，2004），沿河谷两岸发育的大型-巨型滑坡数量多、体积大，复活变形危害严重，防灾减灾形势严峻。区域发育金沙江断裂带和巴塘断裂带等，断裂带附近斜坡岩体结构复杂、斜坡完整性较差，附近斜坡松散层厚度较大，这些因素为滑坡等地质灾害的形成创造了有利条件，2018 年 10 月和 11 月先后发生的西藏江达白格滑坡即发育于金沙江断裂带内（王立朝等，2019；张永双等，2020）。

许多学者基于遥感解译、现场调查、InSAR 识别和数值模拟分析等技术开展金沙江流域地质灾害分析研究。刘文等（2021）通过遥感影像识别出金沙江上游直门达-石鼓段滑坡地质灾害点 87 处，其中大型 40 处、特大型 47 处，研究表明受金沙江活动断裂带影响，地震等地质作用与堵江滑坡地质灾害隐患的稳定性关系密切，活动性较强、应变积累更快的金沙江断裂中段和南段可能更具备发生堵江滑坡灾害链的区域地质环境背景。本次研究在开展川藏交通廊道地质调查工作过程中，发现金沙江上游江达至巴塘段发育多处大型-巨型滑坡（图 7-3 和图 7-4），其中部分滑坡处于蠕滑变形阶段，存在复活风险，对重大工程规划建设和安全运营具有较大危害。

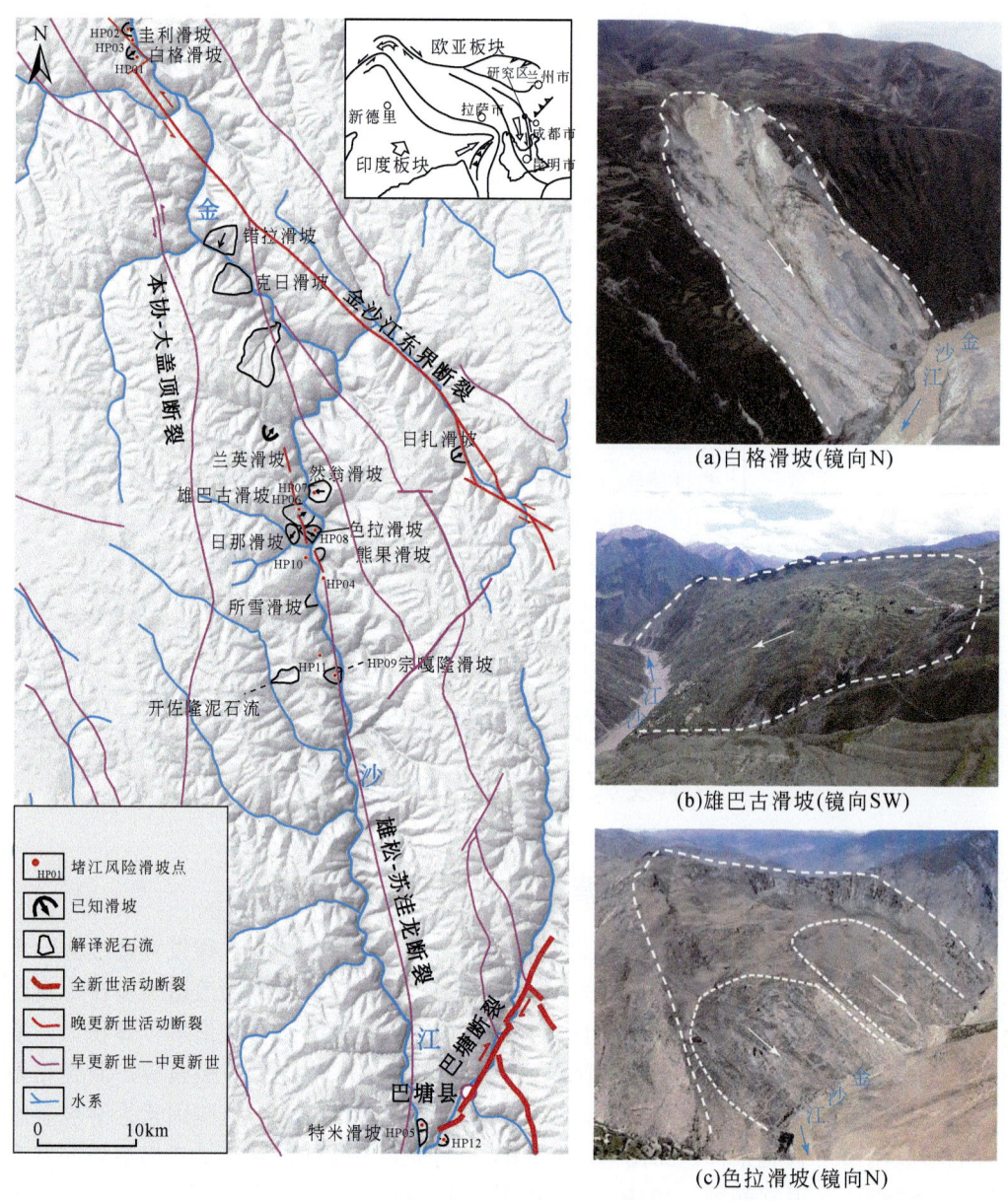

图 7-3 金沙江上游江达至巴塘段大型-巨型滑坡分布图与典型滑坡照片

二、金沙江上游江达至巴塘段典型大型滑坡发育特征

采用多源、多期高分辨率光学遥感数据,开展了金沙江上游江达至巴塘段大型滑坡遥感解译,在该段干流两岸及附近支沟共发现大型以上规模的滑坡55处,多发育于金沙江右岸,主要包括已发生滑动形成堵江的古老滑坡和发生坡体局部变形的复活型古滑坡和新生

型滑坡，部分滑坡仍具有潜在堵江的风险。55处滑坡中已发生过堵江的滑坡有4处，具有潜在堵江风险的滑坡有51处，其中已发生堵塞金沙江干流的堵江滑坡有4处，分别是白格滑坡、王大龙滑坡、特米滑坡和昌波乡滑坡。沃达滑坡、色拉滑坡、雄巴古滑坡、圭利滑坡、肖莫久滑坡等典型的大型滑坡具有潜在堵江风险（表7-1）。李雪等（2021）研究了位于金沙江右岸的雄巴古滑坡，认为其方量约为2.6亿~6.0亿 m³，金沙江断裂带分支断裂从滑坡后缘穿过，目前滑坡前缘强变形区发育的两个次级滑体处于蠕滑变形状态，主要受强降雨和河流侵蚀影响。任三绍等（2017）研究了位于金沙江断裂带和巴塘断裂带交汇处的巴塘茶树山滑坡，认为茶树山滑坡受断裂构造活动的影响，岩体破碎程度高，岩土体力学性质差，在强降雨条件下滑坡体已出现明显的变形破坏迹象，滑面即将贯通，可能再次发生大的滑动。

表7-1 金沙江上游江达至巴塘段典型大型滑坡遥感解译统计表

编号	滑坡名称	面积/km²	金沙江岸	数据来源	遥感解译信息与变形特征
HP01	白格滑坡	0.14	右岸	遥感解译、野外调查	崩滑堆积体前缘临河部位发生小规模破坏，主要受河流侵蚀影响
HP02	圭利滑坡	0.49	右岸	遥感解译、野外调查	古滑坡堆积体，滑坡左侧后缘出现拉裂缝，前部挤压河道，具有分级失稳的可能，有堵江风险
HP03	肖莫久滑坡	1.22	右岸	遥感解译、野外调查	古滑坡堆积体，滑坡后缘拉裂缝明显，前部挤压河道，具有整体失稳的可能，堵江风险大
HP04	麦绿席村1号滑坡	0.34	左岸	遥感解译	滑坡堆积体，前缘挤压河道，前缘局部溜滑，浅表层变形明显，有堵江风险
HP05	特米滑坡	0.51	左岸	资料收集、遥感解译、野外调查	滑坡后缘出现明显裂缝和下错陡坎，有进一步变形破坏的可能，但受前缘堆积体压脚作用影响，发生大规模长距离运动的可能性小
HP06	雄巴古滑坡	0.36	右岸	遥感解译、野外调查	古滑坡堆积体，目前前缘局部可见较明显变形，具有整体失稳的可能，堵江风险较大
HP07	然翁滑坡	0.26	左岸	遥感解译	滑坡中下部出现明显拉裂缝，存在局部失稳的可能，有堵江风险
HP08	色拉滑坡	0.24	右岸	遥感解译	滑坡堆积体，前缘临河部位局部变形，堵江可能性大
HP09	宗嘎隆滑坡	0.24	右岸	资料收集	岩质滑坡，滑坡后缘拉裂缝明显，具有局部失稳可能，有堵江风险
HP10	果巴村滑坡	0.08	右岸	遥感解译	古滑坡堆积体，中前部变形特征明显，存在局部失稳可能，堵江风险小
HP11	所雪滑坡	0.25	右岸	遥感解译	高陡岩质崩滑堆积于缓坡，远离金沙江，整体稳定性好，堵江风险小
HP12	茶树山滑坡	0.20	左岸	遥感解译、野外调查	发育于金沙江支流巴曲河左岸，为历史滑坡，目前整体稳定性较好
HP13	多绒滑坡	1.50	右岸	遥感解译、野外调查	滑坡地表形变主要表现为下错坎和裂缝，主要分布在滑坡体前缘和中部

续表

编号	滑坡名称	面积/km²	金沙江岸	数据来源	遥感解译信息与变形特征
HP14	沃达滑坡	1.15	右岸	遥感解译、野外调查	滑坡破坏形式以前缘散落、局部滑塌为主，表现为老滑坡局部复活的牵引式滑动，滑坡复活堵江风险大
HP15	沙丁麦滑坡	2.10	左岸	遥感解译、野外调查	坡体前缘发育两处复活变形区，堆积体中上部形变特征明显，如路面开裂、房屋开裂、下错陡坎
HP16	多来滑坡	2.28	左岸	遥感解译、野外调查	坡体有多处下错陡坎，堵江风险小

(a) 西藏江达沃达滑坡(镜向NW)

(b) 西藏贡觉色拉滑坡(镜向N)

(c) 四川巴塘茶树山滑坡(镜向SE)

(d) 四川巴塘贡伙村滑坡(镜向SE)

图 7-4　金沙江上游江达-巴塘段典型大型-巨型滑坡野外照片

第三节　西藏江达沃达滑坡发育特征与复活机理分析

一、沃达滑坡地质背景

沃达滑坡位于西藏江达岩比乡沃达村，地处青藏高原东南缘，新构造运动时期，青藏高原快速抬升，研究区内金沙江强烈下切，河谷以 U 形或 V 形谷为主，岸坡陡峭，自然坡度一般为 25°～65°。区内以高原山地、丘陵和峡谷为主，地势呈西北高东南低，最低海拔约 2800m，最高海拔约 5440m，平均海拔约 3800m，高差约 2640m。

研究区内属高原寒温带半干旱气候区，受海拔和地理位置的影响，江达县年平均温差大，最高温度 28℃，最低温度-15℃，温差约 43℃，年平均气温 4.5℃。区内降水分布不均，干湿雨季分明，多年平均降水量 650mm，最大年降水量 1067mm，最大日降水量 41.4mm，6～9 月降水量约占全年的 87.2%，总体上雨量较少，降水量时空分布不均，东北部多、西南部少。沃达滑坡所在的岩比乡位于江达县西南部，多年平均降水量为 466mm。区内暴雨时有发生，成为地质灾害主要诱发因素之一。

研究区内出露地层主要为第四纪滑坡堆积（Q_4^{del}）碎块石土，第四纪残积层（Q_4^{el}）碎石土，上三叠统曲嘎寺组（T_3q）结晶灰岩，下三叠统图姆沟组（T_3t）结晶灰岩、砂岩，上三叠统拉纳山组（T_3l）片岩、板岩、页岩，二叠世-下三叠统岗托岩群（PT_1g）绢云石英片岩、二云片岩等（图 7-5）。受构造运动影响，岩石片理化现象严重，金沙江沿岸岩体尤其破碎。

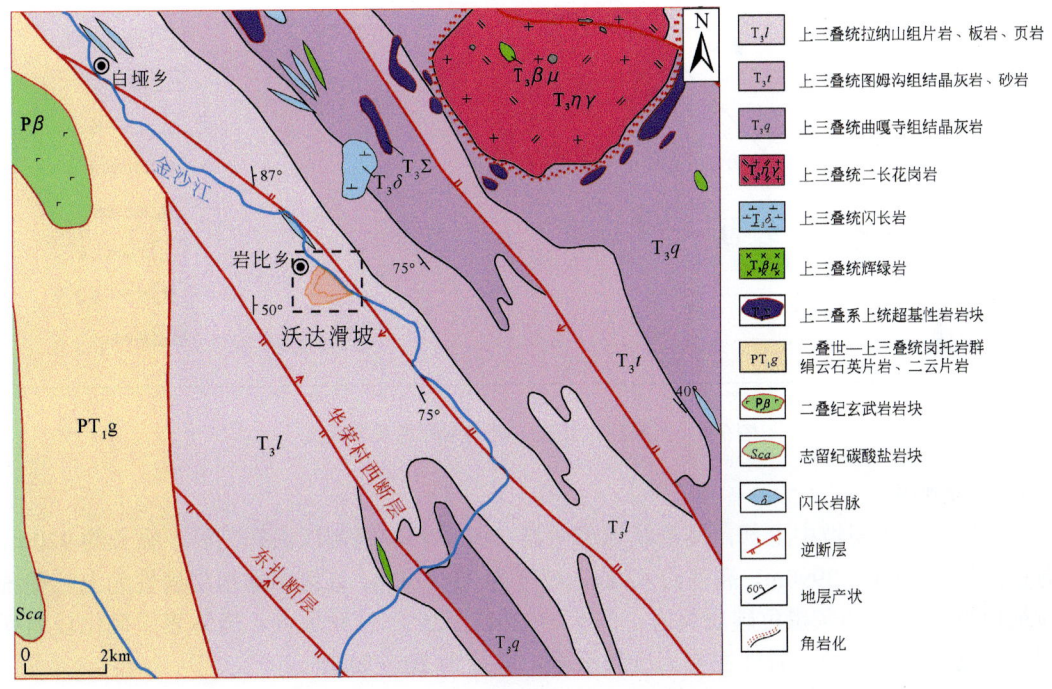

图 7-5　西藏江达县沃达滑坡区域地质图

二、沃达滑坡发育特征

（一）沃达滑坡平面特征

沃达滑坡位于金沙江上游右岸，滑坡平面上整体呈舌形展布，滑坡后缘圈椅状地貌明显（图7-6）。沃达滑坡后缘以山脊为界，高程约3990m；前缘临江，高程约2970m，顶底高差约1020m。滑坡纵长约2100m，平均宽约1660m，面积约2.8km^2，主滑方向为35°。根据滑坡平面分布特征可将滑坡划分为滑源区（Ⅰ）与复活变形区（Ⅱ）。根据变形特征，复活变形区又可分为强变形区（Ⅱ-1）和弱变形区（Ⅱ-2）（图7-6）。

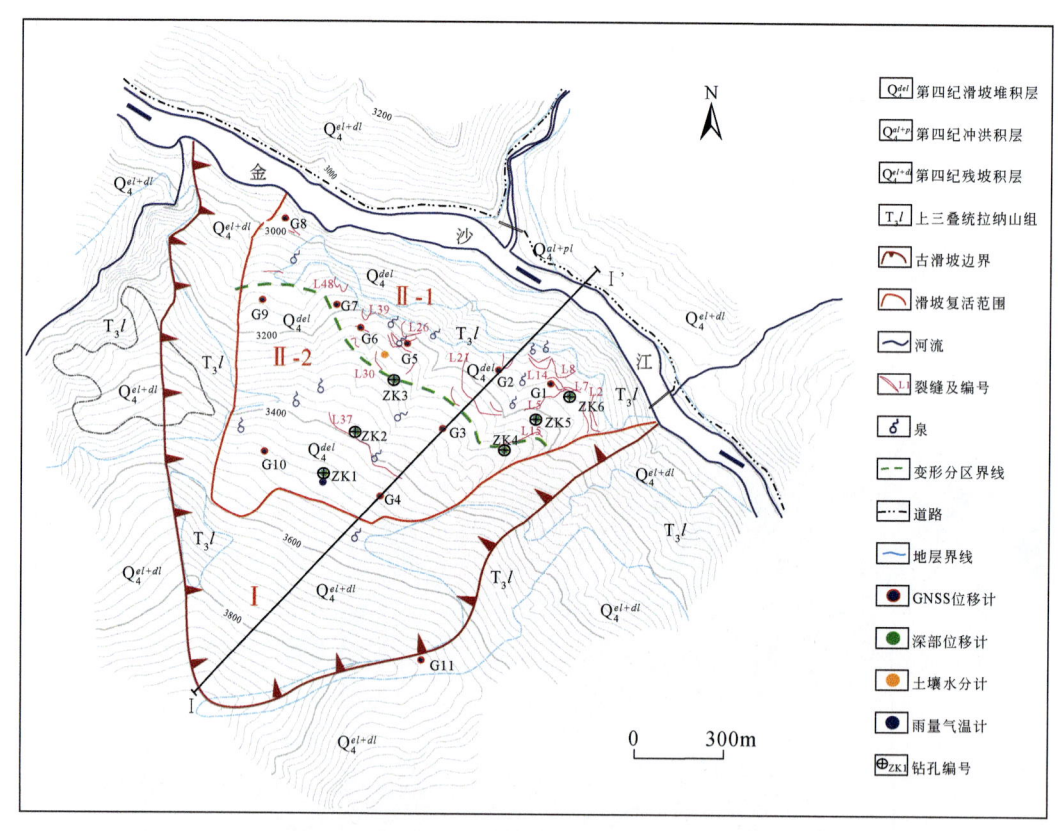

图7-6　西藏江达县沃达滑坡工程地质平面图

1. 滑源区

滑源区位于斜坡中上部，圈椅状地形明显（图7-7），两侧以山脊为界，纵长约920m，海拔高程为3560~3990m，高差约430m，坡度为35°~45°。该区出露地层岩性为上三叠统拉纳山组（T$_3$l）的灰黑色碳质页岩，产状为261°∠25°，反倾坡内，岩体表层风化较为强烈，可见碎块石堆积，岩性主要为碳质页岩，块径为20~50cm。

2. 复活变形区

复活变形区海拔高程为2950~3560m，高差约610m，横宽约1640m，纵长约850m，面积约132×10^{4}m^2。堆积体前缘受河流侵蚀作用，形成高约260m，坡度为45°~55°的临空面。出露基岩为上三叠统拉纳山组（T$_3$l）灰黑色板岩，产状为261°∠23°，反倾坡内，堆积体中夹杂不同粒径的碎块石，平均粒径为5~30cm，碎石含量为30%~40%，整体结构较为松散。主堆积区地形较为平缓，坡度为20°~25°，受降雨及坡表汇水侵蚀作用，滑坡堆积体发育多条冲沟，冲沟主要呈V形，坡降比约52%。沿冲沟两侧变形迹象较为明显，主要表现为下错陡坎与张拉裂缝等，滑坡陡坎、拉裂缝的存在一方面为降雨入渗提供优势通道；另一方面破坏坡体结构，引发滑坡堆积体局部变形失稳。

(a)西藏江达沃达滑坡全貌(镜向SE)

(b)堆积体出露剖面(镜向SE)　　(c)滑坡右侧下错陡坎(镜向SW)　　(d)滑坡后缘局部变形(镜向SW)

(e)拉张裂缝(镜向NW)　　(f)滑坡前缘剪出口(镜向NW)　　(g)左侧冲沟局部滑动(镜向NW)

图 7-7　沃达滑坡遥感解译与地表变形现场调查特征

(二) 沃达滑坡空间特征

沃达滑坡整体地形呈"陡-缓-陡"的特点（图7-8），滑坡失稳滑动后，后缘形成高达450m的陡壁，坡度约40°，陡壁以下为相对平缓的斜坡地带，平均坡度为20°～25°，呈多级台地地貌，大量滑体堆积于斜坡上，堆积体后部与滑坡后壁陡缓过渡相接，前缘为坡度45°～70°的陡坎。从前缘陡坎剖面上，可以清晰地看到松散堆积体和完整基岩的分界线，即滑坡剪出口位置。滑坡堆积体后缘高程为3475～3600m，前缘剪出口高程为2970～3200m，金沙江河面高程约2950m，剪出口位置与坡脚金沙江的相对高差最大约250m。滑坡剪出口位置距金沙江江面高差大，且高于金沙江的Ⅱ级阶地，推断其为晚更新世以前形成的古滑坡。

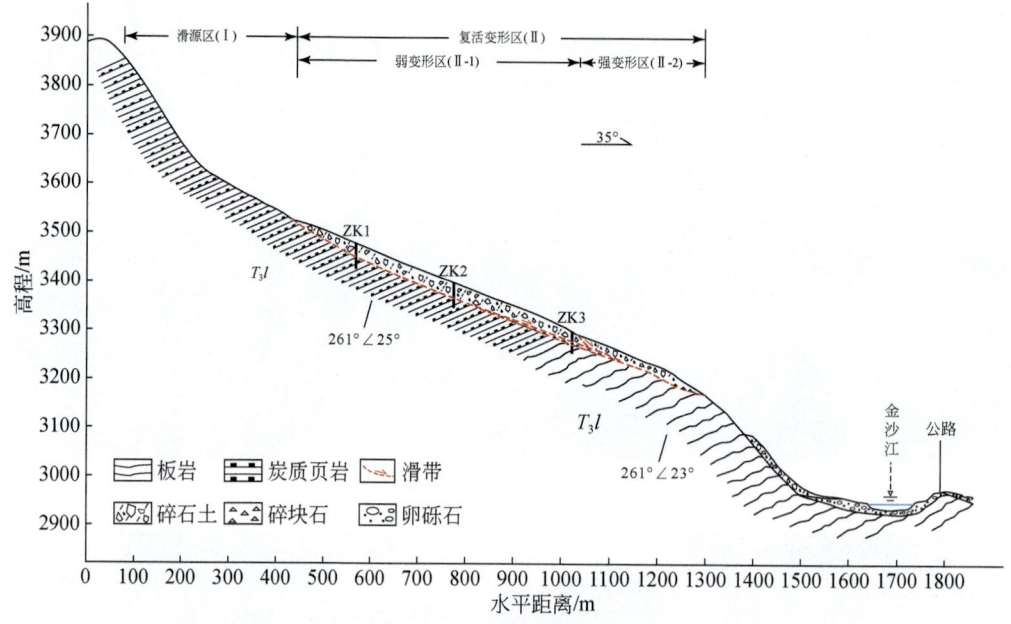

图7-8 西藏江达县沃达滑坡工程地质剖面图（剖面线见图7-6）

据现场调查和钻探揭露情况，滑体物质由表往内分别为粉土夹角砾、碎石土和碎块石等。粉土夹角砾层主要为粉土，碎石角砾含量为5%～15%，该层主要分布于滑坡前部右侧表层，最大厚度为8.2m。碎石土是滑体的主要组成部分，厚9.0～37.8m，碎石含量为50%～70%，粒径一般为4～7cm，呈棱角状，磨圆度差，母岩以板岩为主，含少量页岩，多呈强风化状态；碎块石为滑坡滑动后形成的岩块，主要为强-全风化的碳质页岩，呈碎块状或碎屑状，该层厚6.0～15.9m。滑坡发育两层滑带，浅层滑带沿古滑坡体内部的岩土体分异界面发育，平均埋深约15m；深部滑带沿古滑坡滑带发育，主要物质成分为含碎石粉质黏土，平均埋深约25.5m，据此计算出滑坡复活的体积约2881×10^{4}m^3，为特大型滑坡。出露基岩为上三叠统拉纳山组（T_3l）的灰黑色板岩和碳质页岩，产状为240°～280°∠10°～25°，岩层反倾坡内，节理裂隙发育。

三、沃达滑坡复活特征

根据遥感影像与野外调查,沃达滑坡自 1985 年开始坡表出现裂缝等变形迹象,之后变形缓慢趋于稳定。近几年受强降雨影响,每年雨季均有新裂缝形成与老裂缝扩展,局部发生小规模滑塌。沃达滑坡目前处于复活阶段,在滑坡前缘与冲沟两侧可见溜滑、下错陡坎与拉张裂缝等活动迹象,裂缝与陡坎发育具有明显的分带性和时序性,对滑坡变形分区具有较好的指示作用。错坎下通常有较长的拉裂缝与之相连,并伴生延伸较短的羽状裂隙。

(一)滑坡强变形区特征

该区变形迹象多集中于滑坡前缘与堆积体中部。滑坡前缘陡倾,高程为 2980~3260m,相对高差约 280m,坡度为 45°~70°。受重力及降水作用,滑坡前缘变形迹象主要表现为局部滑动与拉张裂缝发育[图 7-9(a)]。堆积体中部分布在高程为 3260~3460m,坡表发育多条深切冲沟,受降雨、坡表汇水冲刷等作用,部分冲沟河床可见基岩出露。活动迹象主要表现为局部溜滑、多下错陡坎与拉张裂缝等[图 7-9(b)和(c)]。裂缝长度为 20~120m,多呈圆弧形排列,连通性较好,走向与滑坡主滑方向大体垂直或呈大角度斜交,具有拉张性质,最大宽度达 45cm,裂缝附近岩土体松散。此外,发育有 10 多条裂缝伴生错坎,错坎最长达 360m,最宽约 50cm,最大高度达 260cm。在局部可见马刀树及树木歪斜等现象。

(a)前缘左侧局部滑动(镜向NW)

(b)多级下错陡坎(镜向SW)

(c)拉张裂缝(镜向SW)

(d)鼓张裂缝(镜向SW)

图 7-9 沃达滑坡强变形区复活变形特征

（二）SBAS-InSAR 形变监测分析

基于 SBAS-InSAR 形变监测，重点分析了 2017~2022 年沃达滑坡的形变特征，绘制了 2017~2022 年沃达滑坡累积形变量分布图（图 7-10）。自 2017 年开始，滑坡累积形变量逐渐增大，2017 年最大累积形变量为-209.9mm，2022 年最大累积形变量达-480mm。沃达滑坡形变多集中于滑坡堆积体中部和东侧，与实际调查相符合，该处植被稀少，冲沟发育，水流侵蚀作用强烈。

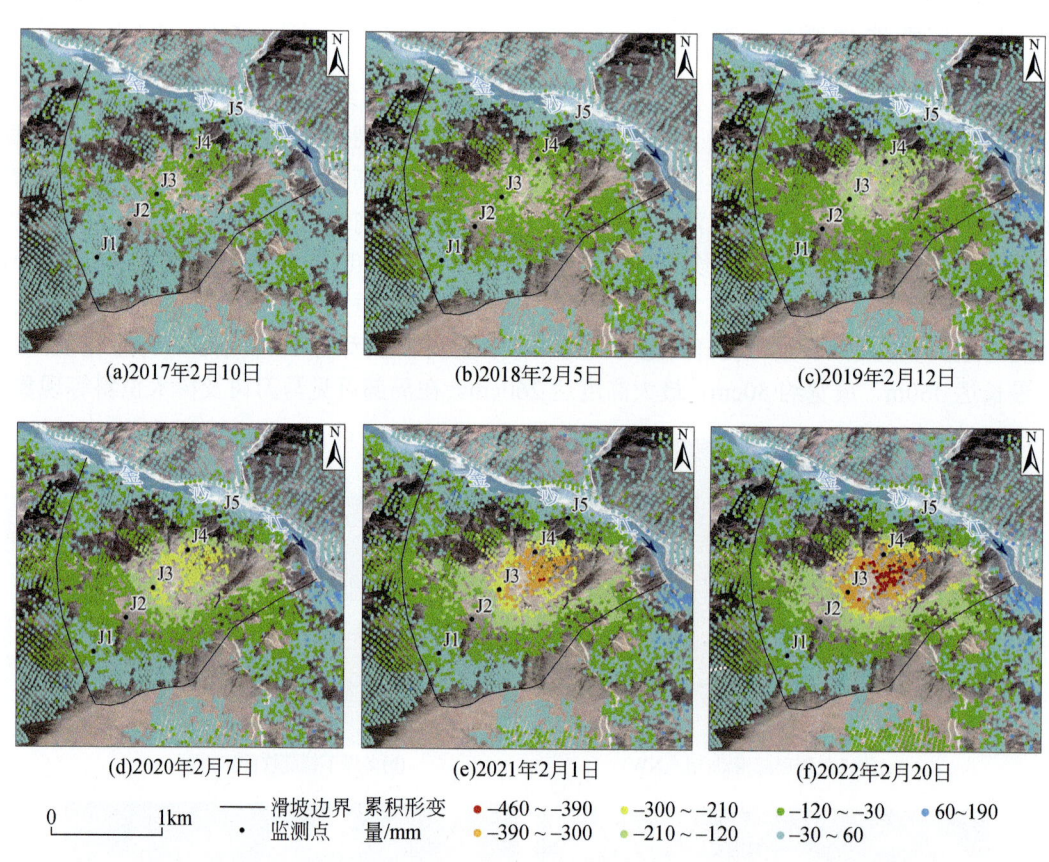

图 7-10 2017~2022 年沃达滑坡累积形变量分布图

（三）滑坡变形综合监测分析

2020 年 6 月开始对沃达滑坡进行变形监测，主要包括 GNSS 地表位移监测、钻孔深部位移监测等。滑坡体上共布设 10 个 GNSS 监测站（图 7-6），一个 GNSS 基站布设于滑坡后部右侧边界外的稳定位置。根据地表水平累积位移监测曲线（图 7-11）可知，各监测点的变形情况具有同步性，但速率有较大差异。在经历了 2020 年 6~8 月的持续降雨后，G1~G5 监测点的水平累积位移在 2020 年 8 月 28 日之后逐渐增加，这主要由降雨滞后效应引起。G3 监测点变形速率最快，水平累积位移在 2020 年 10 月 28 日达到 150mm，而位于滑坡前部左侧的 G6~G8 监测点水平位移量变化一直很小。由此可见，目前滑坡复活变形主要集中在中前部的强变形区，且呈现向后渐进变形破坏特征，复活区右侧变形比左侧强烈，这与 SBAS-InSAR 形变分析的认识基本一致。

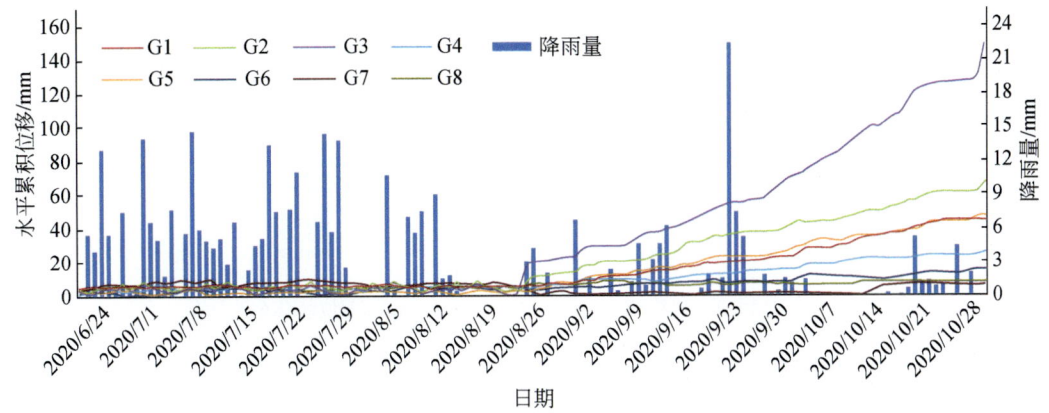

图 7-11 沃达滑坡 GNSS 地表水平累积位移与降雨量关系曲线

沃达滑坡上共布设 6 个深部位移监测孔（ZK1~ZK6），用于获取滑坡深部位移变化特征（图 7-6）。2020 年 8 月 1 日监测设备安装调试完成后，通过自动测斜数据采集传输系统获取了 ZK1、ZK2、ZK3、ZK5、ZK6 共 5 个钻孔的深部位移监测曲线（图 7-12），其中 ZK4 监测数据异常。曲线突变位置对应深度即为滑带埋深，滑坡内发育的两层滑带分别埋深 14~18m 和 20~26m，这与钻孔揭露情况一致。对钻孔深部位移监测数据（2020 年 8 月 1 日~11 月 1 日）分析可知，ZK2 在埋深 4m 和 22m 处滑带发生的最大水平位移偏移量分别为 68mm 和 38mm，ZK3 在埋深 4m 和 24m 处滑带发生的最大水平位移偏移量分别为 100mm 和 60mm，而 ZK1 在孔口和埋深 22m 处的水平位移偏移量分别为 18mm 和 34mm，ZK3 在孔口处水平位移偏移量最大，ZK1 在滑带处水平位移偏移量最大。由此可见，在三个月内，ZK2 和 ZK3 附近区域埋深 4m 内浅层岩土体发生了较大水平位移，浅表层的位移量大于深

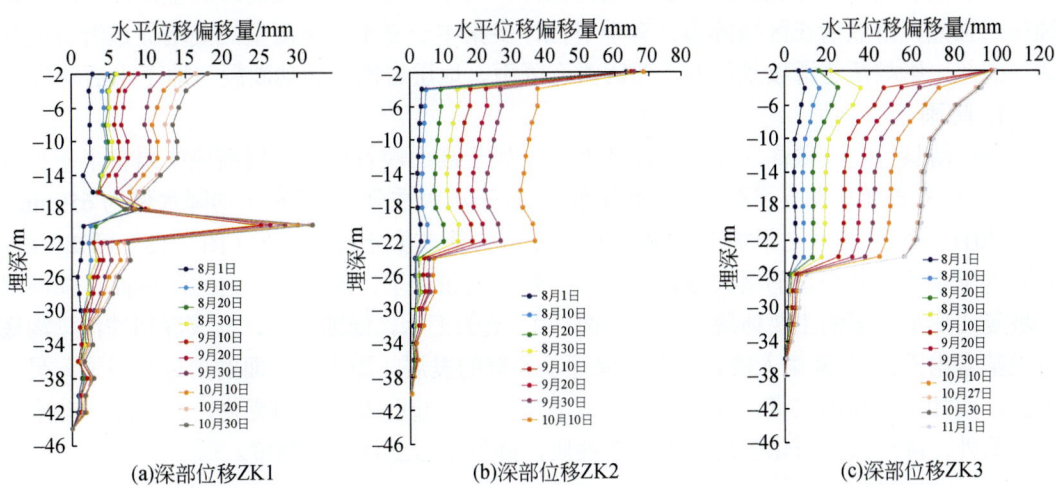

(a)深部位移ZK1　　(b)深部位移ZK2　　(c)深部位移ZK3

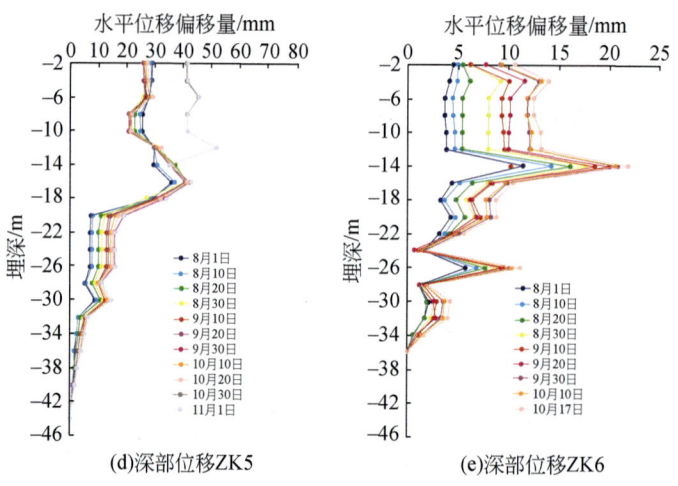

图 7-12　沃达滑坡钻孔深部测斜位移曲线（钻孔位置见图 7-6）

层滑带，且越靠近滑坡前部，其深层滑动位移量越大。ZK5 在埋深 12～16m 处滑带位置水平位移偏移量最大达 50mm，ZK6 在埋深 14m 处的浅层滑带和埋深 26m 处的深层滑带位置的水平位移偏移量分别为 32mm 和 20mm，表明 ZK5 和 ZK6 附近岩土体的变形主要集中在埋深 16m 以内，这与滑坡前缘右侧表层分布的粉土渗透性较弱，降雨入渗深度有限有关。滑坡堆积体不同部位的复活变形特征存在差异，主要与岩土体物质成分不均一、不连续和多层次等有关。

四、沃达滑坡主要影响因素与潜在复活模式分析

（一）沃达滑坡主要复活影响因素分析

研究表明，古滑坡复活受多种因素的影响，如区域活动断裂、地震、降雨、库水位变化、地层岩性、地下水活动、河流侵蚀及人类工程活动等。沃达滑坡位于金沙江构造带内，区内断裂活跃度高，地震频发，岩体结构破碎，力学性质差；滑坡前缘临金沙江，河流侵蚀作用强烈；滑坡所在区域降雨具有季节性，多集中于夏季，降雨量的陡增促进滑坡的复活。因此，影响沃达滑坡复活的主要因素有降雨、地层岩性、活动断裂与地下水活动等。

1. 降雨

沃达滑坡位于青藏高原东缘金沙江西岸，属于高山峡谷地貌，属高原寒温带半干旱气候区，气候垂直变化明显。区内年降水分布不均，干湿雨季分明，多年平均降水量为 650mm。根据 2016～2022 年沃达滑坡 InSAR 累积形变量与降雨量分布关系图（图 7-13）可知，6～9 月为丰水季，降雨量的增大导致滑坡的累积形变量陡增，但具有一定的滞后性。降雨对滑坡复活变形的影响主要体现在几个方面：① 坡表汇水，侵蚀滑体，形成深切冲沟，沟底可见基岩出露；② 降雨入渗，一方面促进了裂缝的发展，加快结构面的形成与贯通，另一方面，增加了滑体的重量，导致滑体下滑力增大，引起孔隙水压的变化，产生静、动水压力。此外，降雨入渗弱化了滑带土力学性质，降低了岩土体力学强度。

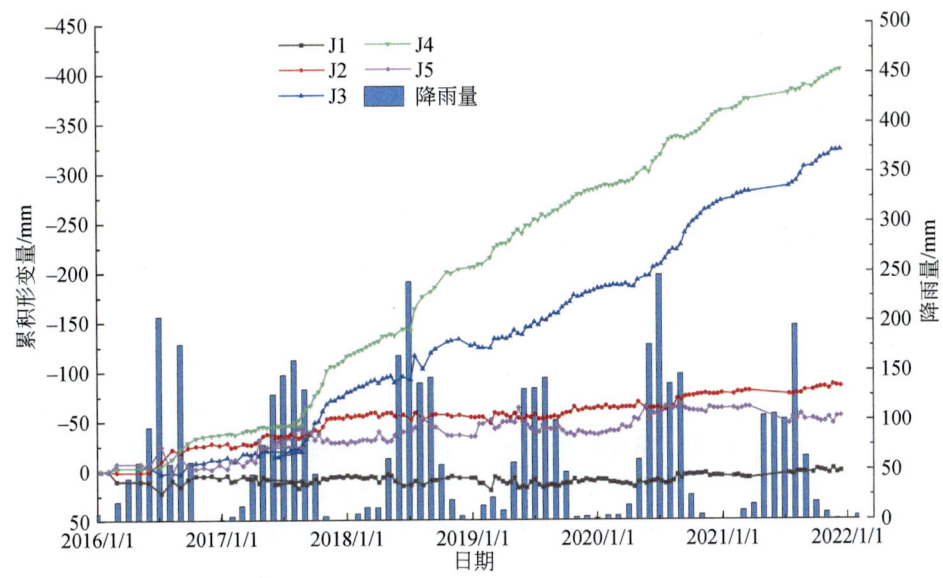

图 7-13 沃达滑坡 InSAR 累积形变量与降雨量分布关系图 [J1—J5 见图 7-10（f）]

2. 地层岩性

地层岩性是古滑坡复活的内在因素，岩土体力学性质决定滑坡的稳定性。沃达滑坡下伏基岩主要为碳质页岩与板岩，反倾坡内，碳质页岩岩体力学性质较好，板岩节理化现象明显，节理裂隙较为发育；滑坡堆积体主要为碎石土，碎石含量较高，约 55%，土体结构较为松散。滑带土为含砾黏土，墨绿色，软-流塑状，砾石含量为 30%～40%，粒径主要在 2～20mm，可见部分块石，块径约 60mm，磨圆较好。滑带土水化泥化现象明显，其力学强度受水的作用影响较大。

3. 活动断裂

活动断裂对局部应力场和斜坡稳定性具有控制作用（Scheingross et al.，2013；张永双等，2016），黄润秋和李为乐（2008）通过对汶川地震诱发的巨大型滑坡进行研究，发现 10km 为地震诱发滑坡的敏感区，且大多滑坡都紧邻断裂带上盘，断裂带的错断方式会直接影响到滑坡的滑动方向。吴树仁等（2010）研究指出诱发极端滑坡的主要因素为地震断裂活动。沃达滑坡位于金沙江断裂带内，金沙江断裂带为一条大型左旋走滑断裂，早更新世-中更新世以来有过强烈的活动（伍先国和蔡长星，1992；吴富峣等，2019）。活动断裂造成区内岩体结构破碎，堆积体结构松散，力学性质差。2018 年发生的白格滑坡即位于金沙江断裂带内，其发生受金沙江断裂的活动影响强烈（王立朝等，2019；常宏等，2014；温铭生等，2015；冯文凯等，2019），沃达滑坡的复活变形也受位于滑坡区域断裂活动的影响。

4. 地下水活动

经野外调查，沃达滑坡堆积体上发育不同类型、不同大小的泉眼，可知沃达滑坡地下水活动较强。滑坡基岩主要为页岩、碳质板岩等，反倾坡内，受区域构造活动，岩体节理裂隙发育等因素的影响，极易形成地下水的活动通道及降雨渗入优势通道，滑坡堆积体不同深度发育力学性质较弱的滑带土，在地下水活动的影响下，滑带土力学性质骤降，加速滑坡变形，宏观上表现为贯通的拉张裂缝、下错陡坎以及局部滑动。

（二）沃达滑坡潜在复活模式分析

沃达滑坡的孕育形成与区域地形地貌、地层岩性及地质构造条件密切相关。沃达滑坡所在区域构造活跃，历史地震频发，区内金沙江上、下游河谷两岸发育大量大型古滑坡，结合滑坡地貌特征，推测其可能由晚更新世之前的地震诱发形成。由于沃达滑坡的滑体不在金沙江洪水期江面波动影响范围内，其复活变形受坡脚江水的影响较小。沃达滑坡 GNSS 地表水平累积位移与降雨量之间的关系曲线（图 7-11），反映出降雨对滑坡地表变形具有明显的促进作用。

综合分析滑坡地形、地表变形特征和监测数据，结果表明沃达滑坡复活变形持续时间较长，目前呈局部多级复活、整体蠕滑变形和浅表层加速变形同步驱动的特征，目前滑坡变形主要集中在前缘东侧，并有向后渐进扩展趋势。根据滑坡空间结构和变形特征，推断其潜在失稳模式主要有两种：① 多级浅层潜在滑面贯通形成较大范围的浅层滑动；② 坡体前部岩土体沿基覆界面经历长时间蠕滑变形后形成贯通性破坏面，失稳下滑高位剪出并牵引后部滑体渐进破坏。

第四节　西藏白格滑坡发育特征与失稳早期识别

一、白格滑坡基本特征

2018 年 10 月 10 日和 11 月 3 日，西藏江达波罗乡金沙江右岸白格村，先后发生两次大型滑坡-堵江-溃坝灾害链（许强等，2018；邓建辉等，2019；张永双等，2020），滑坡后缘地理坐标为 98°41′52.99″E，31°4′57.41″N。滑坡堵江形成的堰塞湖，回水影响至滑坡上游约 20km 处的波罗乡，随后溃坝洪水影响至堰塞湖下游 500km 处的云南虎跳峡一带，沿江冲毁竹巴龙大桥［图 7-14（e）］、江东桥、拖顶桥等 20 余座桥梁，造成 G318、G214 等多条道路中断，冲毁叶巴滩、拉哇、巴塘和苏洼龙等 4 个在建水电站（图 7-14），造成水电站直接经济损失约 11.88 亿元，受灾人数约 14.8 万人，直接经济损失高达上百亿元（邓建辉等，2019；2022）。

白格滑坡坡向总体朝东，坡顶高程约 3720m，前缘金沙江河面高程约 2880m，相对高差约 840m。滑坡原始地形呈"陡-缓-陡"，前缘靠近金沙江处为近直立陡坎，后缘呈台阶状地形，坡顶为宽缓平台。金沙江断裂的分支断裂波罗-木协断裂从滑坡后缘穿过（图 7-15），滑坡上部出露岩性主要为海西期金沙江超镁铁质岩和蛇纹岩（$\varphi_{\omega 4}$），局部发育黏土化蚀变岩，滑坡中下部出露上奥陶统雄松群片麻岩组（P_1xn^a），受活动断裂和复杂岩性等因素控制，斜坡岩体结构破碎。

1. 白格滑坡平面特征

（1）滑坡孕灾阶段历史影像特征。白格滑坡是斜坡体内部岩土体在长期重力、降雨等作用下逐渐变形失稳而形成的大型地质灾害，其变形最早可追溯至 1966 年，根据 1966 年 2 月 8 日美国 KeyHole（KH）卫星影像，滑坡中部已发育拉裂缝和小规模滑塌（许强等，2018）。

第七章 金沙江上游江达至巴塘段大型滑坡发育特征与形成机制研究 ·217·

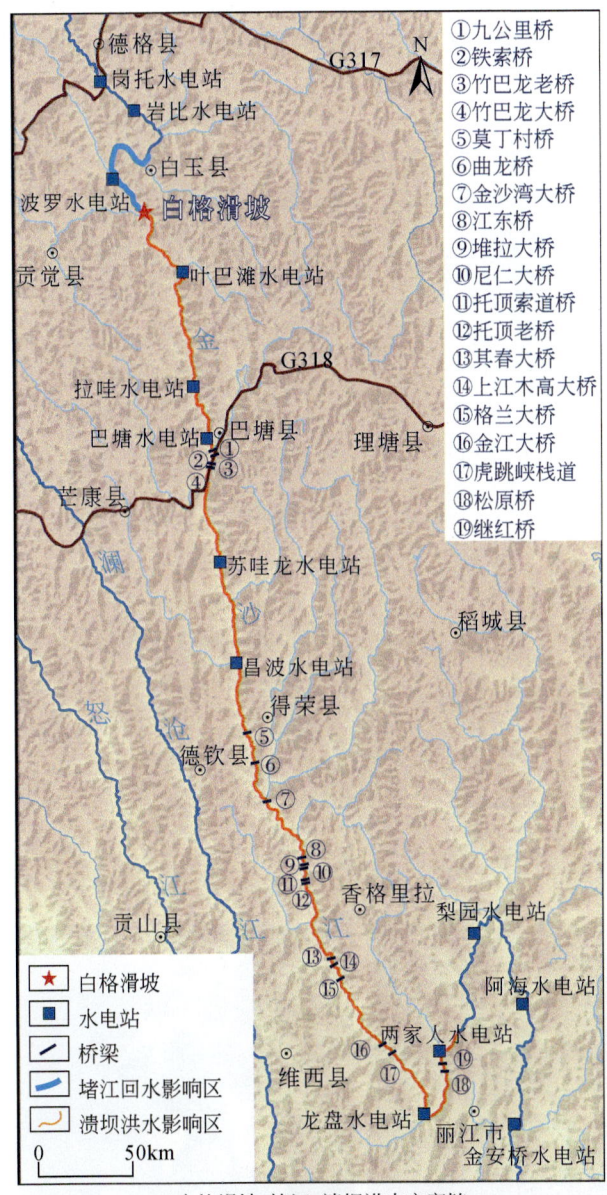

(b) 白格滑坡遥感影像 (2018年11月5日)

(c) 上游回水造成白玉县金沙乡受灾

(d) 金沙江下游叶巴滩水电站泄洪

(e) 滑坡溃坝洪水冲毁竹巴龙大桥

(a) 白格滑坡-堵江-溃坝洪水灾害链

图 7-14 西藏江达白格滑坡-堵江-溃坝洪水灾害链与典型致灾照片

本书中共收集滑坡区域 2009~2018 年共 52 期美国 Planet 卫星、GeoEye-1（GE-1）卫星等历史影像数据。通过历史影像对比分析，白格滑坡可分为 B1~B4 等 4 个强变形区（图 7-16）。根据 2009 年 12 月 4 日影像，B1 区已经发生大规模溜滑现象，B2 区和 B3 区主要发育拉裂缝和小规模滑塌，B4 区变形不明显 [图 7-16（a）]。根据 2011 年 3 月 4 日的影像，B1 区最长约 604m，面积约 $7.2\times10^4\text{m}^2$，B2 区最长约 320m，面积约 $3.1\times10^4\text{m}^2$，B3 区最长约

260m，面积约 $2.2\times10^4m^2$，B4 区最长约 254m，面积约 $1.2\times10^4m^2$ [图 7-16（b）]。根据 2015 年 2 月 22 日的影像，B1 区最长约 689m，面积约 $10.2\times10^4m^2$，B2 区最长约 350m，面积约 $3.7\times10^4m^2$，B3 区最长约 279m，面积约 $2.6\times10^4m^2$，B4 区最长约 291m，面积约 $1.8\times10^4m^2$ [图 7-16（e）]。

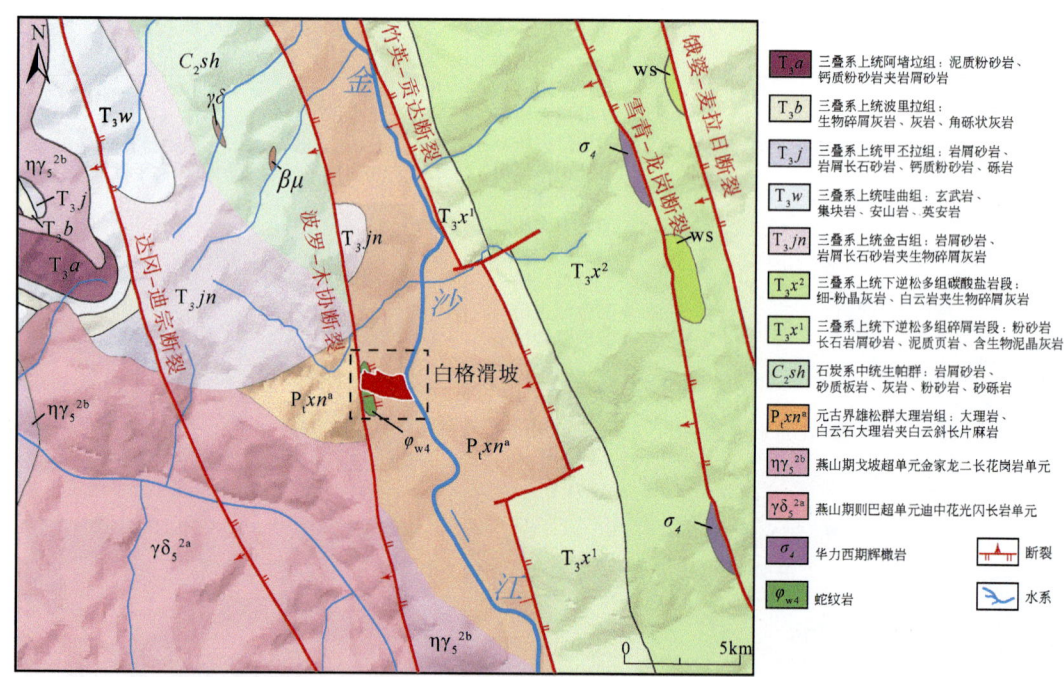

图 7-15　西藏江达白格滑坡区域地质图

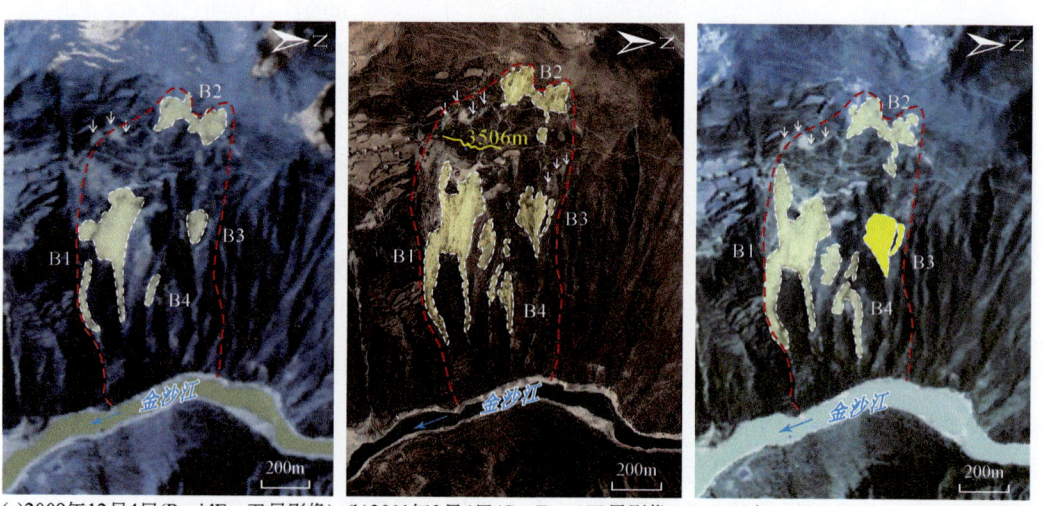

(a)2009年12月4日(RapidEye卫星影像)　(b)2011年3月4日(GeoEye-1卫星影像)　(c)2012年10月21日(RapidEye卫星影像)

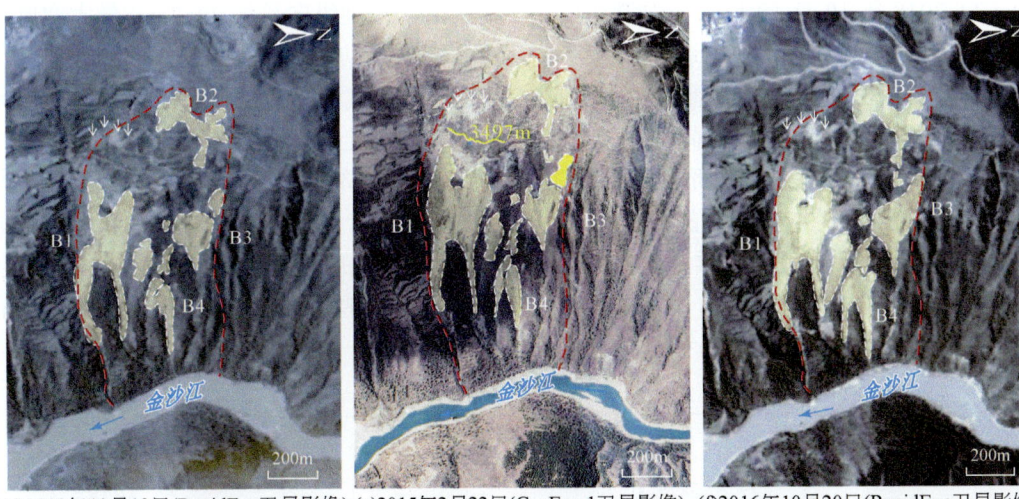

(d)2013年10月13日(RapidEye卫星影像)　(e)2015年2月22日(GeoEye-1卫星影像)　(f)2016年10月20日(RapidEye卫星影像)

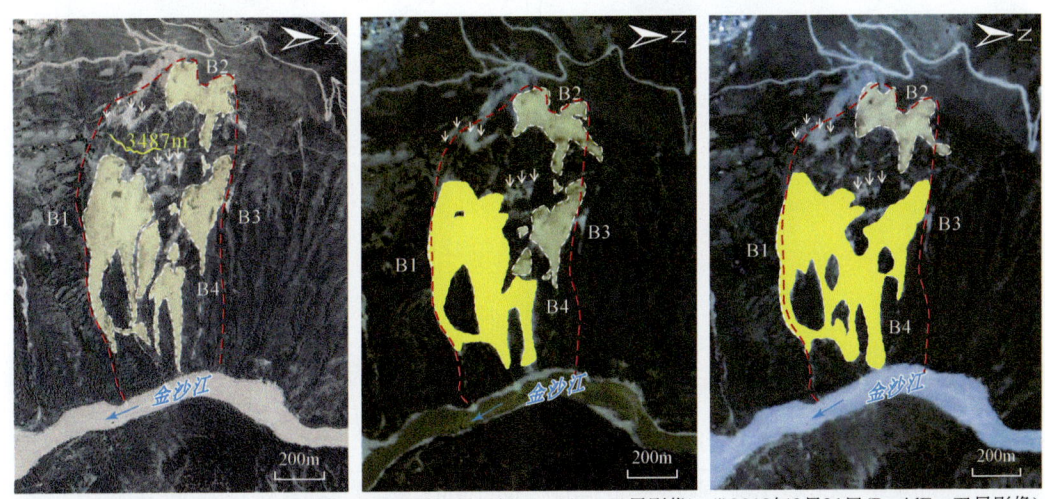

(g)2017年7月18日(GeoEye-1卫星影像)　(h)2018年6月10日(RapidEye卫星影像)　(i)2018年8月21日(RapidEye卫星影像)

滑坡边界　道路　裂缝　变形区

图 7-16　西藏江达白格滑坡历史影像演变特征

根据 2016 年 10 月 20 日的影像，B1 区变形范围明显扩大，其变形已延伸至 B4 区，B4 区也发生明显的挤压变形迹象[图 7-16（f）]，B2 区和 B3 区相比之前变形不明显。根据 2017 年 7 月 18 日的影像，B1 区最长增至 778m，面积增至 $12.0×10^4m^2$，B2 区最长增至 394m，面积增至 $4.9×10^4m^2$，B3 区最长增至 415m，面积增至 $3.9×10^4m^2$，B2 区和 B3 区之间出现明显拉裂缝和陡坎，将两个变形区贯通[图 7-16（g）]，B4 区最长增至 479m，面积增至 $2.7×10^4m^2$。2009 年 12 月 4 日~2017 年 7 月 18 日，8 年时间内 B1 变形区面积扩大 1.7 倍，B2 区面积扩大 1.5 倍，B3 区面积扩大 1.7 倍，B4 区面积扩大 2.3 倍。2018 年 8 月 21 日，4 个变形区范围已扩大至滑坡总面积的 70%以上，B1~B4 区已基本贯通，滑体处于临滑状态[图 7-16（i）]。

（2）2018年10月10日第一次滑动特征。本次滑动范围纵向长约2257m，最大宽度约680m，主滑方向约82°。根据遥感影像解译和野外调查，滑坡平面上可划分为后缘影响区、牵引启滑区、挤压变形区、铲刮流通区、滑动堆积区和冲击气浪区。后缘影响区面积约 $4.4×10^4m^2$，是滑坡滑动后岩体卸荷形成的影响区，发育裂缝走向为NS；牵引启滑区面积约 $19.2×10^4m^2$，其滑动是挤压变形区岩土体失稳后牵引所致；挤压变形区面积约 $27.4×10^4m^2$，该区发育的锁固段控制着滑坡的稳定性，变形以挤压为主，剪出口高程约3100m；铲刮流通区面积约 $37×10^4m^2$；滑动堆积区面积约 $54×10^4m^2$，下滑的滑体在此区解体成为碎屑流，运动至滑坡对岸，堵塞金沙江，堆积体呈扇形分布，形成的堰塞坝长1100m，宽约500m；冲击气浪区面积约 $27.7×10^4m^2$，位于堆积体前缘 [图7-17（a）]。

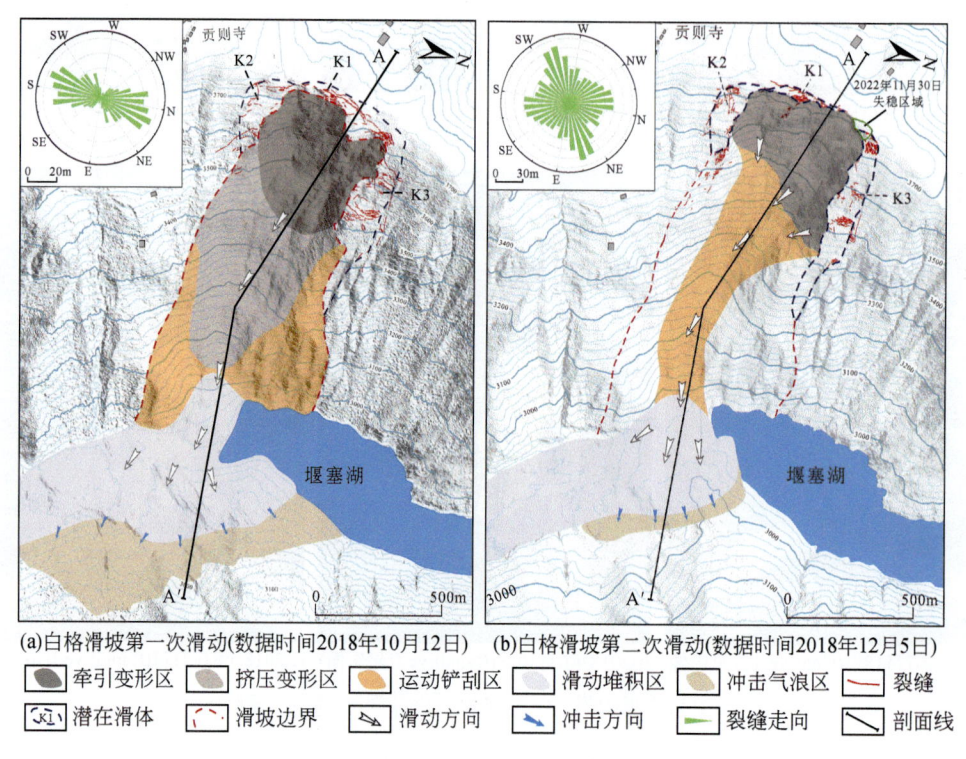

(a) 白格滑坡第一次滑动（数据时间2018年10月12日）　(b) 白格滑坡第二次滑动（数据时间2018年12月5日）

图7-17　2018年10月10日和2018年11月3日白格滑坡平面图

（3）2018年11月3日第二次滑动特征。2018年11月3日第二次滑动，滑动范围纵向长约1815m，最大宽度约500m，可划分为后缘影响区、高位启滑区、铲刮流通区、滑动堆积区和冲击气浪区。后缘影响区面积约 $21×10^4m^2$，受岩土体卸荷影响，发育裂缝走向为NE和NW；高位启滑区面积约 $18×10^4m^2$，剪出口高程约3460m，距离河面约584m；铲刮流通区面积约 $22×10^4m^2$，长约921m，第二次滑坡滑体在此区铲刮了第一次滑动残留的松散物质；滑动堆积区面积约 $59×10^4m^2$，第二次滑动再次堵塞金沙江，且堆积在第一次滑体之上，堰塞坝顺河长约900m，宽约300m，整体呈扇形 [图7-17（b）]。

（4）2022年11月30日第三次滑动特征。滑坡后缘左侧K3强变形区于2022年11月

30 日发生了第三次大规模滑动,滑源区面积约 3464m²,长约 94m,宽约 44m,滑坡剪出口高程约 3700m。

(5)强变形区特征。白格滑坡后缘目前还存在 K1、K2 和 K3 等三个强变形区(图 7-17~图 7-20)。K1 强变形区位于滑坡后缘中部,面积约 $0.8×10^4m^2$,裂缝走向为 NW,发育多级下错陡坎,最大下错量约 10m;K2 强变形区位于滑坡后缘右侧,面积约 $2.9×10^4m^2$,裂缝走向近 N,裂缝最宽可至 50cm;K3 强变形区位于滑坡后缘左侧,面积约 $6×10^4m^2$,裂缝最宽可至约 2m,裂缝走向为 NW,下错陡坎最大可至约 30m。

(a)K1强变形区局部滑塌(2021年9月6日,镜向SE)

(b)K1强变形区北侧裂缝特征(2021年9月6日,镜向SW)

(c)K1强变形区后缘裂缝发育特征(2019年8月8日,镜向NE)

图 7-18　西藏江达白格滑坡 K1 强变形区现场调查变形特征

(a)K2强变形区后缘滑塌特征(2021年9月6日,SW)

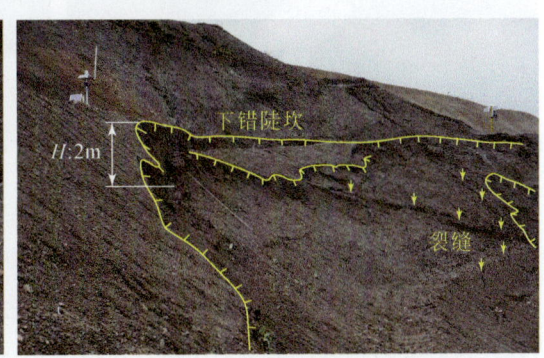
(b)K2强变形区后缘右侧滑塌特征(2021年9月6日,NW)

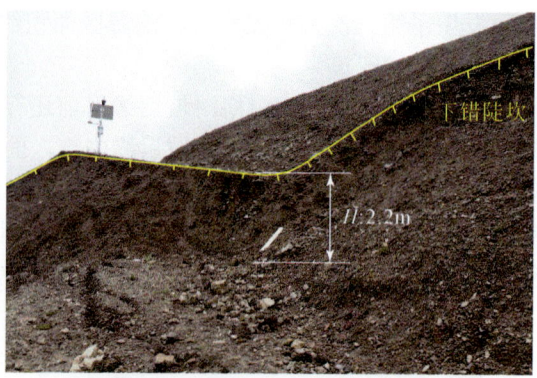

(c)K2强变形区后缘变形特征(2021年9月6日,SW)　　(d)K2强变形区强变形特征(2021年9月6日,SW)

图7-19　西藏江达白格滑坡K2强变形区现场调查变形特征

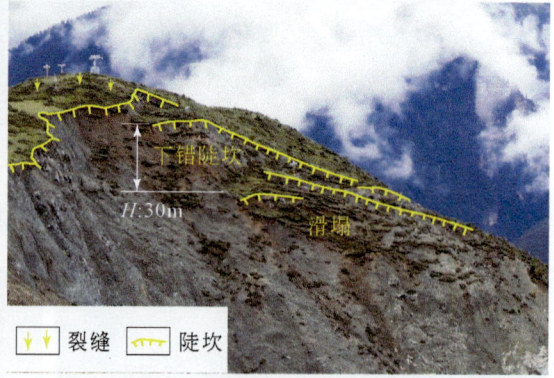

(a)K3强变形区后缘裂缝发育特征(2019年8月8日,SE)　　(b)K3强变形区中部裂缝特征(2019年8月8日,SE)

(c)K3强变形区后缘变形特征(2021年9月6日,NW)

图 7-20　西藏江达白格滑坡 K3 强变形区现场调查变形特征

2. 白格滑坡剖面特征

（1）2018 年 10 月 10 日白格滑坡第一次滑动。基于滑坡变形和运动特征,将第一次滑动划分为后缘影响区、牵引启滑区、挤压变形区、滑动堆积区和冲击气浪区（图 7-21），第一次滑动的视摩擦角（滑体质心至滑坡最低处高程差值 H/质心处至滑坡前缘的水平距离 L）约 0.39，剪出口与河面高差约 220m，具有高位滑坡的特征。

后缘影响区。该区位于滑坡后缘，为第一次滑动后的影响区域，高程为 3680~3720m，波罗-木协断裂从坡顶穿过。出露岩性主要为片麻岩，产状为 235°∠40°，发育 NE 和 SE 等两组结构面。受活动断裂、斜坡卸荷等影响，岩体结构极为破碎［图 7-22（a）(b)］。同时受到第一次白格滑坡下滑牵引的影响，该区拉裂缝极为发育，岩土体具有失稳的风险。

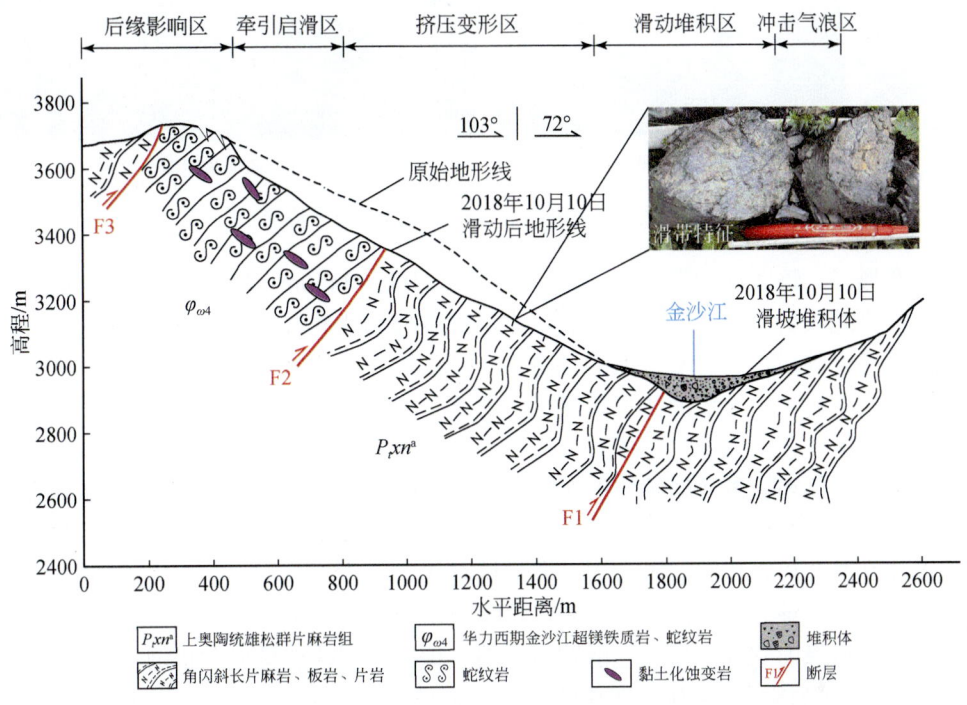

图 7-21　2018 年 10 月 10 日白格滑坡工程地质剖面图

牵引启滑区。该区位于滑坡中上部，高程约 3450~3680m，出露岩性为蛇纹岩，局部发育黏土化蚀变岩，该岩土体是由蛇绿岩蚀变形成的，遇水后强度弱化显著，强风化蛇纹岩及黏土化蚀变岩可能为潜在滑带［图 7-22（c）(d)］。该区岩体失稳是由于下部挤压变形区的岩土体下滑，进而牵引失稳下滑。滑前该部位发育大量拉裂缝，裂缝走向与主滑方向垂直，滑体厚度最大约 75m，平均厚度约 50m（图 7-21）。

(a) 白格滑坡岩体结构破碎特征

(b) 白格滑坡区域岩层强烈挤压揉皱现象

(c)强风化蛇纹岩潜在滑带

(d)强风化碳质板岩潜在滑带

图 7-22 白格滑坡岩体结构及潜在滑带特征

挤压变形区。该区位于滑坡的中部,高程约 3100~3450m,断裂从该区后部穿过,后部出露岩性为蛇纹岩夹杂黏土化蚀变岩,中下部主要为片麻岩。滑动前该区中下部片麻岩区域局部发育锁固段,控制着滑坡的稳定性。锁固段在断裂活动、重力、降雨等内外动力耦合作用下不断弱化,导致滑体不断变形。滑体厚度最大约 105m,剪出口高程约 3100m。

滑动堆积区。该区主要为滑体剪出后滑动堵江的区域,高程约 2880~3100m。滑体在此区发生滑动解体和撞击河床解体形成碎屑流,碎屑流快速运动至滑坡对岸,堰塞金沙江。滑坡堵江形成的堰塞坝最高约 85m,平均高约 40m。滑坡堆积体主要由碎块石组成,碎块石岩性以片麻岩、片岩和蛇纹岩为主,多呈棱角状。

冲击气浪区。该区主要位于滑坡对岸,第一次白格滑坡下滑的大规模滑体快速滑动过程中挤压滑体前缘的空气,形成超前冲击气浪。该区表层植被呈放射状倒伏,倒伏方向约为 70°~120°,上游侧树木倒伏方向逐渐向 N-NW 侧偏转,而下游侧逐渐向 SE-S 方向偏转,树木的倒伏方向体现了涌浪冲上金沙江东岸后的运动方向(许强等,2018)。

(2) 2018 年 11 月 3 日白格滑坡第二次滑动。根据滑坡变形和运动特征,将白格滑坡第二次滑动划分为后缘影响区、高位启滑区、铲刮流通区、滑动堆积区和冲击气浪区(图7-23)。第二次滑动的视摩擦角约 0.44,剪出口与河床高差约 580m,具有高位滑坡的特征。

后缘影响区。第一次滑动后,后缘影响区还存在 K1、K2 和 K3 等三个强变形区,高程分布约 3400m 以上,发育拉张裂缝,具有高位变形剪出的趋势。强变形区由锁固段控制其稳定性,现处于蠕滑变形的状态,在降雨、地震等极端条件影响下,存在失稳的风险。

高位启滑区。该区高程为 3460~3730m,位于第一次滑动后形成的后缘影响区,岩性主要为蛇纹岩,局部含黏土化蚀变岩。滑体剪出口高程约 3460m,距离河面约 580m,具有高位启滑的特征。该区受到第一次滑动的影响,岩体临空卸荷后不断变形,最终失稳高位剪出,滑体最大厚度约 80m。

铲刮流通区。该区高程为 3056~3460m,第二次滑动前,该区残留大量第一次滑动后的松散物。第二次滑动的高位岩土体具有较大的转换动能,强动能赋予了滑体铲刮动力,铲刮了大量残留松散物及底部破碎岩土体。该过程增大了滑坡的规模,放大了灾害效应。铲刮最大厚度约 50 m,平均约 13 m。

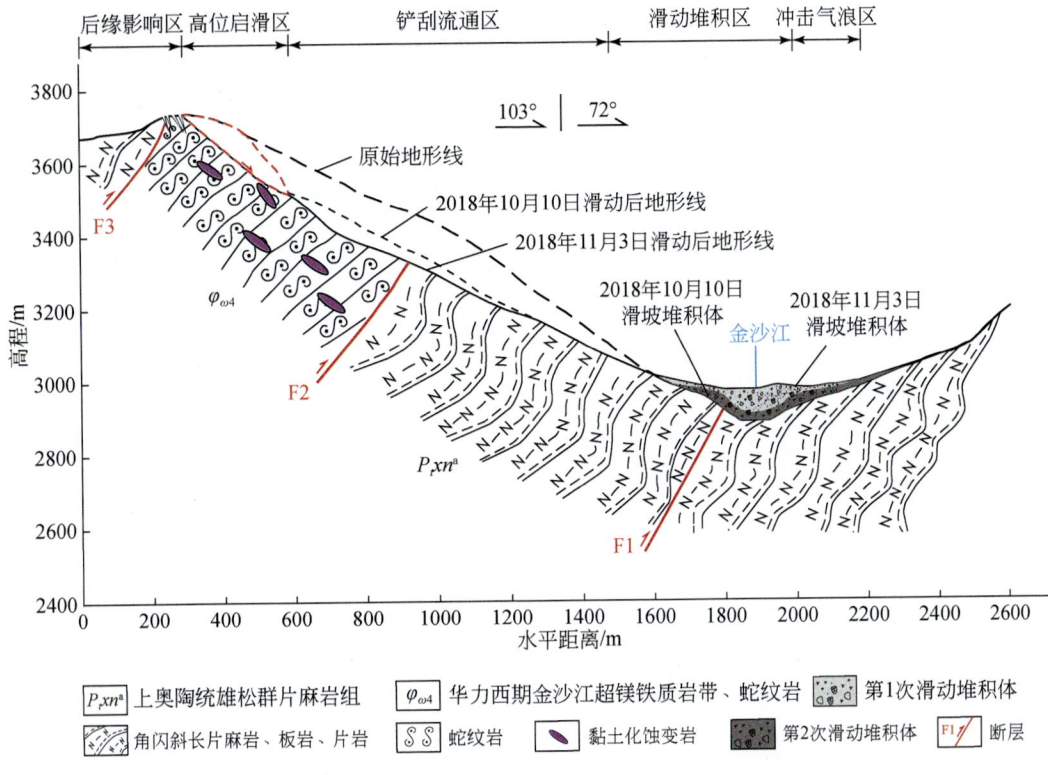

图 7-23　2018 年 11 月 3 日白格滑坡工程地质剖面图

滑动堆积区。第一次滑动堵江后形成了泄流槽,第二次滑体快速下落后将其直接掩埋,堆积在第一次堆积体之上,再次堵塞金沙江形成堰塞湖,堰塞坝最高约 85 m。

冲击气浪区。第二次滑动规模小于第一次滑动,因此冲击气浪区影响区也小于第一次滑动的冲击气浪区,保留的特征并不明显,可见一些新鲜且颗粒较小的岩块溅射至滑动堆积区外。

3. 白格滑坡体积

许多学者基于 GIS 空间分析计算了白格滑坡两次大规模滑动的体积(表 7-2,图 7-24)。本书在收集白格滑坡第一次滑动前 2017 年 12 月 19 日资源 3 号卫星立体像对数据、第一次滑动后 2018 年 10 月 12 日和 10 月 16 日无人机倾斜摄影数据、白格滑坡第二次滑动后 2018 年 11 月 5 日无人机倾斜摄影数据等多期数据,基于 ArcGIS 空间分析功能,分别计算了 2018 年 10 月 10 日白格滑坡第一次滑动体积、滑动后 2018 年 11 月 3 日白格滑坡第二次滑动体积,以及 K1、K2 和 K3 强变形体的体积(图 7-24,图 7-25)。

表 7-2 白格滑坡体积计算统计表

序号	2018年10月10日 滑体体积/($\times 10^4 m^3$)	2018年11月3日 滑体体积/($\times 10^4 m^3$)	2018年11月3日 铲刮体积/($\times 10^4 m^3$)	2018年11月3日 堆积体积/($\times 10^4 m^3$)	GIS空间计算采用数据情况	强变形区体积/($\times 10^4 m^3$)	资料来源
1	1960	370	—	930	①2011年滑动前DEM ②2017年滑坡前1：10000地形图 ③2018年10月11日无人机采集DEM ④2018年10月12日无人机采集DEM ⑤2018年10月14日无人机采集DEM ⑥2018年10月16日无人机采集DEM ⑦2018年11月3日无人机采集DEM ⑧2018年11月5日无人机采集DEM	—	许强等，2018；Yan et al.，2022
2	3500	160	660	820		395	王立朝等，2019；张永双等，2019；Wang et al.，2020a
3	2200	356	312	930		—	郭晨等，2020
4	1960	368	312	850		—	赵程等，2020
5	3165	215	—	—		314	冯文凯等，2019
6	1724	145	666	891		312.45	黄细超等，2021
7	—	200	600	—		370	Li et al.，2019
8	2760	913	—	1030		—	Ouyang et al.，2019
9	2754	346	—	—		—	Cui et al.，2020
10	3400	160	660	—		—	Zhang et al.，2020
11	2300	350	850	—		1200	Fan et al.，2019
12	2400	—	—	800		544	Chen et al.，2021
13	2400	370	—	870		—	Yi et al.，2022
14	2400	900	—	—		—	An et al.，2021
15	1870	870	—	—		900	Chen et al.，2021
16	2400	800	—	—		544	Chen and Song，2023
17	2114	437	372	950	①2017年12月19日资源3号卫星DEM ②2018年10月16日无人机采集DEM ③2018年11月5日无人机采集DEM	485	本书研究成果

第七章 金沙江上游江达至巴塘段大型滑坡发育特征与形成机制研究 ·227·

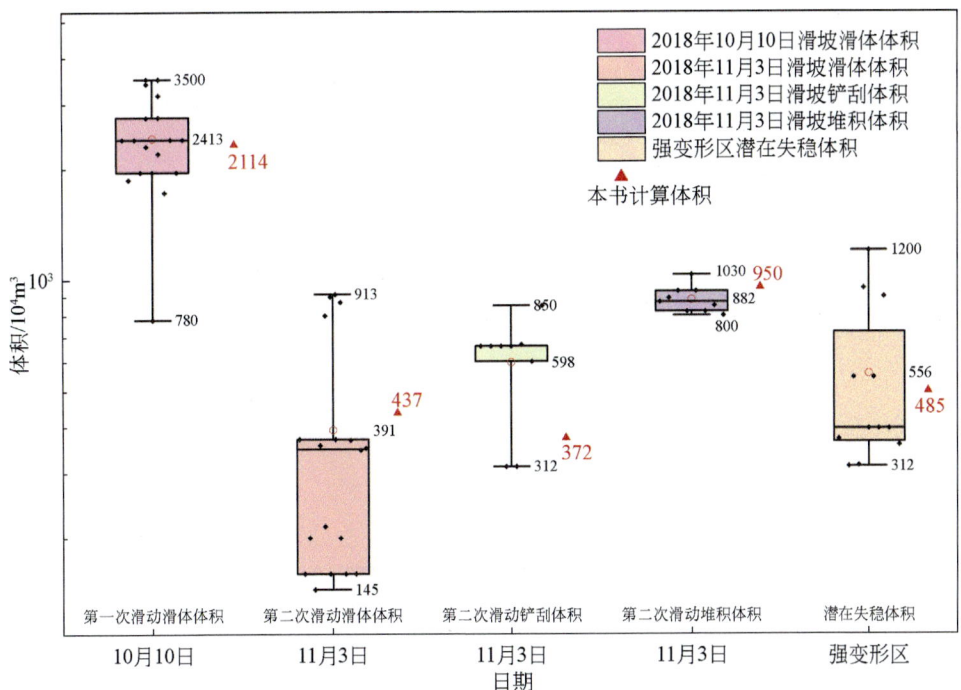

图 7-24 白格滑坡体积统计箱型图

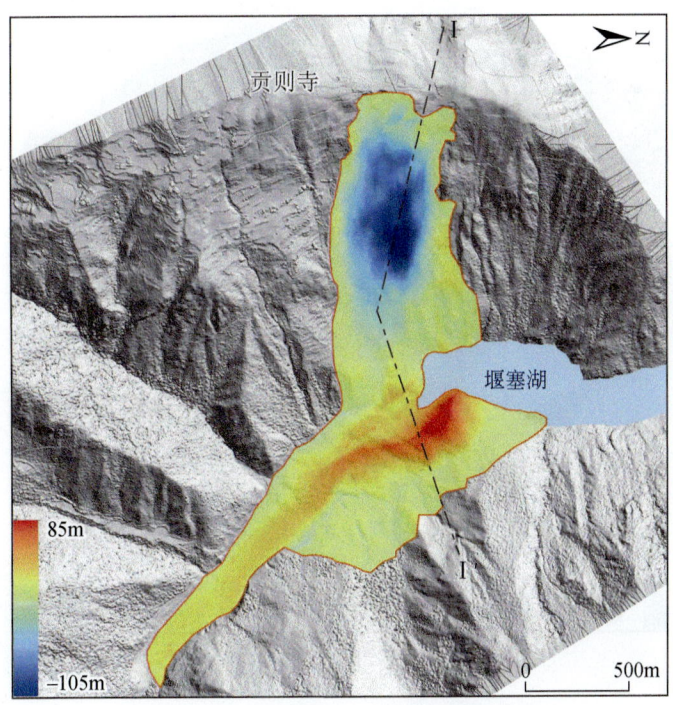

(a)2018年10月10日白格滑坡发生后地形变化图

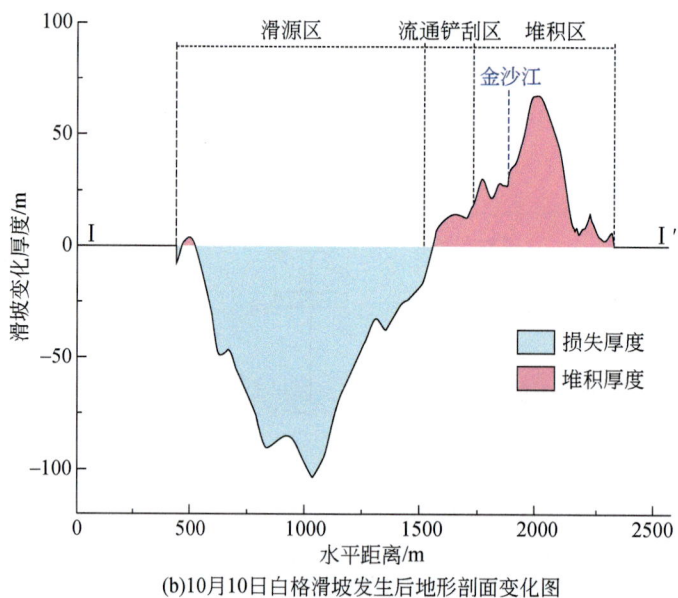

(b) 10月10日白格滑坡发生后地形剖面变化图

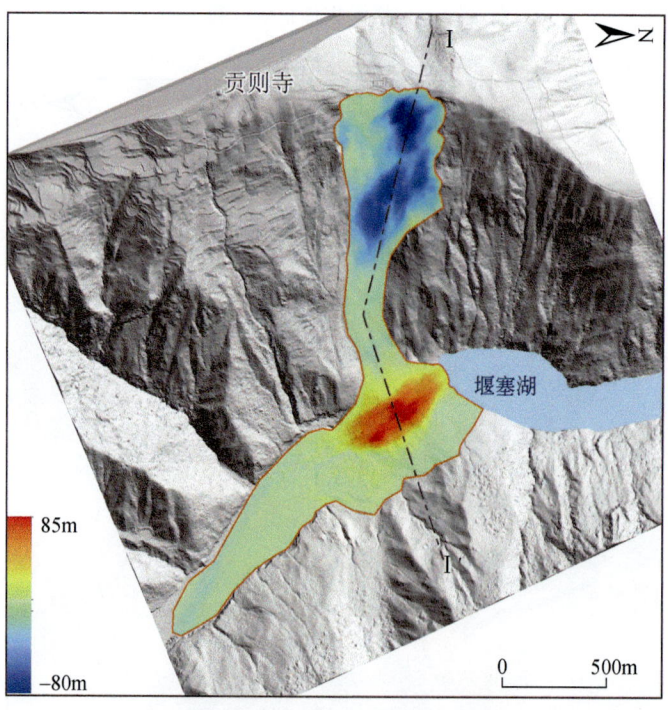

(c) 11月3日白格滑坡发生后地形变化图

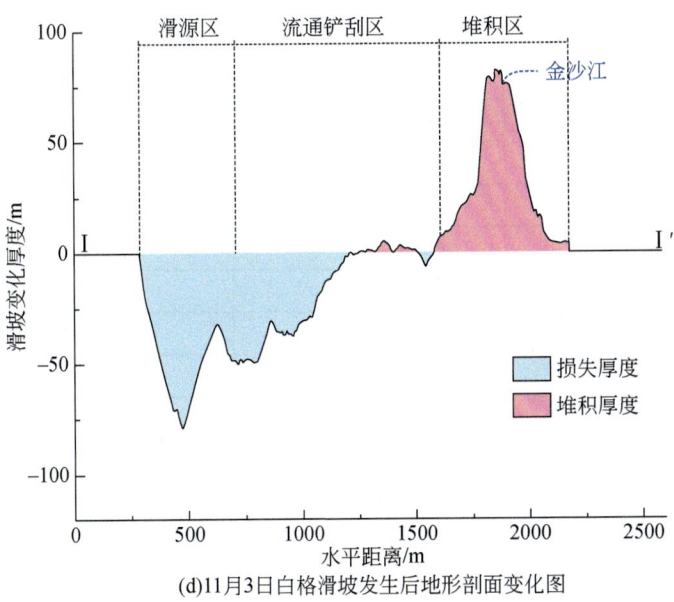

(d)11月3日白格滑坡发生后地形剖面变化图

图 7-25 2018 年 10 月 10 日和 11 月 3 日白格滑坡体积计算分析

二、白格滑坡历史变形特征分析

采用 COSI-Corr 像素偏移量追踪、SBAS-InSAR、Offset-Tracking 等时序分析方法,研究了白格滑坡在 2018 年 10 月 10 日和 11 月 3 日两次滑动前后位移量的变化特征,分析了白格滑坡的历史变形趋势。

(一)白格滑坡 COSI-Corr 像素偏移量变化特征

光学遥感监测最早以目视解译为主,随着光学遥感卫星的增多和影像质量的提升,自动/半自动监测具有采样频次高和覆盖面积广等优势,基于影像光谱自动/半自动监测地表形变逐步变得可行,近年来通过多源光学遥感影像开展大型滑坡变形监测研究已取得较大的进展(Yang et al.,2020;王哲等,2021;吴绿川等,2021;董岳等,2022)。COSI-Corr 方法是一种利用互相关算法估计影像间像素位移的技术,通过将影像进行傅里叶变换后在频域进行互相关运算,进而求解空间域二维形变,广泛应用于监测滑坡形变、同震形变、冰川流速、沙丘移动等地表形变(Leprince et al.,2007;Türk,2018;Baird et al.,2019;Zhang et al.,2021)。本书采用 COSI-Corr 方法获取白格滑坡各时期的东西、南北向变形特征,并研究其变形过程。

1. 遥感影像数据来源

本书分析研究采用的光学影像数据为 Landsat 7 影像和 Sentinel-2 影像(表 7-3)。Landsat 7 数据从美国地质调查局(United States Geological Survey,USGS)官网(https://earthexplorer.usgs.gov)获取,最高空间分辨率为 15m。Sentinel-2 影像从 planet 官网(https://www.planet.com)获取,最高空间分辨率可达 10m,选用近红外波段进行形变分析。Landsat 7 和 Sentinel-2 影像产品均已通过外部数字高程模型(DEM)进行了正射校正。

表 7-3 白格滑坡区域遥感影像基本参数信息

影像	Landsat 7	Sentinel-2
传感器类型	ETM+	MSI A/B
影像波段	全色波段	近红外光谱
空间分辨率/m	15	10
产品类型	Level-1	Leve-1C
覆盖周期/d	16	10
采集时间/(年/月/日)	1999/11/12～2016/4/16	2015/11/13～2022/12/6
影像数量/景	10	14

2. COSI-Corr 像素偏移量分析方法

通过 COSI-Corr 软件对收集的 Sentinel-2 号和 Landsat 7 多源光学数据进行偏移量估计，获取白格滑坡东西和南北向的形变，并进行一系列误差修正。此外，通过选取参考区，将其认定为稳定区，统计稳定区域形变进行精度评定。主要包含影像对选择、偏移量估计、误差后处理、精度评定 4 个关键步骤（图 7-26）。

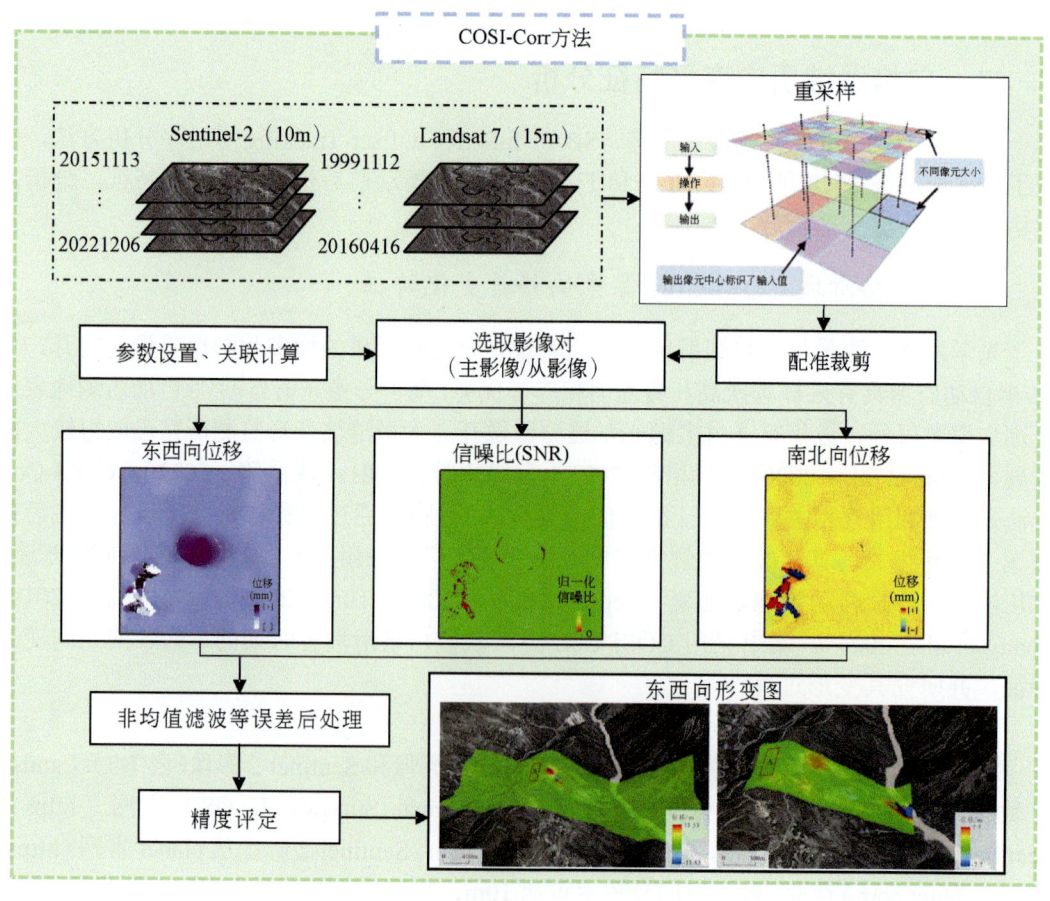

图 7-26 基于 COSI-Corr 技术白格滑坡变形偏移量追踪分析流程图

（1）基于 COSI-Corr 像素偏移量原理。COSI-Corr 的基本原理是通过对光学影像采用相关性匹配算法来计算像元之间的偏移量，该方法以傅里叶变换定理为基础，从傅里叶变换的相位差中检索出一对影像之间的相对位移（Leprince et al.，2007）。主要是先将两景影像定义为主影像和从影像，再将从影像与主影像配准。假设配准后的两景影像 p_1 和 p_2 仅存在一个位移差（Δx，Δy），则公式为

$$p_2(x, y) = p_1(x - \Delta x, y - \Delta y) \tag{7-1}$$

通过 p_1 和 p_2 表示其傅里叶变换，根据傅里叶转换定理，有以下关系：

$$p_2(u, v) = p_1(u, v)\, e^{-i(u\Delta x + v\Delta y)} \tag{7-2}$$

式中，u 和 v 分别为行和列的频率变量，通过多次迭代，直至等式收敛。

再进行傅里叶逆转换求出影像范围内的真实二维位移：

$$F^{-1}\left\{e^{i(u\Delta x + v\Delta y)}\right\} = \delta(x + \Delta x, y + \Delta y) \tag{7-3}$$

（2）影像对选择。形变偏移量的不确定性与影像对太阳高度角的差异有明显的相关性，因此选取太阳高度角与太阳方位角相似的每一景影像组成影像对（Yang et al.，2020）。为保证主影像和从影像的分辨率一致，需要对主、从影像进行重采样，使两者的分辨率一致，将两者的分辨率重采样至 10m。选取 2018 年 10 月 10 日白格滑坡发生前获取的 1999 年 11 月 12 日和 2018 年 2 月 5 日双时相影像、2018 年 11 月 3 日白格滑坡发生前获取的 2018 年 10 月 28 日和 2018 年 11 月 2 日双时相影像（表 7-3），利用 COSI-Corr 软件进行偏移量计算。

（3）偏移量估计。本书采用 COSI□Corr 软件获取滑坡东西向、南北向形变，初始窗口用于粗略估计像素级的位移，最终窗口用于检查亚像素级的微小位移，结合前人研究结果，COSI-Corr 软件初始搜索窗口和最终搜索窗口均设置为 64×64 像素，步长为 1×1 像素，迭代次数设置为 4，掩膜阈值选择 0.9（Yang et al.，2020）。在此基础上进行关联计算，输出的结果包括东西向形变图、南北向形变图和信噪比（SNR），图 7-26 中正数代表向北和向东的形变，SNR 范围为 0~1，可用来评价结果的质量，其值越接近 1，结果质量越好。

（4）误差后处理。为保证结果的精度，需要对各方向偏移量误差进行后处理。对于异常值和失相干噪声，通过用零值代替不可靠的测量值和设置 SNR 阈值（＞0.96）的方法去除；对于轨道噪声，通过一次多项式曲面拟合模型方法去除；条带误差采用均值相减法去除（Ding et al.，2016）。此外，还需要进行非局部均值滤波进一步平滑相关形变图（Buades et al.，2005）。

（5）精度评定。COSI-Corr 方法得到的滑坡变形精度主要取决于光学遥感影像的分辨率和卫星的精确轨道位置和定向姿态，互相关匹配精度最高为影像分辨率的 1/20 像素（Leprince et al.，2007；Debella-Gilo and Kääb，2011），即 Seninel-2 和 Landsat 7 形变监测理论精度分别为 0.5m 和 0.75 m。为了消除影像对中可能存在的亚像素不匹配问题，结合前人提出的误差评估方法，本书在白格滑坡西侧区域选择了一个稳定区（参考区），通过计算稳定区域的形变平均值和标准差，推导出滑坡区的真实 E/W 和 N/S 的形变值，并验证累积

形变结果的准确性和可靠性（Yang et al.，2020；Ding et al.，2021）。

3. 基于 COSI-Corr 像素偏移量结果分析

（1）2018 年 10 月 10 日白格滑坡发生前像素偏移量特征。基于 COSI-Corr 软件计算得到 1999 年 11 月 12 日～2018 年 2 月 5 日白格滑坡发生前的二维形变，通过分析 1999 年 Landsat 7 和 2018 年 Sentinel-2 双时相影像偏移量特征，得到了白格滑坡区域形变结果的空间分布范围。已有成果表明白格滑坡滑移方向以东西向为主，南北向形变很小（Yang et al.，2020；柳林等，2021；董岳等，2022）。因此，本书主要展示白格滑坡东西向形变的偏移量结果，形变最大值达 63.4m（图 7-27）。

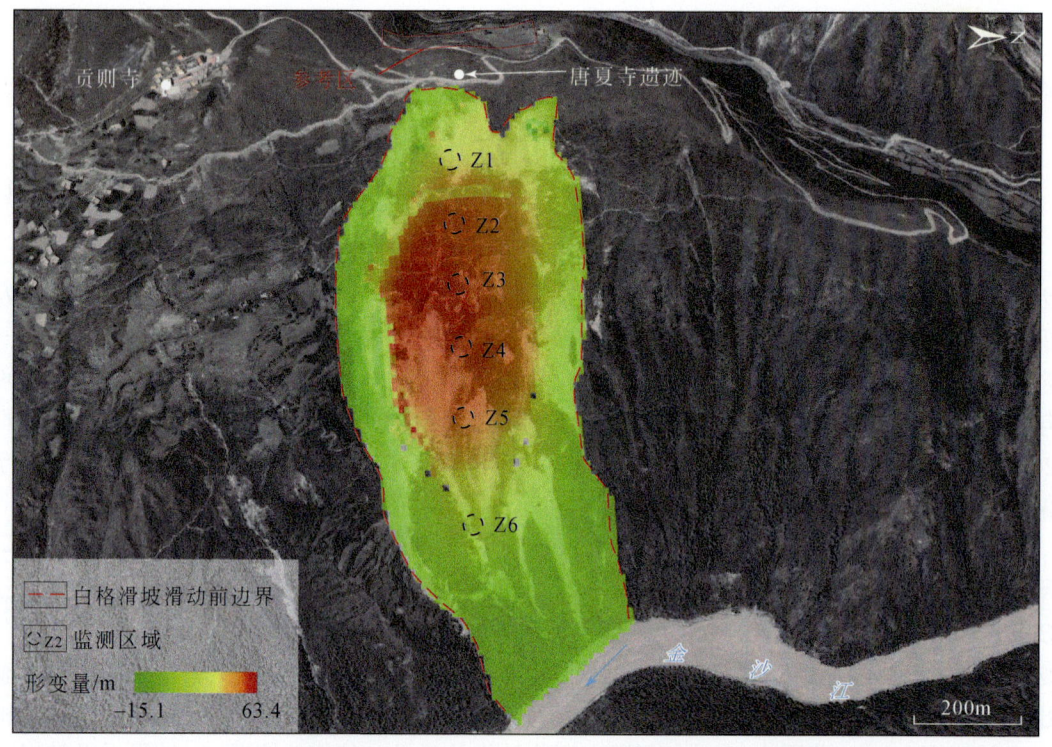

图 7-27　2018 年 10 月 10 日白格滑坡发生前像素偏移量结果

柳林等（2021）通过 COSI-Corr 软件，利用 24 幅 Sentinel-2 影像测得 2015 年 11 月 22 日～2018 年 4 月 5 日白格滑坡最大累积形变量为 23.45m，利用 51 幅 Landsat 8 测得 2014 年 11 月 29 日～2018 年 9 月 5 日白格滑坡最大累积形变量为 45.43m。董岳等（2022）通过 COSI-Corr 软件利用 65 幅 Sentinel-2 影像对测得白格滑坡 2015 年 11 月 13 日～2018 年 6 月 5 日的最大累积位移形变量为 30m。本书为了分析 2018 年 10 月 10 日白格滑坡发生前的不同时间累积形变过程，选取 1999 年 11 月～2018 年 4 月的 10 景 Landsat 7 影像和 10 景 Sentinel-2 影像进行 COSI-Corr 软件计算，得到了滑坡不同时间段东西向形变偏移量结果，包括 Landsat 7（10 个）和 Sentinel-2（10 个）累积位移形变量结果、多源影像累积形变量结果（11 个）（图 7-28～图 7-30）。

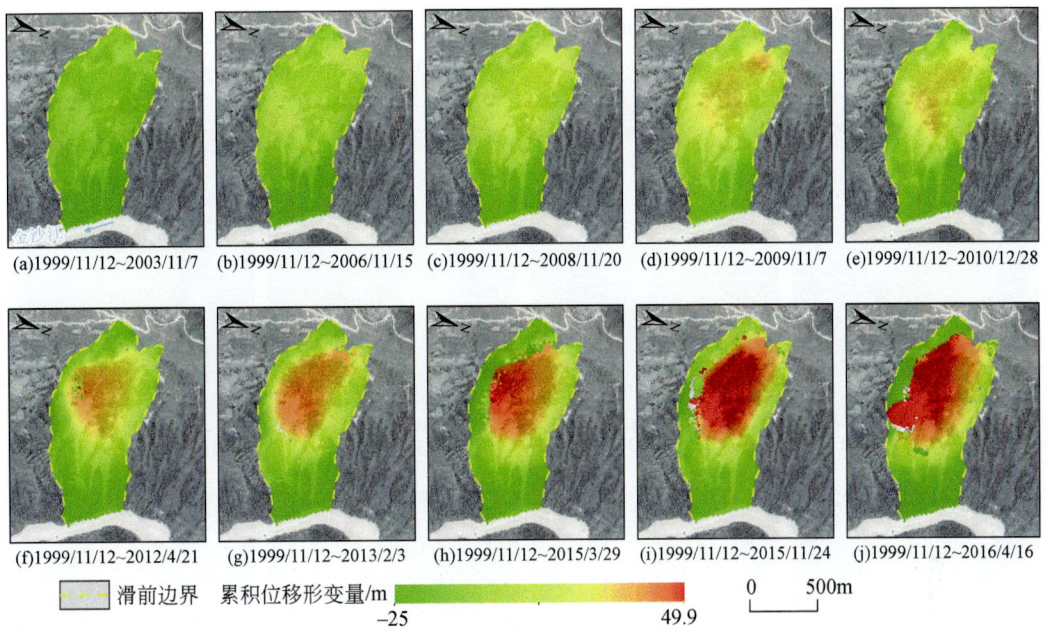

图 7-28 1999~2016 年 Landsat 7 累积位移形变量结果

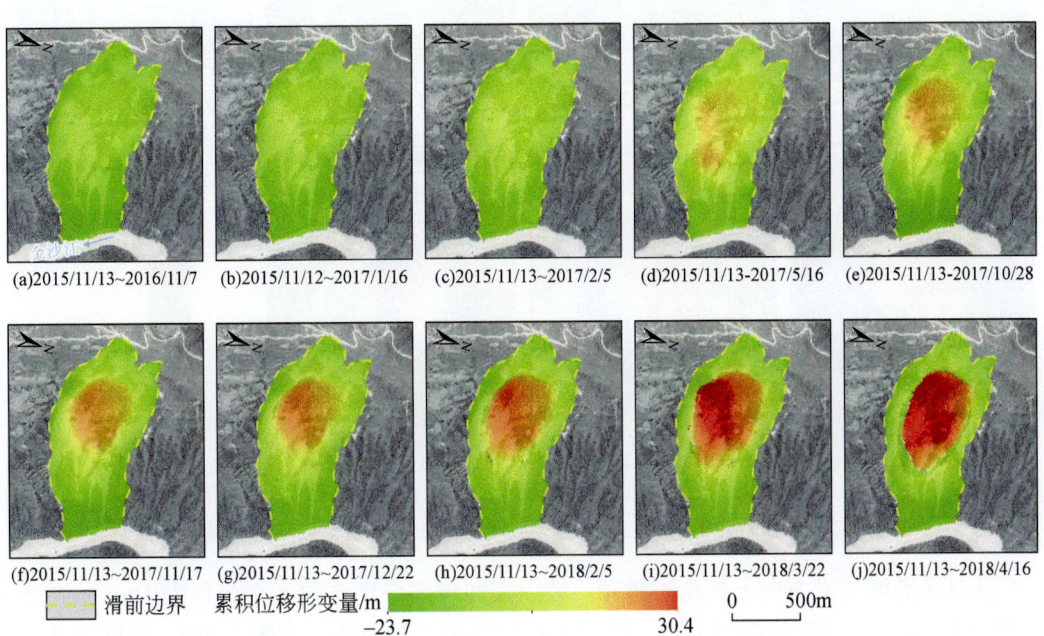

图 7-29 2015~2018 年 Sentinel-2 累积位移形变量结果

由图 7-28 和图 7-29 可知,Landsat 7 计算了 1999 年 11 月 12 日~2016 年 4 月 16 日白格滑坡累积形变量,期间最大累积形变量为 49.9m;Sentinel-2 计算了 2015 年 11 月 13 日~2018 年 4 月 16 日白格滑坡累积形变量,最大累积形变量为 30.4m。由图 7-30 可知,多源影像对获得的累积形变量时间为 1999 年 11 月 12 日～2018 年 4 月 16 日，最大累积形变量为 74.6m，形变结果包含了更多的形变细节，改善了滑坡监测的时间分辨率。

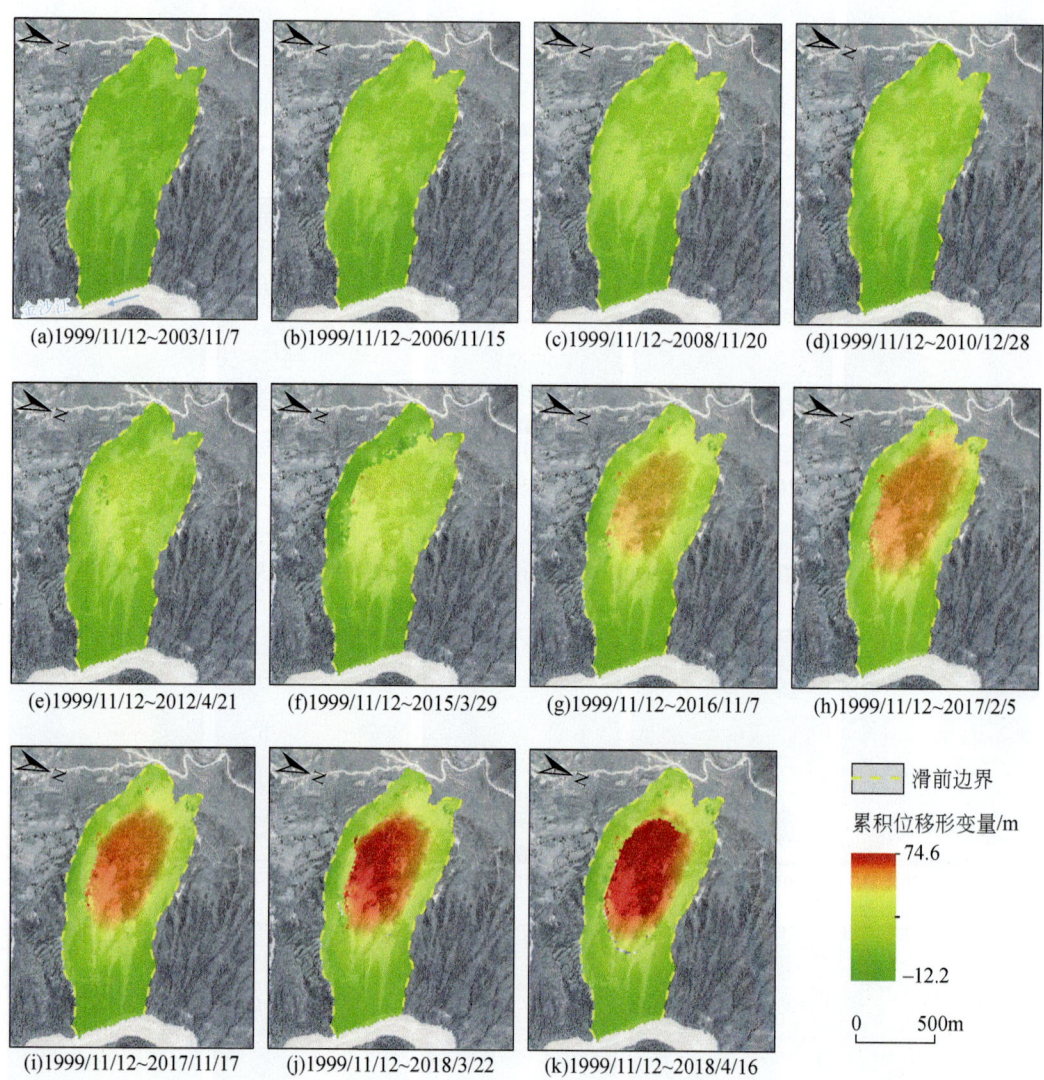

图 7-30　1999～2018 年 Landsat 7 和 Sentinel-2 联合累积位移形变量结果

沿白格滑坡主滑方向上在滑坡坡顶、坡中部和坡底分别选取 6 个半径为 50m 的圆形区域 Z1～Z6 进行形变时间序列分析，得到累积位移形变量曲线图（图 7-31）。根据滑坡东西向累积位移形变量图，统计计算各阶段的最大位移和最大平均速率（表 7-4）。最大平均速率为 2017 年 10 月 28 日～2018 年 4 月 16 日匀加速阶段的滑动速率，其大小为 16.30m/a。匀加速阶段期间 6 个特征区域形变速率差异较大，分别为 1.82m/a、14.36m/a、14.62m/a、15.59m/a、14.85m/a、4.29m/a。由图 7-27 和图 7-30 可知，特征区 Z1、Z6，分别位于坡顶和坡底，东西向累积位移形变量分别为 33.95m 和 16.41m；特征区 Z2～Z5 都处于滑坡中部，东西向累积位移形变量分别为 60.29m、62.14m、63.41m 和 57.87m；1999~2016 年累积位移形变量较小，2018 年累积位移形变量较大，形变速率逐渐增大。此外，白格滑坡坡顶特征点形变速率最小，坡底次之，坡中部平均最大，根据形变特征可以确定 2018 年 10 月 10 日白格滑坡为推移式滑坡。

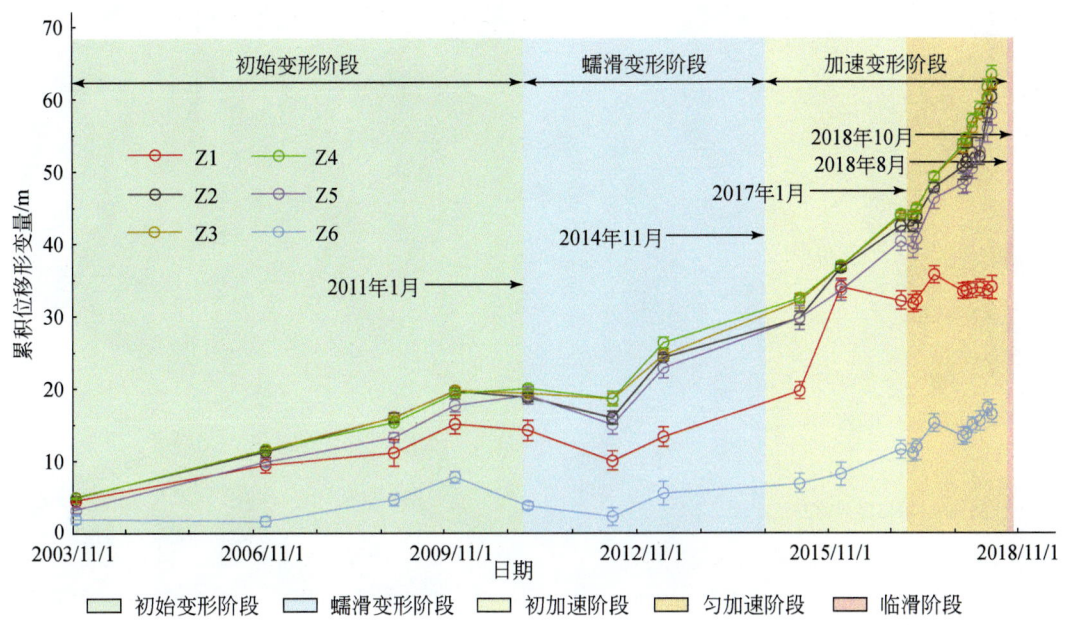

图 7-31　累积位移形变量曲线图

表 7-4　白格滑坡滑前各阶段位移表

序号	阶段/（年/月/日）	最大位移/m	最大平均速率/（m/a）
1	初始变形阶段（1999/11/12~2010/12/28）	20.63	1.85
2	蠕滑变形阶段（2010/12/28~2014/11/5）	12.65	3.28
3	初加速阶段（2014/11/5~2017/1/16）	21.02	9.56
4	匀加速阶段（2017/1/16~2018/4/16）	20.31	16.30

（2）2018 年 10 月 10 日~11 月 3 日白格滑坡形变量特征。利用 COSI-Corr 软件对 2018 年 10 月 28 日和 2018 年 11 月 2 日 2 景影像进行处理，分析发现 2018 年 10 月 10 日白格滑坡-堵江-溃坝灾害链，2018 年 11 月 3 日白格滑坡发生前的东西向形变量为 3.3m。推测 2018 年 11 月 3 日白格滑坡形变区域主要发生在 2018 年 10 月 10 日白格滑坡的西面偏上部，主滑方向由西向东（图 7-32）。

（二）InSAR 形变特征分析

InSAR 是利用同一地区获取的多次 SAR 数据中的雷达相位信息反演地形和地表变形特征，具有全天时、全天候、高精度和大范围等特点，能够获取厘米量级甚至更小精度的某一地区连续的地表形变信息。本书结合 SBAS-InSAR、Offset-Tracking 等技术，分析了白格滑坡 2018 年 10 月 10 日和 11 月 3 日滑坡发生前后的 InSAR 形变特征。

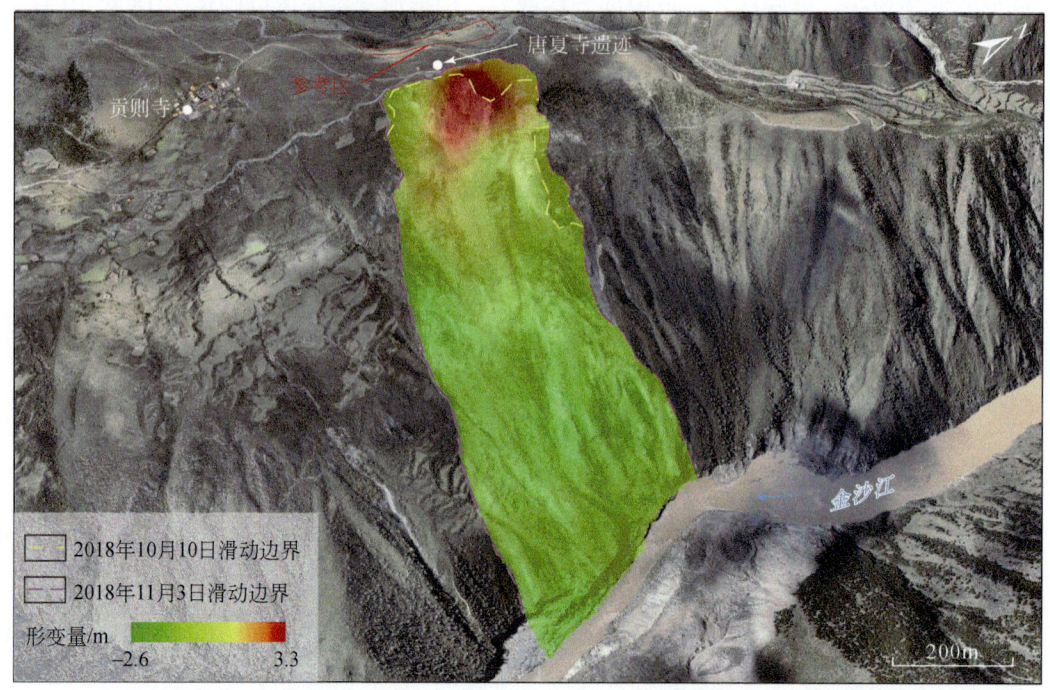

图 7-32　2018 年 10 月 10 日～11 月 3 日白格滑坡形变量结果

1. SAR 数据来源

用于地学领域分析的 SAR 卫星主要有日本的 J-RES、ALOS、欧洲航天局的 ERS1/2、Envisat、Sentinel-1、德国的 TerraSAR-X、TanDEM-X 等，在滑坡形变分析研究中得到了广泛使用，并取得较好的效果（Cai et al.，2022）。由于研究区地形起伏严重，降轨 SAR 影像上白格滑坡被叠掩或阴影覆盖，无法获取有效的相位和强度信息，因此收集 2014 年 10 月 12 日～2022 年 2 月 20 日共 162 景 TOPS 模式的 Sentinel-1 升轨数据、2015 年 7 月 27 日～2022 年 5 月 23 日的 17 景 FBD 模式的 PALSAR-2 升轨数据和 2007 年 1 月 2 日～2009 年 2 月 22 日共 9 景 FBS 模式的 PALSAR 升轨数据，监测白格滑坡 2018 年 10 月 10 日和 11 月 3 日滑动前后的变形特征，本书采用的 SAR 数据的基本参数见表 7-5。

表 7-5　SAR 影像数据的基本参数

基本参数	Sentinel-1	PALSAR-2	PALSAR
轨道方向	升轨	升轨	升轨
成像模式	TOPS	FBD	FBS
波段	C	L	L
航向角/(°)	347	344	344
入射角/(°)	37	36.3	38.7

续表

基本参数	Sentinel-1	PALSAR-2	PALSAR
分辨率（距离向×方位向）/m	2.3×14	4.3×3.6	4.7×3.2
影像覆盖时间/（年/月/日）	2014/10/12~2022/2/20	2015/7/27~2022/5/23	2007/1/2~2009/2/22
影像数量	162	17	9

2. 研究方法

根据光学遥感影像偏移量追踪可知白格滑坡 2015~2018 年内的累积位移形变量超过 30m，白格滑坡第一次发生滑动前累积位移形变量较大，超过 SBAS-InSAR 可识别的最大范围。因此，本书采用覆盖研究区 2014 年 10 月~2018 年 10 月的 Sentinel-1 数据和 2015 年 7 月~2018 年 8 月的 PALSAR-2 数据，基于融合像素偏移量和小基线集时序（PO-SBAS）技术，开展白格滑坡发生前的位移量计算；基于 SBAS-InSAR 技术开展了 2018 年 11 月 3 日以后潜在失稳区的滑坡位移量监测。

（1）SBAS-InSAR 技术。SBAS-InSAR 技术是一种基于小基线集的合成孔径雷达干涉技术（Berardino et al.，2002），利用多时相的雷达数据进行地表形变监测，具有较高的空间分辨率和较低的噪声水平，适用于研究滑坡等复杂地形区域的地表形变（Lanari et al.，2007），在滑坡变形监测研究中具有测量精度高、覆盖范围广等方面的优越性（Usai，2003；Guo et al.，2021）。

通过获取研究区 $N+1$ 景单视复数影像，确定合适的主副影像进行配准，得到 M 幅干涉图，假设 t 为影像获取时间，在去除平地效应、地形相位和大气相位误差后，根据像素点 (x, r)（x 为方位向坐标，r 为距离向坐标）在 t_A 和 t_B 两个时刻影像生成的相位 $\varphi(t_A, x, r)$ 和 $\varphi(t_B, x, r)$，可以得到像素点 (x, r) 处的干涉相位 $\delta\varphi_j(x, r)$（Ferretti and Prati，2000；Berardino et al.，2002；Lanari et al.，2004）。

在 SBAS-InSAR 数据处理过程中产生 M 幅干涉图，用 $\varphi(x, r)$ 表示 (x, r) 点在 N 个时刻图像形变相位组成的矩阵，则 M 个干涉对相位值组成的矩阵 $\delta\varphi(x, r)=A\varphi(x, r)$，其中 A 为 $M×N$ 矩阵。当 $M≥N$ 时，可以通过最小二乘法求出形变时间序列，当 $M<N$ 时，用最小二乘法得到的结果不唯一，使用奇异值分解（SVD）法联合求解多个小基线，将解得的各时段相位速率在时间域上积分，即可得到整个观测时段的形变时间序列。

（2）Offset-Tracking 技术。Offset-Tracking 技术基于归一化互相关算法来获取影像在距离向和方位向的偏移量，该偏移量包含地物、地形、电离层及轨道相关的偏移量（Strozzi et al.，2002）。其中地形和轨道相关的偏移量可应用外部 DEM 辅助的配准方法进行计算，电离层的影响在低纬度地区通常可以忽略，从而地物的偏移量可以计算出来。Offset-Tracking 技术的精度一般为 SAR 影像分辨率的 1/10~1/20，以 10m 分辨率的 PALSAR-2 影像为例，测量精度一般优于 1m，适用于研究形变量较大的滑坡、冰川等的运动监测。

3. InSAR 形变结果分析

（1）对 2018 年 10 月 10 日白格滑坡第一次滑动前的形变分析，采用 PALSAR-2 数据，结合 30m DEM 分析了 2018 年 10 月 10 日白格滑坡发生前的坡体变形趋势，雷达卫星数据时间跨度为 2015 年 7 月 27 日～2018 年 7 月 23 日，最大累积位移形变量达 88m（图 7-33），最大形变集中于滑坡中部的启滑区，为 10 月 10 日第一次滑动的白格滑坡主要失稳岩土体。

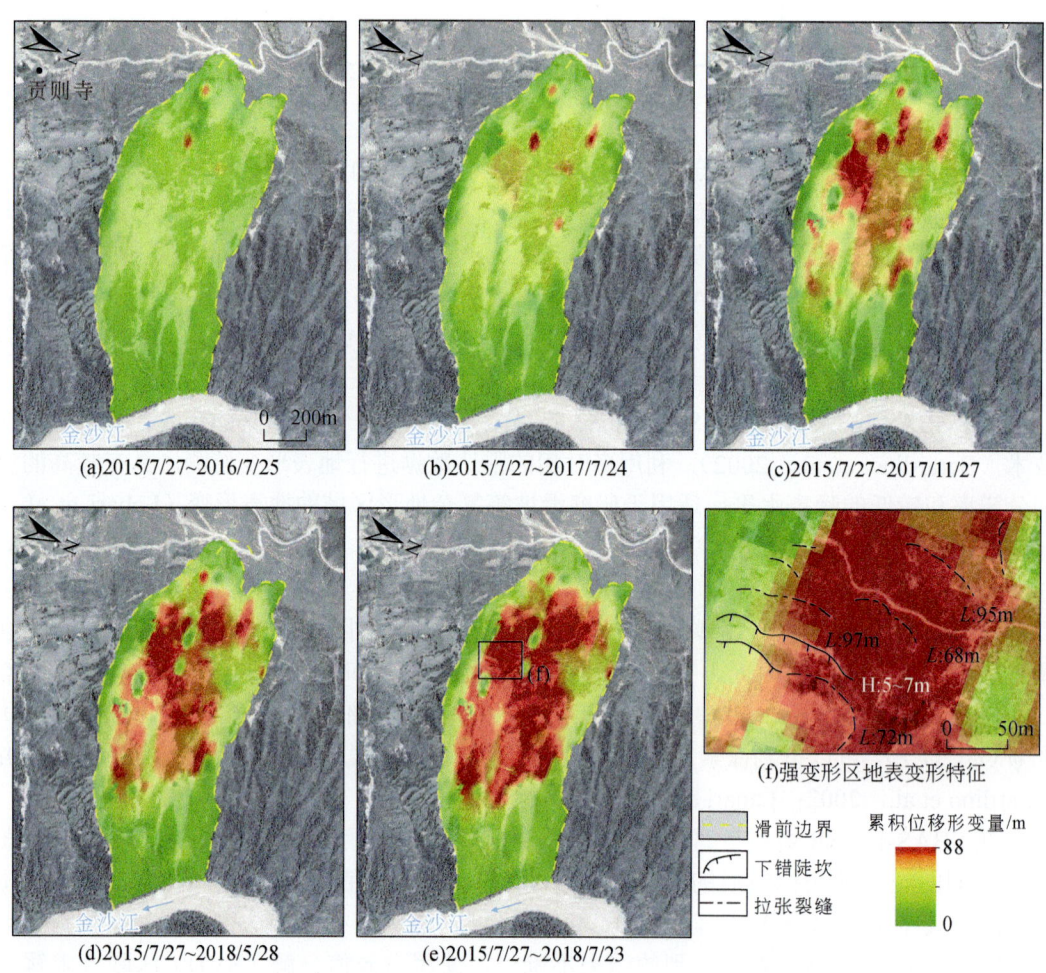

图 7-33　白格滑坡滑动前 Offset-Tracking 形变速率图

（2）2018 年 10 月 10 日第一次滑动～2018 年 11 月 3 日第二次滑动之间的形变分析。2018 年 10 月 10 日第一次滑坡发生后，K1 区边界裂缝已经完全贯通，后缘有明显的下错，同时因其坡度陡峭，前缘临空条件良好，在重力的作用下，其发生进一步变形，直至 2018 年 11 月 3 日失稳破坏，形成第二次滑坡。2018 年 10 月 10 日～11 月 3 日 PALSAR-2 有一景数据覆盖研究区，Sentinel-1 有 2018 年 10 月 15 日和 2018 年 10 月 27 日共二景数据覆盖研究区，但采用 Offset-Tracking 偏移量追踪获取的结果较差，且数据之间相干性较差，因此采用 COSI-Corr 像素偏移量追踪结果。

三、白格滑坡形成影响因素与形成机制分析

（一）白格滑坡孕灾主要影响因素

白格滑坡位于金沙江断裂带内，滑坡区为典型的构造侵蚀高山峡谷地貌，强烈的构造活动导致斜坡岩土体破碎、结构面发育，角砾化、糜棱化严重。金沙江断裂带的分支断裂——波罗-木协断裂从白格滑坡后缘穿过，在强降雨、地震、活动构造及断裂蠕滑等内外动力耦合作用下，导致白格滑坡处于长期蠕滑状态，最终滑动形成滑坡-堵江-溃坝灾害链。本书认为白格滑坡的主要形成影响因素为地形地貌、地质构造、断裂活动、地震活动、地层岩性、岩体结构、降雨以及冻融循环作用等。

1. 地形地貌对白格滑坡形成的影响

地形地貌主要包括地形高程、地形坡度、相对高差等，是控制滑坡形成的关键因素之一，也控制着滑坡运动、堆积和分布情况。相对高差大的区域可为滑坡的发生提供有利的物源条件及地形临空条件。研究表明，相对高差大于 800m 是滑坡发育的优势高差范围，而相对高差小于 500m 的滑坡等地质灾害大多发育规模较小（戴福初和邓建辉，2020）。白格滑坡河谷两岸地形高陡，呈 V 形，高程变化显著，坡顶高程约 3720m，河面高程约 2880m，相对高差约 840m。地形坡度为滑坡发生提供动力条件，较大的地形坡度有利于滑坡的发生。白格滑坡地形坡度变化明显，坡体前缘地形坡度为 40°～45°，中部为 30°～35°，后部坡度最大达到 55°，由坡脚到坡顶，滑坡总体呈"陡-缓-陡"形态，前缘近河谷段为近直立陡坎，中后部为台阶状地形，坡顶为宽缓平台地面。

河道陡度指数常被用于分析区域构造活动的空间分布特征，通过河水动力侵蚀方程，可以从河流纵剖面数据中计算获取河道陡度指数（Boulton and Whittaker，2009）。河道陡度指数通过表示河道纵剖面形态特征，揭示了流域地貌对活动构造隆升的响应程度。在构造地貌研究中，河流水力侵蚀模型得到了广泛应用，如式（7-4）所示：

$$k_s = \left[\frac{U(x,\ t)}{K}\right]^{\frac{1}{n}} \quad (7\text{-}4)$$

式中，k_s 为河道陡度指数；K 为与岩性、活动断层、基准面和气候有关的侵蚀系数；x 为位置；t 为时间；n 为常数。

滑坡区地貌类型主要为河流侵蚀地貌，金沙江上游德格-巴塘段的河流侵蚀速率相对较大（Henck et al.，2011；Liang et al.，2013）。白格滑坡位于河流侵蚀速率（0.04～0.06mm/a）和河道陡度指数（>150）较大的河段（图 7-34），在降雨集中时期，金沙江流量显著增大，河流对斜坡前缘坡脚部位具有强烈的冲刷、侵蚀作用，坡体表面张拉裂隙持续扩展，降低了白格滑坡的稳定性。因此，金沙江深切峡谷地貌为白格滑坡的孕育提供了极为有利的地形地貌条件。

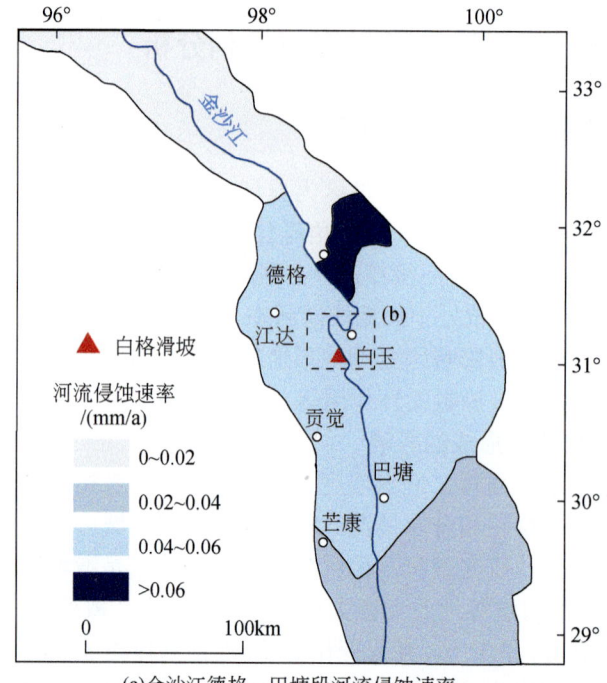

(a)金沙江德格—巴塘段河流侵蚀速率

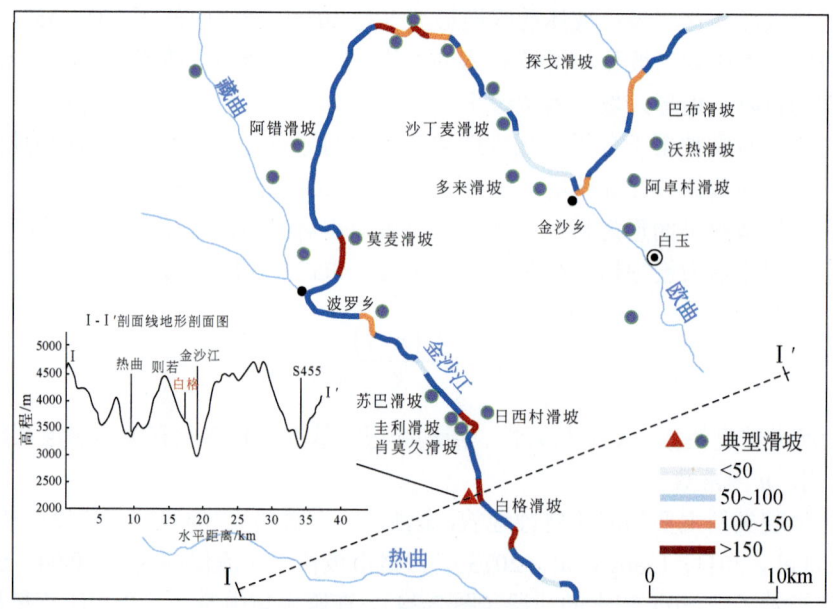

(b)金沙江白玉段河道陡度指数

图 7-34 金沙江上游德格-巴塘段河流侵蚀作用图（据 Yi et al.，2022 修编）

2. 地质构造与断裂活动对白格滑坡形成的影响

断裂带长期活动对斜坡体内应力分布状态具有较大的影响，在断层面附近、断层与斜坡体交会部位的应力场发生偏转和变化，导致局部应力集中，从而影响斜坡体的稳定性（徐则民等，2011）。在断裂活动影响下，斜坡体的变形破坏机理和过程与无活动断裂影响的斜坡体有较大差别，含断层的斜坡体塑性变形区集中分布在坡脚和断层面后方，随着折减系数的增大，塑性区分别从坡脚和断层面后方向坡体深部和上部发展，直至两个塑性区相贯通，形成倾向坡外的贯通性潜在滑移面（郭长宝等，2012）。白格滑坡破碎的蛇纹岩体为潜在贯通性滑移面的形成提供了条件，导致断裂带及其两侧岩体的整体性和连续性下降，抗侵蚀能力减弱，稳定性降低（张永双等，2016；白永健等，2019）。

青藏高原东部的构造活动对白格滑坡区域应力场具有较大的影响，本书基于 FLAC3D 数值模拟软件，建立了白格滑坡河谷断面应力场数值模型。研究表明，受活动断裂、重力作用等影响，在地表、河谷区和断裂带内形成应力场差异。金沙江河谷下切过程中，随着斜坡侧向应力的解除，岩体产生回弹变形，斜坡内部应力调整呈驼峰形分布，并在谷底出现高应力区。白格滑坡岩体破坏模式随深度划分为后缘卸荷拉裂区、节理裂隙发育区和滑动张剪破裂区（图 7-35）。

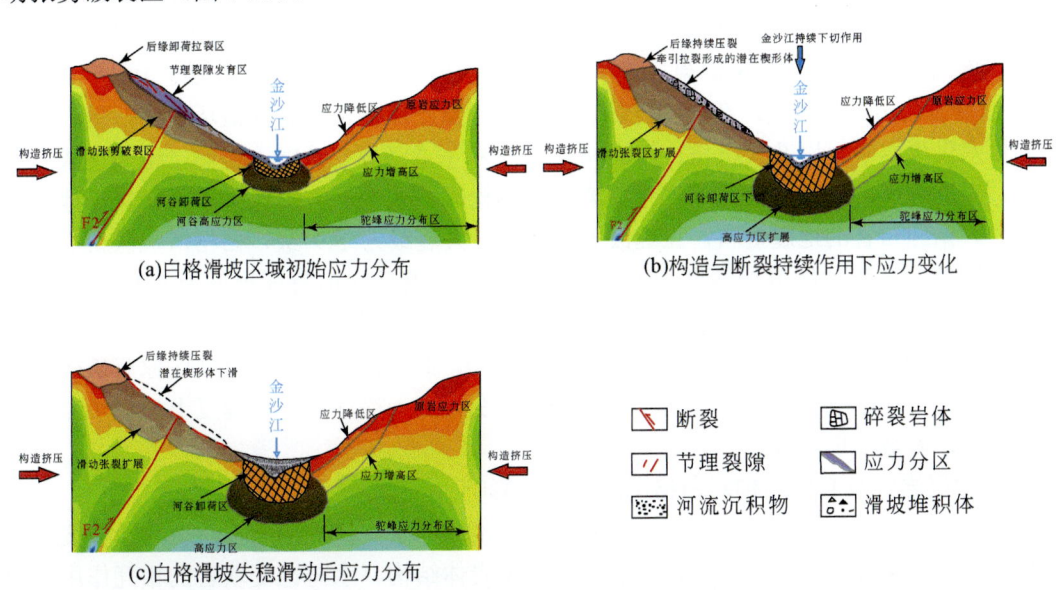

图 7-35 白格滑坡区应力场变化模式图

金沙江断裂带的分支断裂-波罗-木协断裂从滑坡后缘穿过，在强烈的断裂活动下，白格滑坡后缘坡体上出现多条韧性剪切带，导致岩体破碎，角砾化与糜棱化现象明显，结构松散，胶结程度低，坡体局部地段可见泥化夹层；滑坡后缘蛇纹岩与片麻岩接触部位发育逆冲分支断层 F2，白格滑坡中后部滑动边界沿 F2 断层面发育，且后部岩体高陡，为下错滑动提供了下滑条件。区内发育三组优势节理：248°∠41°、64°∠56°、119°∠38°，优势节理构成倾向坡外的楔形体，加之坡体前缘较陡，实际锁固段变短，为白格滑坡的形成提供了良好的地质构造条件。

3. 地震活动对白格滑坡变形的影响

地震对滑坡变形的影响主要体现在两个方面：一方面震动作用使边坡岩土体产生松动，力学强度降低，结构面发生延伸、扩展，边坡岩土体会沿着结构面产生一定大小的永久位移，并持续累积，造成岩体疲劳损伤，并加速节理裂隙贯通，致使坡体稳定性降低；另一方面，地震产生的水平地震力，会给边坡岩土体施加一个向临空面方向的水平加速度，当地震波向东传播达到金沙江西岸坡体表面时，反射成横波；当横波的幅值大于纵波的幅值，两种波叠加后就会在斜坡表面产生拉伸应力，这种拉伸作用会促进斜坡岩土体进一步变形破裂，一定程度上致使白格滑坡所在山体斜坡变得更为松动，加剧了原有的拉张裂缝，岩体遭受损伤破坏。两方面作用的影响，会破坏岩土体原有的结构，加速白格滑坡的变形。

受地壳升降的影响，青藏高原东部活动断裂发育，与之伴随的地热活动、地震活动、断块差异性运动也频繁发生，强度较大。受区域构造环境影响，金沙江上游江达-巴塘段发生过多次地震。其中 1973 年初炉霍发生 M_S7.9 地震，曾引起白玉县境内强烈的地面震动；1870 年巴塘附近发生 M_S7.3 地震，极震区至今尚保留地长达数百米的裂隙。1989 年 4 月 16 日巴塘发生 6.7 级地震，在四川巴塘、理塘和西藏芒康的部分地区破坏严重，造成了交通、供水供电中断，以及人员伤亡。2006 年 2 月白玉章都发生 M_S4.5 地震，地震造成房屋倒塌，交通瘫痪，地表开裂较为严重，岩体普遍松动，多数地方出现滑坡、崩塌等地质灾害现象。据四川省的地震资料，江达波罗地区的最大震级为 5.9 级，白格滑坡区抗震设防烈度为Ⅶ度，地震动峰值加速度为 0.2g，地震动加速度反应谱特征周期为 0.4s。2013 年 8 月 12 日 5 时 23 分，左贡、芒康交界处发生 6.1 级地震，造成江达县新增地质灾害隐患点 37 处、白玉县新增隐患点 57 处（王立朝等，2019），此次地震作用对滑坡区原有破碎状岩土体产生了一定影响，使得滑坡所在斜坡岩土体变得更为松动，一定程度上加大了原有的拉张裂缝，斜坡变形加剧。

4. 地层岩性及岩体结构对白格滑坡变形的影响

地层岩性及岩体结构是控制滑坡发生的基础地质因素。特殊的岩性组合为滑坡变形破坏提供了地质条件。金沙江构造混杂岩带的复杂岩体结构、水与蚀变软岩的相互作用是白格滑坡失稳的关键性因素（张永双等，2021a）。白格滑坡区的蛇纹岩体构造侵入于下部的元古界雄松群片麻岩组（Pt_1xn^a）中，滑床后缘部位至中部为灰绿色蛇纹岩，高程为 3400～3700m，岩层产状多变且风化严重，岩体破碎，节理裂隙发育，总体呈碎块状形态，局部碎屑状夹铁镁质岩块（图 7-36）。蛇纹岩整体结构和性质均差于片麻岩，遇水容易软化，有利于地表水和降雨的渗入。中前部主要为元古宇雄松群深灰色片麻岩，局部夹杂灰黑色条带状片麻岩，位于白格滑坡高程 3400m 以下，区内片麻岩产状为 233°∠55°，受到构造挤压、风化等作用，岩体裂隙发育，岩体结构极为破碎（图 7-36），蛇纹岩和片麻岩接触带位于高程 3400m 左右，两套地层为不整合接触面，也是逆冲分支断层 F2 通过位置，上硬下软的破碎岩体组合使得接触面附近极易产生应力集中，而失稳区厚度最大处正是位于蛇纹岩和片麻岩接触面附近，最大可达 80 余米，为白格滑坡启动提供较好的物质条件。

(a)岩体揉皱与错动带(镜向SE)

(b)断层泥出露(镜向SE)

(c)构造扰动带(镜向SE)

(d)构造透镜体出露(镜向NE)

图 7-36 野外现场岩性出露照片

5. 降雨对白格滑坡变形的影响

降雨对滑坡变形的影响主要体现在以下几个方面：①坡表汇水，侵蚀滑体，形成深切冲沟；②降雨入渗滑体，一方面促进了裂缝的发展，加快结构面的形成与贯通；另一方面，增加了滑体的容重，导致滑体下滑力增大，引起孔隙水压的变化，产生静、动水压力。此外，降雨入渗弱化了滑带土力学强度，这也可能是白格滑坡在 2018 年发生时间滞后于雨季（8～9 月）约一个月的原因之一（张永双等，2022）。

本书收集了距离白格滑坡最近的江达县降雨站(98.5°E，31.25°N)2014 年 10 月 12 日～2019 年 10 月 12 日逐月降雨量的数据，并在白格滑坡体上选取了不同部位的变形特征点进行降雨量相关性分析，通过分析典型变形特征点的形变速率、累积形变量与降雨数据，认为：

（1）白格滑坡区多年平均降雨量值为 650mm，最大年降雨量为 1067.7mm，最大月降雨量为 229.5mm，最大日降雨量为 41.4mm。分析认为 2018 年 10 月 10 日白格滑坡发生前，其周边监测降雨量较往年偏多[图 7-37（b）]；2018 年 10 月 10 日白格滑坡发生前三个月，该站累积降雨量 214.7mm，占全年平均降水的 50%；2018 年 10 月 10 日滑坡发生前一个月，累积降雨量为 59.7mm；2018 年 10 月 10 日白格滑坡前 10 天，滑坡区累积降雨量为 42.7mm；滑坡区内发生短时的集中降雨，同时滑坡后缘发育拉张裂缝便于地表水入渗，加速了白格滑坡的失稳。

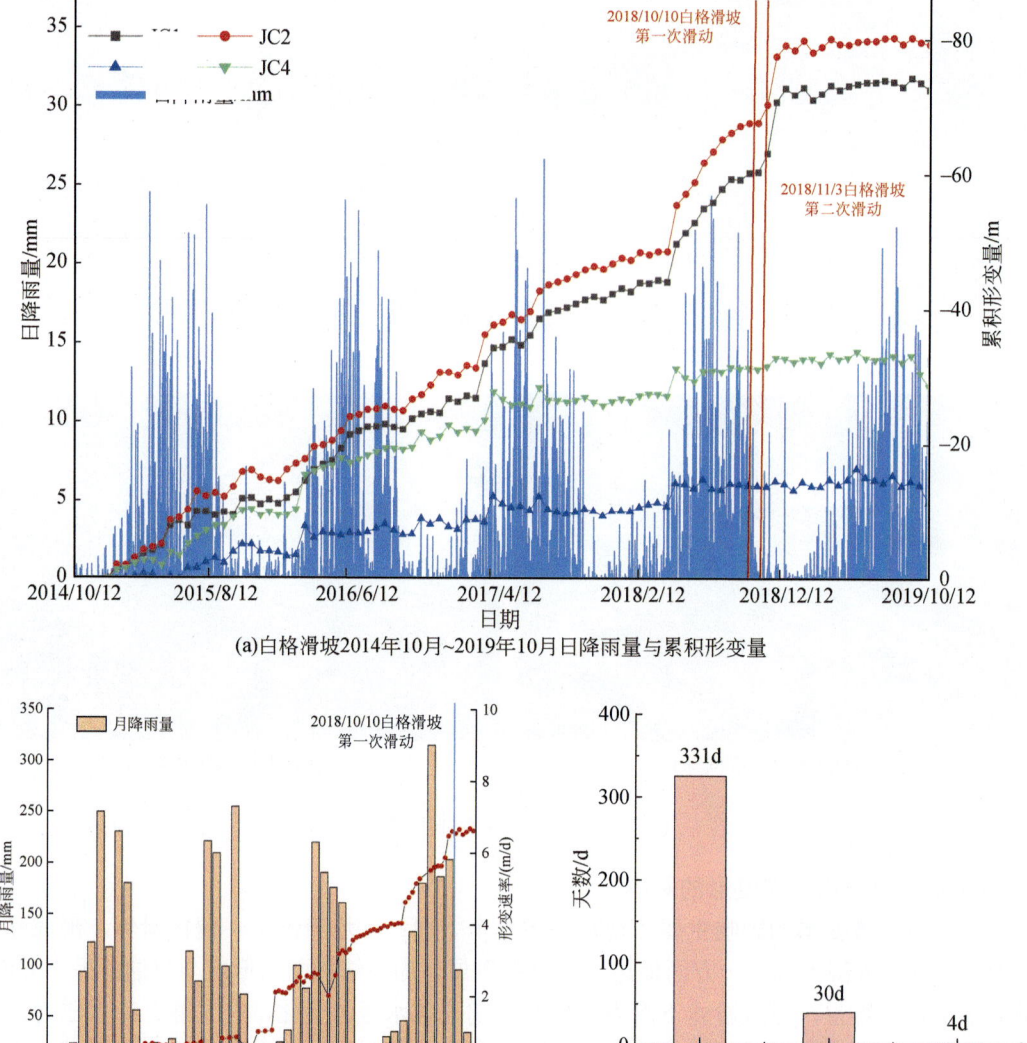

图 7-37 白格滑坡区降雨与累积形变量、形变速率曲线图

（2）根据 2014 年 10 月～2019 年 10 月白格滑坡水平累积形变量与降雨量分布图 [图 7-37（a）] 可知，6～9 月为白格滑坡区富水季，降雨量的增大导致滑坡的水平累积形变量陡增，但具有一定的滞后性。白格滑坡在 2016 年 12 月之前处于缓慢形变阶段，累积形变量小于 30m。从 2016 年 12 月～2018 年 10 月，滑坡处于加速形变阶段，累积形变量超过 80m，其中自 2018 年 6 月进入雨季后，滑坡形变速率显著增大 [图 7-37（b）]，滑坡形变有加剧趋势。

（3）位于滑坡启滑区的 3 号和 4 号监测点受降雨影响较小，累积形变量缓慢增大，最终 3 号监测点累积形变量为 15～20mm，4 号监测点累积形变量最终为 30～35mm，表明该区滑坡体呈持续缓慢的下滑状态,值得注意的是 4 号监测点在 2016 年和 2018 年的雨季(6~9 月)具有较为明显的变形迹象。

(4)位于滑坡滑动堆积区锁固段的 1 号和 2 号监测点,累积形变量与时间基本呈线性关系。形变速率呈现先增大后减小再大幅增加的特征,最大为 6.8m/d。结合气象降雨数据,监测点受降雨影响较大,尤其在 2018 年 5 月到滑坡发生前累积形变量都处在持续增大的趋势。这一形变特征表明,锁固段的坡体演化过程较为复杂。首先,锁固段在 2017 年 4~5 月出现变形迹象;其后,在 2018 年 5 月后,锁固段出现加剧变形迹象,且这一现象与雨季(6~9 月)恰好对应,表明降雨对锁固段的稳定性有较强烈的影响。一旦锁固段脆性剪断,主滑区整体高速剪出,紧接着牵引区启动,白格滑坡发生灾变。

6. 冻融循环作用对白格滑坡变形的影响

冻融循环即当环境温度降至 0℃以下时岩体中的水会冻结,水-冰相变会产生冻胀力,使岩体内部产生新的裂隙,当温度升高至 0℃以上时,岩体裂隙中的冰和地表的积雪融化,融水进一步渗入裂隙,在下一次冻结过程中这部分水会再次冻结加剧裂隙的发育。在冻融循环作用影响下,斜坡岩土体的结构会不断损伤破坏,导致其力学强度不断降低,最终影响整个斜坡的稳定性。白格滑坡地区属于大陆性季风高原型气候区,温度时空分布不均匀。区内最冷月为 1 月,月平均温度为 -1.6℃,最低值可达 -19.2℃;最热月为 7 月,月平均温度为 15.8℃,最高温度可达 39.4℃,极值温差可达 58.6℃;10~12 月昼夜温差最大,最大温差可达 19~20℃,冻融风化作用强烈。白格滑坡岩土体极为破碎,节理裂隙发育,也促进了冻融循环作用的发生。当区域气温降至 0℃以下时,斜坡由表层向深处冻结,若此时冻胀力超过岩土体抗拉强度,便会不断产生新的冻胀裂隙,损伤劣化岩体质量;当气温升至 0℃以上时,斜坡开始解冻融化,融水会进入裂隙,渗入蛇纹岩、黏土化蚀变岩等软弱岩体,弱化潜在滑动面。在冻融循环作用影响下,白格滑坡斜坡岩土体经历了反复的强水-岩相互作用、强水-冰相变作用,导致斜坡不断发生渐进变形与破坏。

综上所述,白格滑坡不是某一次地震或某一场降雨触发的,白格滑坡的累进破坏与高位启滑受到长期与短期的内外动力作用控制,长期作用包括活动构造与断裂蠕滑对白格滑坡岩体产生的加卸载作用及季节性冻融循环作用等,使得岩土体力学性质降低,节理裂隙逐渐联合贯通;而白格滑坡发生前连续强降雨的短期触发效应,导致滑源区岩体裂隙迅速扩展,岩土体力学强度急剧下降;随着时间的推移,在内外动力耦合作用下,由量变转化为质变,使斜坡上部蛇纹岩变形体突破下部片麻岩的阻挡后快速下滑,形成滑坡-堵江-溃坝灾害链。

(二)白格滑坡形成机制分析

通过对白格滑坡的物质组成、滑坡结构和地貌条件等进行分析,认为白格滑坡是在构造活动和地表侵蚀等内外动力耦合作用下发生的启滑失稳。分析认为导致白格滑坡发生的原因:首先是挤压变形区的三组结构面贯通,形成倾向坡外的贯通性潜在滑移面;其次是启滑区与牵引区的推挤作用导致阻滑区的渐进破坏,历史地震和降雨作用加速上述进程,最终在长期重力作用下发生变形破坏。白格滑坡 2018 年 10 月 10 日和 11 月 3 日两次滑动及后续斜坡变形可划分为六个阶段(图 7-38,图 7-39),分别为:① 白格滑动中部变形-蠕滑孕育阶段;② 前缘锁固段失稳第一次滑坡-堵江阶段;③ 第一次堰塞坝溃坝阶段;

④ 后缘失稳滑动第二次滑坡-堵江阶段；⑤ 第二次堰塞坝溃坝阶段；⑥ 后缘潜在不稳定区第三次滑动阶段，具体分析如下。

1. 中部变形-蠕滑孕育阶段

本阶段主要为白格滑坡的形成与孕育阶段，历史影像分析认为，滑坡变形阶段可以追溯至1966年，该阶段持续时间至2018年10月10日白格滑坡第一次滑动前(许强等，2018)。金沙江缝合带内构造变形强烈，区域地壳隆升迅速，结合历史资料与遥感影像分析，认为白格滑坡受历史地震和降雨作用的影响，经历了长达50年以上的蠕滑变形，为滑坡发生提供了潜在的能量条件；持续的构造挤压与河流深切导致斜坡岩体变形、破坏，坡体高差逐渐增大；同时，斜坡岩体自由面逐渐卸荷，造成内动力变化；在强降雨入渗作用下，斜坡内部的岩土体，尤其是断层泥和糜棱岩等，形成了软弱夹层，加速了斜坡变形，坡体上的不连续面逐渐扩大并贯通，最终发展为滑动面，坡脚处的岩体逐渐被切割，发生滑动。

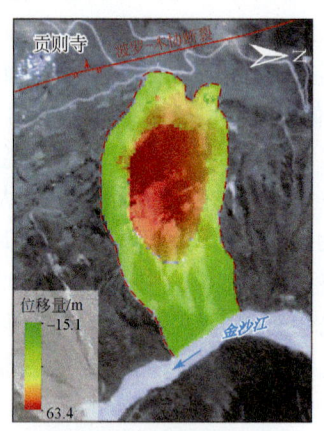

(a)白格滑动中部变形-蠕滑孕育阶段位移变化图

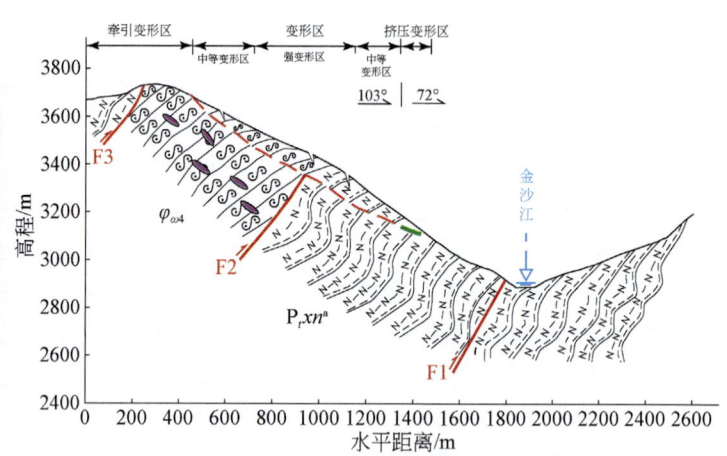

(b)白格滑动中部变形-蠕滑孕育阶段地形剖面图

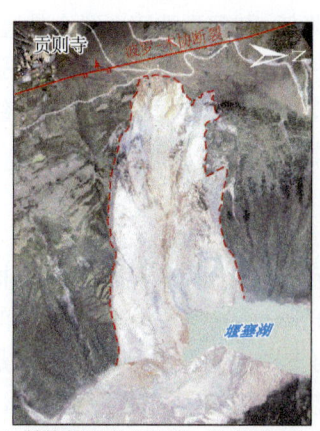

(c)前缘锁固段失稳第一次滑坡-堵江阶段无人机影像图

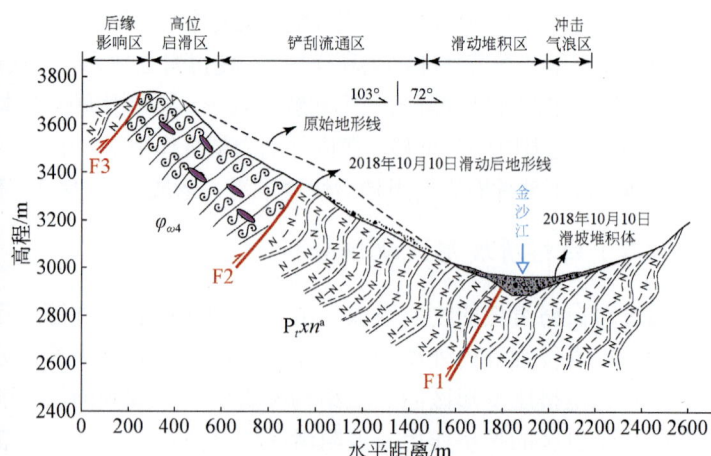

(d)前缘锁固段失稳第一次滑坡-堵江阶段地形剖面图

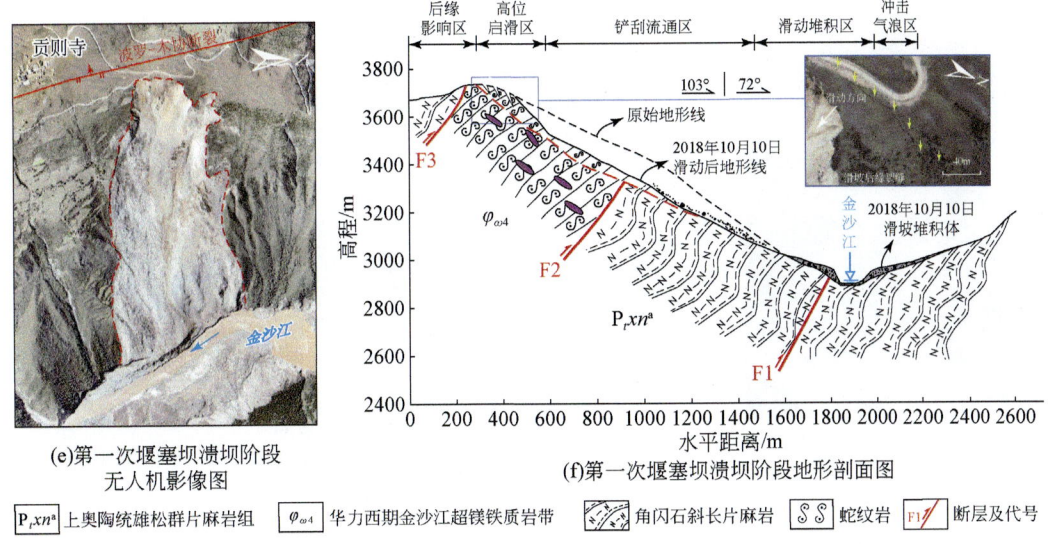

图 7-38　白格滑坡变形-滑坡-堵江溃坝灾害链第一~三阶段演化模式图

基于 2009~2018 年多期高分辨率光学影像发现，滑体中部逐渐形成长 50~150m，宽 5~10m 的明显拉裂缝和大规模滑塌迹象，滑坡区岩土体出现明显的整体下错现象，前缘、中部滑体发生隆起现象；采用 Sentinel-2 光学偏移量追踪技术认为，在 2015 年 11 月~2018 年 2 月，白格滑坡中部强变形区最大位移量达 30.2m，2018 年 8 月 29 日 Planet 卫星影像可见滑源区已非常破碎（图 7-38），滑坡已进入临滑阶段。

2. 前缘锁固段失稳第一次滑坡-堵江阶段

2018 年 10 月 10 日~12 日，白格滑坡第一次滑动堵江。位于坡体中部 3100m 高程的锁固段突然脆性剪断，滑面贯通，滑体以一定的初始速度高速剪出，中部强变形区与挤压变形区启动后，后缘牵引启动区也失去支撑开始启动，以巨大的势能向下运动，沿途铲刮斜坡表面原有的覆盖层，包括凸出于坡表的岩体；中部强变形区和挤压变形区在重力作用下加速运动并高速撞击金沙江左岸（四川岸），并向左岸上下游扩散冲刷，在左岸斜坡留下大片的气浪涌浪影响区，堆积体堵塞金沙江，形成堰塞坝。第一次白格滑坡失稳滑体主要位于高程为 3100~3500m，滑坡发生后，该区域地表向后（西）退缩了至少 90m，形成槽谷型地貌，滑坡区后缘及两侧岩土体受滑坡动力的拖拽作用，形成了具有明显拉张和剪切错动裂缝的潜在不稳定岩体，包括后缘变形体（K1）、沿滑动方向右侧变形体（K2）、沿滑动方向左侧变形体（K3）。白格滑坡第一次失稳体积约 $2114×10^4 m^3$，形成的堰塞坝最大厚度为 115m，堰塞湖水位上升 36.4m。白格滑坡第一次失稳滑动的变形模式主要为：中部滑移推动-前缘锁固段渐进失稳-后部牵引滑动-堵江。

3. 第一次堰塞坝溃坝阶段

2018 年 10 月 13 日~11 月 2 日，白格滑坡堰塞湖第一次溃坝至第二次滑动前。据现场水文监测，金沙江堰塞体在 2018 年 10 月 12 日 17 时 15 分自然溢流，堰塞湖水位开始下降，2018 年 10 月 13 日 9 时，堰塞湖右岸垭口已完全冲开，堰塞湖水位大幅降低，冲刷形成的泄流槽总体上沿原河道展布。由于滑体后缘变形体失去支撑作用，裂缝逐渐扩张，破碎解体。

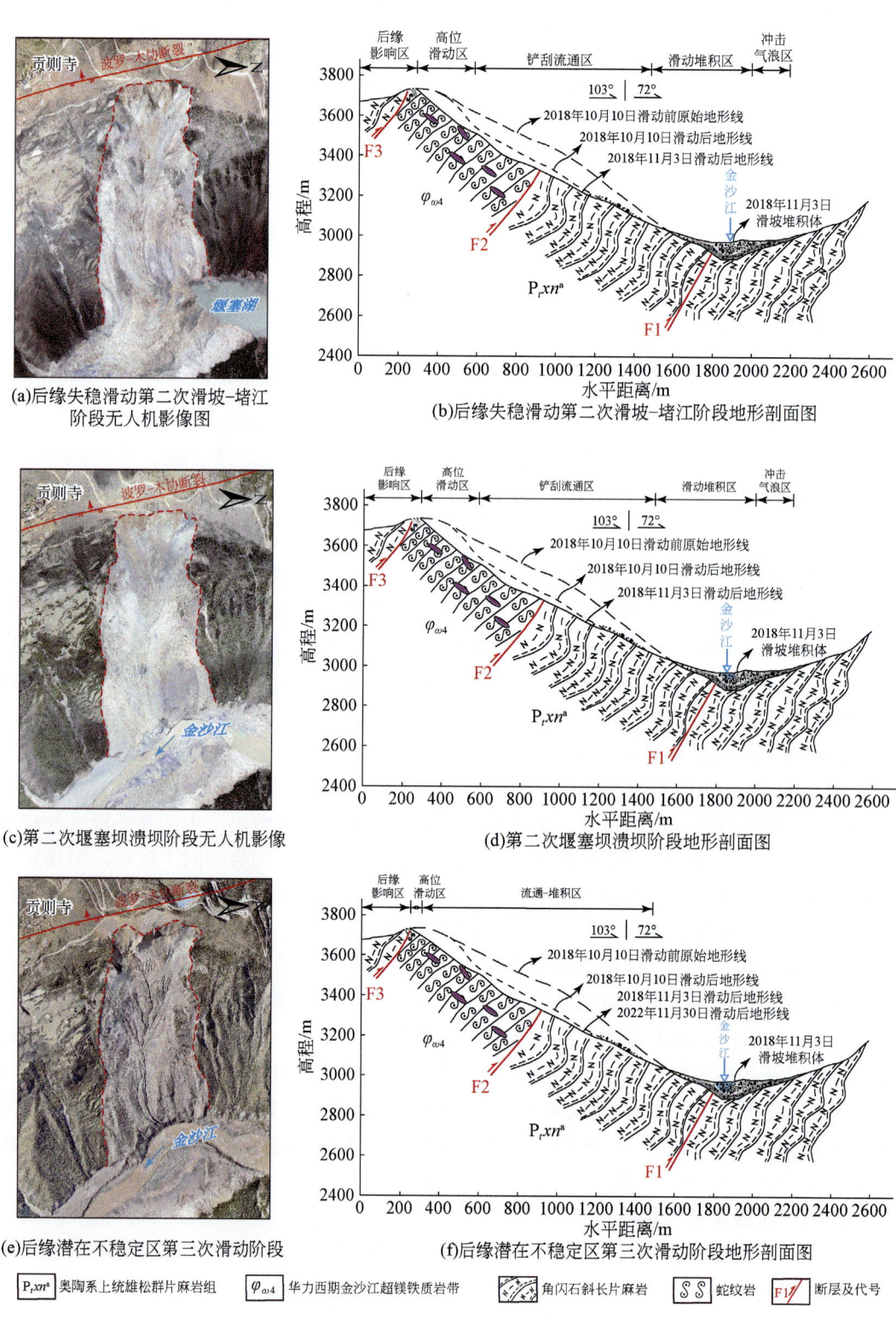

图 7-39 白格滑坡变形-滑坡-堵江溃坝灾害链第四~六阶段演化模式图

4. 后缘失稳滑动第二次滑坡-堵江阶段

2018年11月3日～11月12日，白格滑坡第二次滑动堵江，形成堰塞湖。白格滑坡滑源区后缘K1变形体再次发生失稳破坏，高程为3636～3680m，滑坡后缘向后退缩了约150m，失稳的岩土体沿第一次滑坡形成的凹槽向下运动，沿途冲击、铲刮斜坡岩土体，形成碎屑流，再次堵塞金沙江。白格滑坡第二次失稳体积约为$437×10^4 m^3$，形成的堰塞坝超出原始江面约130m，堰塞湖蓄水量约5亿m^3。

5. 第二次堰塞坝溃坝阶段

在人工开挖干预下，堰塞体于2018年11月12日开始泄洪，至13日坝体上下游水位贯通，其中人工泄流槽顶宽为42m，底宽为3m，最大开挖深度为11m，总长度为220m，累积修筑施工便道2.5m，开挖和翻渣累积土石方工程量为$13.5×10^4 m^3$（余志球等，2020）。堰塞湖泄洪后，坡体应力释放，导致后缘潜在失稳区裂缝进一步扩大。

6. 后缘潜在不稳定区第三次滑动阶段

2022年11月30日，白格滑坡后缘潜在不稳定区K3内发生大规模失稳滑动，失稳体积约为$180×10^4 m^3$。基于2019年及2021年野外调查和2019年5月15日高分辨率无人机影像，滑动区在2019年发育63条走向为SWW向的裂缝，到2021年裂缝逐渐扩展为82条，最大裂缝宽度可达50cm，下错陡坎较2019年增加了2m。白格滑坡下部岩体在2018年11月3日第二次滑动时被掏空，后缘潜在不稳定区K3逐渐失去支撑，发生垮塌滑动。

四、白格滑坡启滑早期识别标志与发展趋势研究

（一）大型滑坡启滑早期识别标志

滑坡早期识别主要是指对未来可能形成的滑坡或可能发生大规模变形的斜坡体进行提前判识，并对滑坡的变形趋势或发生时间进行预测预报，以减少滑坡灾害对人民生命财产造成的威胁和损失（许强等，2019；Intrieri et al.，2012）。滑坡早期识别是地质灾害防治研究的重点和难点，开展滑坡早期识别是实现灾害风险防范和有效降低风险的重要途径之一（吴树仁等，2010）。近年来，国内外研发了大量对地观测技术，特别是非接触式形变观测技术（唐尧等，2019；Glenn et al.，2006），其中高分辨率光学卫星遥感影像、无人机LiDAR高分辨数据、GPS-InSAR联合监测技术已成功应用于滑坡灾害监测与早期识别研究。滑坡的早期识别技术除了非接触式形变观测技术外，国内外许多学者在大型滑坡现场监测技术方面进行了大量有益的探索，研究认为滑坡在孕育过程中，岩体因内部破裂而释放应力，可通过监测微震、声波、次声波等的强度和位置来揭示滑动面的发展演化过程；外在变形可通过全站仪、GNSS、裂缝计、钻孔倾斜仪等手段监测地表及坡体内部的相对和绝对位移（张勤等，2022），同时通过现场调查可查明不同阶段地表裂缝、陡坎的空间发育分布情况。

1. 滑坡位移-时间曲线类型

斜坡运动是一个由量变到质变的渐进过程。在这个过程中，斜坡运动的外在表现就是宏观变形和地表位移变化。大量实例表明，在重力作用下，多数滑坡变形演化符合日本学者Saito（1965）提出的滑坡三阶段变形规律，将滑坡变形演化过程划分为初始变形、等速

变形和加速变形三个阶段；曾裕平（2009）将滑坡位移-时间曲线形态划分为平稳型、直线型、曲线型、回落型、阶跃型和收敛型等6种类型；刘传正（2021）将滑坡累积变形-时间曲线划分为失稳突发型、阶跃演进型和缓变趋稳型等三类。本书结合青藏高原大型深层滑坡变形-时间曲线类型，将滑坡变形-时间曲线划分为失稳突发型、阶跃演进型和缓变趋稳-回落型等三类，更为符合实际情况（图7-40），并且不同类别之间在特定条件下还会发生转换。

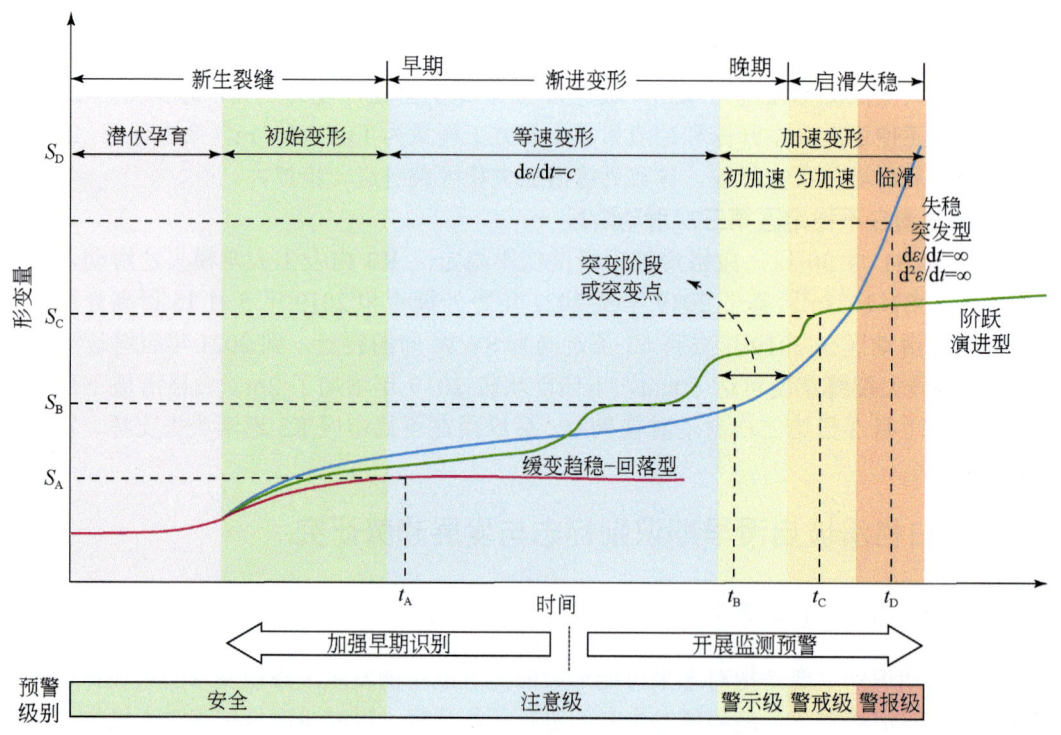

图7-40 滑坡变形-时间曲线主要类型与分布特征

dε 为位移增长量；dt 为时间间隔

（1）失稳突发型。失稳突发型滑坡变形位移变形-时间曲线显示，滑动前期曲线呈缓慢增长趋势，在达到一定破坏程度后，滑坡累积位移曲线增大特征非常明显，达到临滑阶段时，曲线切线角近于90°。如1955年8月18日陇海铁路西宝段卧龙寺新滑坡发生部分复活，1971年3月11日开始出现新滑坡裂缝，5月5日3时15分发生滑坡，造成28人死亡，历时66天的监测结果显示了滑坡逐渐加速变形过程，具有失稳突发性特征（叶成才，1999）。

（2）阶跃演进型。阶跃演进型是比较普遍的滑坡变形类型，在滑坡滑动前期累积位移-时间曲线呈现阶跃式上升与台阶式缓慢蠕变交替出现的情形，在达到加速阶段后，滑坡累积位移随着时间增长呈现直线上升，最终发生破坏。例如，水库滑坡受库水位周期性涨落变化或年度降雨变化的影响，乃至季节性冻融都会造成滑坡累积变形在水动力作用下出现阶跃式变形。

（3）缓变趋稳-回落型。当滑坡变形处于初始变形阶段或等速变形阶段时，滑坡累积位移随着时间增长变化幅度很小,曲线近似于一条平缓直线,无特别明显的突变点;曲线围绕某一趋势值上下轻微波动,斜率基本上趋于一定值;当滑坡变形达到一定程度后,受坡体内部和外界因素的影响,滑坡变形位移减小,并逐渐趋于稳定。

2. 滑坡变形预警

实践证明,各类斜坡都有其自身形成、发展和消亡的地质历史演化过程和规律,演化过程中会表现出阶段性特征。斜坡的不同发展阶段其外形和内部结构特征往往会有所变化和区别,这些特征可作为判别斜坡是否已发生变形和变形所处发展阶段的地质依据。这是斜坡发展演化阶段的时间和空间分析中极为重要的环节,也是滑坡预测预报的重要依据。

王家鼎(1999)通过对大量滑坡的反演分析认为,滑坡在即将发生破坏前的时间-位移曲线切线角(α)一般为 89°~89.5°;许强和董秀军(2011)提出了一种基于时间-位移曲线切线角(α)和速率增量(v)的预警准则,利用裂缝计和 GNSS 采集的位移-时间曲线来获取 α 和 v 的实时值,用于山体滑坡预警系统中,成功预警了甘肃黑方台黄土滑坡、贵州龙井村滑坡(许强,2020);李聪等(2016)基于滑坡数据库信息,基于统计分析方法认为绝大多数滑坡变形的加速阶段历时小于 30 天,变形时间与滑坡破坏模式、滑体方量、滑面类型等因素相关。

本书结合地质灾害变形特征,提出了 4 级预警机制(表 7-6)。滑坡的等速变形阶段对应于注意级预警(蓝色),初加速变形阶段对应警示级预警(黄色),匀加速变形阶段对应警戒级预警(橙色),而一旦进入临滑变形阶段,则应及时发布红色警报级预警。

表 7-6 滑坡变形预警级别(据许强,2009 修编)

	名称	安全	注意级	警示级	警戒级	警报级
预警级别	级别	绿色	蓝色	黄色	橙色	红色
	变形阶段	初始变形	等速变形	初加速阶段	匀加速阶段	临滑阶段
	变形特征	滑坡开始出现轻微的变形,变形速率平缓	滑坡出现明显的变形,但平均速度基本保持不变	滑坡变形速度开始增加	滑坡变形速度持续增加,宏观上显示出整体滑动的迹象	滑坡变形速度持续快速增加,小型崩塌、滑坡持续发生
	监测曲线切线角/(°)	$\alpha<45$	$\alpha\approx45$	$45<\alpha<80$	$80<\alpha<85$	$\alpha>85$
预警判据	变形速率	$\Delta v<0$	$\Delta v=0$		$\Delta v>0$	
	加速度 a/(mm/h²)	$a<0$	$a\approx0$,在 0 附近波动	$a>0$,在一定范围内振荡		$a>0$,骤然剧增

3. 滑坡隐患早期识别主要前兆特征

在滑坡发生之前,一般都有比较明显的预兆,如:① 滑坡内水位发生突然升降,在滑坡前缘坡脚处,有堵塞多年的泉水复活现象,或者出现泉水(井水)突然干枯,井(钻孔)水位突变等类似的异常现象。如 1982 年云阳滑坡发生前一天,前缘滑舌出现小股泉水自喷,水头喷射射程达 2~3m,次日上午暴发了巨型滑坡(黄润秋,1986);② 滑坡前部出现放射状裂缝，前部出现横向及纵向放射状裂缝，它反映了滑坡体向前推挤并受到阻碍，已进入临滑状态。如持续性大暴雨造成宝塔老滑坡西侧后缘出现地面开裂，石板沟沟壁滑动，造成大量地表水入渗，在滑坡发生前产生强大的承压水头，使滑面强度降低，导致鸡扒子滑坡滑动（谢守益和徐卫亚，1999）；③ 大滑动之前，有岩石开裂或被剪切挤压的影响，这种现象反映了滑坡深部变形与破裂，如1981年攀钢石灰石矿滑前出现岩体位移的错断；④ 临滑之前，滑坡体四周岩（土）体会出现小型崩塌和松弛现象，如盐池河岩崩、易贡滑坡等；⑤ 如果有滑坡体长期位移观测资料，那么大滑动之前，无论是水平位移量或垂直位移量，均会出现加速变化的趋势，这是临滑的明显迹象；⑥ 临滑前滑坡后缘的裂缝急剧扩展，并从裂缝中冒出热气或冷风；⑦ 临滑之前，在滑坡体范围内的动物惊恐异常，如2003年7月14日发生的三峡库区千将坪滑坡发生前数天内，青干河滑坡部位突然鱼群聚集。但近年来的众多滑坡案例表明，有些突发性很强的滑坡滑动前并没有明显的变形迹象，或从变形到破坏所经历的时间很短，而此类滑坡往往发生在强降雨或地震期间。

研究认为，不同孕灾背景、不同类型和不同发育阶段的滑坡隐患识别的特征存在较大差异，目前用于滑坡早期识别的技术方法主要有：①基于现场调查和工程地质分析的滑坡隐患早期识别，如三峡库区新滩滑坡（汪发武和谭周地，1991）；②基于InSAR技术的滑坡隐患早期识别，如王立伟（2015）基于差分合成孔径雷达干涉测量（D-InSAR）建立的适用于高山峡谷库区滑坡位移的动态早期识别技术；③基于GNSS现场监测技术的滑坡隐患早期识别，如在2019年3月26日，甘肃省永靖县盐锅峡镇党川村黑方台党川6号和7号滑坡体附近新发生了一起黄土滑坡，滑坡体积约20000m³。长安大学和成都理工大学研究团队采用GNSS联合监测，提前两天对滑坡发出黄色预警，当地政府及时采取防范措施，避免了人员伤亡；2020年汛期，贵州和四川成功预警地质灾害60余起，避免了大量人员伤亡与财产损失（凌晴等，2022）；④基于无人机LiDAR技术穿透植被，能够测出地表真实的高程信息，进而获得高精度的DEM和山体阴影数据，有利于开展滑坡的早期识别（Schulz，2007；胡永杰等，2015）。

（二）白格滑坡变形失稳过程分析

本书基于1999年11月~2022年12月共24景Landsat 7和Sentinel-2光学影像、2015年7月~2022年5月共17景ALOS-2雷达卫星影像和2014年10月~2022年2月共162景Sentinel-1雷达卫星影像，分析2018年白格滑坡两次滑动的变形过程。在滑坡强变形区选取半径为50m的圆形区域进行形变时间序列分析[图7-33（e）中白色圆形区域]，得到了白格滑坡时间-位移变化曲线图（图7-41）。2007年1月~2011年1月，PALSAR-1数据观测到的位移速度约为0.038m/d，累积位移量数据切线角小于45°；2014年11月~2017年1月期间，PALSAR-2和Sentinel-1数据测量的速度增加至0.8~1.3m/d（图7-41），此阶段的切线角为45°~60°，此时滑坡处于初加速变形阶段；2017年1月~2018年8月，Sentinel-1获取的白格滑坡变形速度为1.5~4.8m/d，切线角为60°~82°，此时滑坡处于匀加速阶段；2018年8~10月，白格滑坡变形速度为5.0~6.4m/d，切线角为82°~88°，此时滑坡处于临滑阶段，即将发生大规模的滑坡-堵江-溃坝灾害链。由于2011~2014年无法获取到可用于研究白格滑坡的 SAR 雷达影像,因此采用 Landsat 7 光学遥感数据进行补充验证,通过光学偏移量追踪技术,获取该时间段内的滑坡变形情况,结果显示在 2011~2014 年,白格滑坡经历了缓慢的蠕滑变形阶段。

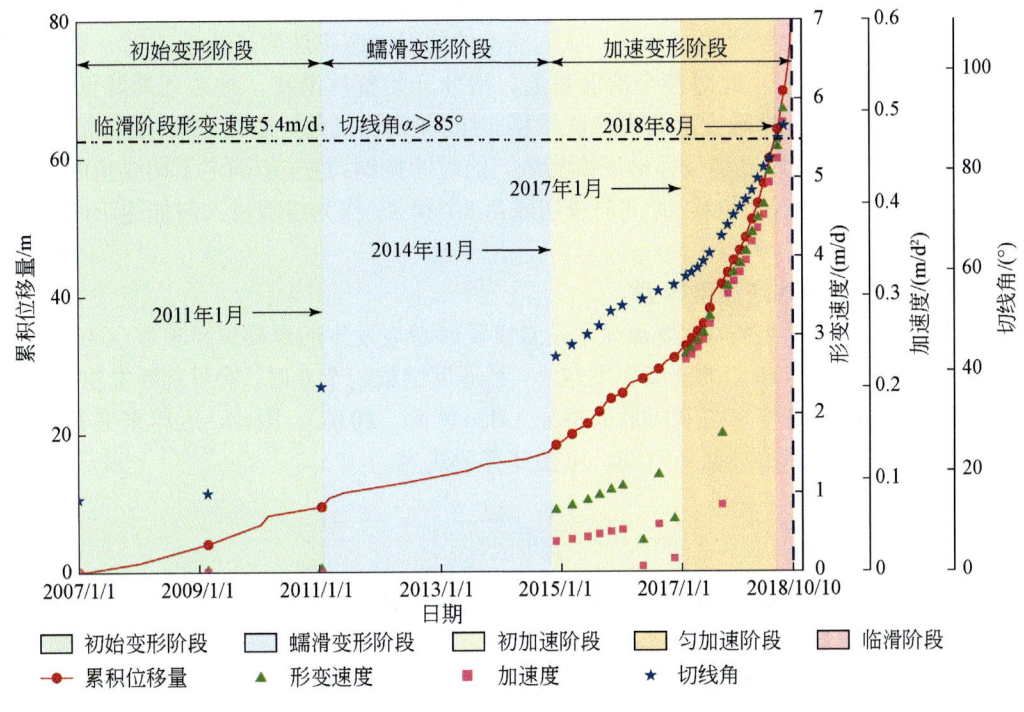

图 7-41 白格滑坡时间-位移变化曲线图

通过多源遥感数据,结合斋藤滑坡蠕变三阶段理论,将白格滑坡发生前的变形过程进行阶段划分(表 7-7,图 7-41),认为在 2011 年 1 月之前,白格滑坡处于初始变形阶段,2011 年 1 月~2014 年 11 月,滑坡处于蠕滑变形阶段;2014 年 11 月~2017 年 1 月,滑坡处于初加速阶段;2017 年 1 月~2018 年 8 月,滑坡处于匀加速阶段;2018 年 8 月~2018 年 10 月 10 日,滑坡处于临滑阶段。

表 7-7 白格滑坡运动阶段划分

指标参数	初始变形阶段	蠕滑变形阶段	加速变形阶段		
			初加速阶段	匀加速阶段	临滑阶段
时间	2011 年 1 月之前	2011 年 1 月~2014 年 11 月	2014 年 11 月~2017 年 1 月	2017 年 1 月~2018 年 8 月	2018 年 8 月~2018 年 10 月 10 日
速度增长率 Δv/%	<0	0	>0		
切线角分类标准/(°)(许强等,2019)	$\alpha<45$	$\alpha\approx45$	$45<\alpha<80$	$80<\alpha<85$	$\alpha>85$
切线角实际值(2018 年 10 月 10 日之前)/(°)	—	<45	45~60	60~82	82~88

（三）基于速度倒数法的白格滑坡失稳启滑模型与反演分析

滑坡的失稳判别涉及因素较多，主要有滑坡运动累积位移、速度、加速度、滑坡长度、体积以及区域降雨量等因素，目前关于滑坡的失稳启滑模型主要通过滑坡运动速率、切线角数值等开展分析。如李聪等（2016）认为当滑坡的滑动速率达到 50mm/d 时，可以判断滑坡即将进入滑动阶段，此时整个滑面贯通，滑体开始整体滑移，重心逐渐降低；Wang 等（1999）通过统计分析确定滑坡失稳前位移-时间曲线切线角一般为 89°～89.5°，并提出了位移切线角准则，并通过将坐标轴变换为统一的时间量纲，进一步确定了切线角的值（Liu et al.，2022），将改进后的位移-时间曲线切线角 80°和 85°作为滑坡进入匀加速阶段和临滑阶段的分割点。

1. 滑坡变形失稳的逆速度模型

在滑坡失稳的整个过程中，变形速率是直接反映滑坡发生的重要预警参数（Carla et al.，2019）。变形速率越快，相应的速度倒数越小。当速度倒数趋于 0 时，即可判断发生了滑坡，由此推断速度倒数具有非常直观可靠的特征（Hao et al.，2016）。因此，近年来更多的学者采用逆速度方法来预测滑坡破坏时间。主要计算公式为

$$\frac{1}{V} = \frac{\Delta T}{\Delta S} \tag{7-5}$$

式中，V 为滑坡变形速率；ΔT 为相邻时间变换后同时间尺度纵坐标值之差；ΔS 为相邻时间段滑坡位移变化量。

基于逆速度方法预测模型主要是根据获得的滑坡位移-时间曲线建立速度倒数（$1/V$）与时间的关系曲线，其中 $1/V$ 接近 0，即为滑坡变形破坏的临界时间。当获得的监测数据稍有不同时，两个拟合参数 T 和 S 可能会同时产生较大的变化，相应的预测值也会产生较大的偏差。

分析近几年不断累积的监测数据，也进一步证实了滑坡在即将进入临滑阶段时，变形时间曲线确实呈现出明显的突变增加趋势，且呈指数型上升趋势（Corcoran and Davies，2018）。同时，这些数据为滑坡临滑变形规律的精细化研究、构建便捷可靠的预测方法提供了基础。因此，需要合适的数据滤波处理方法更准确地反映滑坡变形状态，常采用最小二乘法、移动平均法以及基于两者的改进方法对原始数据进行拟合和平滑（图 7-42）。

2. 滑坡临滑时间预测理论与方法

（1）采用改进的切线角求解加速变形阶段规律。滑坡预警和失稳时间预测不是两个独立的过程，而是密切相关的。预警表征滑坡是否进入失稳状态，预测表征危险状态剩余的具体时间。根据滑坡变形阶段划分，当滑坡进入加速变形阶段并向临滑阶段发展时，预警模型可以及时发布红色级别的预警信息（Fan et al.，2019）；当滑坡处于临滑破坏时，预测模型需要准确计算出相应的速度倒数，为应急处置提供可靠的时间数据。

切线角预警模型是较为成熟的滑坡预警方法之一，其预警参数为无量纲单位（Xu et al.，2011；Fan et al.，2020）。为了将不同滑坡统一到同一标准量纲下进行准确预警，将整个位移时间曲线转换为切线角变化曲线，比较相同切线角范围下的各类滑坡变形曲线（Xu et al.，

2020）。基于切线角准则，成功地对渐进变形的滑坡进行预警，如甘肃黑方台滑坡（Xu et al., 2020）、白格滑坡第二次滑动（Fan et al., 2019）等。

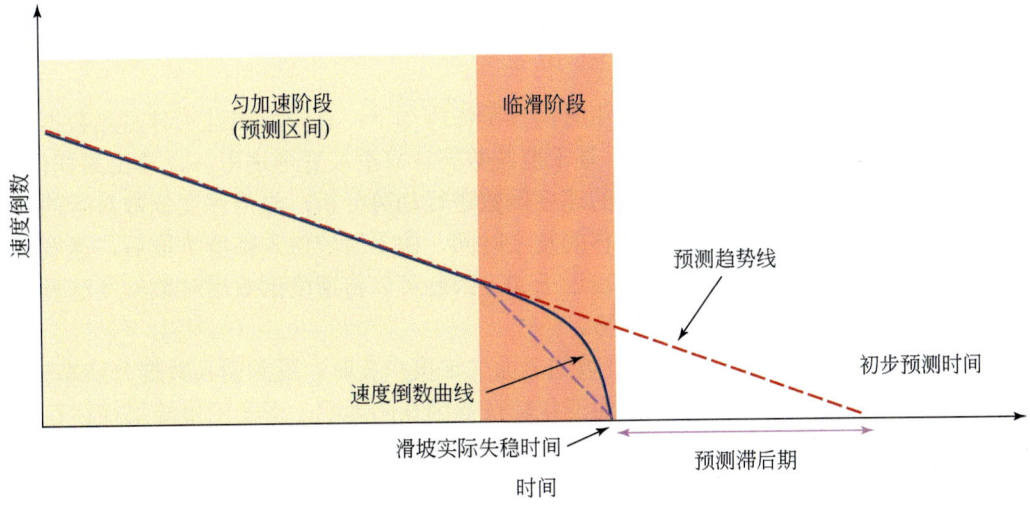

图 7-42 基于速度倒数法滑坡预测原理图（据 Qi et al., 2023 修编）

采用改进的切线角方法求解位移速率阈值（许强等，2009），通过用累积位移 S 除以 v 的办法将位移-时间曲线的纵坐标变换为与横坐标相同的时间量纲：

$$T(i) = \frac{S(i)}{v} \tag{7-6}$$

式中，$S(i)$ 为某一单位时间段（一般采用一个监测周期）内斜坡累积位移；v 为等速变形阶段的位移速率；$T(i)$ 为变换后与时间相同量纲的纵坐标值。

然后获取改进的切线角 α 的表达式：

$$\alpha = \arctan\frac{T(i) - T(i-1)}{t_i - t_{i-1}} = \frac{\Delta T}{\Delta t} \tag{7-7}$$

式中，α 为改进切线角值；ΔT 为单位时间 $T(i)$ 的变化量；Δt 为计算 S 时对应的单位时间段。

将等速变形阶段各时间段的变形速率做算术平均，即可得到等速变形阶段的速率 v：

$$v = \frac{1}{m}\sum_{i=1}^{m} v_i \tag{7-8}$$

式中，m 代表等速变形阶段内的时间段数量（即分段数量）。

当切线角大于 45°时，认为滑坡已进入加速变形阶段，可进一步分为初加速阶段（45°~80°）、匀加速阶段（80°~85°）、临滑阶段（>85°），分别对应黄色预警、橙色预警、红色预警；切线角越接近 90°，斜坡就越接近破坏。

（2）预测范围确定。预测精度对于滑坡临滑阶段非常重要，即将发生的滑动预测需要尽可能准确且提前。因此，预测发布不宜太早或太晚。当滑坡变形进入匀加速阶段时，逆速度值波动较小，趋于稳定，此时逆速度的趋势分析更加准确。当滑坡变形进入切线角对应的红色预警临滑阶段时，逆速度将再次出现急剧下降。同时，这一阶段距离滑坡发生时间非常接近，对滑坡破坏时间的提前预测太少，难以开展有效的应急响应。因此，基于逆速度的滑坡临滑预测需要以加速度变形阶段作为预测计算范围，更容易反映滑坡的实际变形趋势。

（3）滑坡临滑预测方法。滑坡发生时间预测流程如下：首先，通过实时监测数据，获得滑坡的累积位移-时间曲线；其次，基于监测数据计算滑坡变形速率，计算出累积位移-时间曲线的切线角值；基于加速阶段的速度倒数进行趋势分析；根据速度倒数对应的趋势线与时间轴的交点，预测滑坡临界滑移的发生时间，由于滑坡进入临滑阶段后，速度的倒数开始呈非线性、急剧下降，并逐渐趋近于 0，因此可以将速度倒数用对数刻度法表示，更加清晰直观拟合变形数据的发展趋势。

在利用 Sentinel-1 雷达数据监测滑坡的表面大梯度形变时，受到哨兵数据分辨率较低、滑坡面积有限、快速运动的滑坡体表面变化较快等因素的影响，形变测量结果往往存在数十厘米甚至更大的误差，在时间序列上会有轻微的波动。在采用速度倒数法进行滑坡失稳预测时，首先要对形变值进行滤波处理，以提高预测时间的准确性，不同于 GNSS、裂缝计等地面测量仪器可以实时获取变形数据，Sentinel-1 数据采样时间为 12d，因此无法通过时间域的平均处理来进行滤波。由于高次多项式可以近似地表示任何一个复杂的函数，本书采用最小二乘多项式拟合的方法对时间序列形变数据进行滤波。在保证不出现拟合次数过高引起的振荡效应的情况下，尽可能选择高次多项式来准确地模拟滑坡的复杂的时间序列形变。

（4）白格滑坡临滑预测模型。本书基于 PO-SBAS 技术获取的白格滑坡发生前的 InSAR 监测结果，采用逆速度方法，拟合白格滑坡滑动的趋势线方程（图 7-43），分别以 2017 年 1 月，2017 年 9 月，2018 年 4 月和 2018 年 8 月等 4 个时间点开始预测滑坡发生时间模拟真实情况，以上 4 个阶段覆盖了滑坡的整个加速过程。

2017 年 1 月初加速阶段预测模型。通过监测点拟合预测得到的式（7-9）：

$$S_1=(1\times 10^{-10})t^3+(1\times 10^{-5})t^2-0.5153t+7130.1 \qquad (7\text{-}9)$$

式中，S_1 为滑坡累积位移量；t 为时间，拟合曲线相关系数 $R^2=0.7111$，此时预测滑坡发生的时间为 2018 年 1 月 25 日 [图 7-43（a）]。

2017 年 9 月匀加速中期阶段预测模型。通过监测点拟合预测得到的式（7-10）：

$$S_2=(-9\times 10^{-11})t^3+(1\times 10^{-5})t^2-0.4539t+6297.4 \qquad (7\text{-}10)$$

式中，S_2 为滑坡累积位移量；t 为时间，拟合曲线相关系数 $R^2=0.7564$，此时预测滑坡发生时间为 2018 年 4 月 15 日 [图 7-43（b）]。

2018 年 4 月匀加速后期阶段预测模型。通过监测点拟合预测得到的式（7-11）：

$$S_3=(-7\times 10^{-11})t^3+(8\times 10^{-6})t^2-0.3429t+4785.4 \qquad (7\text{-}11)$$

式中，S_3 为滑坡累积位移量；t 为时间，拟合曲线相关系数 $R^2=0.7837$，此时预测滑坡发生时间为 2018 年 7 月 18 日 [图 7-43（c）]。

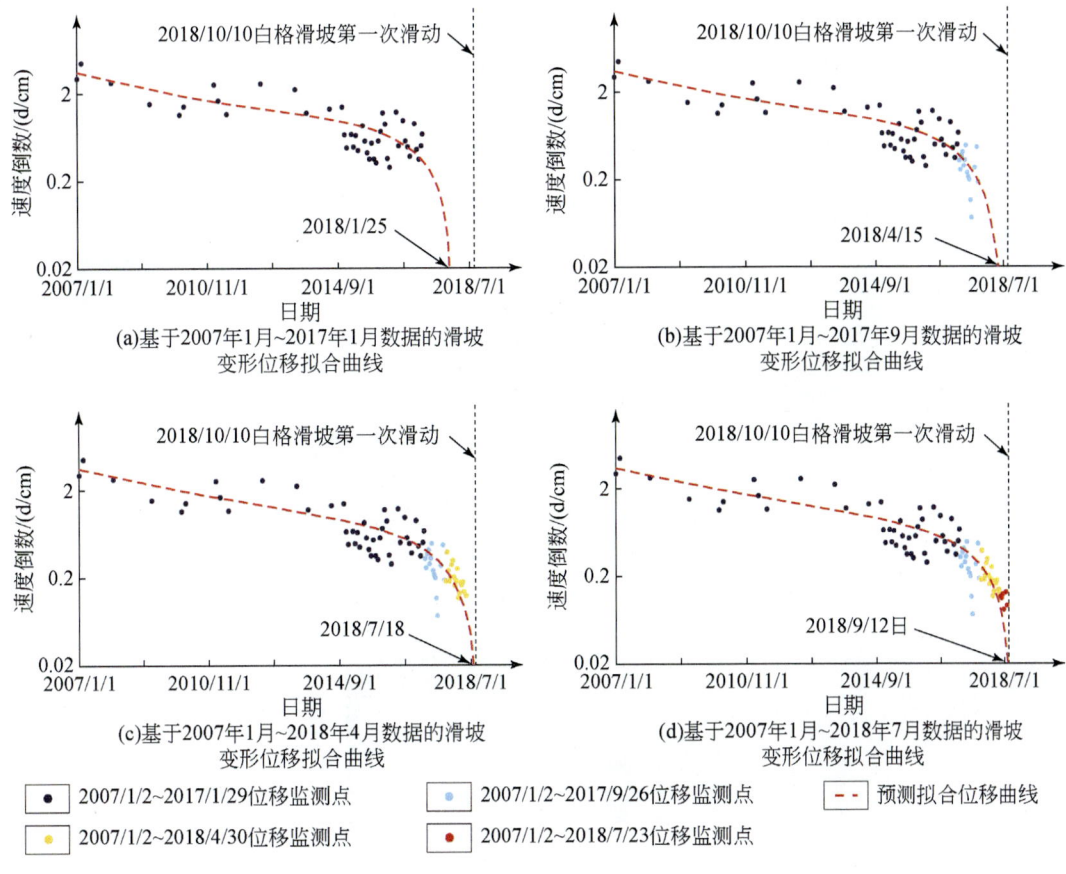

图 7-43 白格滑坡蠕滑变形-启滑失稳预测曲线

2018 年 8 月临滑阶段预测模型。通过监测点拟合预测得到的式（7-12）：

$$S_4 = (-6 \times 10^{-11})t^3 + (8 \times 10^{-6})t^2 - 0.3152t + 4405.7 \tag{7-12}$$

式中，S_4 为滑坡累积位移量；t 为时间，拟合曲线相关系数 $R^2=0.8125$，此时预测滑坡发生时间为 2018 年 9 月 12 日 [图 7-43（d）]。

由此可见，基于历史数据回溯预测分析时，数据越接近临滑阶段，预测时间的准确率越高，更接近滑坡实际发生时间。

从图 7-43 中可以发现，在 2017 年 7 月 4 日，滑体中部出现了一次速度增加，需要指出的是，这种突然的增加并不是一种错误的结果，它反映了滑坡受外界因素影响下表现出突然加速的过程，结合降雨量数据发现，在 2017 年 7 月 4 日前 30 天内累积降雨量达 260.1mm，达到全年降雨量的 25%（图 7-37），导致滑体中部出现短暂的加速运动。

（四）白格滑坡变形趋势研究

1. 2018 年 11 月 3 日白格滑坡发生之后像素偏移量特征

为分析 2018 年 11 月 3 日白格滑坡发生后残留堆积体发生滑动的形变特征，选取 2020 年 1 月 16 日和 2022 年 2 月 4 日两景 Sentinel-2 影像进行形变监测。采用 COSI-Gorr 软件分析 2018 年 11 月 3 日白格滑坡发生后的形变特征，可得最大形变位移为 7.7m，存在区域 1 和区域 2 两处明显的形变区域（图 7-44）。区域 1 为裂缝变形扩展最严重的区域，区域 2 为裂缝变形加剧区域，显著的水平位移和沿滑面前升后降的高程形变表明两处残留堆积体整体滑移现象明显，存在再次成灾风险；区域 3 为滑坡前缘河流侵蚀区域。

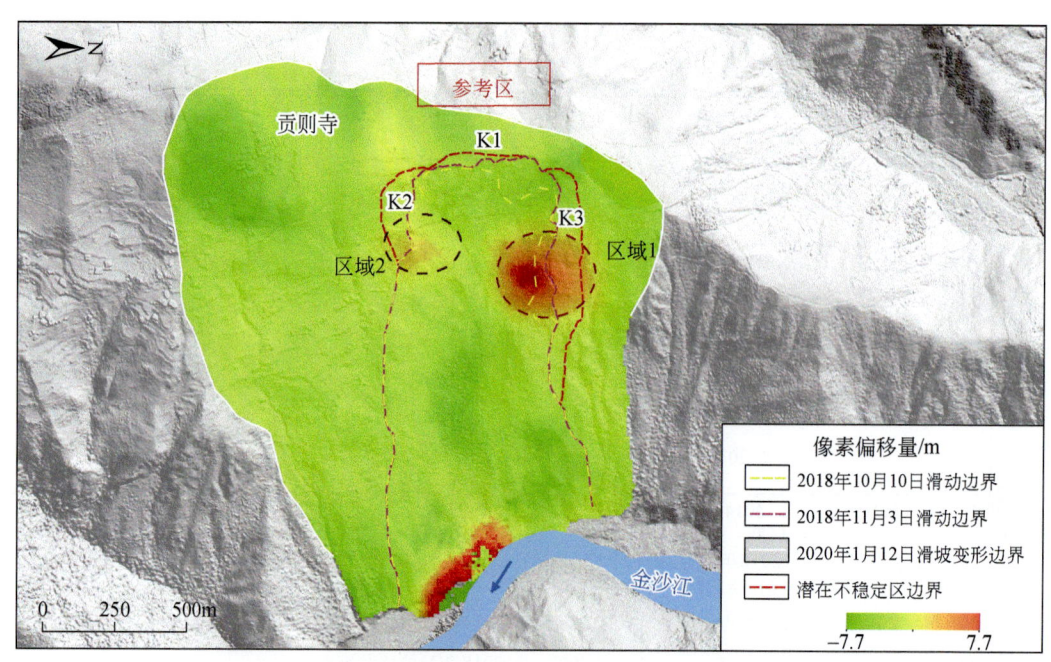

图 7-44　2018 年 11 月 3 日白格滑坡发生之间像素偏移量结果

2. 2018 年 11 月 3 日白格滑坡发生之后 InSAR 形变特征

2018 年 10 月 11 日第一次白格滑坡发生后，Fan（2019）等在白格滑坡潜在失稳区上安装了 16 个 GNSS 接收器、16 个裂缝测量仪和一个雨量计，进行实时预警监测。通过预警系统成功预测了 2018 年 11 月 3 日和 11 月 6 日发生的两次次生滑坡灾害。

2018 年 11 月 3 日白格滑坡发生第二次滑动后，坡体后缘存在 K1、K2 和 K3 等三个潜在不稳定区［图 7-45（a）］，本书基于 2018 年 11 月 20 日～2022 年 2 月 20 日共 83 景 Sentinel-1 升轨数据，采用 SBAS-InSAR 技术获取了白格滑坡的变形速率结果［图 7-45（b）］，2018 年 11 月～2022 年 2 月白格滑坡最大变形速率达到 -211mm/a（图 7-45），主要集中在坡体南侧的 K2 潜在不稳定区，K1 不稳定区变形次之，K3 不稳定区变形较小，研究区最大累积形变量为 -693.7mm（图 7-46）。在 K1 和 K2 区域分别选取了两个半径为 50m 的圆形区域进行形变时间序列分析，绘制出典型监测点的累积形变量曲线与切线角关系图（图 7-47），K2 区域最大累积形变量为 605mm，获取的切线角为 8°～40°；K1 区域最大累积形变量为 325mm，获取的切线角为 2°～24°，由此可见 K1 和 K2 两个潜在不稳定区目前处于初始变形阶段。

第七章 金沙江上游江达至巴塘段大型滑坡发育特征与形成机制研究 · 259 ·

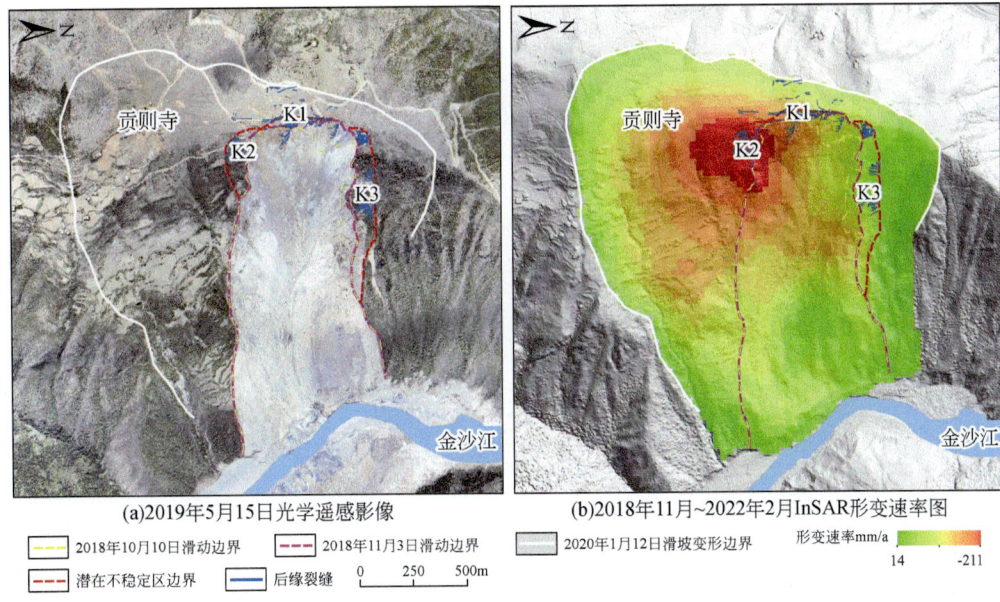

图 7-45 白格滑坡滑动后 SBAS-InSAR 形变速率图

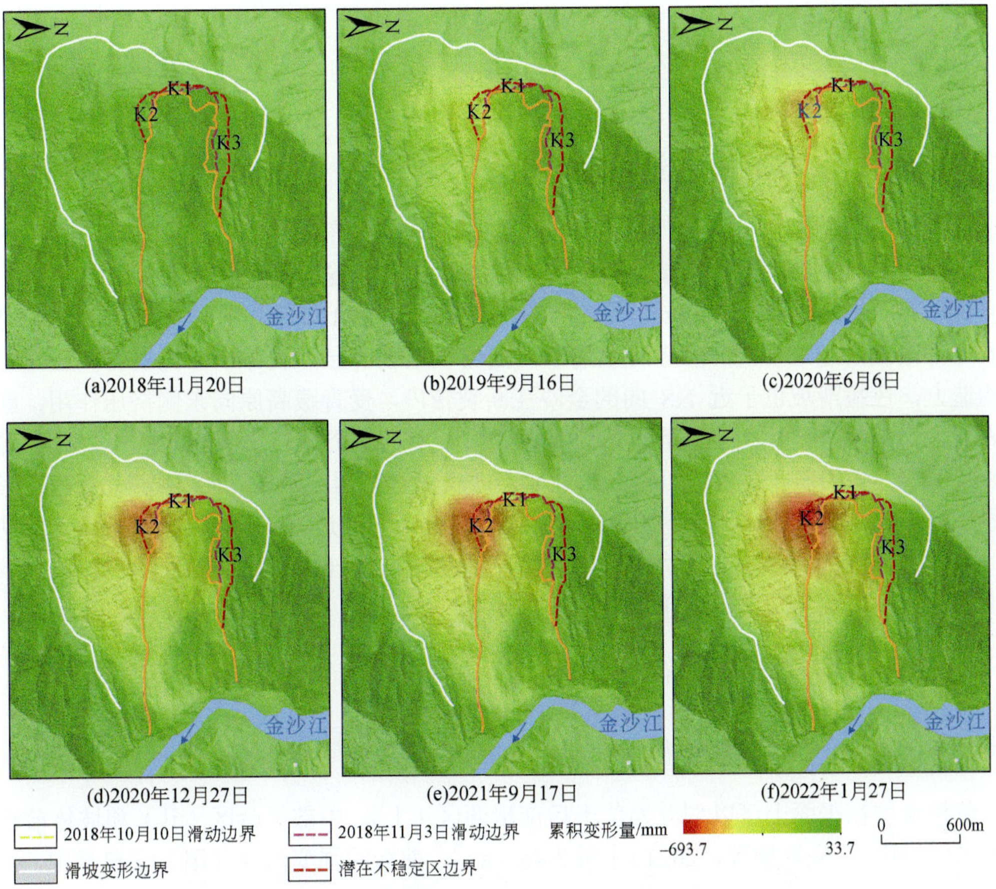

图 7-46 2018 年 11 月～2022 年 1 月白格滑坡发生后累积形变量变化图

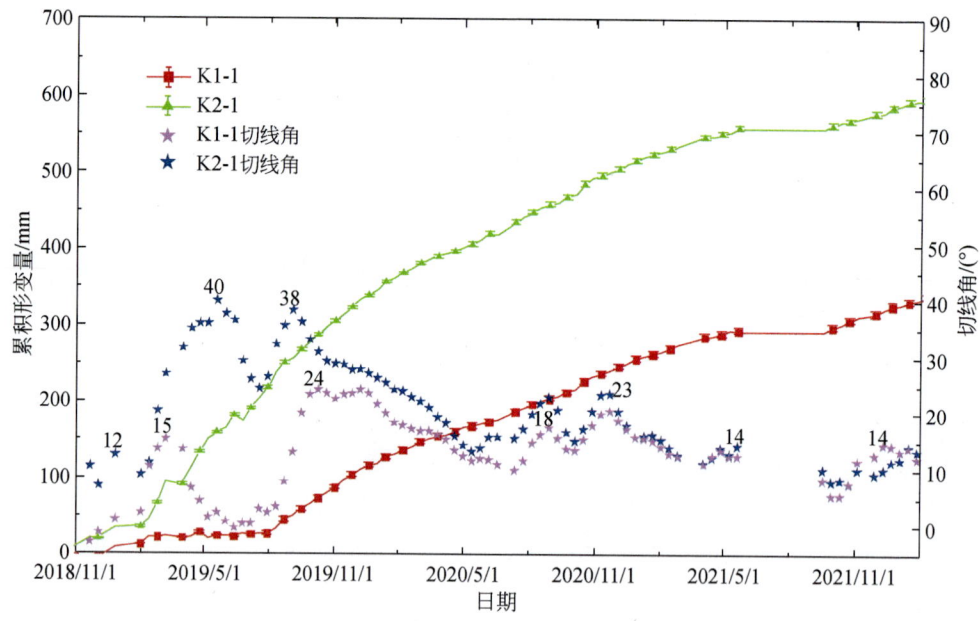

图 7-47　2018 年 11 月～2021 年 11 月白格滑坡发生后累积形变量曲线与切线角关系图

第五节　西藏江达色拉滑坡发育特征与变形趋势分析

一、色拉滑坡地质背景

色拉滑坡位于西藏贡觉敏都乡，金沙江西岸，地处藏东横断山脉、金沙江上游河谷地带，主要由河流侵蚀地貌、构造地貌和冰蚀地貌组成，河谷深切，呈 V 形，冲沟发育，风化剥蚀严重。滑坡体纵长 2200m、宽 2250m，顶底高差为 1092m，整体坡度为 25°～35°，滑坡上部最陡，超过 45°，后缘陡壁清晰，圈椅状地貌明显，坡体中后部发育两级平台。在构造上，色拉滑坡位于近 NS 向的金沙江断裂带内，受青藏高原向东侧挤压作用，断裂带内剪应力集中，岩体结构破碎，岩性多样，主要有元古界雄松群片麻岩组（$P_t xn^a$）黑云斜长片麻岩、角闪斜长片麻岩、斜长角闪岩，地表出露第四纪碎块石土、残积层碎石土等，金沙江断裂带分支断裂洛纳-布虚断裂从色拉滑坡坡体内通过，受金沙江断裂带历史活动影响，该区岩体破碎且产状变化大，局部发育构造角砾岩，硅化、褐铁矿化强烈。该区域属高山高原气候，雨量较丰沛，年均降水量为 470～760mm，最大年降水量 1067mm。

二、色拉滑坡发育特征

（一）滑坡平面分布特征

色拉滑坡在平面上可以划分为位于后部滑源区（Ⅰ）、中部平台区（Ⅱ）和坡体前缘的强变形区（Ⅲ）（朱赛楠等，2021）[图 7-48（a）]，前缘的强变形区（Ⅲ）又包括Ⅲ₁和Ⅲ₂两个次级区域。

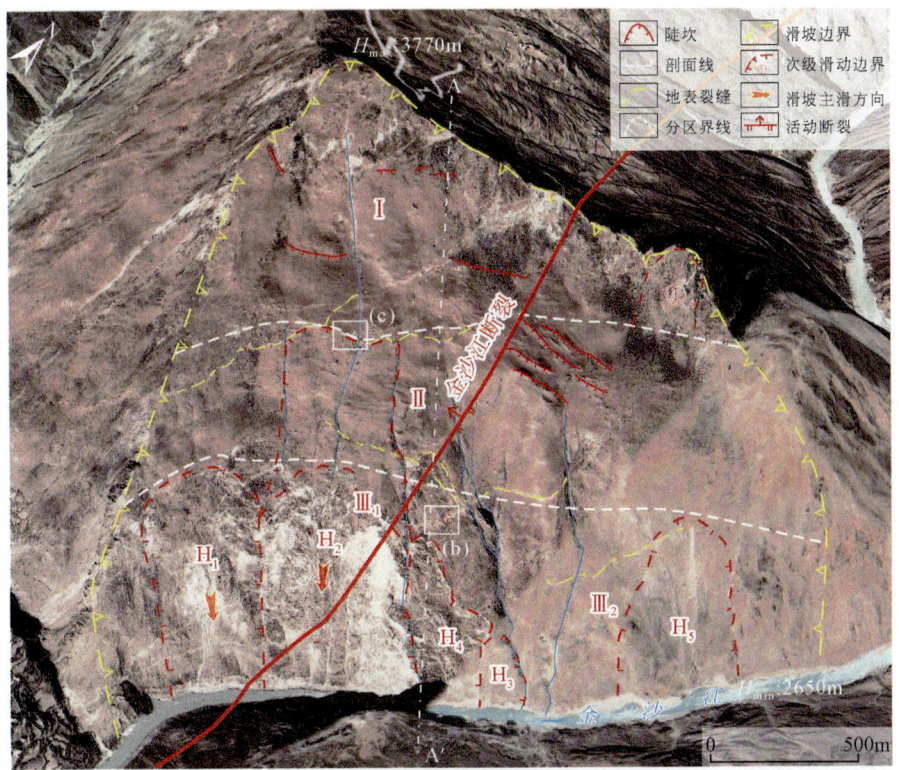

(a) 色拉滑坡遥感解译图(底图据GoogleEarth)

(b) 滑体中部陡坎

(c) 滑体中后部陡坎

图 7-48 色拉滑坡空间发育特征与遥感影像解译图

（1）后部滑源区（Ⅰ）：范围由滑坡二级平台至后缘，高程为 3275~3770m，地形较平缓，坡度大于 10°，该区纵长为 800~1200m，宽为 920~1500m，平面面积约为 $7.5 \times 10^5 m^2$。滑坡后缘发育多级阶梯状下错陡坎，不连续且未完全贯通，最大陡坎横向长约 350m，垂直高度为 20~100m，平均厚度为 20m。区内发育一条大型冲沟，贯穿滑源区至前缘强变形区，滑坡后缘目前处于稳定状态，无明显裂缝等现象。

(2）中部平台区（Ⅱ）：中部平台区主要由一级平台以上至二级平台以下区域组成，高程为3030～3275m，该区纵长为420～790m，宽为1900～2215m，平面面积约为 $1.2\times10^6m^2$。区内发育三条大型拉张裂缝［图7-48（b）］，最大裂缝长约660 m，宽度为0.3～1.2m。顺坡向4条冲沟发育，平均宽度为10m，深度在2～4m。古崩塌体①位于平台区北侧（图7-48），其长约340m、宽约220m、高约230m，整体较稳定。

（3）滑坡前缘强变形区（Ⅲ）：主要范围由一级平台至金沙江河面，高程约2660～3030m，坡度为30°～35°，纵长750m，宽约2400m，平面面积约 $2.2\times10^6m^2$。前缘Ⅲ$_1$和Ⅲ$_2$等两个次级强变形区由H_1～H_5等5个次级滑体构成，其中次级滑体H_1长约620m，宽约420m，滑体后缘陡壁明显，高5～15m，滑体中部存在明显滑塌现象；次级滑体H_2长约480m，宽约500m，滑体后缘陡壁高2～18m，滑坡前缘受河流冲刷影响，发生连续滑塌，滑塌区呈灰白色带状（图7-48），塌岸最大高度210m；次级滑体H_4长约710m，宽约570m，滑坡中前部出现明显的滑塌现象［图7-48（c）］，在后部滑体挤压推动下，变形区域明显；同时发育有H_3和H_5等两个小型次级滑体，后缘圈椅状明显。

（二）滑坡空间结构特征

朱赛楠等（2021）采用高密度电阻率法探测在一级平台以下（高程为2750～3088m）和二级平台以下（高程为3088～3300m）发育有两个高电阻率带，该区域岩层为全风化-强风化，结构较破碎，强度较低，厚度为60～150m，下部低电阻率带为强风化-中风化基岩。滑坡体结构复杂，垂向裂缝发育。在金沙江边高程为2670～2750m低电阻率区域地下水富集，高程2550～2670m为高电阻率区域。通过分析判断，该低电阻率和高电阻率的分界面即为滑动面，滑坡从金沙江边地下水富集带剪出［图7-49（a）］。根据现场调查，结合已有物探资料，进一步完善了色拉滑坡工程地质剖面，认为色拉滑坡堆积区由变形区、蠕滑区和滑动区三个区域组成［图7-49（b）］，因此推算色拉滑坡的总体积为1.8亿～4.5亿m^3，属特大型滑坡。

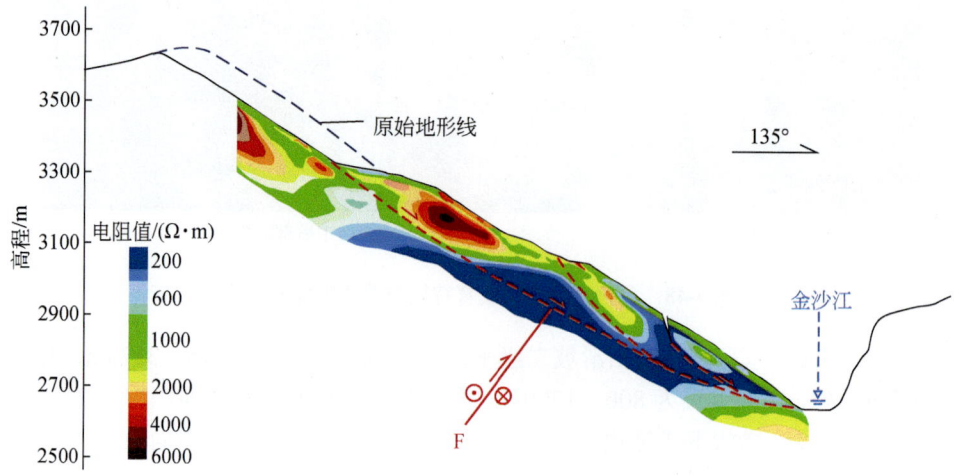

(a)色拉滑坡物探剖面图(A-A')(据朱赛楠等，2021修编)

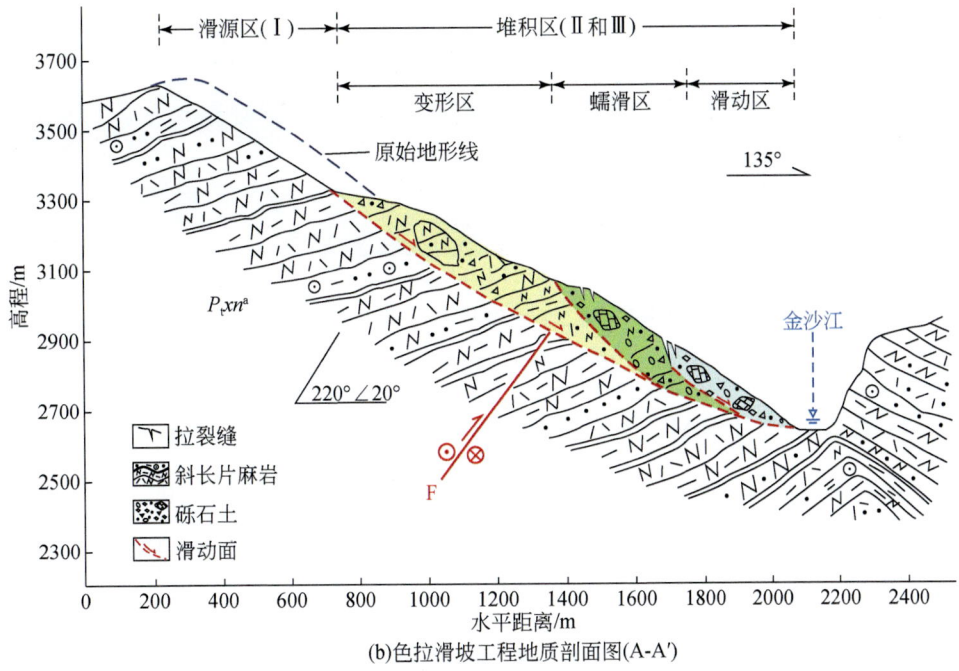

图 7-49　色拉滑坡物探剖面图和工程地质剖面图（A-A'）

三、色拉滑坡变形特征分析

（一）色拉滑坡多期遥感影像变形特征

色拉滑坡长期处于蠕滑变形状态，通过对 2011 年、2014 年、2019 年的多期光学遥感影像进行对比分析（图 7-50），色拉滑坡前缘变形明显加剧，坡脚经强烈冲刷，形成连续的次级滑动，将 2011 年光学遥感影像与 2014 年对比，坡脚处的连续垮塌区高差为 5～10m，而对比 2019 年与 2014 年，垮塌区面积增大，塌岸线比 2014 年高出 30～12m，塌岸高度最大约 138m，中部及后部影像变形加剧特征不明显。从以上分析可见，2018 年白格滑坡堰塞湖溃决后，形成的溃决洪水对滑坡的变形影响较大。

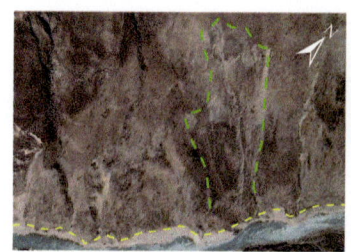  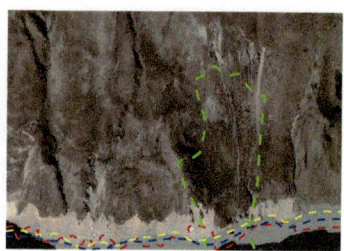

(d)2011年11月20日　　(e)2014年11月29日　　(f)2019年11月15日

变形区边界　　2011年11月20日塌岸线　　2014年11月29日塌岸线　　2019年11月15日塌岸线　　0　200m

图 7-50　色拉滑坡不同期次遥感影像对比图

（二）色拉滑坡 InSAR 形变结果

由于色拉滑坡整体倾向于 SE 方向，河谷深切，地形坡度一般为 20°～40°，根据升轨数据适合分析东、东南、东北方向的斜坡变形，而降轨数据适合分析东、东南、东北方向的斜坡变形不可见的特征（Wasowski and Bovenga，2014），因此本次对色拉滑坡的变形分析采用升轨数据计算结果。

根据 2016 年 1 月～2022 年 2 月期间色拉滑坡雷达 LOS 方向上的形变结果[图 7-51（a）]，整个坡体前缘发生整体的强烈变形。色拉滑坡的变形是非线性的，形变速率 V_{LOS} 整体为负值，最大形变速率值可达-108mm/a，形变较大的区域集中位于色拉滑坡堆积区的中下部，突出表现为Ⅲ$_1$ 区的 H_2、H_4 和 H_5 次级滑体 [图 7-51（b）]。地面形变极强变形区主要位于 H_4 变形体的前部，强变形区主要位于 H_2 和 H_5 变形体的中部和前缘。其中 H_4 变形体最大累积形变值为-857mm，最大形变速率为-102mm/a，该区遥感影像上表现为多级滑动，陡坎裂缝明显；H_2 变形体最大累积形变量为-810mm，最大形变速率为-108mm/a，现场调查表明该区垮塌严重，遥感影像上呈明显的白色带状分布。综合滑坡的地形条件、地质结构、多期影像信息以及空间形变等特征，可以推断色拉滑坡为多级滑动。色拉滑坡目前处于渐进式蠕滑变形阶段，滑坡前缘强变形区主要受河流冲刷逐渐崩解，临空面增大，造成滑体中部失去阻挡支撑，发生整体滑动失稳。

（三）色拉滑坡变形分析

根据色拉滑坡 2016 年 6 月～2022 年 2 月不同时间段累积形变量图（图 7-52），可以看出西藏白格滑坡 2018 年 10 月和 11 月两次大型滑坡-堵江-溃坝灾害链发生后，色拉滑坡Ⅲ$_1$ 区域的形变量发生加剧，在 2018 年 12 月有显著形变量的区域已比 2018 年 3 月时的区域发生扩大，约扩大至原来的 5 倍以上 [图 7-52（d）～（f）]。

1. 色拉滑坡Ⅲ$_1$ 区域形变趋势

根据色拉滑坡Ⅲ$_1$ 区域典型形变监测点的累积形变量曲线（图 7-53），各个形变监测点的累积形变量均随时间的推进逐渐增大，在 2018 年 10 月 10 日之前，Ⅲ$_1$ 区域处于较为稳定的缓慢蠕滑状态，蠕滑速率为 30～50mm/a，在 2016 年 1 月～2018 年 10 月累积形变量值小于 175mm，在 2018 年 10 月西藏白格特大滑坡-堵江-溃坝灾害链发生之后，色拉滑坡Ⅲ$_1$ 区域前缘变形速率存在明显加快，坡体中部次之。

(a)色拉滑坡InSAR形变速率图

(b)色拉滑坡前缘强变形区形变速率图

(c)色拉滑坡前缘形变速率剖面图

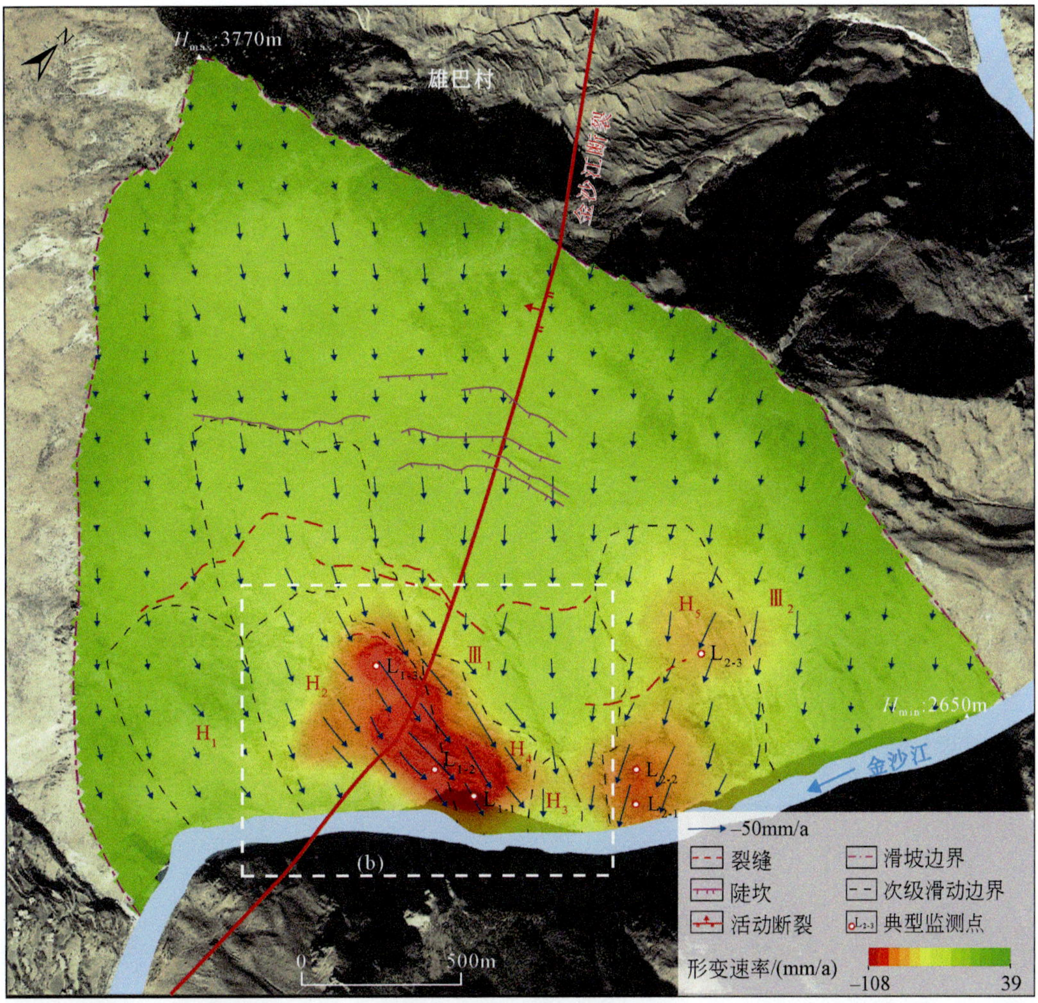

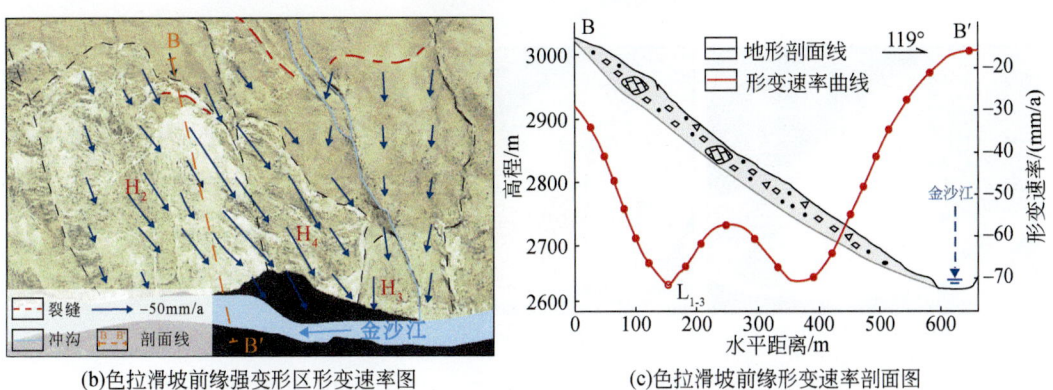

图 7-51　基于 SBAS-InSAR 技术的色拉滑坡形变速率分布图

图 7-52 色拉滑坡不同时段累积形变量（LOS 方向）

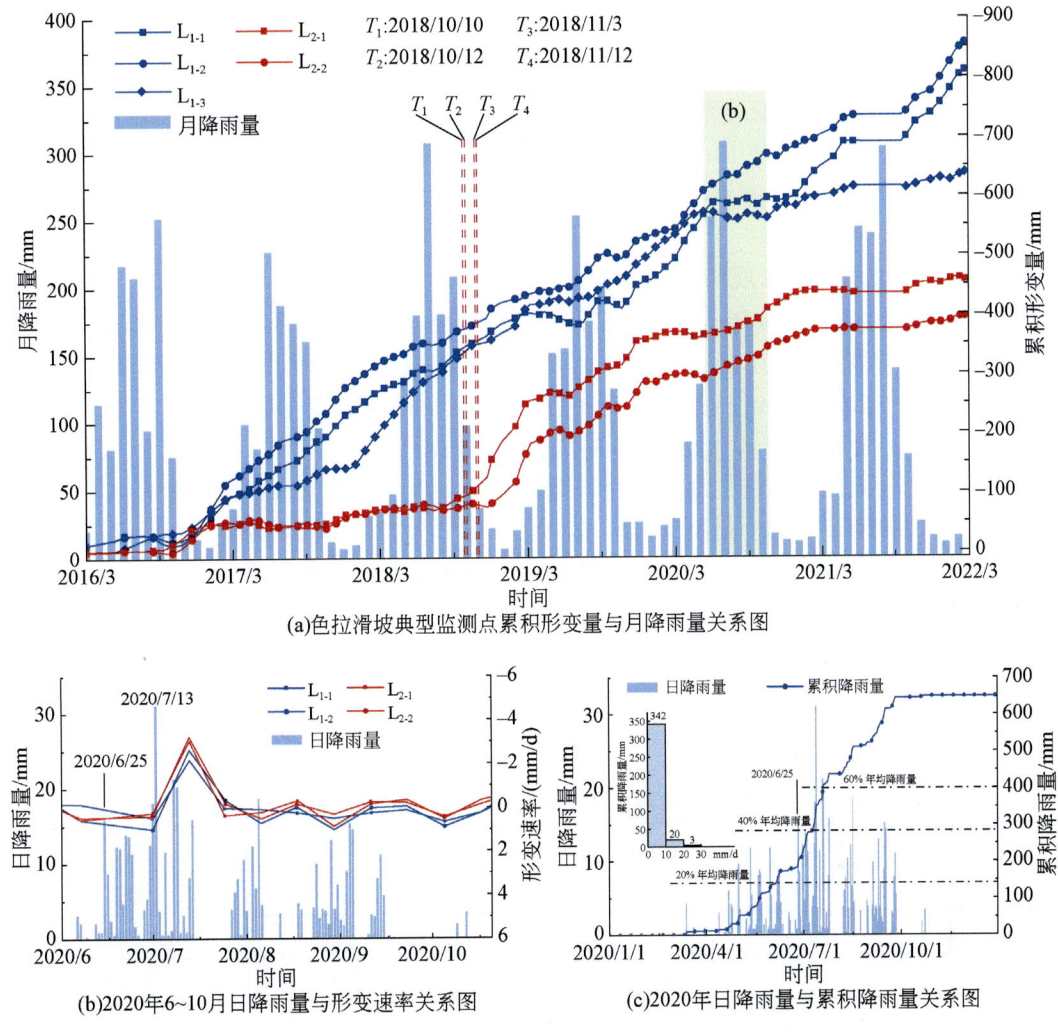

图 7-53 色拉滑坡典型监测点时序形变曲线图（2016 年 1 月～2022 年 2 月）

根据监测曲线，截至 2022 年 2 月，色拉滑坡Ⅲ$_1$ 区域的累积形变量超过 800mm，形变速率大于 80mm/a，为 2018 年 10 月白格滑坡-堵江-溃坝灾害链发生前的 6～8 倍。Ⅲ$_1$ 变形体上的 L$_{1-1}$ 监测点，位于坡体前缘距离金沙江河面 66m，截至 2022 年 2 月，其最大累积形变量达-810mm；L$_{1-2}$ 监测点在 2018 年 10 月白格滑坡发生后出现相似的变化趋势，发生这些变化趋势的原因是 2018 年 11 月 13 日西藏白格滑坡第二次堰塞金沙江后溃决泄流形成的洪水-泥石流灾害链，导致金沙江水位上涨，并且冲刷侵蚀滑坡前缘，从而导致色拉滑坡蠕滑变形加速。

2. 色拉滑坡Ⅲ$_2$ 区域形变趋势

色拉滑坡Ⅲ$_2$ 区域遥感影像上表现为明显的条状溜滑，根据色拉滑坡Ⅲ$_2$ 区域典型形变监测点的累积形变量曲线（图 7-53），在 2018 年 10 月之前色拉滑坡Ⅲ$_2$ 区域处于基本稳定的状态，累积形变量呈缓慢增加趋势，在 2018 年 10 月白格滑坡发生后，Ⅲ$_2$ 区域的形变速率发生显著加速。至 2022 年 2 月，色拉滑坡Ⅲ$_2$ 区域的累积形变值达-456mm，较 2018 年 10 月 10 日前增加了 354mm，地表形变速率达-107mm/a，为 2018 年 10 月 10 日西藏白格滑坡发生前Ⅲ$_2$ 区域的形变速率值 10 倍以上。L$_{2-1}$ 监测点位于变形体后部，高于金沙江河面 233m，在 2018 年 11 月 13 日西藏白格滑坡堰塞湖第二次泄流后，该点的形变速率呈指数型增加，主要原因是堰塞湖泄流，导致金沙江侵蚀坡体前缘能量和速度加快，牵引坡体中部局部发生显著变形。

3. 色拉滑坡总体变形规律与趋势

根据色拉滑坡在 2016 年 1 月～2022 年 2 月的 InSAR 形变分析结果，在此期间色拉滑坡的Ⅲ$_1$ 和Ⅲ$_2$ 强变形区均发生了显著变形加速，其中色拉滑坡Ⅲ$_1$ 区域的极强变形区和强变形区面积达 12.6×10^{4}m^2，色拉滑坡Ⅲ$_2$ 区域变形体的极强变形区和强烈变形区面积达 5.7×10^4 m^2，形变速率达-81 mm/a，属特大型牵引式滑坡。

通过综合分析色拉滑坡的地形地貌、地质构造，结合多期遥感影像和雷达卫星数据，滑坡整体的位移增长率处于正负交替状态，趋于 0，平均切线角为 32°，因此根据滑坡形变早期识别曲线（表 7-8，图 7-54），认为目前色拉滑坡处于蠕滑变形阶段，2018 年 10 月和 11 月发生的两次西藏白格滑坡-堵江-溃坝灾害链，其形成的溃坝碎屑流和洪水对下游 80km 处的色拉滑坡坡脚进行了强烈侵蚀，导致Ⅲ$_1$ 和Ⅲ$_2$ 区域变形局部蠕滑速率加大，并表现为牵引式变形滑动。如蠕滑变形速率进一步增加，可能导致滑坡体发生整体失稳，形成堵江-溃坝-泥石流/洪水灾害链，影响下游水电站、桥梁等工程和城镇安全。

表 7-8 色拉滑坡次级变形区蠕变趋势一览表

变形区	InSAR 形变速率/（mm/a）	位移增长率 Δv/%	切向角 α/（°）	预警级别
H$_1$	-39～36	≈0	≈0	安全
H$_2$	-108～12	>0	≈45	警示级（初始加速）
H$_3$	-45～2	≈0	≈23	注意级
H$_4$	-102～2	>0	≈50	警示级（初始加速）
H$_5$	-74～5	≈0	≈25	注意级

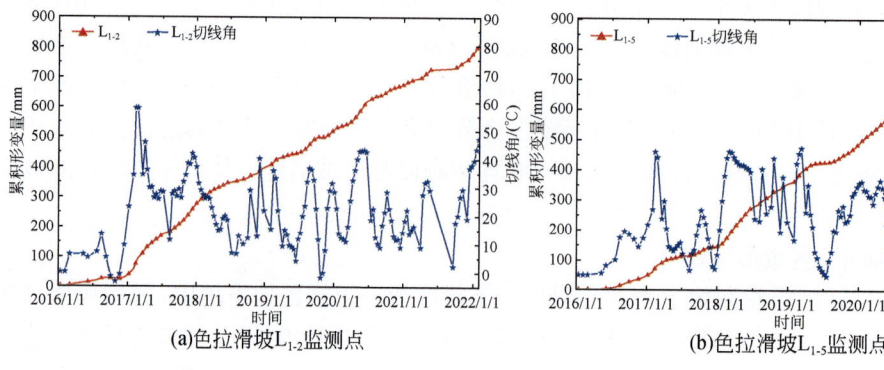

(a)色拉滑坡 L$_{1-2}$ 监测点   (b)色拉滑坡 L$_{1-5}$ 监测点

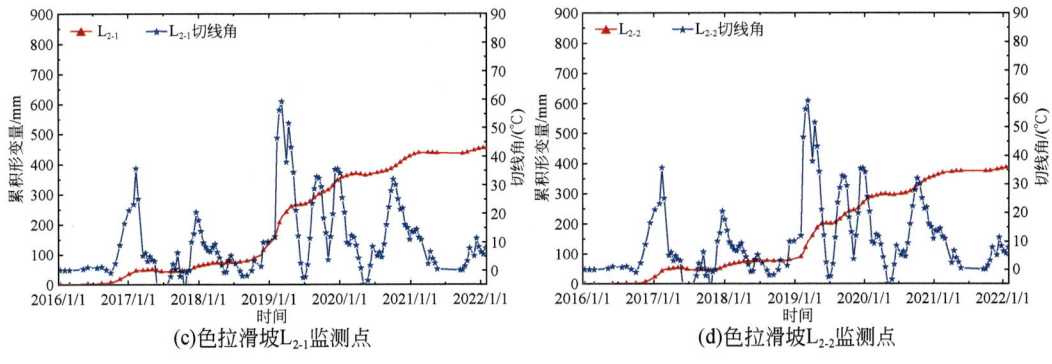

图 7-54　色拉滑坡累积形变量与切线角关系图

第六节　小　　结

本章对川藏交通廊道金沙江上游江达至巴塘段开展了大型滑坡发育分布特征与形成机制研究，在资料收集、遥感解译和野外调查等研究基础上，梳理了金沙江两岸典型大型滑坡发育分布规律及潜在堵江风险，选取西藏沃达滑坡、白格滑坡和色拉滑坡为研究对象，分析了典型滑坡的发育特征及变形趋势，得到以下认识：

（1）金沙江断裂带北起于白玉附近，向南延伸经巴塘、德荣、中甸，至剑川以南与红河断裂相交，为总体走向近南北的高倾角断裂带，以逆冲为主局部具左行或右行走滑特征，分段活动性强，为中更新世-全新世活动断裂。金沙江断裂带是由金沙江东界断裂、金沙江主断裂、金沙江西界断裂、巴塘断裂、字嘎寺-德钦断裂等 6～7 条主干断裂组成的一条长约 700km，东西宽约 80km 的复杂构造带，构造带内发育规模巨大的蛇绿混杂岩带，挤压构造变形破坏强烈。

（2）金沙江沃达至巴塘段发育的大型以上规模滑坡共 55 处，多发育于金沙江右岸，主要包括已发生滑动形成堵江的滑坡和坡体局部变形但整体未发生滑动的潜在堵江滑坡，55 处滑坡中已发生过堵江的滑坡 4 处，具有潜在堵江风险滑坡 51 处。

（3）沃达滑坡剪出口距金沙江江面约 247m，滑坡体积约 $28.81×10^6 m^3$，为特大型高位滑坡，滑坡目前处于蠕滑变形状态，局部为加速变形状态。该滑坡发育两层滑带，浅层滑带沿古滑坡体内部的岩土体分界面发育，深部滑带沿古滑坡的滑带发育，平均埋深分别约 15m 和 25.5m。降雨作用促进了沃达滑坡复活，其可能存在两种复活失稳模式：一是多级浅层潜在滑面贯通形成大范围的浅层滑动；二是前部岩土体沿基覆界面发生下滑高位剪出，后部滑体受牵引而发生渐进破坏。

（4）采用多源光学遥感解译、InSAR、COSI-Corr 像素偏移量追踪等技术，分析了 2018 年 10 月 10 日、11 月 3 日和 2022 年 11 月 30 日三次白格滑坡发生的诱发机制及发展趋势。研究认为，三次白格滑坡的体积分别为 $2114×10^4 m^3$、$437×10^4 m^3$ 和 $180×10^4 m^3$，白格滑坡发生前至少经历了 50 年的缓慢蠕滑变形，1999～2018 年 10 月最大累积位移量超过 80m；白格滑坡的主要诱发因素有地形地貌、地质构造、断裂活动、地震活动、地层岩性、岩体结构、降雨以及冻融循环作用等，认为白格滑坡累进破坏与高位启滑受到长期与短期的内外动力作用控制；基于逆速度法开展了白格滑坡预测分析认为预测数据越接近临滑阶段，预测的准确率越高；目前滑体上发育的三处潜在失稳区仍处于蠕滑变形状态。

（5）基于现场调查测绘、多期遥感数据分析、InSAR 动态观测、物探等手段，详细分析了色拉滑坡的基本特征、变形过程、形成机理及发展趋势。认为在 2018 年两次白格滑坡-堵江-溃坝灾害链发生后，对位于其下游 80 km 处的色拉滑坡形成显著的远程促滑和加速蠕滑效应，引发色拉滑坡Ⅲ$_1$和Ⅲ$_2$区域形变速率增加。

第八章 嘉黎-察隅断裂带高位远程滑坡灾害链研究

川藏交通廊道穿越青藏高原东南缘嘉黎-察隅断裂带区域，受剧烈的构造活动、强烈的冻融风化等内外动力作用的影响，岩体节理密集结构破碎，导致其沿线发育了许多高位远程链式灾害，如易贡高位远程滑坡灾害链、茶隆隆巴曲高位冰岩崩-泥石流灾害链和色东普高位崩滑灾害链等。本章基于资料收集、遥感解译、野外调查和数值模拟等方法，在分析嘉黎-察隅断裂带展布特征与活动性的基础上，进一步梳理了断裂带沿线典型高位远程灾害链及孕灾条件，以易贡高位远程滑坡灾害链和茶隆隆巴曲高位冰岩崩-泥石流灾害链为主要研究对象，开展了典型高位滑坡地质灾害链发育特征和风险研究。

第一节 嘉黎-察隅断裂带展布特征与活动性

一、断裂展布特征

嘉黎-察隅断裂带为喀喇昆仑-嘉黎断裂带的东段及其东延部分，断裂西北自那曲市南延伸，向南东经麦地卡藏布、阿扎镇，沿易贡藏布到通麦镇后，沿贡日嘎布曲向南东过察隅县后出境，并认为是青藏高原主体大幅度向东挤出的南部边界。嘉黎-察隅断裂带以东构造结为界大致分为三部分：东构造结以西为嘉黎-察隅断裂带西北段，东构造结顶端易贡-通麦-波密段为嘉黎-察隅断裂带中段，东构造结东南波密-察隅段为嘉黎-察隅断裂带的东南段（图8-1）。

二、断裂活动性证据

（一）地质地貌

嘉黎-察隅断裂带中段，主要有南北两支断裂[图8-2（a）]，北支断裂西起波密县易贡乡附近，经通麦镇沿帕隆藏布河谷展布，过古乡湖至嘎龙寺附近，走向NW，倾向NE，倾角60°~80°，全长约130km，断裂性质为右旋走滑兼有逆冲运动。沿线可见水系错动、断层槽谷、断层陡坎等断错地貌，以及湖相沉积中记录的古地震事件。在易贡湖[图8-2（b）]和古乡湖[图8-2（c）]附近，可见明显的水系位错，位错量分别为160m和80m；通麦村见明显的槽谷地貌[图8-2（c）]。在易贡湖的西侧，拔河高度约10m的山体被嘉黎-察隅断裂带错断，沿断裂发育了两级线性的断层陡坎，高度为1.5m[图8-2（d）]，为断裂最新活动的结果。在通麦大桥东侧、易贡藏布左岸，见该断裂发育于古元古界片麻岩中，走向300°左右，倾向南西，倾角80°左右，破碎带宽40m左右[图8-2（e），宋键等，2013]。通麦大桥帕隆藏布旁见温泉出露[图8-2（f）]。在易贡藏布旁左岸北支断裂经过处，断裂两侧基岩破碎，上覆第四纪沉积物有明显的扰动现象［图8-2（g）］。南支断裂主要沿帕隆藏布左岸山坡展布。

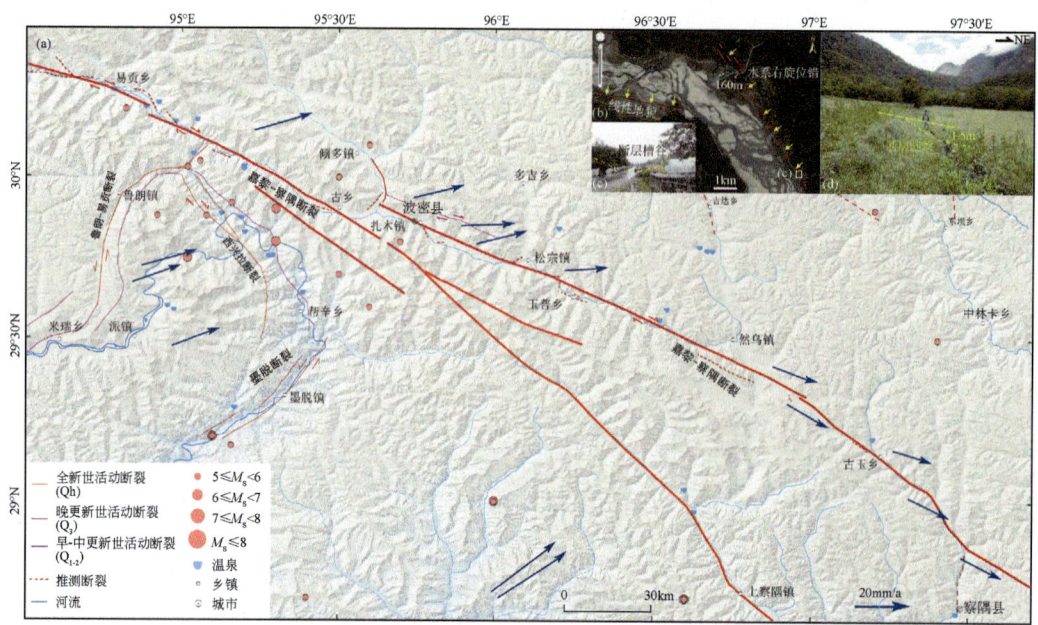

图8-1 嘉黎-察隅断裂带地震分布（据Zhang et al., 2007 修编）及现今GPS速率（Wang et al., 2020）

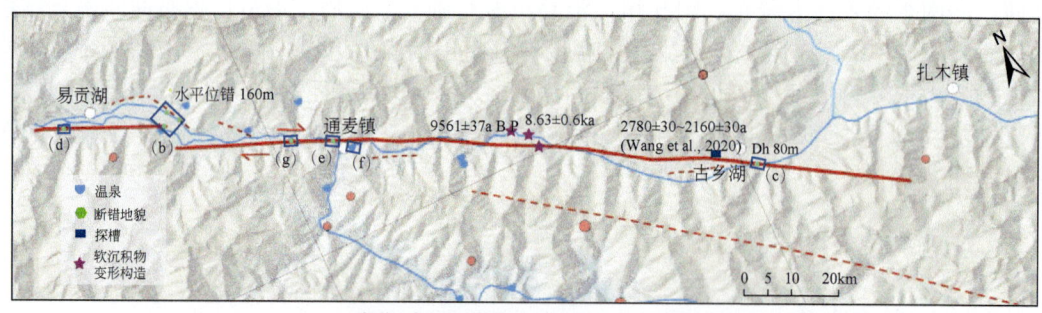

(a)嘉黎-察隅断裂带中段空间几何展布特征

(b)嘉黎-察隅断裂易贡湖处位错地貌特征

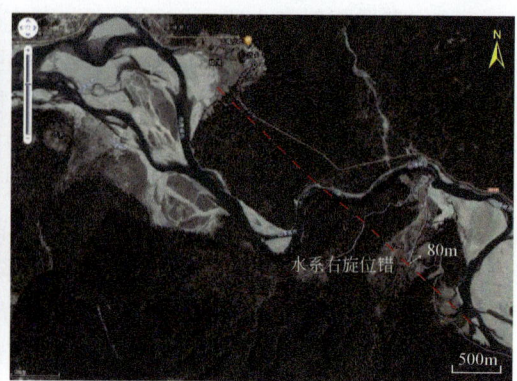

(c)嘉黎-察隅断裂古乡湖处水系位错地貌

(d)嘉黎-察隅断裂易贡乡贡德村处断层陡坎地貌

(e)嘉黎-察隅断裂通麦大桥处断层陡坎地貌
(宋键等，2013)

(f)通麦大桥附近长青温泉

(g)易贡藏布左岸嘉黎-察隅断层穿越位置

图 8-2　嘉黎-察隅断裂带中段空间几何展布及位错地貌特征

嘉黎-察隅断裂带东南段主要有南北两支断裂及多条分支断裂［图 8-3（a）］；北支断裂沿帕隆藏布西南侧展布，经然乌湖南侧穿过察隅县古玉乡一直向东南延伸，至怒江一带消失，走向 NNW，倾向 NE，倾角 60°～80°，全长约 350km。沿嘉黎-察隅断裂带东南段，可以清晰地发现多处水系被同步右旋位错，错动量为 85～120m［图 8-3（b）和（c）］。在然乌湖雅卡村附近，见明显的陡坎地貌，陡坎高 2～3m［图 8-3（d）］，附近侏罗系具有明显的掀斜，倾角 60°～70°，表现为由南向北的逆冲作用。古玉乡罗马村桑曲右岸，见高约 2.0m 陡坎地貌［图 8-3（g）］，延伸约数百米。南支断裂主要沿贡日嘎布曲，过察隅河后出境，断裂走向 NW，倾向 NE，全长约 200km。嘎龙寺的冰川谷地内，谷地东、西两侧均可看到嘉黎-察隅断裂带经过处发育的密集竖向破裂面，并控制了两侧垭口地貌的发育。在冰川谷地内部，波密至墨脱公路东侧发育有多期次的冰川冰碛垄，其中最西侧一支冰碛垄沿嘉黎-察隅断裂带被右旋错动，错动量为 2.5m 左右［图 8-3（f）］，被错开的时间约为 650 a B.P.（宋键等，2013）。在下察隅—上察隅贡日嘎布曲沿线还可以观测到山脊上的几处垭口［图 8-3（f）］，走向 NW，山脚处还多处见到古地震崩塌处（宋键，2010）。

(二)晚第四纪以来的活动速率

关于嘉黎-察隅断裂带晚第四纪以来的 GPS 速率在前人研究中已有展示。Armijo 等(1989)认为嘉黎-察隅断裂带是青藏高原主体向东挤出的南部构造边界,具有强烈的右旋走滑活动,走滑速率为 10~20mm/a,任金卫等(2000)认为嘉黎-察隅断裂带西段晚第四纪的平均滑动速率为 4mm/a。沈军等(2003)认为嘉黎-察隅断裂带西北段晚更新世以来平均滑动速率为 2~3mm/a。现今 GPS 观测表明,嘉黎-察隅断裂带西北段除了具有右旋走滑

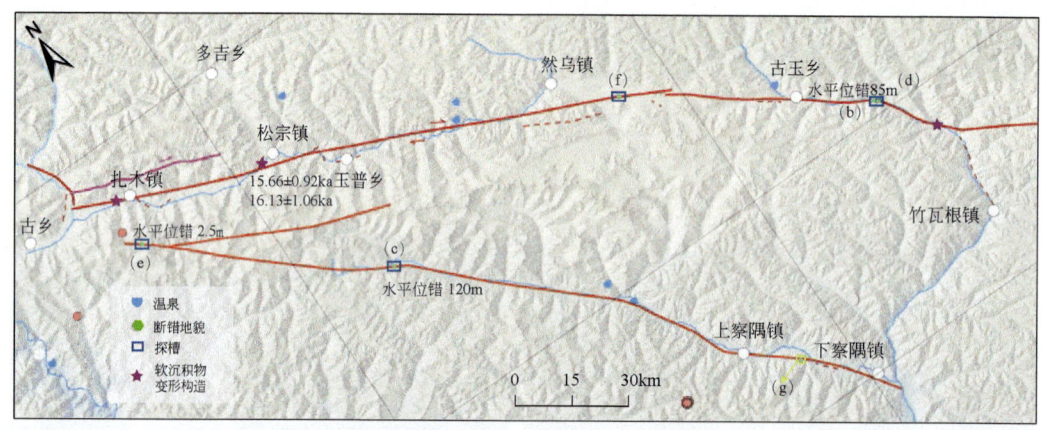

(a)嘉黎-察隅断裂带东南段空间几何展布特征

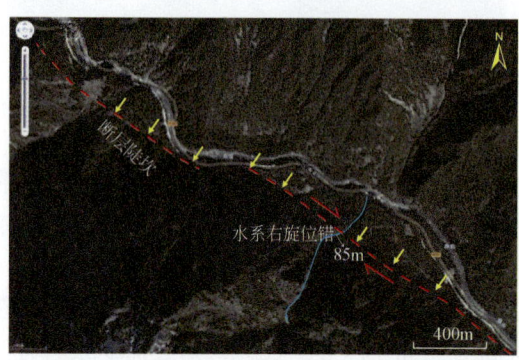

(b)嘉黎-察隅断裂带古玉乡桑曲处水系位错地貌

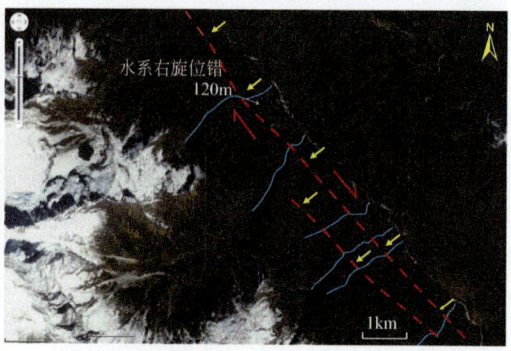

(c)嘉黎-察隅断裂贡日嘎布曲处水系位错地貌

(d)嘉黎-察隅断裂然乌湖雅卡村处断层陡坎地貌

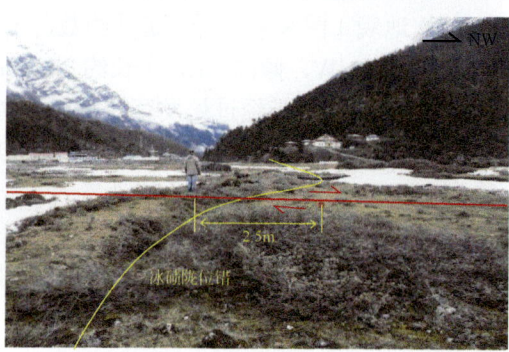

(e)嘉黎-察隅断裂嘎隆寺处冰碛垄位错现象

(f)嘉黎-察隅断裂下察隅镇山脊处垭口地貌(宋键，2010)

(g)嘉黎-察隅断裂古玉乡罗玛村处断层陡坎地貌

图 8-3 嘉黎-察隅断裂带东南段空间几何展布与位错地貌特征

运动外，还具有挤压性质（Meade，2007；宋键等，2011；朱泽和孟国杰，2012）。唐方头等（2010）认为嘉黎-察隅断裂带从东构造结以西的右旋走滑运动，到东构造结附近的弱右旋走滑运动，转变为东构造结东南部的左旋走滑运动，现今走滑速率分别为4～6mm/a、1～2mm/a 和 3～5mm/a。

宋键等（2013）认为嘉黎-察隅断裂带西北那曲市附近地区表现为右旋挤压运动，走滑速率为 4～5.8mm/a，挤压速率为 4.6mm/a；嘉黎-察隅断裂带中段和东南段分别表现为右旋挤压和左旋挤压性质，其滑动速率分别为1.3～2.0mm/a 和 3.7～4.0mm/a；挤压速率分别为 2.5mm/a 和 6.2mm/a。基于前人研究资料，嘉黎-察隅断裂带地质历史和现今 GPS 数据表明，嘉黎-察隅断裂带西段和东南段水平运动速率为 2～4mm/a，挤压速率分别为 4.6～18.5mm/a 和 5.1～6.2mm/a；中段相对较慢，水平运动速率仅为 1.3～2.0mm/a，挤压速率为 2.5～2.9mm/a（图 8-4）。喜马拉雅东构造结东西两侧的鲁朗-易贡断裂和墨脱断裂带现今水平运动速率分别为 0.6±0.3mm/a 和 8.9±2.6mm/a；垂直运动速率分别为 0.3±0.4mm/a 和 9.2±2.6mm/a（王晓楠，2018）。

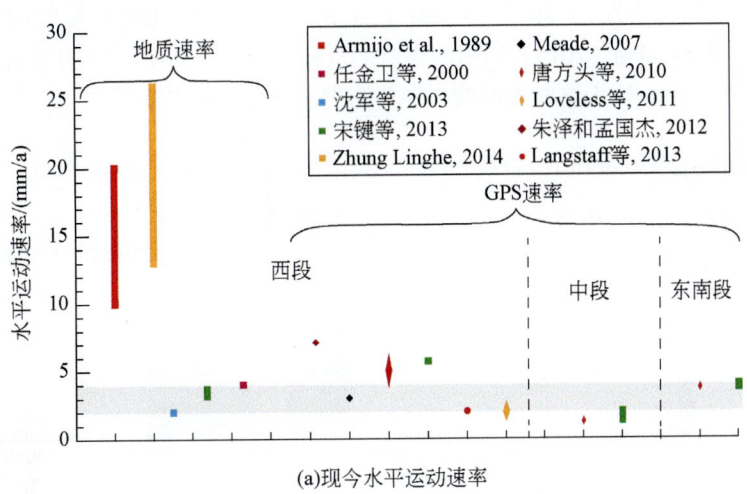
(a)现今水平运动速率

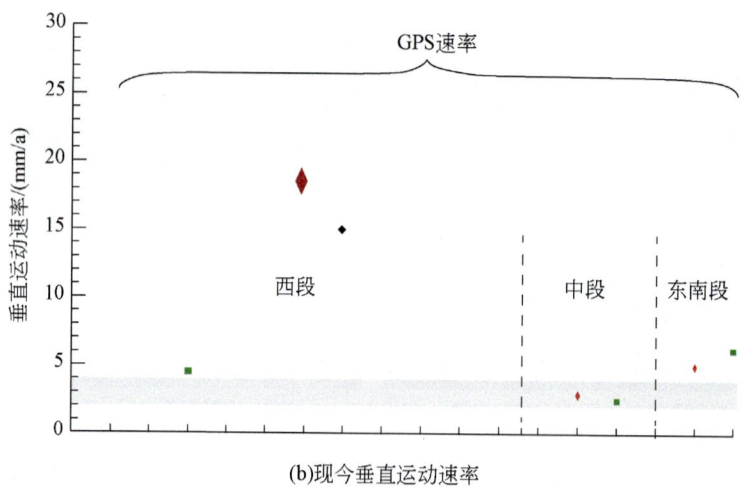

(b)现今垂直运动速率

图 8-4 嘉黎-察隅断裂带地质时期及现今水平运动速率和垂直运动速率

（三）古地震历史

根据嘉黎-察隅断裂带中南段沿线湖相沉积中地震成因软沉积物变形的空间分布和频率，识别出至少两次古地震事件，应为断裂带晚第四纪活动诱发地震所致。结合加龙坝村、比通村和格尼村的湖相沉积 ^{14}C 和光释光（OSL）测年结果，两次古地震事件分别发生在 15.66±0.92ka～16.13±1.06ka 和 8630±600aB.P.～9561±37aB.P.（钟宁等，2021）。根据软沉积物变形类型、形态、强弱变化及距发震断层距离等（钟宁等，2017），推测两次地震事件的震级为 M_S 7.0。根据古乡古村探槽研究结果，认为古村探槽剖面可能揭示了 4 次古地震事件，其发生时间分别为：20～30ka B.P.、7～9ka B.P.、2730±30a B.P.之前和 2160±30 a B.P.～2680±30a B.P.（李翠平等，2015；Wang et al., 2020a）。宋键等（2013）认为嘉黎-察隅断裂带中段和东南段分别在 11.06±0.94ka 和 650a B.P.各发生过一次古地震事件。据此，嘉黎-察隅断裂带中南段晚第四纪至少发生了 5 次古地震事件，复发周期为 2000～5000a（图 8-5），应该是地震长复发周期的最大值。Mukhopadhyay 和 Asgupta（2015）利用地震监测资料对 1968～2010 年发生在东构造结附近的 10 个震群进行了研究，认为这些震群的产生与断裂右旋走滑运动有关。

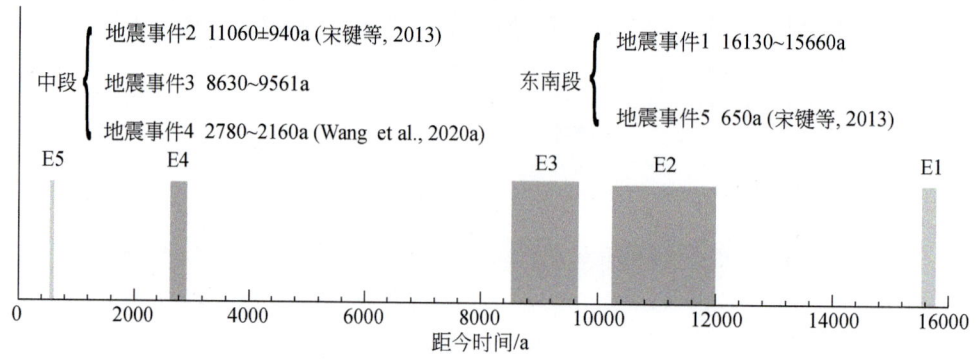

图 8-5 嘉黎-察隅断裂带中南段的古地震记录（据宋键等，2013 和 Wang et al.a，2020）

第二节 嘉黎-察隅断裂带典型高位远程链式灾害发育特征

一、高位远程链式灾害空间发育特征

嘉黎-察隅断裂带位于青藏高原东构造结区域,受印度洋板块和亚欧板块碰撞挤压的影响,区域内地形快速隆升,在河流快速切割下多发育 V 形高山峡谷,如雅鲁藏布江峡谷、易贡藏布峡谷和帕隆藏布峡谷等,平均高差大于 2000 m,峡谷两侧的高山常年积雪,冰川发育。沿高山峡谷,受重力势能、河谷快切下切的斜坡应力变化和长期的内外动力地质作用,孕育了许多高位远程地质灾害链(图 8-6),如 2013 年 7 月嘉黎县忠玉乡发生冰湖溃决灾害链,下游 49 户房屋和通往嘉黎县的唯一桥梁被冲毁,农田遭到破坏,损失高达 2.7 亿元(孙美平等,2014);1975 年 6 月 12 日冬茹弄巴沟内发生滑坡堵塞了沟谷,冰雪融水径流不断累积,最终演变泥石流,冲毁了川藏公路木桥,堵塞玉璞藏布河,其泥石流又引发了沟谷次生滑坡再次堵塞沟谷形成了第二阵泥石流,该次泥石流灾害冲埋川藏公路 290m,溃决洪水导致公路路基坍塌约 1.5km(吕儒仁和李德基,1989)。因此,梳理嘉黎-察隅断裂带典型高位远程灾害的发育特征,分析其孕灾条件和形成机制,对于其流域的特大灾害防灾减灾具有一定的指导意义。

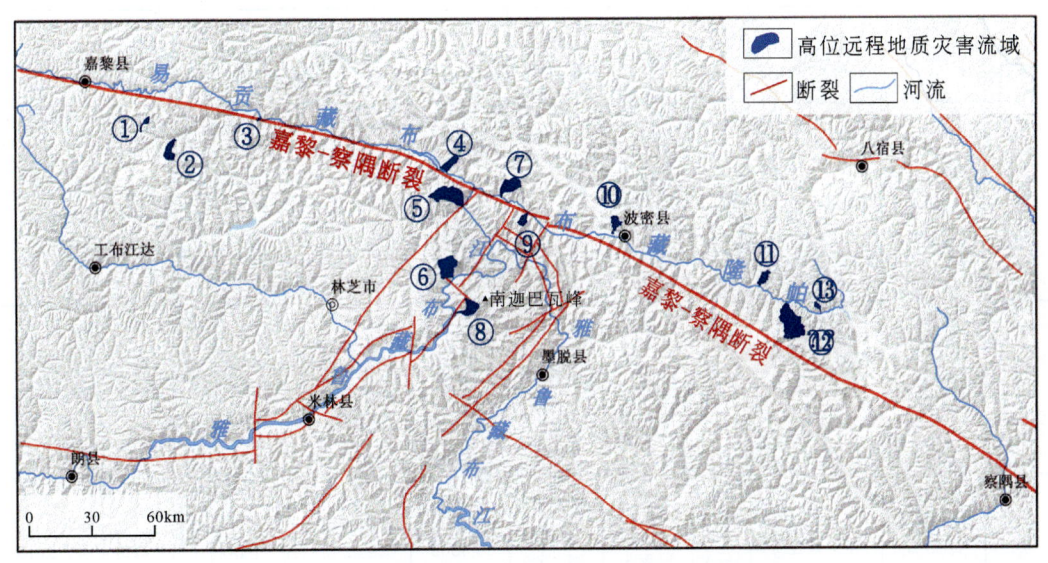

图 8-6 察隅-嘉黎断裂带高位远程地质灾害链分布图

①然则日阿错冰湖溃决灾害链;②吉翁错冰湖溃决灾害链;③笨多高位变形体;④易贡高位远程滑坡灾害链;⑤培龙贡支高位泥石流-堵江-洪水灾害链;⑥色东普崩塌-碎屑流-堵江-洪水灾害链;⑦茶隆隆巴曲高位滑坡灾害链;⑧则隆弄沟高位冰崩-碎屑流灾害链;⑨尖母普曲高位崩滑-碎屑流-堵江-洪水灾害链;⑩古乡高位泥石流-堵江-洪水灾害链;⑪冬茹弄巴高位泥石流-堵江-洪水灾害链;⑫米堆冰崩-冰湖溃决-泥石流灾害链;⑬然乌湖口 82 道班沟高位崩滑灾害链

二、典型高位远程链式灾害

在资料收集的基础上，梳理了嘉黎-察隅活动断裂带附近的 13 处典型高位链式地质灾害（表 8-1），其物源分布海拔均超过 3000m，地质灾害影响范围较广，对流域内的住户、道路、桥梁甚至水电站等可能造成严重的危害。高位远程链式灾害的孕灾条件与气候、强降雨和地震有关，根据灾害链的初始灾害类型，灾害链可以划分为高位泥石流型灾害链、冰湖溃决型灾害链和高位崩滑型灾害链等。嘉黎-察隅断裂带的高位远程灾害链具有基本的模式：①高位泥石流-堵江-溃坝洪水-次生崩滑；②冰湖溃决-泥石流-堵江-溃坝洪水-次生崩滑；③高位崩滑-碎屑流-堵江-溃坝洪水-次生崩滑（万佳威等，2021）。

表 8-1 嘉黎-察隅断裂带高位链式地质灾害发育特征

序号	灾害名称	发生时间	物源规模/堆积体规模/溃决库容（$10^4 m^3$）	诱发因素	物源区海拔/m	损失/威胁对象	参考文献
①	然则日阿错冰湖溃决灾害链	2013 年 7 月	1084～1559	强降雨、快速升温	5000	冲毁下游 49 户房屋，通往嘉黎县的唯一一桥梁被冲毁，损失高达 2.7 亿元	孙美平等，2014
②	吉翁错冰湖溃决灾害链	2020 年 6 月	约 700	冰崩、强降雨、侧碛堤滑坡	4000	尼屋乡十四村住户及附近道路、桥梁等设施	刘建康等，2021；雷鹏嗣，2022
③	笨多高位变形体	未发生（变形中）	3806.69	地震、强降雨	3000	可能堵塞易贡藏布，威胁下游忠玉乡、S305 和下游桥梁等	卫童瑶等，2021
④	易贡高位远程滑坡灾害链	2000 年 4 月	9225	强降雨、升温、冻融作用、地震	4000	堰塞湖淹没两千亩茶园，以及两岸的农田、民房、学校等，4000 余人受灾，1000 余人被迫搬迁，冲毁了通麦大桥，下游 5 个电站被毁，造成直接经济损失约 1.4 亿元以上	殷跃平，2000；许强等，2007
⑤	培龙贡支高位泥石流-堵江-洪水灾害链	1983～1990 年共发生 19 次	36100	冰崩、强降雨、滑坡	≥4100	威胁沟内住户，未来可能堵塞帕隆藏布，威胁 G318 及下游桥梁	陈宁生和陈瑞，2002；杨德宏等，2020
⑥	色东普崩塌-碎屑流-堵江-洪水灾害链	2014～2018 年共发生 8 次	约 2050（2018 年 10 月 18 日）；预测未来 500～1800	升温、强降雨、地震	≥4000	堵塞雅鲁藏布江，灾害链威胁上游村庄、下游村庄和道路及桥梁	刘传正等，2019
⑦	茶隆隆巴曲高位滑坡灾害链	200～500 年来未发生过大规模泥石流	约 800	升温、强降雨、地震	≥3200m	威胁正在建设的茶隆隆巴曲大桥以及沟口 G318	张田田等，2021；张晓宇等，2021；田士军等，2022

续表

序号	灾害名称	发生时间	物源规模/堆积体规模/溃决库容（10⁴m³）	诱发因素	物源区海拔/m	损失/威胁对象	参考文献
⑧	则隆弄沟高位冰崩-碎屑流灾害链	1950年8月	—	升温、地震	≥4000	摧毁则隆弄沟口直白村，造成97人遇难	韩立明等，2018
⑨	尖母普曲高位崩滑-碎屑流-堵江-洪水灾害链	2007年9月	75.6	升温、强降水	≥4000	冲毁对岸的G318约150m，导致沟口村庄及过往路人8人遇难、9人受伤，2户民房被毁、6户民房受损，摧毁一座跨江吊桥（松饶吊桥）	张金山等，2015
		2010年7月，暴发4次	20	升温、强降水	≥4000	造成短暂堵江，450m长的路基以及76m长的比通桥被冲毁，交通中断16天	曾庆利等，2016
⑩	古乡高位泥石流-堵江-洪水灾害链	1953年9月	1100	升温、降水	≥4000m	堵塞帕隆藏布，破坏G318及附近基础设施	刘建康和程尊兰，2015
⑪	冬茹弄巴高位泥石流-堵江-洪水灾害链	1975年6月	18000	升温、降水	≥4000m	冲毁沟口川藏公路约290m及木桥，堵塞帕隆藏布后溃坝洪水导致公路路基坍塌长1.5km，抢修半个月才恢复交通	吕儒仁和李德基，1989
⑫	米堆冰崩-冰湖溃决-泥石流灾害链	1988年7月	540	升温	≥3800m	摧毁米堆村，冲毁下游G318，国道断道长达一年之久	李德基和游勇，1992
⑬	然乌湖口82道班沟高位崩滑灾害链	未发生（变形中）	上亿	升温、地震	≥4500	威胁下方然乌湖及G318	赵志男等，2021

（一）高位泥石流-堵江-溃坝洪水-次生崩滑

嘉黎-察隅断裂带内典型的高位泥石流型灾害链有培龙贡支高位泥石流-堵江-洪水灾害链、古乡高位泥石流-堵江-洪水灾害链、冬茹弄巴高位泥石流-堵江-洪水灾害链等。培龙贡支泥石流在1983~1990年共暴发19次泥石流，其中1984~1986年连续三年暴发，1984年和1985年形成高位泥石流-堵江-溃坝洪水灾害链，堵塞帕隆藏布，淹没川藏公路及79辆货车，溃坝洪水冲毁了下游约2km的川藏公路和5座桥梁，使川藏公路中断数日，造成巨大的生命财产损失（杨德宏等，2020；程尊兰和吴积善，2011）。

培龙贡支沟流域面积约86.1km²，冰川面积为23.8km²，约占流域面积的27.6%，区域内气候呈现雨热同期的特征，升温融水和降雨径流为泥石流提供了充足的水动力条件；在海拔4100m以上的物源区，冻融风化作用强烈，广泛发育冰碛物、崩坡积物和残坡积物，沟道下游也发育一些崩滑，为泥石流提供了丰富的物源；主沟纵比降约132.2‰为泥石流提供了地形条件（图8-9）。目前沟道可参与泥石流活动的物源量高达3.61亿m³，在不利的地形地貌、地质构造、气候水文等条件的共同作用下，尤其是剧烈升温和强降水等极端条件下，极有可能诱发特大型冰川暴雨泥石流（陈宁生和陈瑞，2002），形成灾害链阻塞帕隆藏布。

（二）冰湖溃决-泥石流-堵江-溃坝洪水-次生崩滑

区域内典型的冰湖溃决型灾害链有米堆冰湖溃决灾害链，1988年7月15日米堆沟光谢错冰湖溃决，形成泥石流堵塞帕隆藏布，而后溃决洪水造成川藏公路被毁，交通中断半年之久（游勇和程尊兰，2005）。米堆沟流域面积约123.8km²，冰川面积约28.2 km²，沟长约9km，沟谷最大落差约2000m以上，沿主沟米堆、俄次和古勒3个村庄发育在阶地之上（图8-7）。1988年溃决的原因是米堆沟内的气候异常，1988年6月27日最高气温达30.1℃，接近多年的瞬时最高气温，溃决前夕连续多日高温，大量冰川融水沿冰舌下渗，冰舌前缘碎裂成块掉入冰湖，同时在升温的条件下，冰碛堤内部的冰融化，加速了冰湖水的下渗和潜蚀管涌作用，最终导致冰湖溃决（李德基和游勇，1992）。

（三）高位崩滑-碎屑流-堵江-溃坝洪水-次生崩滑

区域内典型的高位崩滑灾害链有色东普崩塌-碎屑流-堵江-洪水灾害链，2014年以来共发生约8次碎屑流事件，分别为2014年、2017年10月22日、2017年11月初、2017年12月底、2018年1月、2018年7月26日、2018年10月17日与2018年10月29日（童立强等，2018）。色东普沟海拔最高处为加拉白垒峰（7294m），海拔最低处为雅鲁藏布江（2800m），高差约4494m，沟域面积约67km²，沟道上游地形宽阔发育冰川，中下游较窄发育冰碛物及残积物，物源及地形增大了堵江的风险。色东普高位崩滑灾害链的形成与气温、降水和地震等密切相关，刘传正等（2019）在研究历年色东普碎屑流灾害的基础上，认为当林芝地区汛期平均气温超过15 ℃，米林市派镇汛期平均气温超过13℃时，色东普沟域发生崩滑-碎屑流并堵江的可能性大；10min降雨量超过3mm、1h降雨量超过5mm或24h降雨量超过10mm时，色东普沟域可能发生崩滑-碎屑流；当地震PGA高于0.18g时，引发冰崩碎屑流事件的可能性很大。

三、高位远程链式灾害孕灾条件分析

嘉黎-察隅断裂带区域发育的高位远程链式灾害具有强构造活动背景、气候敏感性、高位物源区、多类型灾害转换链、影响范围广等特点，主要受到地质构造、地形地貌、气候条件和地震等条件的控制。

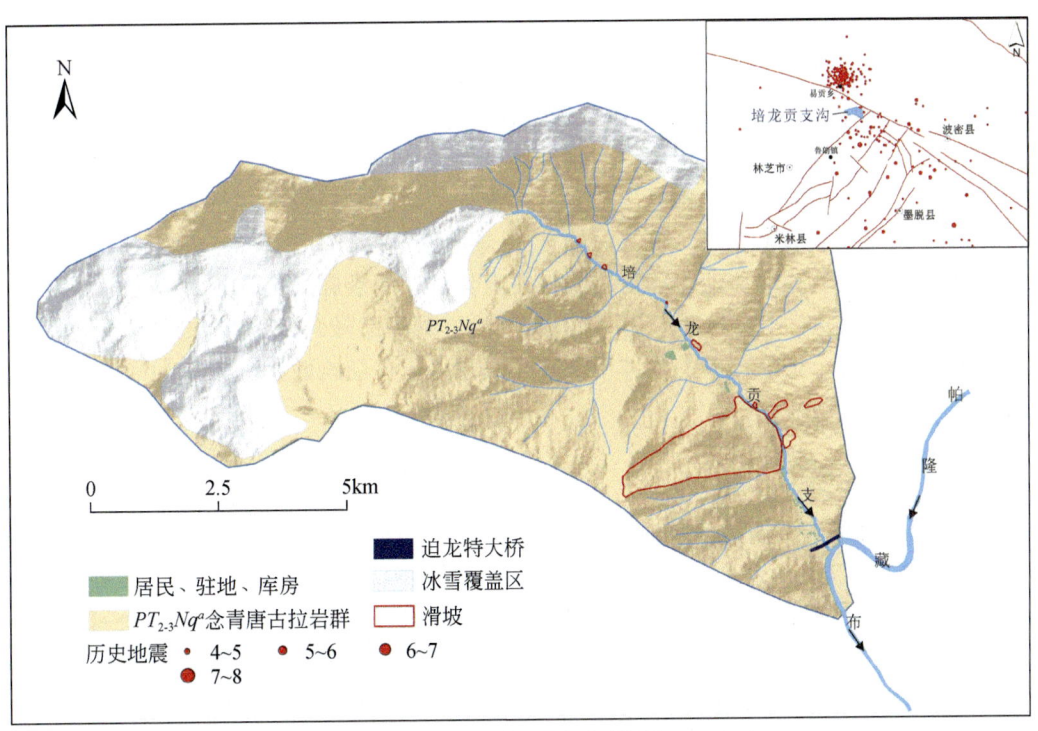

(a) 培龙贡支沟区域位置及地质简图

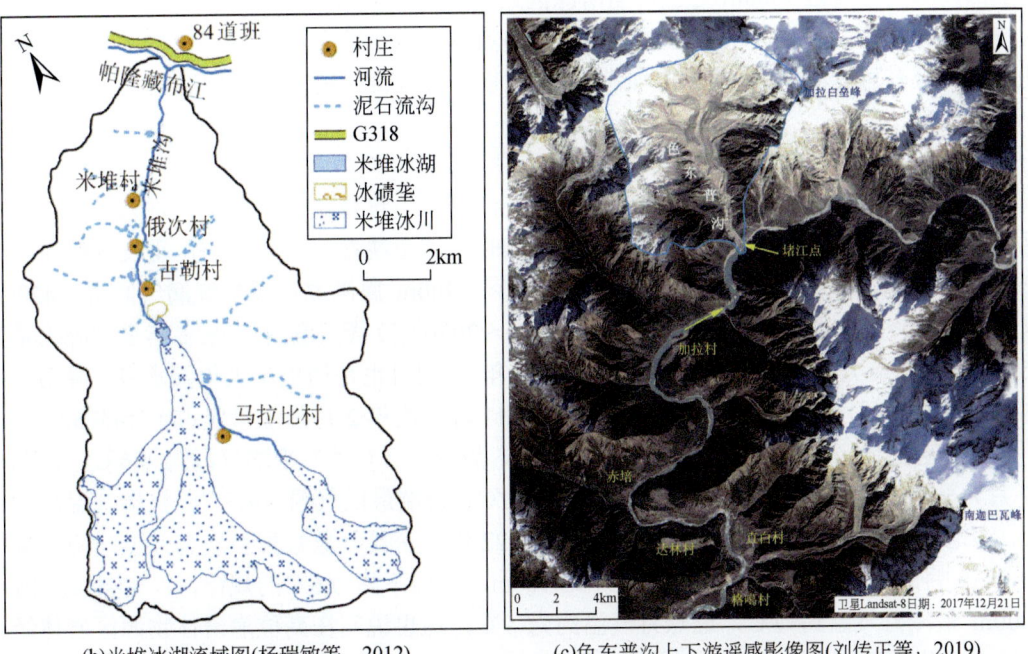

(b) 米堆冰湖流域图(杨瑞敏等，2012)　　(c) 色东普沟上下游遥感影像图(刘传正等，2019)

图 8-7　嘉黎-察隅断裂带典型高位远程链式灾害

（一）地质构造

嘉黎-察隅断裂带位于喜马拉雅东构造结地区，该区域是全球构造应力最强、隆升和剥蚀速率最快、新生代变质和深熔作用最强的地区之一，由于所处的位置特殊性，岩石组合具有多样性、岩体结构破碎，构造变形及演化过程也具有复杂性（丁林等，1995；许志琴等，2008）。区域内发育多条深大断裂，如嘉黎-察隅断裂带、墨脱断裂、东久-米林断裂等。活动断裂会影响区域的地形地貌和岩体结构发育特征，断裂黏滑会诱发地震，而蠕滑影响斜坡的应力场与稳定性等（张永双等，2016）。受青藏高原隆升效应及嘉黎-易贡断裂带活动的影响，断裂带一定范围内的岩体节理裂隙发育，岩体结构较为破碎，为高位远程链式灾害提供了丰富的物源。

（二）地形地貌

嘉黎-察隅断裂带发育冰川地貌、极高山地貌、高山地貌和河流堆积地貌，河谷与山顶高差可达 2000 m 以上，是典型的高山峡谷地貌，该地貌为斜坡深切卸荷提供了基础条件，同时该地区具有高原隆升—沟谷深切—坡体卸荷的自然规律和浅表构造变形圈—冻融圈—岩体松动圈等三圈协同的致灾机制，因此高山峡谷地貌常常诱发特大型灾害，如高位远程滑坡、高位泥石流等。这些高位远程链式灾害具有超视距隐蔽性、规模大、影响程度高和影响范围广等特点（彭建兵等，2020），高位崩滑源区通常位于 V 形深切河谷区陡峭坡体中上部，海拔可高达 4000m 之上，崩滑源区通常被冰雪或植被覆盖，常常因为人工难以进入排查而被忽略，但是高山峡谷区如帕隆藏布流域、易贡藏布流域等高位物源一旦高位启动致灾，极有可能演化为堵江-溃坝洪水-次生崩滑灾害链，造成严重的后果。

（三）气候条件

在特殊的地形地貌影响下，印度洋暖湿气流可以沿雅鲁藏布江北上，进入帕隆藏布和易贡藏布流域，给该流域带来充沛的降雨。同时受高山峡谷地貌的影响，垂直气候特征明显，2700m 以下属亚热带半湿润气候带，2700~4200m 属高原温暖半湿润气候带，4200m 以上属高原冷湿寒温带。区域雨量资料（1950~2020 年）显示近十年来多年平均降水量为 1575.16mm，最大年降水量 1798.18mm（2020 年），同时也是历史最大年降水量。降雨集中在每年 3~10 月，降水量约占全年的 94.0%，11 月~次年 2 月降水量仅占全年的 6.0%。

以波密县城区为例多年平均气温为 9.0℃，最冷月（1 月）平均气温为 0.6℃，最热月（7 月）平均气温为 16.9℃，极端最高气温 31.2℃，极端最低气温-14.5℃，极端气温相差较大。该地区也具有雨热同期的气候特征，如 2022 年波密县气象数据表现为升温与降雨集中在 5~9 月之间（图 8-8），根据海拔升高 100m，气温下降 0.6℃ 的规律，波密县城处海拔 4000m 最冷月气温约-7℃，最热月气温约为 9℃，这也说明在高位崩滑体物源区岩体经历着冻融风化作用。

强烈的冻融风化作用可加速岩体结构完整性破坏，增大岩体崩滑的风险。雨热同期则增大了冰雪融水径流，弱化高位寒区冰碛物和崩积物的胶结程度，弱化岩体软弱结构面的抗剪强度，增大冰雪融水泥石流发生的风险，也增大了冰湖库容量及其溃决风险（崔鹏等，2014）。

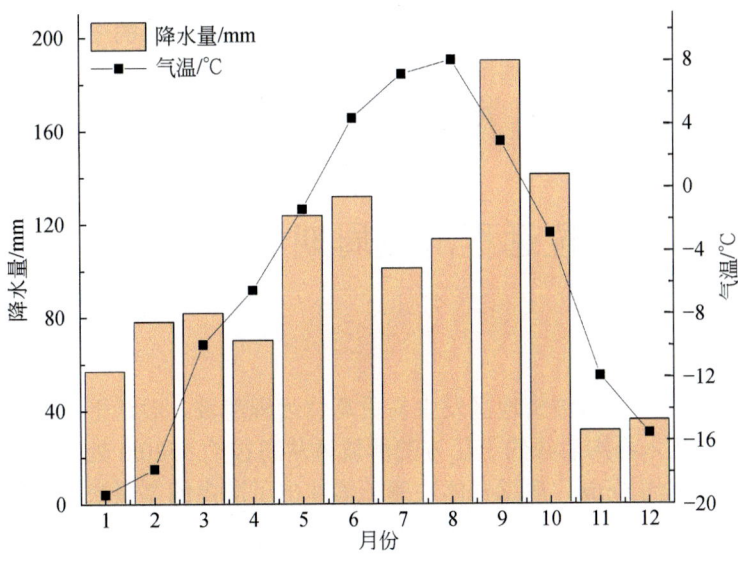

图 8-8 波密县 2022 年降水与气温统计图

（四）历史地震

据统计，1947 年以来嘉黎-察隅断裂带附近共 443 次地震记录，其中 $0 \leqslant M_S < 2.0$ 共 1 次，$2.0 \leqslant M_S < 4.0$ 共 13 次，$4.0 \leqslant M_S < 6.0$ 共 421 次，$6.0 \leqslant M_S < 8.0$ 共 7 次，$8.0 \leqslant M_S < 9.0$ 共 1 次，最高震级为 1950 年察隅 M_S8.6 级大地震（图 8-9）。地震造成的破坏可以分为地震

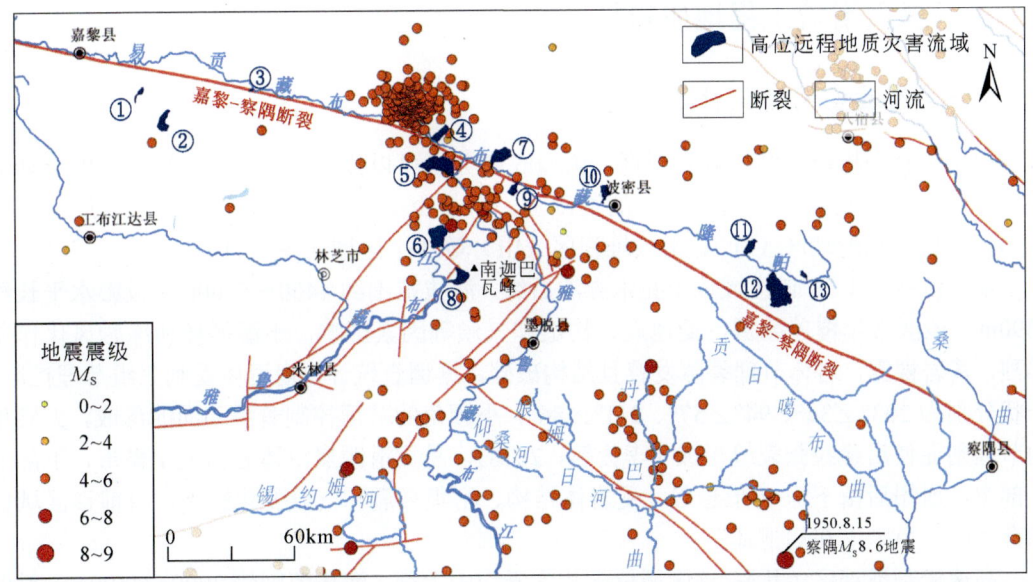

①然则日阿错冰湖溃决灾害链；②吉翁错冰湖溃决灾害链；③笨多高位变形体；④易贡高位远程滑坡灾害链；⑤培龙贡支高位泥石流-堵江-洪水灾害链；⑥色东普崩塌-碎屑流-堵江-洪水灾害链；⑦茶隆隆巴曲高位滑坡灾害链；⑧则隆弄沟高位冰崩-碎屑流灾害链；⑨尖母普曲高位崩滑-碎屑流-堵江-洪水灾害链；⑩古乡高位泥石流-堵江-洪水灾害链；⑪冬茹弄巴高位泥石流-堵江-洪水灾害链；⑫米堆冰崩-冰湖溃决-泥石流灾害链；⑬然乌湖口82道班沟高位崩滑灾害链

图 8-9 嘉黎-察隅断裂带区域历史地震图（地震数据 USGS）

引起岩体或建筑破坏和断层错动导致工程错动破坏，区域内频繁的中小地震会震裂岩体导致岩体结构损坏，为高位崩滑、高位泥石流等提供充足的物源，较大震级的地震则会直接诱发大规模的高位远程链式灾害，对区域内的居民安全、公路、铁路、桥梁和水电站等具有较大的威胁（李滨等，2022）。

第三节 易贡高位远程滑坡周期性复发机制与风险研究

一、易贡滑坡简介

2000年4月9日，西藏波密地区发生易贡高位远程滑坡，殷跃平（2000）首次研究报道了该滑坡，认为扎木弄沟后缘约上亿方的滑坡体从海拔约5520m处发生崩塌，滑坡高差约3330m，滑坡历时约6min，崩塌岩体快速下落冲击了沟内的厚层松散堆积物，并裹挟碎屑块石等形成了高速碎屑流，沿途不断铲刮狭窄段的沟谷，运移约10km后堆积于易贡湖出水口处，堵塞易贡藏布，形成长宽约2.5km，平均厚60m，最厚处可达100m的堰塞坝（图8-10），滑坡堆积体总方量约3亿 m^3（殷跃平，2000；任金卫等，2001）。2000年6月10日，易贡堰塞湖湖水冲毁人工导流明渠，冲向下游，位于17km之外的通麦大桥处水位上升41.77m，水位高出桥面约32m，洪水不仅冲毁了桥梁和沿岸的道路及通信设施，而且诱发了崩塌和滑坡等次生灾害，甚至波及下游印度境内，给下游造成上亿元的经济损失（Xu et al.，2012；Delaney et al.，2015）。

二、易贡滑坡工程地质特征

（一）滑坡空间结构特征

根据已有分析研究结合野外调查，认为3个分区可以描述易贡高位远程滑坡的运动学特征。在突出运动特征和动力行为的基础上，将易贡滑坡不同区域分别命名为崩滑源区（Ⅰ）、高速铲刮滑动区（Ⅱ）、滑坡堆积区（Ⅲ）等3个区域（图8-11）。

崩滑源区（Ⅰ）：该区域位于扎木弄沟后缘，海拔范围约4400~5300m，投影水平长约1390m，该区常年覆盖冰雪，受地震、构造和气候等因素影响，干湿循环和冻融风化作用强烈，基岩裸露，岩体节理裂隙发育且结构破碎，据调查统计，崩滑体受到三组节理控制，产状分别为203°∠34°、94°∠57°、211°∠86°，小倾角的节理控制着滑动面的形成，大倾角的节理则促使后缘拉张裂缝形成（李俊等，2018）。易贡滑源崩滑体总体上呈楔形，下部窄上部宽，崩塌后留下深V形悬谷，受岩体结构、密集微震和气候变化影响，目前该区域仍然存在两个巨型潜在崩滑体。

高速铲刮滑动区（Ⅱ）：该区域位于扎木弄沟中上部，海拔范围约2900~4400m，斜坡斜度约16°~27°，沟谷较窄呈狭长形，两侧崩坡积物和第四系松散堆积物发育，滑坡发生后两侧基岩出露，有擦痕存在，说明源区陡峭的斜坡让崩滑体获得的高位重力势能在此快速转化为强烈动能，滑体不仅在此区域达到最大速度，而且由于速度差异及碰撞效应产生了解体，并不断铲刮沿途堆积物形成碎屑流。

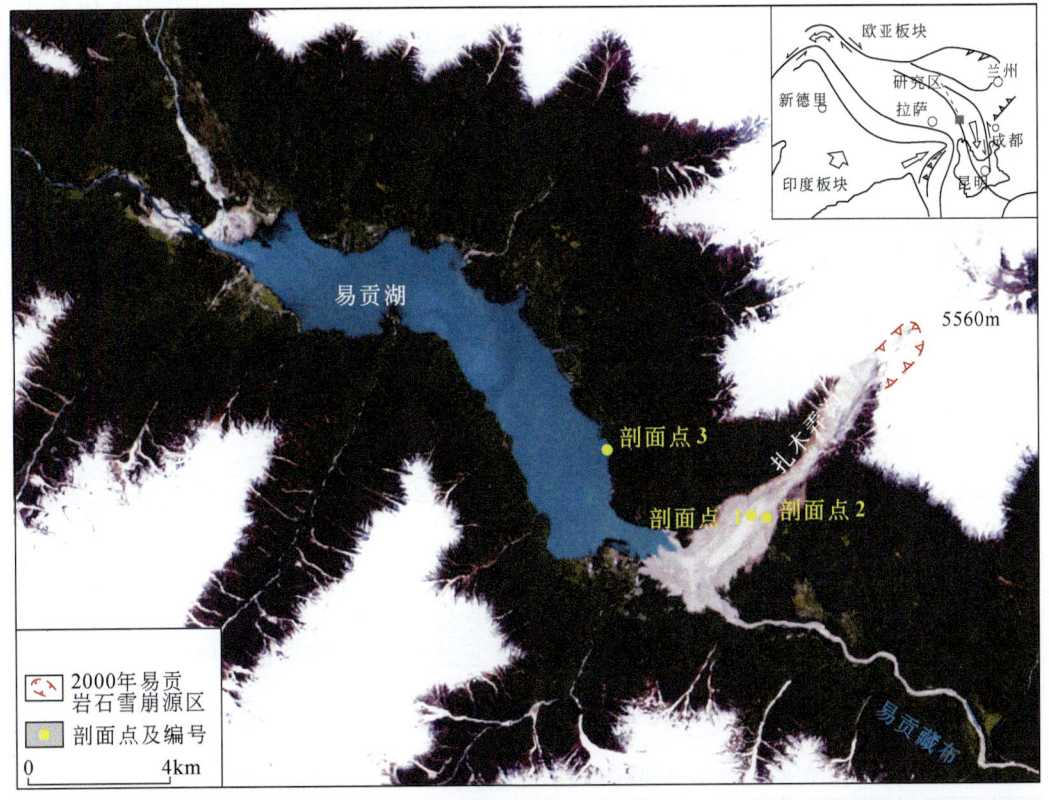

图 8-10　易贡高位远程滑坡遥感影像（底图据 2000 年 5 月 4 日 Landsat 7 影像）

滑坡堆积区（Ⅲ）：该区域位于扎木弄沟中下部，与易贡藏布相接，海拔范围约 2200～2900m，平均坡度约 5°～7°，地形由狭窄较陡过渡为平缓开阔，碎屑流在此处减速堆积形成具有一定分选的堆积扇，并堵塞河流形成了平均厚 60m 的堰塞体。另外，该区在 2000 年易贡滑坡之前已经存在 1900 年崩滑形成的堆积扇，而此次崩滑的堆积体覆盖于 1900 年的残余堆积体之上。

（二）滑坡体积特征

关于易贡滑坡滑源区崩滑体的体积存在不同认识，殷跃平（2000）认为约有上亿方的滑坡体饱水失稳；薛果夫等（2000）认为有 $1\times10^7 m^3$ 的岩体从扎木弄沟滑源区崩落；刘伟（2002）通过野外地质调查分析，认为崩塌发生前滑源区呈角峰状，岩体边坡达 50°～70°，滑动后裸露 V 形悬谷，推算滑源楔形体体积约有 $3\times10^7 m^3$。Shang 等（2003）、Yin 等（2012）、Zhou et al.（2016）和 Zhuang et al.（2020）认为滑源区约 1 亿 m^3 的楔形饱水岩体失稳；王治华（2006）结合 2000 年 4 月 9 日滑坡前后图像对比分析，确定了滑前块体的位置以及上宽下窄的不规则多边形结构，得出滑源区投影面积约 $0.691km^2$，通过 DEM 分析和影像比对，认为滑动后滑源区域的高程降幅在 0～318m 之间，滑走部分的体积为 $9.118\times10^7 m^3$。

Evans 等（2011）认为 $9.118×10^7 m^3$ 的规模不太合理，通过计算得到初始崩滑体积约为 $7.5×10^7 m^3$，碎裂膨胀之后的体积约为 $9×10^7 m^3$；Xu 等（2012）调查分析失稳岩体体积为 $9×10^7 m^3$；Delaney 等（2015）通过 DEM 数据分析和 Landsat 7 影像比对，认为 $9.1×10^7 m^3$ 左右的初始崩滑体体积比较可信，且滑体碎裂膨胀后的体积为初始的 1.2 倍左右（表 8-2）。

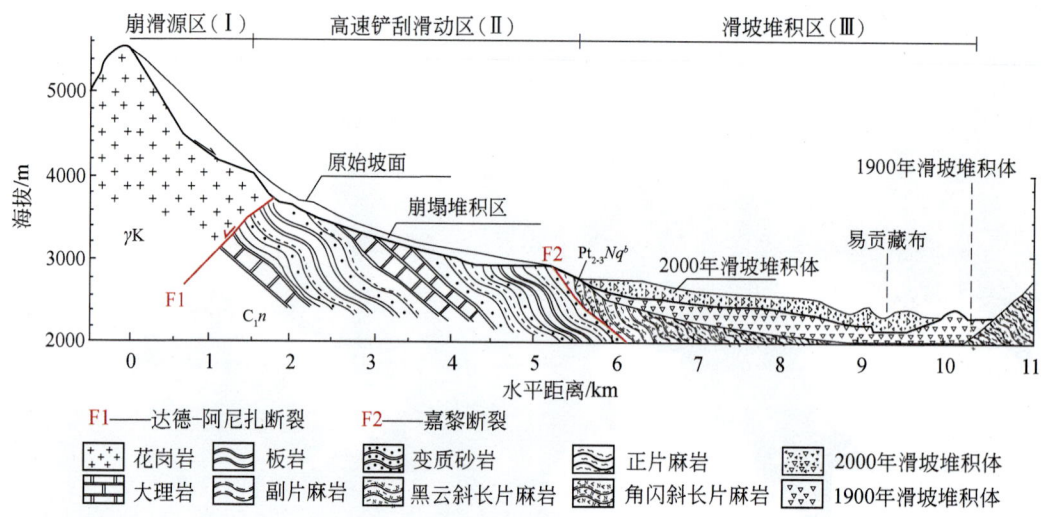

图 8-11 2000 年易贡滑坡空间分区图（据 1∶25 万地质图、殷跃平，2000 和 Xu 等，2012 修编）

表 8-2 2000 年易贡滑坡初始崩滑体体积历史研究统计表

序号	崩塌区体积/m³	研究方法	文献来源
1	上亿	野外调查，估算	殷跃平，2000
2	$1×10^7$	野外调查，估算	薛果夫等，2000
3	$3×10^7$	野外调查，估算	刘伟，2002；黄润秋，2004
4	$4×10^7$	遥感解译	Zhang 等，2013
5	$7.5×10^7$	DEM 数据分析、遥感解译、滑体等高线重建	Evans 等，2011
6	$9×10^7$	DEM 数据分析、遥感解译、根据铲刮等参数推测	Delaney 等，2015
7	$9.118×10^7$	DEM 数据分析、遥感解译比对	王治华，2006
8	$1×10^8$	野外调查，估算	Shang 等，2003；Yin 等，2012；Zhou 等，2016；Zhuang 等，2020
9	$9.225×10^7$	DEM 数据作差分析、遥感解译	本书稿

根据 2000 年 1 月 5 日和 5 月 4 日的 Landsat 影像和现场调查，圈定了滑源区位置，投影面积约 $703210 m^2$（图 8-12）。2000 年易贡滑坡前的 DEM 数据滑源区缺失，现有的数据为滑坡后 DEM 插值填补空白。因此，根据现场调查和遥感解译圈定范围。采用 AW3D30

作为原始数据开展地形修复。将滑动前的地形与滑动后的地形进行作差分析,得到源区滑体特征,高程降幅为0~318m,平均厚98.8m,体积约9225×10^{4}m^3。

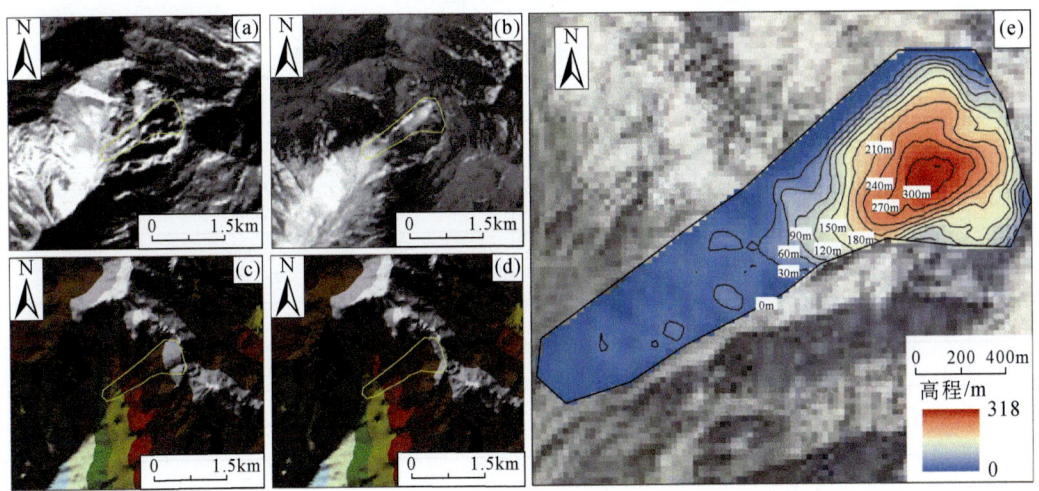

图8-12 2000年易贡滑坡崩滑源区对比图(a,b- Landsat5和Landsat7影像据USGS;c,d-滑坡前后地形生成的TIN文件,据JAXA(Japan Aerospace Exploration Agency)的AW3D30 DEM数据;e-2000年易贡滑坡滑体特征)

2000年易贡滑坡堆积体穿过并堰塞了易贡藏布,形成的堆积区海拔范围约2200~2900m,包括滑坡减速堆积的区域及越过河流对岸的部分区域,面积约5km^2。殷跃平(2000)、刘宁(2000)、周刚炎等(2000)和刘国权等(2001)调查分析得出易贡滑坡的堆积体规模约2.8亿~3.0亿m^3。黄润秋等(2004)认为堆积体规模约2.8亿m^3。Zhou等(2016)、柴贺军等(2001)、Wang等(2002)、Shang等(2003)、Xu等(2012)和Zhuang等(2020)估算堆积体约3亿m^3。任金卫等(2001)根据便携式GPS实地测量数据和滑坡前后遥感影像的比对,分析堆积体的总方量超过3.8亿m^3。Evans等(2011)通过DEM分析后认为易贡滑坡铲刮量为1.5×10^{7}m^3,堆积方量为1.05亿m^3。Wang等(2008)通过对比滑源区、运移区和堆积区等,认为堆积体体积为3亿m^{3}不合理,这是因为之前没有区分2000年之前的新老堆积体,且主要流动区和泥水、强气流溅射区也没有分开,经过区分后认为堆积方量为9.11×10^{7}m^{3}更为合理;Delaney等(2015)则认为9.11×10^{7}m^{3}不太合理,因为没有考虑滑源区滑体滑动过程中的碎裂膨胀效应和铲刮夹带作用,通过SRTM-3 DEM数据和LANDSAT-7的影像,计算得出易贡滑坡的堆积方量为1.15×10^{8}m^3。Ekström等(2013)认为易贡滑坡的堆积总质量为4.4×10^{11}kg,按照平均密度为2630kg/m^{3}计算,堆积体积约为1.67亿m^3。Liu等(2018)基于1971年和2003年的数字地形资料重建基底滑动面计算得到最终体积约为1.29亿m^3(表8-3)。

殷跃平(2000)根据遥感解译和现场调查,认为堆积体厚度平均为60m,最厚处可达100m,面积为5km^2,Zhou等(2016)认为沉积区的尾部厚约4~10m,中部厚约35~65m,前部约50~80m。通过遥感影像解译,测量了滑坡堆积区,面积约5.1km^2,若按照殷跃平

（2000）现场调查得到的滑坡堆积体平均厚度 60m 计算，则堆积体方量约为 3.06 亿 m^3；若按照沉积区尾部平均厚 7m，面积约 0.5km²，中部平均厚 50m，面积约 1.5km²，尾部平均厚 65m，面积约 3.2km²，则堆积体方量约为 2.81 亿 m^3。

表 8-3　易贡滑坡堆积体体积历史研究统计表

序号	体积/m³	研究方法	文献来源
1	$9.11×10^7$	遥感解译、DEM 数据分析	Wang，2008
2	2.8 亿~3.0 亿	野外调查	殷跃平，2000；刘宁，2000；周刚炎等，2000；刘国权等，2001
3	3.0 亿	野外调查、遥感解译等	Zhou 等，2001；柴贺军等，2001；Wang 等，2002；Shang 等，2003；黄润秋，2004；Xu 等，2012
4	>3.8 亿	GPS 实地测量、遥感解译	任金卫等，2001
5	1.05 亿	遥感解译、DEM 数据分析	Evans 等，2011
6	1.15 亿	遥感解译、DEM 数据分析、GPS 野外测绘	Delaney 等，2015
7	1.67 亿	质量密度分析	Ekström 等，2013
8	1.29 亿	数字地形数据分析	Liu 等，2018
9	2.81 亿~3.06 亿	对比分析、遥感解译	本书稿

因此，通过文献梳理和滑坡前后影像解译、DEM 计算分析，认为易贡高位远程滑坡初始崩滑体体积约为 $9225×10^4 m^3$，滑坡堆积体方量约为 2.81 亿~3.06 亿 m^3 更为合理。

（三）滑坡崩滑源区特征

吕杰堂（2003）认为扎木弄沟内还残留有 $1×10^7 m^3$ 的松散物质，且目前处于 2000 年易贡滑坡后的物质与能量积累的新周期；朱成明等（2015）通过遥感影像解译，认为扎木弄沟源头区目前存在的松散堆积物和潜在不稳定楔形岩体总体积达 1.6 亿 m^3 以上，在强降雨、冰雪融水和雪崩等因素影响下，极易产生崩塌滑坡。

李俊等（2018）通过工程地质分析方法和野外实际调查，认为易贡扎木弄沟后缘仍存在两块巨型潜在崩滑体，其发生滑坡堵江的基础和激发条件依然存在，基于 FLAC 2D 软件反演潜在崩滑体的规模，结果为 BH01 方量 0.94 亿 m^3，BH02 方量 0.92 亿 m^3（图 8-13、表 8-4），最后采用 MacCormack-TVD 有限差分数值方法，模拟了潜在崩滑体在地震烈度为 Ⅷ度和极端气候条件下 BH01 和 BH02 少量崩滑、BH01 和 BH02 局部崩滑、BH02 全部崩滑、BH01 和 BH02 全部崩滑四种情况下的失稳堵江风险，计算结果认为四种失稳情况均会造成堵江。刘铮等（2020）分析了易贡地区山体对地震波的响应特征，使用 FLAC 3D 软件研究了潜在崩滑体的稳定性，认为在静力作用下，潜在崩滑体稳定，安全系数为 1.27，而在近场强震作用下，潜在崩滑体会失稳破坏。

三、滑坡复发机制

（一）易贡滑坡复发周期研究

通过对易贡滑坡堆积区开展了野外调查、地质剖面测量、地层精细厘定和 ^{14}C 测年等研究，首次揭示了易贡滑坡具有周期性高位远程滑坡-堰塞易贡藏布-溃坝灾害链的复发规律。

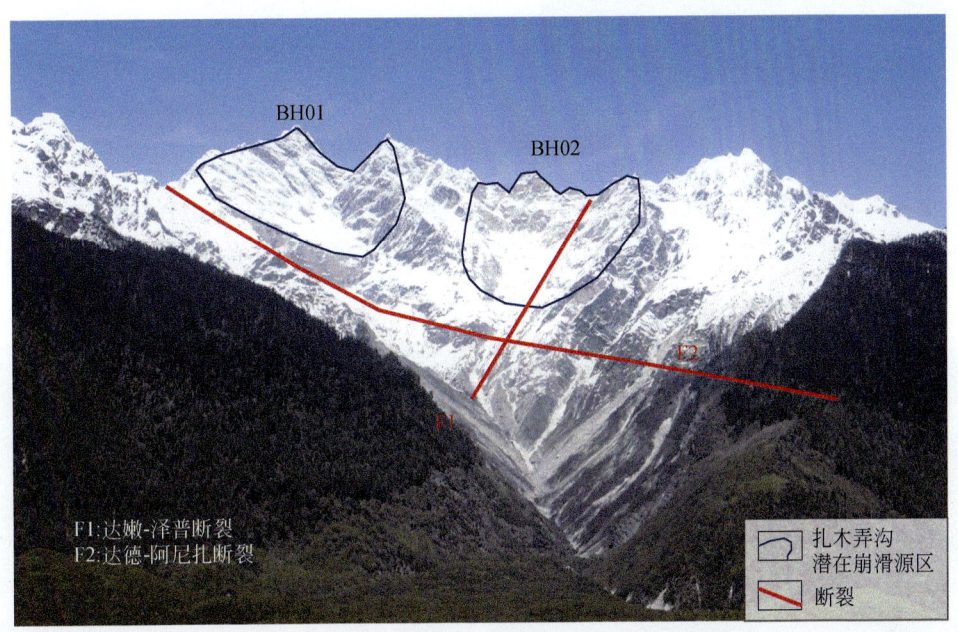

图 8-13　扎木弄沟潜在崩滑体发育特征（镜向 NE）

表 8-4　扎木弄沟潜在崩滑体特征（李俊等，2018）

崩塌体编号	宽度/m	平均崩滑面积/m²	体积/亿 m³
BH01	935.30	100314.00	0.94
BH02	822.07	111879.50	0.92

（1）测年样品采集剖面点 1。剖面点 1 位于扎木弄沟的西侧（图 8-14），剖面厚 50m，可划分成 4 层滑坡堆积物（图 8-14），最上层①由 20.5m 厚的未分选块状堆积物组成。其中不整合地层覆盖在较薄较老的堆积物上，堆积物的氧化程度由上到下升高，这表明滑坡发生之前一定时期内地表呈稳定状态并开始形成土壤。在第②层堆积物下方，原来约数米的灰色细粒砂覆盖在厚 5m 的灰黄色粗粒砂上，这些砂层均覆盖在第③层滑坡堆积物上，从第③层中收集了 2 个样品进行 ^{14}C 测年，得出的年龄为 2450±30BC 和 2520±30BC。出露的最后一层是第 4 次滑坡堆积物，测年得到 2 个相近的 ^{14}C 日期，分别为 3100±30BC 和 3110±30BC。综上剖面点 1 揭示了 4 次滑坡的存在，第一次时间约 1300BC，第二次时

间约 600BC，第 3、4 次时间约 1900 BC 以前。

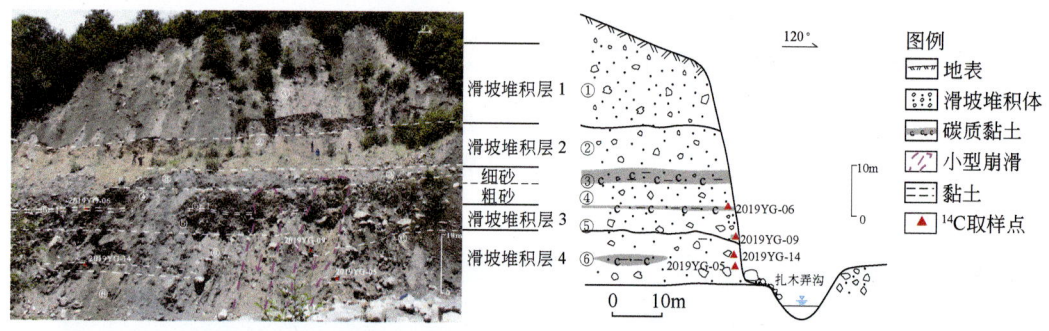

图 8-14　扎木弄沟地质剖面观测点 1 剖面特征及采样情况

（2）测年样品采集剖面点 2。剖面点 2 的样品测年分别为 2760±30 BC 和 2940±30 BC（图 8-15）。该时期位于剖面点 1 揭示的 2 次滑坡事件之间，因此至少还有 1 次滑坡大约发生在 1000 BC。

(a)扎木弄沟前缘取样点地貌特征　　　　　(b)观测点2取样位置

图 8-15　扎木弄沟地质剖面观测点 2 采样情况

（3）测年样品采集剖面点 3。剖面点 3 位于易贡乡通家村东南处，剖面厚 8m，剖面点 3 可划分为 4 层（图 8-16）。第①层由厚约 0.5m 的棕色沉积物组成。第②层由厚度超过 1m 的浅灰色黏土组成的湖相沉积物和厚 30cm 富含有机物的黑色粉质粘土层组成，取自该层的 ^{14}C 样品，测年日期为 4650±30 BC。这层湖相沉积物沉积在黏土和泥石流沉积物的顶部，大约在地面以下 2m。

根据 7 个样品的测年结果认为 2000 年易贡滑坡源区在过去 5500 年间发生了至少 8 次的高位远程滑坡事件，分别为 3500 BC、1300 BC、1000 BC、600 BC、1900 年和 2000 年滑坡事件，以及 600BC 至 1900 年间缺少测年数据的 2 次滑坡事件，易贡地区大型高位远程滑坡可能存在百年尺度的复发周期（图 8-17）。

(a) 观测点3取样位置

(b) 观测点3取样处地层特征

图 8-16 扎木弄沟地质剖面观测点 3 采样情况

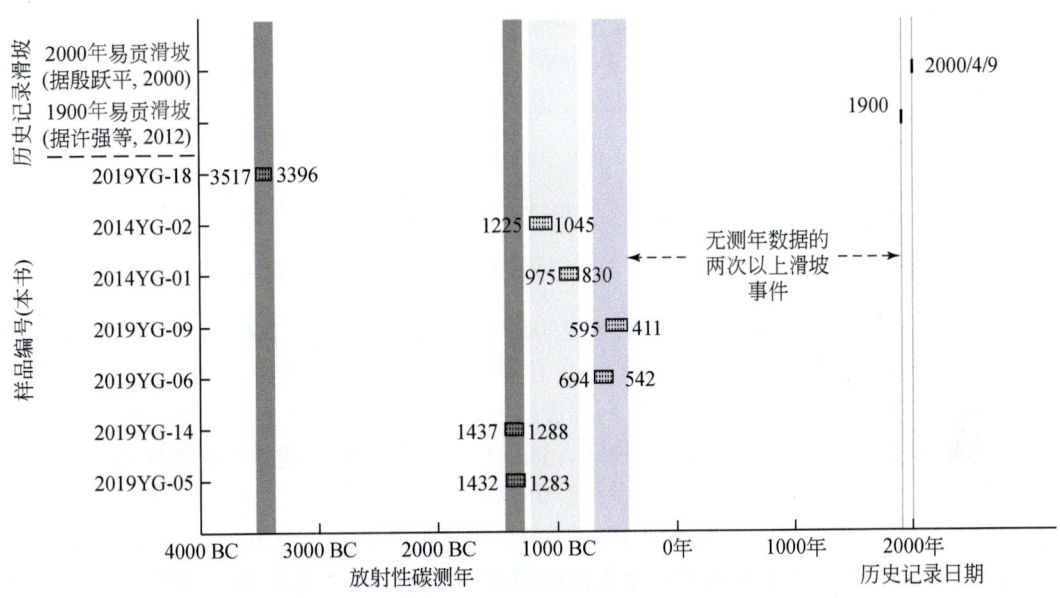

图 8-17 易贡地区不同期次滑坡地质年代分布特征

（二）滑坡启滑机制分析

关于易贡滑坡的破坏启滑机制，研究者的观点主要体现在：气候变化导致崩滑、地震诱发崩滑、活动断裂控制崩滑、内外动力耦合作用导致崩滑等方面。

（1）气候变化引起崩滑。2000 年易贡滑坡的发生和气候变化具有相关性，郭广猛（2015）综合遥感影像、气象和 MODIS 数据，对冰雪解冻范围、气温和地温进行了分析，认为在易贡滑坡发生前 1 个月气温已经升至 0℃以上，灾前两周，崩滑体中心由于岩体破碎容易吸热，导致崩滑体位置温度高于周围像素 2~8℃，表现为一个高温中心，3 月 28 日地温至 5℃时，崩滑体周围开始解冻。Zhou 等（2016）通过 1998 年、1999 年和 2000 年 3 月 1 日至 4 月 30 日易贡地区气温对比（图 8-18），认为 3 年的气温变化没有显著的区别，但是 2000

年 4 月 1 日的显著增温可能对滑坡有一定的影响。气温转暖导致的冰雪融水和滑坡前的连续降雨（2000 年 4 月 1 日至 4 月 9 日地区连续降水 50mm，比同期平均值高 50%～90%，入渗到崩滑源区楔形体的节理裂隙内，导致结构面软化和孔隙水压力上升，最终诱发了楔形体失稳崩滑（殷跃平，2000；任金卫等，2001；Shang et al.，2003；黄润秋，2004；许强等，2007；Xu et al.，2012；Zhang et al.，2013）。

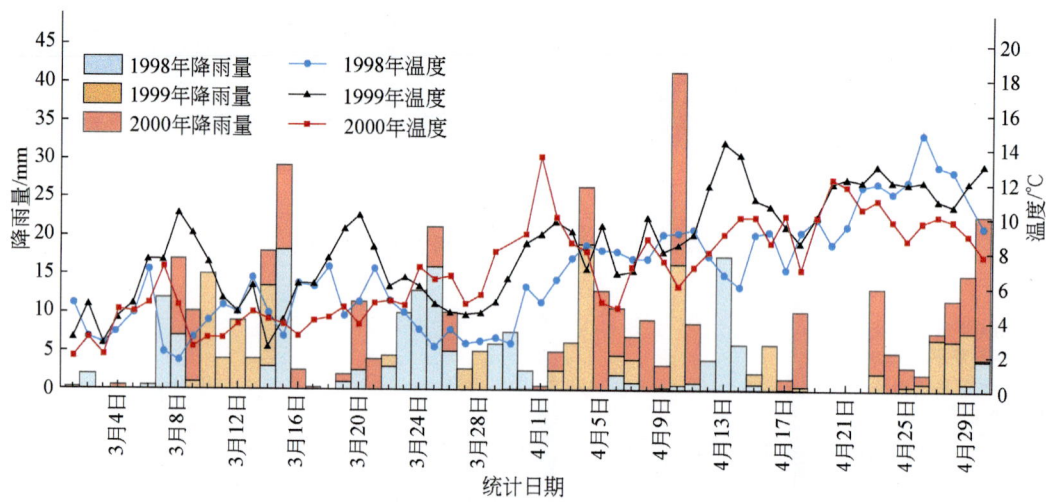

图 8-18　1998、1999 和 2000 年 3 月 1 日至 4 月 30 日易贡地区降雨与温度统计图

（2）地震诱发崩滑。地震是诱发地质灾害的重要因素之一，如 2008 年 $M_S8.0$ 级汶川地震触发了 15000 多处滑坡、崩塌和泥石流，且震后导致的地质灾害隐患点高达 10000 余处（殷跃平，2008），2014 年 $M_S6.5$ 级鲁甸地震触发约 10559 处滑坡（吴玮莹，2018）。易贡高位远程滑坡位于喜马拉雅东构造结地区，该区位于印度洋板块俯冲亚欧板块的前缘，地震活动频繁，且近直立和陡立的边坡发育，V 形高山峡谷地貌不仅放大地震波，而且扩大了灾害效应（权雪瑞等，2021）。据统计 1900～2020 年该区域地震超过 200 次，其中以 $M_S3.0$～5.0 级中小地震为主，大多分布在扎木弄沟的西北侧 35km 内（图 8-19），影响到易贡地区的地震可达 100 余次，其中以中小地震为主（邵翠茹，2009；李俊等，2018），频繁的中小级地震不仅会增加岩体的脆弱性，而且会成为岩体失稳的触发因素。李俊等（2018）通过分析历年地震、气温资料以及滑坡前两个月的降水情况，经历长期作用的滑源区花岗岩体处在极限平衡状态，已经具有一定程度的损伤，受到 4 月 9 日 8 点 0 分 9 秒距离易贡滑坡 13km 处的林芝地区 $M_S4.8$ 级地震的影响，随后 8 点 0 分 11.95 秒发生易贡特大高位远程滑坡，基于地震加速度和易贡滑坡的时空耦合分析，认为地震是易贡滑坡的诱发因素。

（3）活动断裂控制崩滑。扎木弄沟区域断裂发育，大区域上主要受嘉黎-察隅断裂带的影响。研究表明断裂的蠕滑和黏滑作用控制着区域的地形地貌、岩体结构和斜坡应力场，导致一定范围内的灾害极其发育（张永双等，2016），如川西鲜水河断裂带对地质灾害有明显的控制作用，约 67.5%的地质灾害发育于距断裂带 1.5km 范围内，滑坡的滑动方向多垂直于断裂走向（郭长宝等，2015）。扎木弄沟内则受到达嫩-泽普断裂和达德-阿尼扎次级断裂的影响较大，断裂附近岩体结构破碎，易在外力的驱动下产生失稳崩滑。鲁修元等（2000）综合分析了气候、地形地貌和地质构造对易贡滑坡的影响，认为地质构造是滑坡形成和滑动的主要因素之一。刘国权等（2000）也认为地质构造是易贡滑坡发生的主要因素之一，且扎木弄沟在阿扎-易贡断裂和申错九子拉-朗呷马断裂的影响下形成下凹地形，构造运动导致形成了密集的节理裂隙发育带。该带在风化等作用下产生大量崩坡积物，一旦达到极限平衡状态时便会诱发大型滑坡。

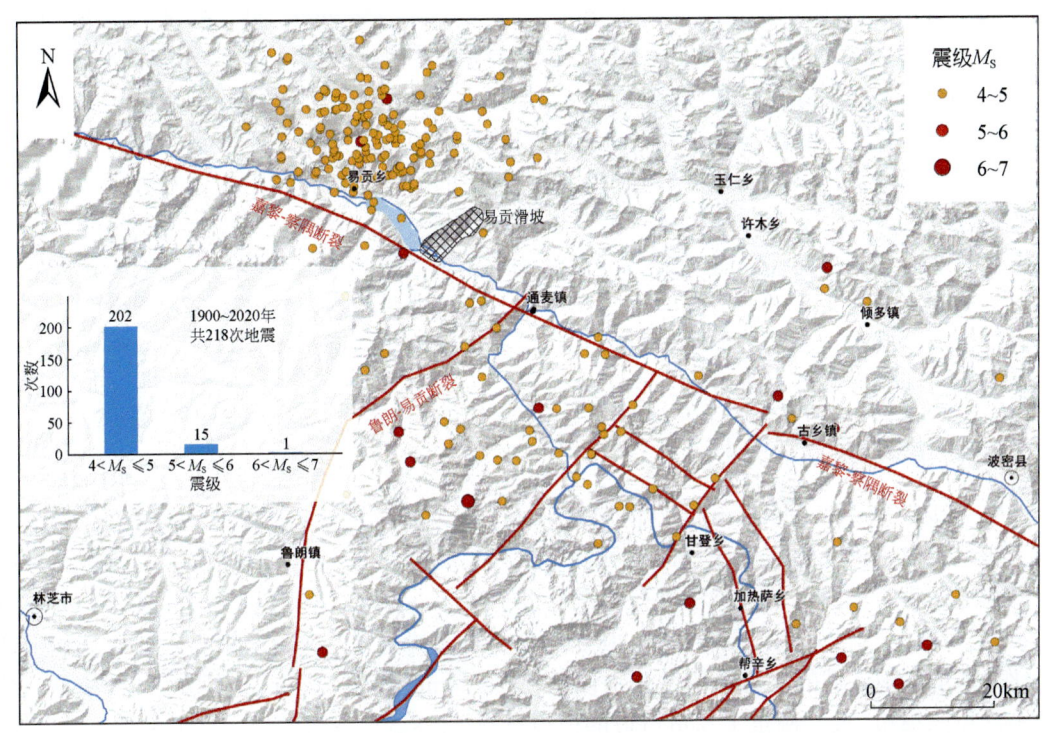

图 8-19　1900～2020 年易贡滑坡地区历史地震分布图

（4）内外动力耦合作用导致崩滑。在地震、地壳抬升和断层活动等内动力作用和风化、剥蚀、搬运、沉积等外动力作用相互耦合下，会导致岩土体应力释放或结构松弛，内外动力作用均直接或间接影响着滑坡的形成过程（王思敬，2002；李晓等，2008）。Wen 等（2004）统计了国内 1900 年以来的 70 次大型滑坡，认为大型滑坡成因机制非常复杂，构造条件、地质条件、地层岩性和地形地貌等是导致大型滑坡发生的主要原因，而诱发大型滑坡的因素通常是降雨、地震、坡顶荷载和融雪等。关于易贡滑坡的内外动力作用，吕杰堂等（2003）认为扎木弄沟地区因为线性构造的切割作用以及冻融风化作用等，岩体结构极为破碎，活动断裂和地震则加剧了岩体结构的弱化和滑坡物质的积累。滑源处大量堆积的冰雪，增加了坡体自重，受季节性气候的影响，大量冰雪融水和降水入渗破碎岩体，增大了孔隙水压力，降低了结构面强度，因此地质、构造、气象等内外动力因素共同作用导致了易贡滑坡的发生。Zhou 等（2016）认为易贡滑坡是长期演变和短期效应耦合作用的结果，长期作用中冰雪对岩体产生加卸载与季节和日冻融循环作用等让岩体力学性质逐渐降低，节理裂隙联合贯通；而易贡滑坡发生前的气温升高加速了冰雪融化，加上连续的暴雨的短期触发效应，导致滑源区岩体裂隙孔压上升，岩体力学强度急剧下降从而触发滑坡。

综上，易贡高位远程滑坡的破坏启滑，受到内外动力共同控制，是在岩体长期蠕变的过程中，由气候季节性变化、强降雨、强地震等短期影响而触发的。长期控制岩体蠕变的因素表现为，第一，地震作用，据统计 1900～2020 年，区内可影响到扎木弄沟的地震达 100 余次，以 M_S3.0～5.0 级中小地震为主，多次地震让岩体损伤积累；第二，断裂蠕滑作用，嘉黎-察隅断裂带中部走滑速率 1.3mm/a，挤压速率 2.9mm/a，处于蠕滑的状态（唐方头等，2010），其控制着区域的地形地貌、岩体结构和斜坡应力等；第三，冻融与加卸载循环作用，扎木弄沟后缘海拔超过 5000m，多年经历冻融循环作用，导致后缘基岩的节理裂隙不断扩展；第四，干湿循环作用，扎木弄沟的独特地理位置带来了丰富的降水，让区域干湿循环极为强烈，不断弱化岩体强度。以上所述的因素，在长时间内控制着区域的岩体蠕变。短期影响表现为，2000 年 4 月 1 日～4 月 9 日，扎木弄沟地区降水累积 50mm 以上，且自 3 月 27 日起区域升温，4 月 1 日气温达到三年来的最高值，融雪和降雨效应均大于同期，该时间段内扎木弄沟崩滑源区岩体已经接近极限平衡状态，当气温升高产生的冰雪融水和连续的强降雨进入节理裂隙发育的岩体，岩体结构面强度降低，孔隙水压力升高，最后突破极限状态打破锁固段束缚产生失稳崩滑。

四、滑坡动力学分析

Massflow 软件以 MacCormack-TVD 有限差分计算算法为核心，能够高效模拟滑坡、泥石流等地质灾害的动力演化过程，也可以对具有大规模、长运移、高速度、强流动性等特点的高速远程滑坡的运动全过程进行模拟分析（Ouyang et al.，2017；殷帮民，2017；Ouyang et al.，2019）。因此采用该软件开展 2000 年易贡滑坡的动力学分析。根据野外调查和文献对比，基于不同区域的动力学特性分别设置了 Coulomb 模型、Vollmy 模型和侵蚀模型，经过多次反演模拟，最终确定了易贡滑坡的模拟参数（表 8-5）。参数的反演参考的标准为 2000 年易贡滑坡的运动距离、速度、铲刮量、铲刮位置、堆积特征等，该参数得到的数值模拟结果与 2000 年易贡滑坡吻合较好。

表 8-5 易贡滑坡模拟参数

模型	参数	滑源区（h≥4150m）	铲刮区（2700<h≤4150m）	堆积区-Ⅰ（2400<h≤2700m）	堆积区-Ⅱ（h≤2400m）
Coulomb 模型	摩擦系数	0.36	—	—	—
	黏聚力/kPa	10	—	—	—
Vollmy 模型	基底摩擦系数	—	0.02	0.03	0.08
	紊流系数	—	1800	1600	900
侵蚀模型	侵蚀平均增长率	1.194×10^{-4}	1.194×10^{-4}	1.194×10^{-4}	1.194×10^{-4}

（一）滑坡运动过程分析

经过反演确定了最佳的模拟参数（图 8-20 和图 8-21）。模拟结果显示，2000 年易贡滑坡持续时间约 220s，最大水平运动距离 10km，垂直高差 3330m。位于海拔 4100m 之上的滑体失稳碎裂后，首先是撞向沟道 NW 侧，之后 t=40s 时在重力作用下开始加速沿沟道下滑，t=100s 时，经过铲刮侵蚀作用后，体积扩大，滑体前缘进入堆积区，t=150s 时滑体运动至河道，且因为堆积区地形平缓，滑体开始减速，面积不断扩大堆积，t=180s 时，滑体堵塞河道，t=220s 时，滑体堆积呈喇叭形，基本停止滑动，堆积区最大厚度为 108m，经沿途铲刮后体积扩大至 2.967 亿 m³。

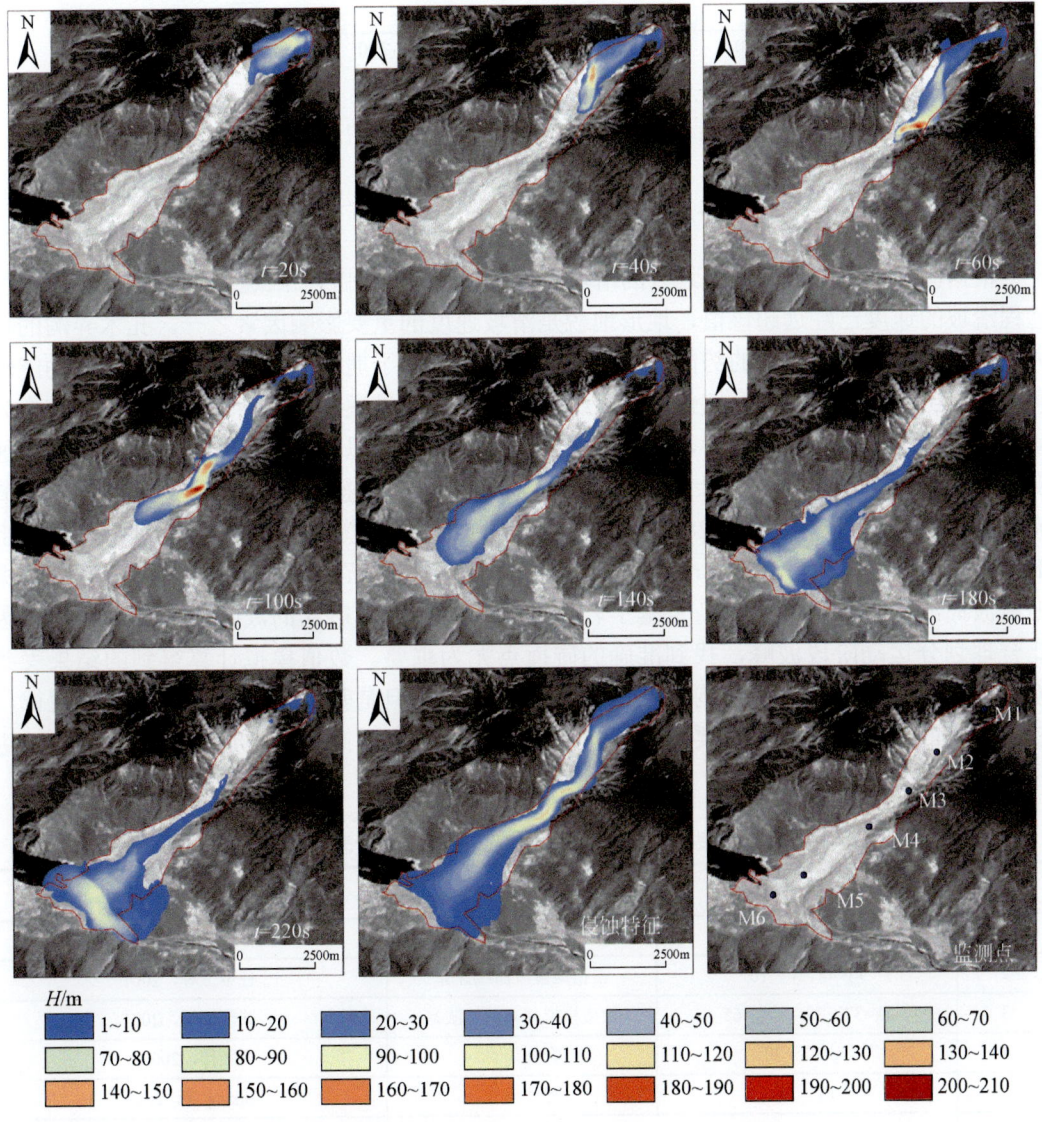

图 8-20 2000 年易贡高位远程滑坡动力过程模拟

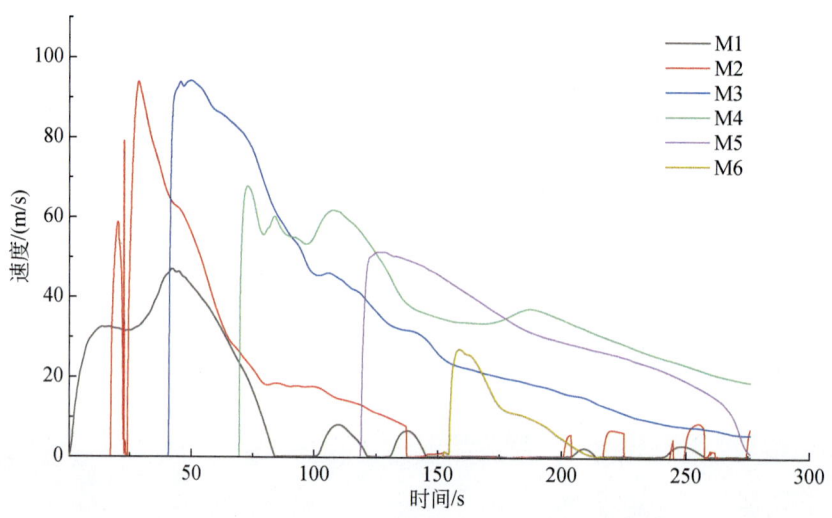

图 8-21 易贡滑坡模拟监测点速度记录

(二) 滑坡运动速度分析

根据国际地科联滑坡小组划分的滑坡速度,极迅速级别的下限速度是 5m/s,易贡高位远程滑坡的速度已经远超该值,地形地貌是滑坡速度的重要影响因素之一,扎木弄沟的极大高差赋予了崩滑体巨大的势能,在崩塌的过程中,由于崩滑源区坡度较大,转换动能较高,之后由于铲刮作用、摩擦作用和变缓的地形等让能量逐渐耗尽,运动方式随之转变为减速堆积。通过野外调查分析、地震波曲线计算和数值模拟等方法,学者对易贡滑坡的速度进行了研究 (表 8-6),统计得出易贡滑坡崩塌过程中的速度最大可能至 90m/s,其碎屑流状态时的速度范围为 16~28.5m/s,滑坡过程中最大速度通常位于高速铲刮滑动区的上部,最大速度范围为 44~138m/s,滑坡全过程的平均速度范围为 15.6~40m/s。其中根据地震波曲线计算的滑坡速度,是基于岩体或者碎屑流冲击震动的波峰进行分析计算,因此合理划分运动阶段波峰,找到准确的碰撞点尤为重要。数值模拟计算得到的结果受到模型精确度和模拟方法的影响,模拟结果差异较大,但是基本符合滑坡动力学的规律,较为准确的速度特征分布需要结合野外调查、室内试验和高精度地形数值模拟等方法进一步研究。

表 8-6 易贡滑坡速度研究结果统计表

序号	速度/(m/s)	研究方法	参考文献
1	$V_{max}=50$	野外调查	朱平一等,2000b
2	$V_1=48$,$V_2=16$	根据地震波曲线计算	任金卫等,2001
3	$V_3=37\sim39$,$V_{max}=65$	数值模拟(离散元法)	柴贺军等,2001
4	$V_3=37\sim39$	野外调查	刘伟,2002
5	$V_3>14$	野外调查	Shang 等,2003
6	$V_{max}>44$	野外调查	黄润秋,2004

续表

序号	速度/（m/s）	研究方法	参考文献
7	V_{max}=44	野外调查	许强等，2007
8	V_{max}=117	数值计算	周鑫等，2010
9	V_3=15.6；V_{max}=129.9	数值模拟（DAN 软件）	Delaney 等，2015
10	V_{max}=53	数值模拟（PFC 软件）	陈锣增，2016
11	V_{max}=110.4	数值模拟（/）	Liu 等，2018
12	V_1=90，V_2=28.5，V_3=30.12 V_{max}=121	根据地震波曲线计算	李俊等，2018
13	V_3=35，V_{max}=90	数值模拟（DAN 软件）	戴兴建等，2019；Zhuang 等，2020
14	V_3=40，V_{max}=100	数值模拟（SPH 方法）	Dai 等，2021
15	V_{max}=138	数值模拟（/）	Zhou 等，2020

注：V_1. 崩塌下落的平均速度；V_2. 碎屑流的平均速度；V_3. 滑坡全过程平均速度；V_{max}. 滑坡过程中最大速度；SPH. Smoothed Particle Hydrodynamics，光滑粒子流体动力学

五、易贡滑坡-堵江-溃坝灾害链研究

2000 年易贡滑坡形成的堰塞坝，其底宽 2200～2500m，轴线长约 1000m，坝体平面面积约 2.5km²，库容最大可达 288 亿 m³（殷跃平，2000），也有学者认为最大库容为 201.5 亿 m³（Delaney et al.，2015）。易贡藏布堵塞后采取了开渠引流的方案进行疏通，2000 年 5 月 3 日开始施工，6 月 4 日完工，渠道为梯形断面，底宽 30m，渠深 20m，长约 600～1000m。6 月 8 日渠道开始泄流，6 月 10 日 20 时坝体开始溃决，6 月 11 日 19 时基本恢复原状，泄流过程中瞬间最大流量出现在 6 月 11 日 2 时，坝体下游水位上涨至少 48.2m，下游通麦大桥处流量可达 12×10⁴m³/s，河水水位约 41.77m，高出桥面 32m，6 月 12 日，易贡湖约 30 亿 m³ 的库水全部排出（鲁修元等，2000；Shang et al.，2003），溃决的洪水冲毁桥梁道路、诱发次生灾害等，对下游造成了巨大的危害。

（一）易贡堰塞湖体积

目前易贡滑坡-堵江形成的堰塞湖一般认为溃决下泄水量约为 30 亿 m³（Shang et al.，2003；万海斌，2000；鲁修元等，2000；周昭强等，2000）。堵江发生后，堰塞湖的面积和体积不断扩大，扩大的程度与气候因素、上游流量等密切相关，有学者同时统计了实测和数字高程模型数据（DEM）分析等方法求得的堰塞湖体积（表 8-7），另外还有学者使用数值模拟、经验公式等方法对易贡堰塞湖体积、溃决流量以及对下游流量、河道冲刷等影响作出了分析（邢爱国等，2010；Delaney 等，2015；夏式伟，2018；Liu 等，2018；戴兴建等，2019；Turzewski 等，2019；Zhou 等，2020；Zhuang 等，2020）。通过对比，由 DEM 数据计算得出的堰塞湖的面积和体积变化趋势相似，但是与实测得出的结果有一定的差距，另外，关于溃决时的面积和水量判断也有所差异，Wang 等（2002）、吕杰堂等（2003）和王治华（2006）通过分析认为溃决时的水面高程、面积和体积分别为 2244m、52.855km²

和 23.29 亿 m³，Delaney 等（2015）则认为其值为 2265m、48.926km² 和 20.15 亿 m³（图 8-22）。目前认为易贡堰塞湖溃决前体积约为 20 亿～30 亿 m³。

表 8-7　2000 年易贡滑坡堰塞湖方量统计表

时间	水面高程/m	湖水面积/km²	水量/亿 m³	研究方法	参考文献
堰塞之前		15.000	0.70	实测	殷跃平，2000
5 月 24 日		44.400	10.70	ADCP 法实测	周刚炎等，2000
6 月 8 日		50.000	31.44	实测	鲁修元等，2000
4 月 13 日	—	19.900		遥感解译	王治华等，2001
5 月 4 日		33.700	—		
5 月 9 日		37.300			
5 月 20 日		43.600			
4 月 13 日	2214	18.909	1.55	遥感解译 DEM 数据分析	Wang 等，2002 王治华，2006
5 月 4 日	2225	33.659	5.84		
5 月 9 日	2228	36.320	7.76		
5 月 12 日	2229	37.979	8.41		
5 月 20 日	2234	43.121	13.05		
6 月 10 日	2244	52.855	23.29		
6 月 17 日	2209	9.280	0.43		
—	2220	24.072	1.75	遥感解译 DEM 数据分析	Delaney 等，2015
	2225	28.010	3.13		
	2230	31.939	4.69		
	2240	38.241	8.51		
	2250	43.371	12.87		
	2255	45.251	15.11		
	2260	47.064	17.59		
	2265	48.926	20.15		
	2270	50.578	22.80		
	2280	53.272	28.29		

注：ADCP（Acoustic Doppler Current Profilers）为声学多普勒流速剖面仪

（二）溃坝洪水诱发次生灾害特征

高山峡谷区形成的洪水，其复杂的地形让洪水产生强烈的水动力作用，对河床的剪应力也会增大，尤其在陡峭的峡谷和河谷收缩变窄的区域，洪水能搬走数米大小的块石，对地形地貌的改造能力极强（Turzewski et al., 2019）。易贡高位远程滑坡具有典型的崩塌-滑坡-碎屑流-堵江-溃坝-洪水-次生灾害链等地质灾害链特征，其中溃坝-洪水灾害链影响范围深远，危害较大，不仅摧毁了下游的桥梁、道路和基础设施，而且诱发了许多次生灾害（图 8-23）。

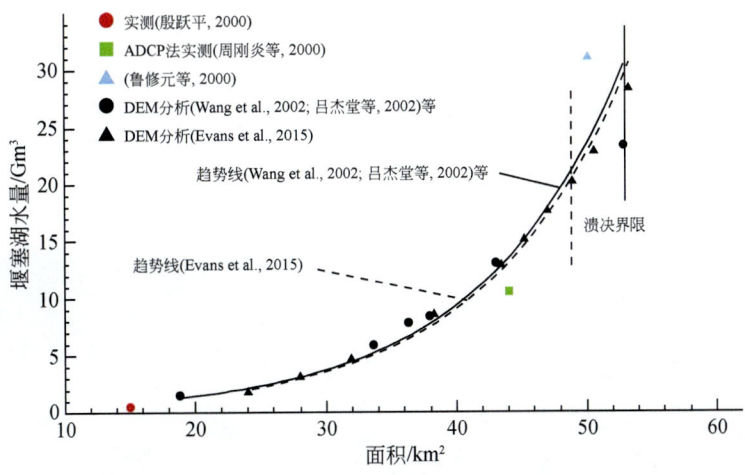

图 8-22 易贡堰塞湖面积与体积研究对比图

万海斌（2000）和朱博勤等（2001）通过多期遥感数据分析对比，认为溃坝的洪水导致下游新增了约 25 个不同规模的浅层滑坡，且原有的森林和草地部分被新河床滩地占据。刘伟（2002）和吕杰堂等（2003）认为易贡滑坡溃坝灾害链影响至下游沿江地区约 450km 的范围，数百千米的河谷由于洪水冲蚀发生了不同程度的坡脚失稳现象，部分河谷由 V 形变为 U 形，岸坡更为陡立，增加了崩塌的风险，另外部分河谷成为了浅层牵引滑坡带，在影响区域带中形成滑坡和崩塌至少 15 处，其体积多在数 m³ 到数百 m³ 之间。王治华（2006）和 Xu 等（2012）通过遥感解译等方法，认为在下游 120km 的主河道两岸触发了约 35 处斜坡表层滑塌、浅层滑坡和坡面泥石流，最大一处坡面泥石流面积达 0.8km²，河道加宽了 2～10 倍之上，影响范围超过 120km。Delaney 等（2015）研究认为易贡滑坡溃坝-洪水灾害链，至少摧毁了 6 座桥梁，影响范围延伸至距离滑坡位置下游 500km 处的印度东北部布拉马普特拉（Brahmaputra），同时位于 462km 处的 Pasighat gauging 监测站监测到水位上升了 5.5m。

（三）易贡堰塞坝溃坝机制

鲁修元等（2000）认为泄流渠道附近以含碎块石砂壤土为主，其粉细砂含量较高，结构松散、抗冲刷能力差，经过泄流的掏蚀，极易发生溃决；刘国权等（2001）从坝体的物质组成、渠道纵剖面形状和连日降雨猛涨的水位三个方面对溃决机制进行了分析：首先渠道断面统计后各部位的物质组成有所差异（表 8-8），砂壤土含碎、块石，因为碎、块石粒径大小不一，流动堆积后容易呈松散架构状，且砂壤土颗粒较细，极易被流水冲刷带走，所以坝体整体的抗冲刷能力较差；其次引水渠道纵断面进口低，中间高，渠尾低无坡降，不能顺利排水，导致进水口浸泡，宽度扩大约 350m，而中部至渠尾，由于落差较大，导致水流流速变大，渠尾向上游下切，渠两岸向内崩塌，最后于 6 月 8 日～10 日易贡湖上游连日降雨，入库水量大于下泄水量因此水库水位涨速较快，形成了高水头差，造成坝体溃决。Shang 等（2003）认为降雨和融水等大量进入堰塞湖，渠道导流完成太晚，库水超出导流前预测的水量，导致水位上升较快出现了管涌和渗漏，再加上松散的坝体堆积，所以发生了溃坝和洪水。李俊等（2018）通过分析 2000 年的堰塞坝物质以及物质颗分曲线，认为坝体的岩块不仅磨圆较差、粒径大小不一，而且黏粒含量高，为典型的高黏粒含量的宽级配土体，这种坝体通常随着坝体水位的升高结构强度大幅降低，极易产生漫顶溃决。宽级配坝体的稳定性主要受坝体的物质组成与结构类型、引流渠断面形状、河湖水位高差等因素的影响，易出现渗流效应、浸泡垮塌等形式的破坏，引流时应充分考虑这些影响因素减少风险损失。

(a) 2000年易贡滑坡–溃坝影响范围

(b) 易贡滑坡与易贡湖

(c) 2000年通麦大桥处洪水位

(d) 新旧通麦大桥高程示意图

图 8-23　2000年易贡滑坡流域灾害链（a、b底图据 Google Earth）

表 8-8　2000年易贡滑坡堰塞坝体物质组成表（刘国权等，2000）

	泄流渠尾部	泄流渠中部	引水进口处
渠道高程	低	高	低
物质组成	碎、块石含量30%~40%，灰白（褐）色砂壤土含碎石、块石、大块石，块径一般3~20cm，大的1~5m，个别>10m	碎、块石含量50%~60%，碎、块石砂壤土	碎、块石含量60%~70%，砂壤土含碎石、块石，碎石、块石成分以大理岩、石英岩、混合花岗岩为主

第四节 茶隆隆巴曲高位冰岩崩-泥石流发育特征与潜在风险研究

一、茶隆隆巴曲地质背景

茶隆隆巴曲位于西藏波密古乡，帕隆藏布右岸支沟。主沟呈 NE-SW 向展布，坡面陡峭，纵坡降较大，沟内发育冰川和第四系松散堆积物，频发冰崩、岩崩、滑坡和泥石流等地质灾害，受地形地貌、地质构造、地层岩性、气候变化和地震等因素的影响，极易发生高位崩滑-泥石流-堵江-洪水等灾害链，威胁下游居民、318 国道、茶隆隆巴曲大桥和帕隆藏布下游的桥梁等。

茶隆隆巴曲属于中高山峡谷地貌，沟长 12.6km，沟缘高程 5381m，相对高差 3050m，纵比降 242‰，流域面积 52.1km^2。区域属亚热带半湿润气候，位于藏东南舌状多雨带，区内年平均降水量为 1276mm，年最大降水量为 1514mm，日降雨最大可达 100mm 以上。区内年均气温介于 8~10℃，多年平均气温约 9℃。对茶隆隆巴曲冬夏两季影像进行对比。流域内冬季雪线高程约 4100m，冰雪覆盖面积约 26.7km^2，夏季大部冰雪融化，雪线高程约 4800m，冰雪覆盖面积约 4km^2（图 8-24、图 8-25）。大范围的冰雪融水会诱发高位冰岩崩-泥石流灾害，同时融水也会弱化岩体结构面强度，增大岩体的孔隙水压力，增大崩滑等灾害发生的风险。

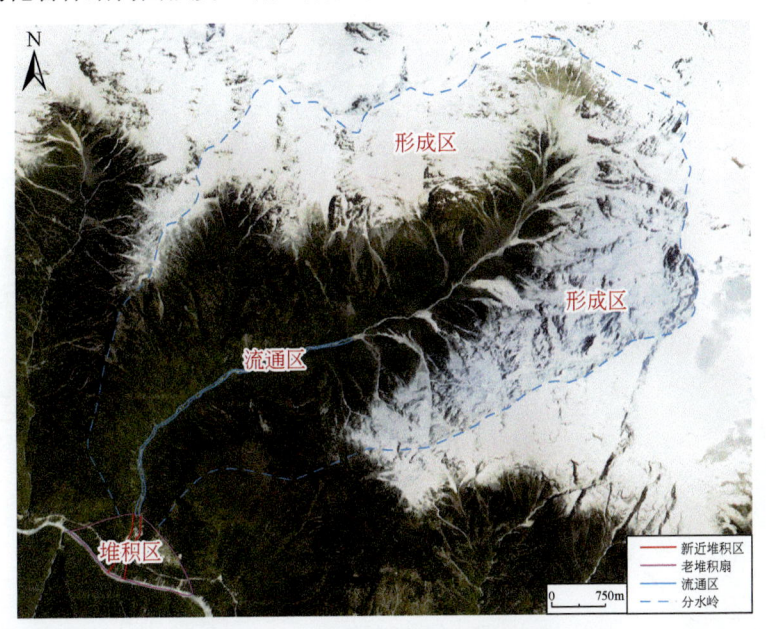

图 8-24 茶隆隆巴曲流域冬季影像

茶隆隆巴曲流域位于喜马拉雅东构造结北缘，该区域构造运动强烈，地震频发，区内嘉黎-察隅断裂带附近岩体结构破碎，斜坡的应力分布复杂，加剧了崩塌、滑坡和泥石流等地质灾害的发生。流域范围内主要出露早白垩和石炭系的地层，以及一套构造混杂岩，在沟口附近分布有少量的第四系松散堆积物，出露的地层由新到老为第四系覆盖层、嘉黎-易贡构造混杂岩（me）、诺错组（C_1n）、来姑组（C_2p_1l）和早白垩世的侵入岩（图8-26）。

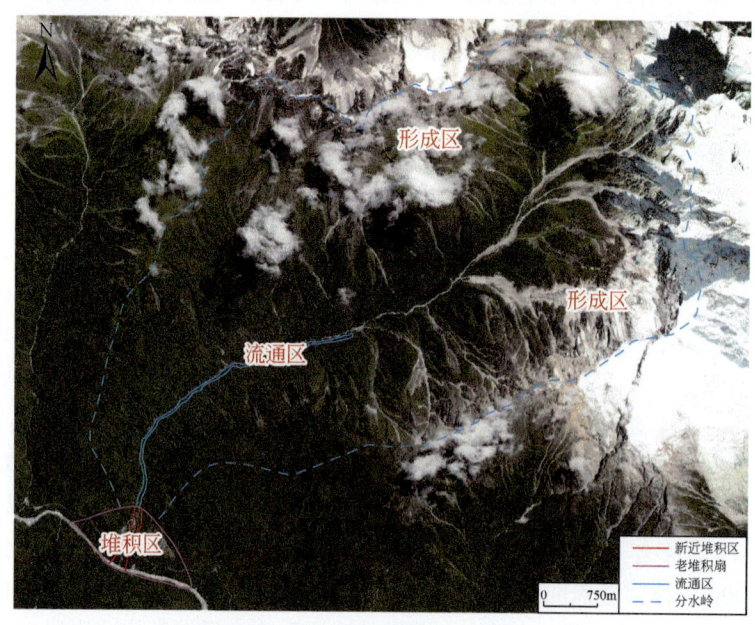

图8-25 茶隆隆巴曲流域夏季影像

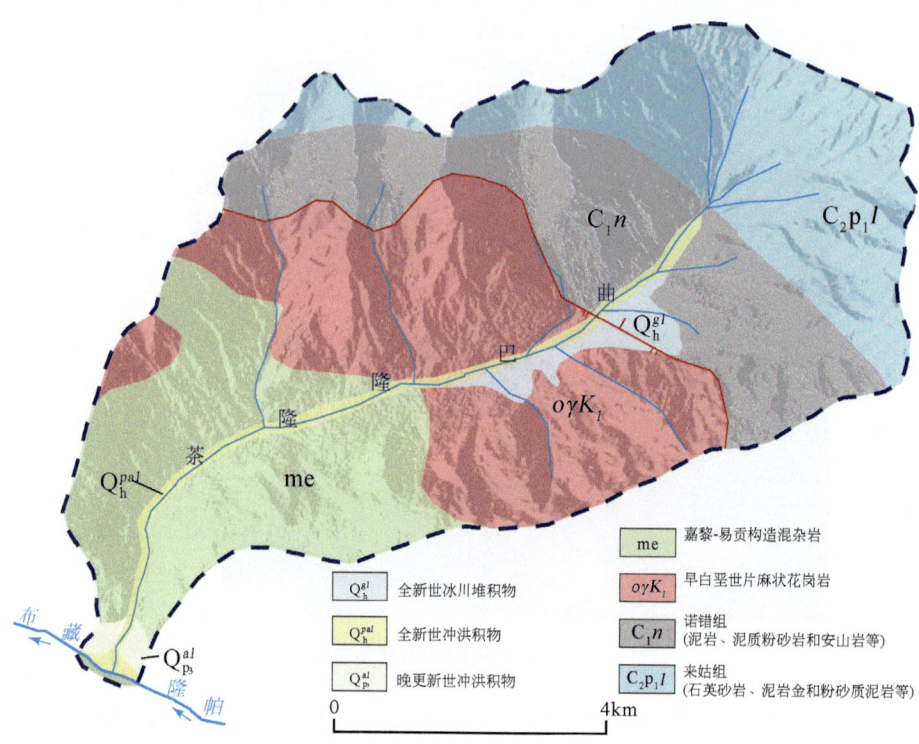

图8-26 茶隆隆巴曲流域地层岩性图

二、茶隆隆巴曲高位冰岩崩-泥石流发育特征

（一）工程地质特征

流域上游较陡，纵坡降为400‰，海拔约4000m之上为冰雪覆盖区，发育3条冰川，地层岩性为来姑组（C_2p_1l）深灰色砂质板岩、灰黑色板岩等，夹大理岩、含砾板岩和变质火山岩，因为海拔较高且基岩裸露节理发育，在强烈的冻融风化作用下，发育了大量的崩滑坡积物和松散冰碛物，为泥石流的启动提供了丰富的物源。中下游坡度变缓，中游岩性主要为诺错组（C_1n）青灰色中-厚层变质石英砂岩、变质粉砂岩，夹变质钙质粉砂岩和变质含砾砂板岩等，同时发育一套早白垩世的片麻状花岗岩，下游岩性为嘉黎-易贡构造混杂岩（me），岩块组成以大理岩、斜长角闪岩、黑云斜长片麻岩等为主，基质组成以变质砂岩、变质钙质粉砂岩、石英岩等为主，靠近帕隆藏布处为构造混杂岩带的强变形域，岩体节理发育，结构极为破碎（图8-27）。

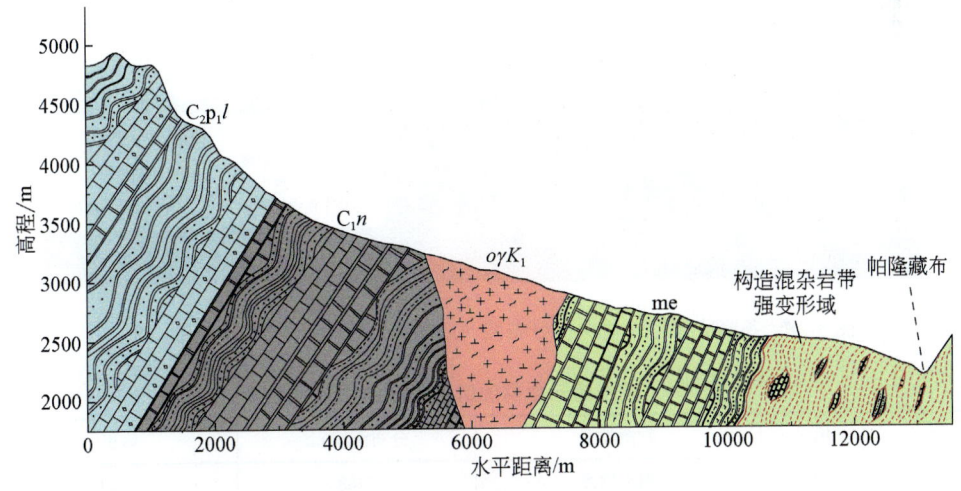

图8-27 茶隆隆巴曲流域地质剖面图

上游松散物运移到中下游区域减速堆积在沟道两侧，为泥石流提供了沟道铲刮物源，中下游沟道两侧发育崩塌和滑坡，有可能堵塞沟道形成灾害链。茶隆隆巴曲具备特大灾害的孕灾条件，在极端气候条件如强降雨、地震、快速升温等条件下，极有可能引发特大型高位泥石流，堵塞帕隆藏布，形成溃坝-洪水-次生灾害等地质灾害链，对流域内的国道、铁路等基础设施和居民的生命财产安全具有巨大的威胁。

（二）物源发育特征

根据高分辨率遥感解译结果，茶隆隆巴曲共发育高位地质灾害16处（图8-28）。其中高位冰崩3处，分布于主沟南侧海拔5000m以上极高山地区。高位崩塌12处，多数位于主沟北侧，少数沿上游主沟左岸高陡斜坡处分布，1处滑坡分布于沟道中下游。茶隆隆巴

曲泥石流物源以冰碛松散堆积物源、冻融风化剥蚀物源、沟道物源、滑坡物源、崩塌物源为主，其中崩塌物源 $237.9×10^4m^3$、冰碛松散堆积物源 $1407×10^4m^3$、冰崩物源 $1740.3×10^4m^3$、沟道物源 $136.4×10^4m^3$、滑坡物源 $105.9×10^4m^3$（表 8-9），物源总量达 $3627.2×10^4m^3$。

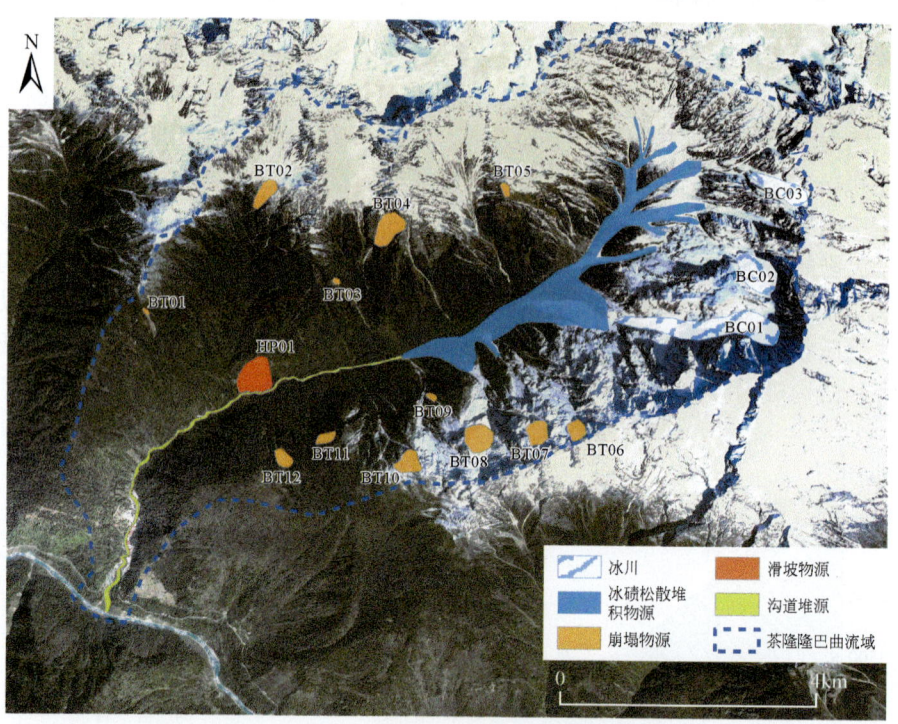

图 8-28 茶隆隆巴曲地质灾害分布图（底图据四维地球影像 2022-03-18）

表 8-9 茶隆隆巴曲高位远程灾害链物源特征表

序号	编号	物源类型	分布面积/m²	体积/10⁴m³
1	BT01	崩塌物源	7488	1.5
2	BT02	崩塌物源	80783	16.2
3	BT03	崩塌物源	9399	1.9
4	BT04	崩塌物源	144225	28.8
5	BT05	崩塌物源	21711	4.3
6	BT06	崩塌物源	62892	25.2
7	BT07	崩塌物源	90760	36.3
8	BT08	崩塌物源	137820	68.9
9	BT09	崩塌物源	13748	2.7
10	BT10	崩塌物源	92571	37.0
11	BT11	崩塌物源	37179	7.4

续表

序号	编号	物源类型	分布面积/m²	体积/10⁴m³
12	BT12	崩塌物源	51266	7.7
13	HP01	滑坡物源	211739	105.9
14	BC01	冰川物源	589154	1119.4
15	BC02	冰川物源	242394	363.6
16	BC03	冰川物源	171535	257.3
17	BQ01	冰碛松散堆积物源	2345000	1407.0
18	GD01	沟道物源	272715	136.4

（1）高位冰崩。茶隆隆巴曲共发育 3 处冰川，其中最小冰川面积约 17.1×10^4 m²，最大冰川面积约 58.9×10^4 m²，总面积达 1×10^6 m²。冰川后缘高程均超过 4500 m，高差距离冰川下方沟谷约 61～1094 m（表 8-10）。其中 BC01 冰川呈长条状，冰川分布面积最大，后缘距离沟底的落差最大。根据遥感影像，3 个冰川表面均发育横向裂缝，影像上呈黑色条线状（图 8-29），说明冰川可能处于变形的阶段，在极端条件下，有可能发生冰崩等灾害。

表 8-10 高位冰崩发育特征

编号	位置	前缘高程/m	后缘高程/m	距沟谷落差/m
BC01	沟谷南侧斜坡	3730	4881	61
BC02	沟谷南侧斜坡	4351	4884	866
BC03	沟谷南侧斜坡	4443	4880	1094

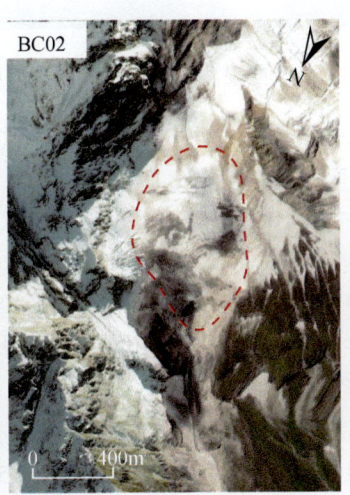

图 8-29 茶隆隆巴曲流域 BC01、BC02、BC03 冰川遥感影像

基于 SBAS-InSAR 技术对茶隆隆巴曲强冻融风化区开展了形变监测分析，采用 Sentinel-1A 升轨影像数据，时间覆盖范围为 2016 年 1 月 11 日至 2022 年 2 月 18 日，在海拔较高的位置及局部地区出现地表失相干现象，没有有效的监测点。根据监测结果可知 BC02 前缘出现了较为明显的变形现象，最大 LOS 向变形速率可达 41.5mm/a，BC03 冰川也处于蠕动状态，中部变形速率可达 17.1mm/a（图 8-30）。另外坡面中部及沟道上方也存在部分变形，尤其沟道北侧坡面变形区域较大，可能是降雨、融雪冲刷或冻融风化的崩滑碎屑流动导致的变形现象。

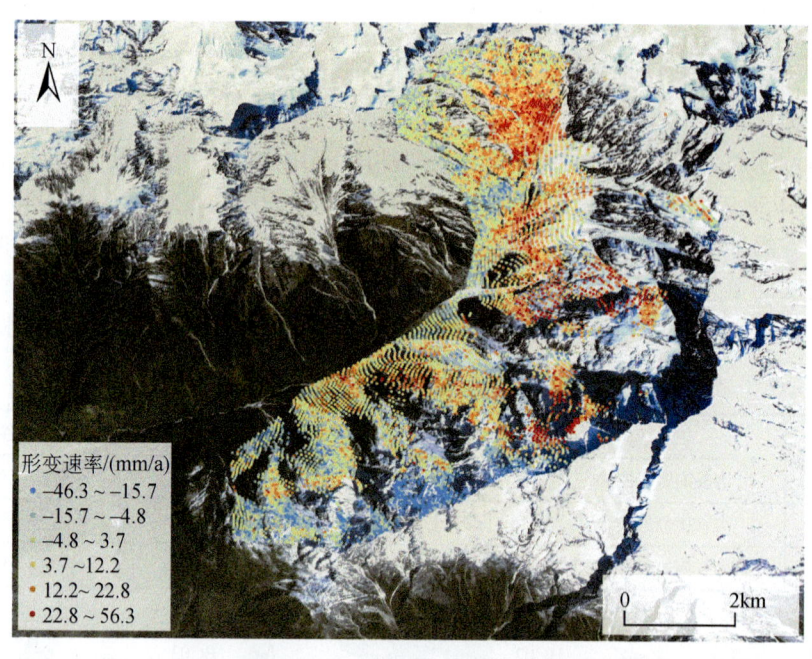

图 8-30 茶隆隆巴曲强烈冻融风化区 InSAR 形变速率图

（2）高位崩塌茶隆隆巴曲沟道发育多处高位崩塌，尤其沟道上游南侧基岩裸露，冬季冰雪覆盖区更靠近沟道，是大面积的冻融风化崩塌区，其中 BT01-BT05 位于北坡，距离沟底落差约 1000 m，崩塌下方为支沟，崩落后碎屑堆积在支沟中，可能会引起支沟暴发泥石流。BT06-BT12 位于南坡强烈冻融风化区，岩体破碎且结构面发育，常年冰雪覆盖，距离沟底落差 300~1500m，坡面发育多条松散物运移通道，临空条件较好，崩落后碎屑直接运移至主沟（图 8-31）。极端条件下，发生岩崩和雪崩可能性大，易对主沟造成堵塞，其物质为泥石流提供物源，对下方沟谷造成威胁。

茶隆隆巴曲沟道发育多处高位崩塌，尤其沟道上游南侧基岩裸露，冬季冰雪覆盖区更靠近沟道，是大面积的冻融风化崩塌区，其中 BT01-BT05 位于北坡，距离沟底落差约 1000 m，崩塌下方为支沟，崩落后碎屑堆积在支沟中，可能会引起支沟暴发泥石流。BT06-BT12 位于南坡强烈冻融风化区，岩体破碎且结构面发育，常年冰雪覆盖，距离沟底落差 300-1500m，坡面发育多条松散物运移通道，临空条件较好，崩落后碎屑直接运移至主沟（图 8-31）。极端条件下，发生岩崩和雪崩可能性大，易对主沟造成堵塞，松散堆积物为泥石流提供物源，对下方沟谷造成威胁。

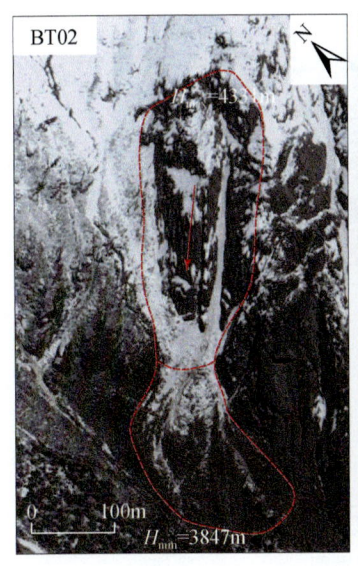 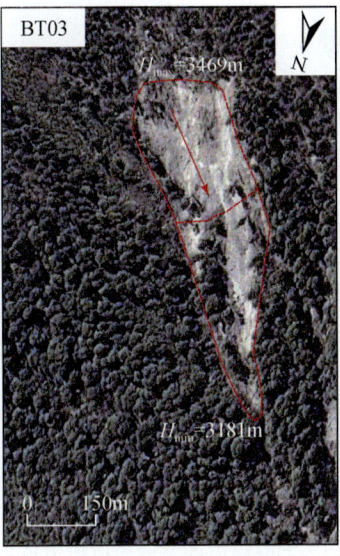 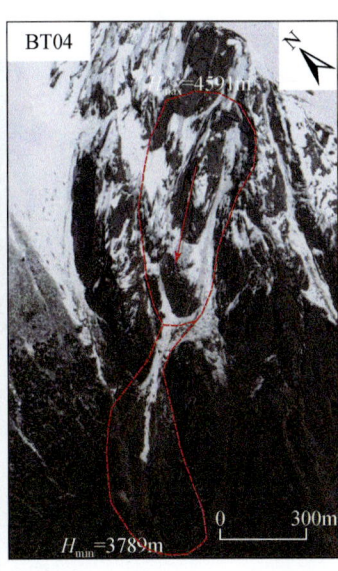

图 8-31　茶隆隆巴曲流域典型高位崩塌体发育特征

（3）高位滑坡

茶隆隆巴曲的高位滑坡是指由高位冰碛物滑动引起的滑坡，高位冰碛物滑动主要指堆积于冰川谷中上部相对宽缓部位的冰碛物失稳后向下滑动的地质现象，发育高程多超过 4000 m，与河谷高差一般大于 500 m（张田田等，2021）。茶隆隆巴曲的冰碛物主要发育在沟道中上游，分布面积约 234.5×10^4 m^2，这些冰碛物在地震、强降雨和升温等因素作用下，可能发生高位失稳滑动，也可作为泥石流的铲刮或启动物源之一，因此冰碛物失稳后极有可能堵塞茶隆隆巴曲沟道，形成次生灾害链，危害较大。

三、潜在风险研究

（一）数值模拟地形建模及参数选取

采用 6m 精度的 DEM 模型生成了茶隆隆巴曲的地形（图 8-32），选用 Vollmy 模型和侵蚀模型开展模拟，根据已有模拟（张晓宇等，2021；田士军等，2022）及反演分析，确定了茶隆隆巴曲高位冰崩的模拟参数（表 8-11），摩擦系数为 0.08，紊流系数为 1000，设置侵蚀平均增长率为 0.114×10^{-4}。模拟时长为滑体到达帕隆藏布为止，从而分析 BC01 冰川崩滑后的运动演化过程。

表 8-11　茶隆隆巴曲高位冰崩数值模拟参数表

模型	摩擦系数	紊流系数	侵蚀平均增长率
Vollmy 模型	0.08	1000	—
侵蚀模型	—	—	0.114×10^{-4}

图 8-32 茶隆隆巴曲流域数值模拟地形模型

(二) 运动过程分析

对茶隆隆巴曲上游的 BC01 高位崩滑体开展了运动过程演化数值模拟（图 8-33），模拟总时长 960s，$1119.4 \times 10^4 m^3$ 的高位崩滑体失稳后，首先向下冲击沟道，之后运动方向由 NW 转向 SW，$t=120s$ 时，由于撞击消耗动能，且沟道狭窄，滑体整体滞留厚度较大，最大约 46m，$t=240s$ 时，滑体继续向下游运动，在沟道变宽的地方堆积厚度较大，$t=480s$ 时，滑体运动至下游拐弯处发生减速堆积，此处最大堆积厚度约 25m，$t=960s$ 时滑体运动至帕隆藏布，最大厚度约 23m，有可能堵塞帕隆藏布。

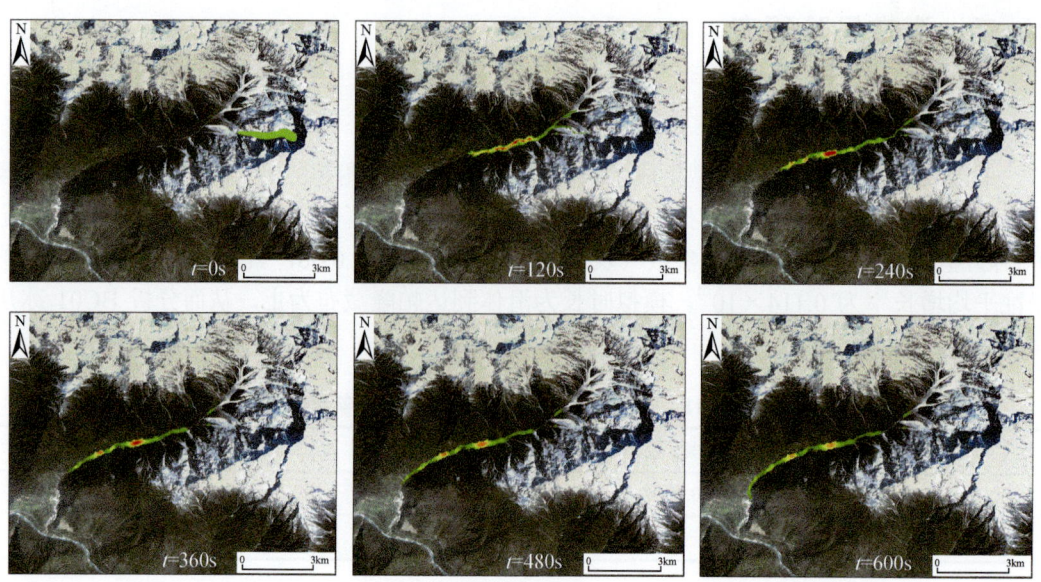

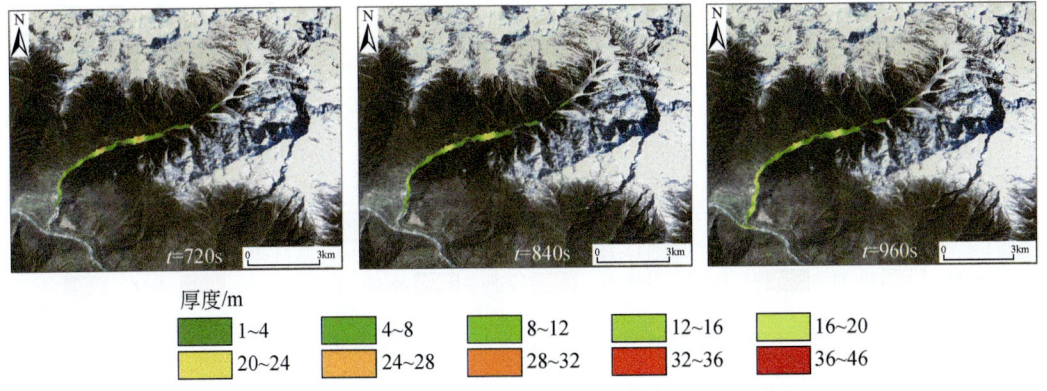

图 8-33 茶隆隆巴曲流域 BC01 高位冰崩运动过程演化图

根据茶隆隆巴曲 BC01 高位崩滑体失稳后速度演化分析，在 $t=60s$ 时由于冰川整体失稳在重力作用下不断加速，因此到达沟道时滑体达到最大速度约 70m/s，同时因为碰撞与地形变缓带来的减速，$t=120s$ 时滑体最大速度降低至 35m/s，$t=480s$ 时，滑体运动至沟道下游拐弯处，速度降低至 15m/s，$t=960s$ 时滑体进入帕隆藏布的平均速度约 3m/s（图 8-34）。

失稳过程中铲刮最大厚度约 25m，主要集中在狭窄沟道滑体加速的区域，铲刮厚度与滑体速度、沟道形状和滑体厚度具有一定的正相关性，高位崩滑体启动方量约 $1119.4×10^4m^3$，铲刮后滑体体积约 $1418×10^4m^3$，体积扩大约 1.27 倍（图 8-35），结合现场调查分析铲刮物质主要为沟道松散堆积物。

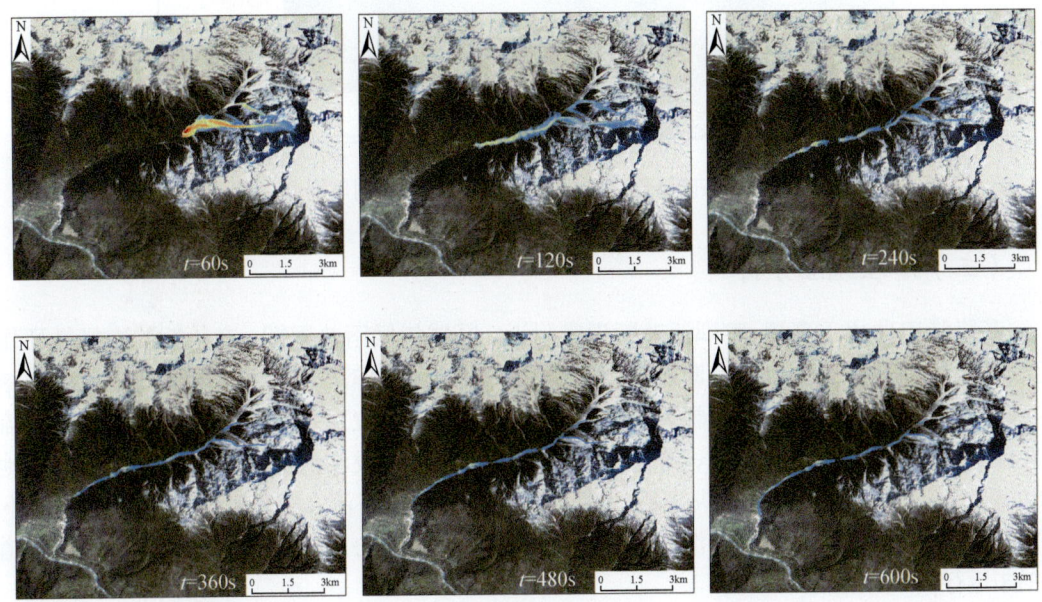

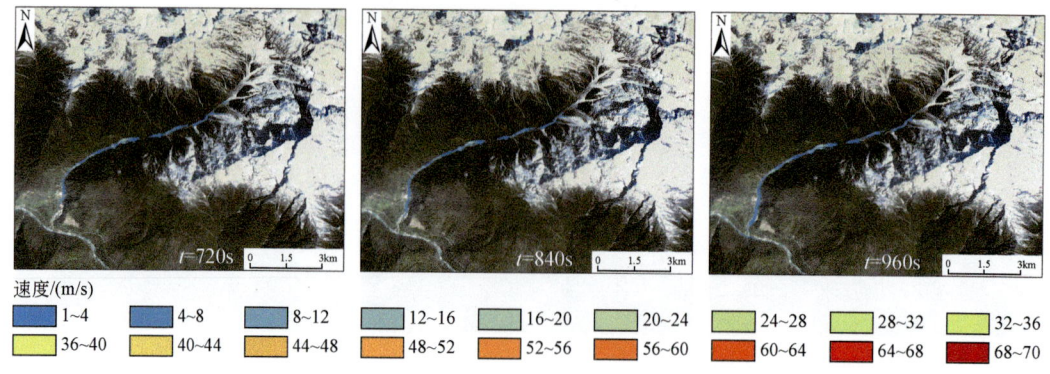

图 8-34　茶隆隆巴曲流域 BC01 高位冰崩运动速度演化图

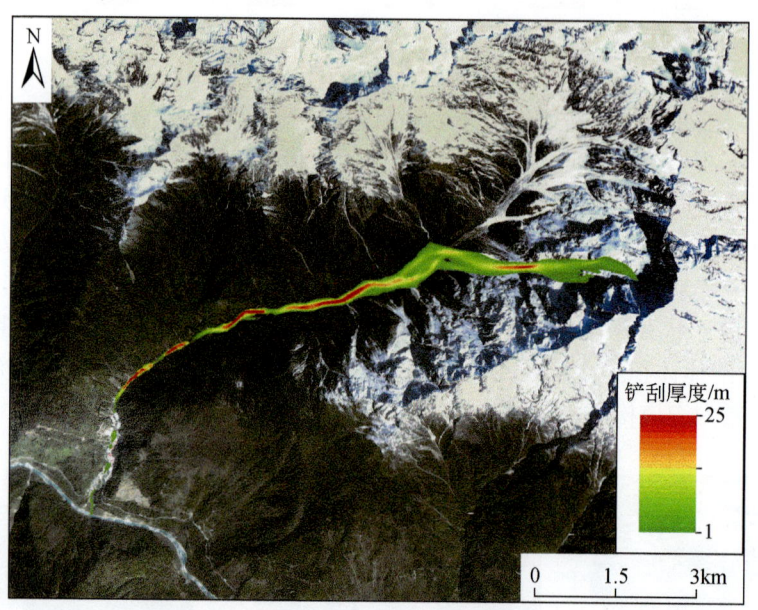

图 8-35　茶隆隆巴曲流域 BC01 高位冰崩铲刮厚度分布图

（三）潜在风险分析

茶隆隆巴曲位于嘉黎-察隅活动断裂带附近，区域气候雨热同期，在长期的冻融循环作用、微小级别地震频繁扰动、断裂蠕滑影响和干湿循环等作用下，岩体节理裂隙发育、结构破碎，发育的地质灾害类型极为复杂，有高位冰崩、高位崩塌、高位滑坡、冰川泥石流等；在短期极端强降雨、强震、冻融循环等作用下，会激发沟内的潜在风险源形成高位地质灾害，甚至延拓为高位地质灾害链，如形成高位冰崩-碎屑流、高位崩滑-碎屑流-堰塞湖-溃坝洪水、高位泥石流-堵江-溃坝洪水等灾害链，严重威胁居民安全和帕隆藏布流域国道G318运行。

根据数值模拟结果，极端情况下 BC01 整体失稳，其崩滑体首先会冲断茶隆隆巴曲沟口的国道 G318，而后运动至帕隆藏布的最大厚度约 23m，最大速度约 20m/s，平均速度约

3m/s，铲刮后总体积约 1418×10^{4}m^3，滑体还具备一定的动能和体积堵塞帕隆藏布，进一步形成灾害链。

第五节 小 结

本章基于资料收集、遥感解译、野外调查和数值模拟等方法研究了嘉黎-易贡断裂带的活动性，从地质地貌、晚第四纪以来的活动速率和古地震历史证明了该断裂的活动性；分析了断裂带两侧 13 处典型高位远程链式灾害的孕灾条件；重点研究了易贡高位远程滑坡和茶隆隆巴曲高位冰岩崩-泥石流的发育与风险特征。主要得到的研究进展和结论如下：

（1）嘉黎察隅断裂带中南段可能发生了 5 次古地震事件，事件分别为 16130~15660a B.P.、11060±940a B.P.、9561~9630a B.P.、2780~2160a B.P.和 650a B.P.，地震复发周期约 2000~5000a B.P.；现今 GPS 数据表明嘉黎断裂中段和南段的水平滑动速率分别为 1.3~2.0mm/a 和 2~4mm/a，挤压速率为 2.5~2.9mm/a 和 5.1~6.2mm/a，均存在右旋挤压性质。

（2）梳理了嘉黎-察隅断裂带内 13 处典型高位远程链式灾害，认为高位物源区、超视距隐蔽性、灾害链延拓长和致灾程度严重等是高位远程链式灾害的主要特征，且区域内灾害链激发的首次灾害多为冰湖溃决、高位崩滑和高位泥石流等灾害，结合区域背景认为气温、降雨和地震是特大灾害的主要诱发因素。

（3）通过计算对比分析认为 2000 年崩滑体的体积约 9225×10^{4}m^3，堆积体的体积约 2.81 亿~3.06 亿 m^3；滑坡具有崩滑堵江-溃坝洪水-次生灾害的灾害链效应，溃坝洪水影响范围深远，到达下游 450km 之外的印度境内布拉马普特拉河流域，触发了最多 35 处滑坡、崩塌等次生灾害；易贡滑坡具有百年尺度的复发周期，且目前崩滑源区仍存在崩滑风险，规模超过 1 亿方。

（4）茶隆隆巴曲的物源类型主要有高位冰崩、高位崩塌和高位滑坡，高位地质灾害共 16 处，其中高位冰崩 3 处，高位崩塌 12 处，高位滑坡 1 处。基于 Massflow 的数值模拟揭示体积为 1119.4×10^{4}m^3 的冰崩物源失稳后，会冲毁沟口国道 G318，存在堰塞帕隆藏布且进一步转化为灾害链的风险。

第九章 主要结论与认识

川藏交通廊道位于青藏高原东缘地区，地形地貌和地质构造复杂，是第四纪地质和新构造活动最为强烈的地区之一。本书紧密围绕川藏交通廊道地区重大工程规划建设需要解决的活动断裂与地质灾害等相关地质安全问题，在广泛收集相关地质资料的基础上，采用遥感解译、野外调查、InSAR 地表形变分析、地球物理探测、试验测试及数值模拟等先进方法手段，对川藏交通廊道沿线及邻区影响线路规划建设的几条主要活动断裂带发育的地质灾害进行了调查和分析；通过典型案例分析，探索研究了活动断裂地质灾害效应的主要表现形式及内外动力耦合作用成灾机理；在多源信息综合分析的基础上，开展了川藏交通廊道沿线工程地质分区评价、滑坡发育特征与成灾机理研究、典型滑坡稳定性分析与危险性评价等，为川藏交通廊道城镇和重大工程规划建设提供了重要的地质科学依据。

一、主要结论

（1）川藏交通廊道的地质灾害类型主要包括崩塌、滑坡、泥石流以及不稳定斜坡等 4 类，共 14816 处。其中崩塌 3048 处，占 20.57%；滑坡 5818 处，占 39.27%；泥石流 3524 处，占 23.79%；不稳定斜坡 2426 处，占 16.37%。崩滑流地质灾害主要受地形地貌、活动构造、降雨、人类工程活动等影响，具有群发性和集中性特点，但在空间上分布不均匀。崩塌灾害主要分布在国道 G317 与 G318、省道以及人类工程活动频繁处，滑坡灾害主要受地质构造影响，分布于龙门山断裂带、鲜水河断裂带、理塘－德巫断裂带、巴塘断裂带、金沙江断裂带、怒江断裂带、嘉黎断裂带及藏南喜马拉雅山峡谷地带，泥石流灾害多发生于高山峡谷区，集中分布于理塘－巴塘－昌都一带与帕隆藏布流域，雅安至林芝方向泥石流类型逐步从暴雨型泥石流过渡至冰川型泥石流，并且在数量与规模上有明显差异。

（2）川藏交通廊道跨越我国地质背景最为复杂青藏高原东南缘，基于沿线区域滑坡长期防控需要，同时基于廊道沿线地形地貌、地质构造、地层岩性、地震活动、降水和人类工程活动等因素。采用加权信息量模型和 Newmark 模型以区内的孕灾因素和促灾因素为评价因子开展川藏交通廊道沿线滑坡易发性评价，与 50 年超越概率 10%的潜在地震滑坡危险性评价。分析结果表明，川藏交通廊道沿线的滑坡高、中易发区主要沿着龙门山断裂带、鲜水河断裂带、巴塘断裂带、金沙江断裂带、嘉黎断裂带分布，沿大江大河及其支流两岸呈带状分布，如摩岗岭滑坡、特米滑坡、白格滑坡、八宿滑坡、易贡滑坡等，低易发区主要分布在成都平原及廊道沿线人类工程活动低的区域，该区域地质灾害发育程度较低对工程建设及人类生命财产安全威胁较小。川藏交通廊道雅安-林芝段主要穿越雅安-康定段、雅江八角楼-呷拉段、巴塘措拉-贡觉哈加段、八宿吉巴村-拥巴乡段、波密扎木-林芝段等 5 个滑坡易发区与地震滑坡高危险区。

（3）聚焦川藏交通廊道重大工程建设地质灾害（链）风险，查明了大渡河断裂带、鲜水河断裂带、巴塘断裂带、嘉黎—易贡断裂带和金沙江江达—巴塘段的地质灾害发育特征与危险性评价，提出了 3 段地质灾害高风险隐患区及铁路防灾建议。

（1）大渡河断裂带泸定段河谷两侧发育大量古滑坡，其中大型以上的 16 处，InSAR 形变监测认为古滑坡整体稳定性较好，2 处存在局部复活危险。调查评价认为，大坪上古滑坡在强震和降雨条件下，有局部失稳危险；在地震或强降雨作用下甘草村古滑坡前缘潜在失稳块体在强降雨或地震条件下发生复活变形时，存在形成滑坡-堵江-溃坝灾害链的危险性；在百年一遇强降雨作用下，木角沟会发生泥石流灾害，威胁沟道下游铁路工程渣土场和沟口人居安全。

（2）基于 RF-FR 模型开展鲜水河断裂带滑坡易发性评价，极高、高、中等、低易发区分别占该区总面积的 19.24%、30.15%、22.69%、27.92%。利用 LS-D-Newmark 模型，对鲜水河断裂带两侧约 20km 范围内进行地震滑坡危险性评价，地震滑坡极高、高、中等和低危险区分别占该区总面积的 7.40%、25.89%、18.34%和 48.37%，危险性较高的地区主要分布在康定-磨西段、大渡河附近以及坡度较陡的斜坡上。

（3）利用 PGA 和 Arias 烈度，基于 Newmark 累积位移模型开展泸定 Ms6.8 级地震诱发滑坡快速预测评估，结果显示利用 I_a 计算获得的地震滑坡危险性评价结果的 AUC 值为 0.84，相比于利用 PGA 进行危险性评价的精度高，更适用于本次地震诱发滑坡快速预测评价。泸定地震诱发滑坡危险性具有沿断裂带集中分布的趋势，断裂构造和大渡河河谷对同震滑坡空间分布起控制性作用。尤其是 NNW—SSE 向鲜水河断裂带及其临近的大渡河区域具有较高的危险性，在坡度 35°～45°这一区间极高危险区所占面积最大。同震滑坡数据库中有 2672 处地震滑坡极高危险区和高危险区，占滑坡总面积的 76.95%。

（4）巴塘断裂带地质灾害类型主要为滑坡、崩塌、泥石流等，沿巴塘断裂带两侧各 30km 范围内发育地质灾害共 452 处，其中，崩塌 37 处，占比 8%；滑坡 342 处，占比 76%；泥石流 73 处，占比 16%。巴塘断裂带地质灾害具有点多面广、分布不均、局部集中等特点；地质灾害主要分布于西部高山峡谷区金沙江沿岸，以及东部高山区的深切河谷区。巴塘县德达古滑坡和扎马古滑坡均为蠕滑型滑坡，在强降雨、地震、河流侵蚀等多种因素作用下，德达古滑坡和扎马古滑坡均已发生局部破坏，应加强滑坡动态监测，避免产生古滑坡复活造成危害。

（5）金沙江沃达—巴塘段发育的大型以上规模滑坡共 55 处，多发育于金沙江右岸，主要包括已发生滑动形成堵江的滑坡和坡体局部变形，但整体未发生滑动的潜在堵江滑坡，55 处滑坡中已发生过堵江的滑坡 4 处，具有潜在堵江风险滑坡 51 处。其中，降雨作用促进了沃达滑坡复活，其可能存在多级浅层潜在滑面贯通形成大范围的浅层滑动或前部岩土体沿基覆界面发生下滑高位剪出，后部滑体受牵引而发生渐进破坏。白格滑坡主要诱发因素有地形地貌、地质构造与断裂活动、地震活动、地层岩性及岩体结构、降雨以及冻融循环作用等，2018 年 2 次白格滑坡-堵江-溃坝灾害链发生后，对位于其下游 80km 处的色拉滑坡形成显著的远程促滑和加速蠕滑效应。

（6）嘉黎-察隅断裂带内存在 13 处典型高位远程链式灾害，认为高位物源区、超视距隐蔽性、灾害链延拓长和致灾程度严重等是高位远程链式灾害的主要特征，且区域内灾害链激发的首次灾害多为冰湖溃决、高位崩滑和高位泥石流等灾害，结合区域背景认为气温、降雨和地震是主要的灾害诱发因素。

（7）计算对比认为 2000 年崩滑体的体积约 $9.227\times10^7\mathrm{m}^3$，堆积体的体积约 2.81 亿～3.06 亿 m^3；滑坡具有崩滑堵江-溃坝洪水-次生灾害的灾害链效应，溃坝洪水影响范围深远，触发了最多 35 处滑坡、崩塌等次生灾害；易贡滑坡具有百年尺度的复发周期，且目前崩滑源区仍存在崩滑风险，规模超过 1 亿方；茶隆隆巴曲的物源类型主要有高位冰崩、高位崩塌和高位滑坡，高位地质灾害共 16 处，其中高位冰崩 3 处，高位崩塌 12 处，高位滑坡 1 处。当体积为 $1119.4\times10^4\mathrm{m}^3$ 的物源失稳后，会冲毁沟口国道 G318，存在堰塞帕隆藏布且进一步转化为灾害链的风险。

二、存在问题与建议

川藏交通廊道位于地形地貌最复杂、构造活动最剧烈的青藏高原东缘地区。该地区的地质灾害发育特征与成灾机理研究是一个复杂的科学问题，涉及区域地震地质背景、区域工程地质特征、活动断裂活动性、地质灾害成灾背景、区域地壳稳定性等多个方面。在重大工程规划建设过程中将面临活动断裂断错与强震灾害、特殊岩土体的不良工程特性与灾害效应、高位远程滑坡灾害链等工程地质难题。同时由于川藏交通廊道所处于特殊的大地构造部位，地形地貌和地质条件都极其复杂，尽管本项研究通过大量野外地质调查和分析研究取得了一定的进展和成果，但是该研究区作为世界瞩目的"热点"区域，仍有很多重大前沿科学问题和需要坚持长期的持续研究。

（1）地质环境是动态的，特别是区域地震活动、断裂蠕滑和人类重大工程活动与地质环境的互馈作用导致重大工程赋存的地质环境发生变化。

（2）断裂活动诱发地质灾害的形式、规模和特征与断裂活动特征具有密切的关系，针对断裂在正断、逆断和走滑，以及蠕滑和剧烈活动等不同情况下的地质灾害形成机理和长期活动性的研究深度和认识水平有待提高。

（3）加强研究区的以第四纪地质、活动断裂和地质灾害调查为主的综合工程地质调查部署安排，对于研究区内重大铁路工程、高速公路工程、水电站工程和新型城镇规划的防灾减灾具有迫切的现实意义。

（4）深入开展构造混杂岩带工程地质特性与灾变效应、高位远程链式地质灾害早期识别与监测预警研究，加强资料共享与多学科融合研究，提升国家重大工程地质安全风险评价的能力与水平。

由于地质灾害发育特征与成灾机理研究涉及众多的学科领域，本书中肯定存在不少错误或不妥之处，敬请同行专家批评指正。

参 考 文 献

巴仁基, 王丽, 宋志, 等. 2008. 泸定县牧场沟泥石流动力特性预测. 水文地质工程地质, 35(6): 75-79, 84.

白永健, 郑万模, 李明辉, 等. 2010. 川藏公路茶树山滑坡特征及成因机制分析. 工程地质学报, 18(6): 862-866.

白永健, 铁永波, 倪化勇, 等. 2014. 鲜水河流域地质灾害时空分布规律及孕灾环境研究. 灾害学, 29(4): 69-75.

白永健, 王运生, 葛华, 等. 2019. 金沙江深切河谷百胜滑坡演化过程及成因机制. 吉林大学学报: 地球科学版, 49(6): 1680-1688.

柴炽章, 张文孝, 廖玉华, 等. 2001. 危险率函数在地表破裂型地震危险性评估中的应用——以宁夏灵武断裂为例. 中国地震, (3): 43-51.

柴贺军, 王士天, 许强, 等. 2001. 西藏易贡滑坡物质运动全过程数值模拟研究. 地质灾害与环境保护, 12(2): 1-3, 82.

常宏, 韩会卿, 章昱, 等. 2014. 鄂西清江流域滑坡崩塌致灾背景及成灾模式. 现代地质, 28(2): 429-437.

常利军, 王椿镛, 丁志峰, 等. 2015. 喜马拉雅东构造结及周边地区上地幔各向异性. 中国科学: 地球科学, 45(5): 577-588.

常士骠, 张苏民, 相勃, 等. 2007. 工程地质手册. 第四版. 北京: 中国建筑出版社.

陈炳蔚. 1984. 怒江、澜沧江、金沙江地区构造成矿研究进展中的新认识. 中国地质, 11(3): 30-32.

陈博, 李振洪, 黄武彪, 等. 2022. 2022年四川泸定Mw6.6级地震诱发地质灾害空间分布及影响因素. 地球科学与环境学报, 44(6): 971-985.

陈飞, 蔡超, 李小双, 等. 2020. 基于LR-ANN-SVM的滑坡易发性评价. 有色金属科学与工程, 11(4): 82-90.

陈建胜, 陈从新, 赵海斌, 等. 2013. 基于位移时间序列Fourier分析的滑坡预警研究. 人民长江, 44(22): 64-68.

陈锣增. 2016. 易贡高速远程滑坡运动颗粒流数值分析. 成都: 西南交通大学.

陈宁生, 陈瑞. 2002. 培龙沟泥石流及其堵江可能性探讨. 山地学报, 20(6): 738-742.

陈智梁, 刘宇平, 赵济湘, 等. 1998. 青藏高原东部地壳运动的GPS测量. 中国地质, (5): 32-35.

程佳. 2008. 川西地区现今地壳运动的大地测量观测研究. 北京: 中国地震局地质研究所.

程尊兰, 吴积善. 2011. 西藏东南部培龙沟泥石流堵塞坝的形成机理//中国水土保持学会, 台湾中华水土保持学会, 中国水土保持学会泥石流滑坡防治专业委员会. 第八届海峡两岸山地灾害与环境保育学术研讨会论文集: 42-48.

崔鹏, 郭剑. 2021. 沟谷灾害链演化模式与风险防控对策. 工程科学与技术, 53(3): 5-18.

崔鹏, 陈容, 向灵芝, 等. 2014. 气候变暖背景下青藏高原山地灾害及其风险分析. 气候变化研究进展, 10(2): 103-109.

代贞伟, 李滨, 陈云霞, 等. 2016. 三峡大树场镇堆积层滑坡暴雨失稳机理研究. 水文地质工程地质, 43(1): 149-156.

戴福初, 邓建辉. 2020. 青藏高原东南三江流域滑坡灾害发育特征. 工程科学与技术, 52(5): 3-15.

戴兴建, 殷跃平, 邢爱国. 2019. 易贡滑坡-碎屑流-堰塞坝溃坝链生灾害全过程模拟与动态特征分析. 中国地质灾害与防治学报, 30(5): 1-8.

邓建辉, 陈菲, 尹虎, 等. 2007. 泸定县四湾村滑坡的地质成因与稳定评价. 岩石力学与工程学报, 26(10): 1945-1950.

邓建辉, 高云建, 余志球, 等. 2019. 堰塞金沙江上游的白格滑坡形成机制与过程分析. 工程科学与技术, 51(1): 9-16.

邓建辉, 高云建, 姚鑫, 等. 2021. 八宿巨型滑坡的发现及其意义. 工程科学与技术, 53(3): 19-28.

邓建辉, 李化, 戴福初, 等. 2022. 金沙江上游超大古堰塞湖及其相关问题. 工程科学与技术, 54(6): 75-84.

邓念东, 崔阳阳, 郭有金. 2020. 基于频率比-随机森林模型的滑坡易发性评价. 科学技术与工程, 20(34): 13990-13996.

邓起东. 1996. 中国活动构造研究. 地质论评, 42(4): 295-299.

邓起东, 陈社发, 赵小麟. 1994. 龙门山及其邻区的构造和地震活动及动力学. 地震地质, 16(4): 389-403.

邓起东, 张培震, 冉勇康, 等. 2002. 中国活动构造基本特征. 中国科学: 地球科学, 32(12): 1020-1030, 1057.

邓茜. 2011. 大渡河得妥—加郡河段地质灾害危险性评价研究. 成都: 成都理工大学.

邓天岗, 龙德雄. 1986. 鲜水河断裂带的基本结构与地震. 地震研究, (1): 83-90.

丁林, 钟大赉, 潘裕生, 等. 1995. 东喜马拉雅构造结上新世以来快速抬升的裂变径迹证据. 科学通报, 40(16): 1497-1500.

丁林, Satybaev Maksatbek, 蔡福龙, 等. 2017. 印度与欧亚大陆初始碰撞时限、封闭方式和过程. 中国科学: 地球科学, 47(3): 293-309.

董岳, 丁明涛, 李鑫泷, 等. 2022. 基于光学遥感像素偏移量的金沙江流域2018年白格滑坡演变过程. 地球科学与环境学报, 44(6): 1002-1015.

杜飞, 任光明, 夏敏, 等. 2015. 地震作用诱发老滑坡复活机制的数值模拟. 山地学报, 33(2): 233-239.

段安民, 肖志祥, 吴国雄. 2016. 1979—2014年全球变暖背景下青藏高原气候变化特征. 气候变化研究进展, 12(5): 374-381.

段永坤, 赵跃. 2009. 四川泸定县羊圈沟泥石流形成特征与防治效益分析. 中国水运: 下半月, 9(6), 178-179.

范强, 巨能攀, 向喜琼, 等. 2014. 证据权法在区域滑坡危险性评价中的应用——以贵州省为例. 工程地质学报, 22(3): 474-481.

范宣梅, 方成勇, 戴岚欣, 等. 2022a. 地震诱发滑坡空间分布概率近实时预测研究——以2022年6月1日四川芦山地震为例. 工程地质学报, 30(3): 729-739.

范宣梅, 王欣, 戴岚欣, 等. 2022b. 2022年M_S6.8级泸定地震诱发地质灾害特征与空间分布规律研究. 工程地质学报, 30(5): 1504-1516.

方匡南, 吴见彬, 朱建平, 等. 2011. 随机森林方法研究综述. 统计与信息论坛, 26(3): 32-38.

费鼎. 1982. 金沙江: 红河断裂带. 青藏高原地质文集, (4): 87-94.

冯卫, 唐亚明, 赵法锁, 等. 2019. 考虑基质吸力作用的Newmark改进模型在地震滑坡风险评价中的应用. 水文地质工程地质, 46(5): 154-160, 174.

冯文凯, 张国强, 白慧林, 等. 2019. 金沙江"10·11"白格特大型滑坡形成机制及发展趋势初步分析. 工程地质学报, 27(2): 415-425.

付国超, 潘华, 程江, 等. 2023. 潜在地震滑坡的概率危险性分析——以陕西陇县为例. 地震学报, 45(2): 341-355.

高波, 张佳佳, 王军朝, 等. 2019. 西藏天摩沟泥石流形成机制与成灾特征. 水文地质工程地质, 46(5): 144-153.

高锐, 李朋武, 李秋生, 等. 2001. 青藏高原北缘碰撞变形的深缘过程——深地震探测成果之启示. 中国科学: 地球科学, 31(S1): 66-71.

高帅坡. 2021. 川西北次级块体内部及其西边界断裂的晚第四纪活动习性. 北京: 中国地震局地质研究所.

葛肖虹, 刘俊来, 任收麦, 等. 2014. 青藏高原隆升对中国构造-地貌形成、气候环境变迁与古人类迁徙的影响. 中国地质, 41(3): 698-714.

辜利江, 王海兰, 赵其华. 2005. 西藏昌都夏通街滑坡成因分析及治理对策. 中国地质灾害与防治学报, 16(2): 53-57.

郭晨, 许强, 彭双麒, 等. 2020. 无人机摄影测量技术在金沙江白格滑坡应急抢险中的应用. 灾害学, 35(1): 203-210.

郭广猛. 2005. 对西藏易贡特大滑坡的新认识. 地学前缘, 12(2): 276.

郭晓光. 2014. 大渡河流域石棉—泸定段大型古滑坡与河谷侵蚀的孕生关系. 成都: 成都理工大学.

郭长宝, 孟庆伟, 张永双, 等. 2012. 断裂构造对斜坡应力场影响的数值模拟及成灾机理研究. 防灾减灾工程学报, 32(5): 592-599.

郭长宝, 杜宇本, 张永双, 等. 2015. 川西鲜水河断裂带地质灾害发育特征与典型滑坡形成机理. 地质通报, 34(1): 121-134.

郭长宝, 张永双, 蒋良文, 等. 2017. 川藏铁路沿线及邻区环境工程地质问题概论. 现代地质, 31(5): 877-889.

郭长宝, 倪嘉伟, 杨志华, 等. 2021a. 川西大渡河泸定段大型古滑坡发育特征与稳定性评价. 地质通报, 40(12): 1981-1991.

郭长宝, 吴瑞安, 蒋良文, 等. 2021b. 川藏铁路雅安—林芝段典型地质灾害与工程地质问题. 现代地质, 35(1): 1-17.

韩立明, 冯倩倩. 2018. 南迦巴瓦峰则隆弄冰川泥石流发育特征及成因机制分析. 内蒙古科技与经济, (4): 58-59.

郝国栋. 2019. 基于随机森林模型的商南县滑坡易发性评价. 西安: 西安科技大学.

胡厚田. 2005. 崩塌落石研究. 铁道工程学报, (z1): 387-391.

胡卸文, 黄润秋, 朱海勇, 等. 2009. 唐家山堰塞湖库区马铃岩滑坡地震复活效应及其稳定性研究. 岩石力学与工程学报, 28(6): 1270-1278.

胡新丽, 殷坤龙. 2001. 大型水平顺层滑坡形成机制数值模拟方法——以重庆钢铁公司古滑坡为例. 山地学报, 19(2): 175-179.

胡永杰, 程朋根, 陈晓勇, 等. 2015. 机载激光雷达点云滤波算法分析与比较. 测绘科学技术学报, 32(1): 72-77.

黄润秋. 1986. 四川云阳鸡筏子滑坡形成机制探讨. 山地学报, (2): 153-160.

黄润秋. 2004. 中国西部地区典型岩质滑坡机理研究. 地球科学进展, 19(3): 443-450.

黄润秋. 2007. 20 世纪以来中国的大型滑坡及其发生机制. 岩石力学与工程学报, 26(3): 433-454.

黄润秋, 黄达. 2008. 卸荷条件下岩石变形特征及本构模型研究. 地球科学进展, 23(5): 441-447.

黄润秋, 李为乐. 2008. 5.12 汶川大地震触发地质灾害的发育分布规律研究. 岩石力学与工程学报, 27(12): 2585-2592.

黄细超, 余天彬, 王猛, 等. 2021. 金沙江结合带高位远程滑坡灾害链式特征遥感动态分析——以白格滑坡为例. 中国地质灾害与防治学报, 32(5): 40-51.

吉锋, 石豫川, 刘汉超, 等. 2005. 大渡河新华古滑坡体成因机制及稳定性研究. 水文地质工程地质, 32(4): 24-27.

吉锋, 郑罗斌, 周春宏. 2015. 四川锦屏二级电站高水头超深埋隧洞围岩质量分级快速评价方法. 现代地质, 29(2): 428-433, 465.

蒋发森, 王运生, 吴俊峰. 2013. 大渡河章古滑坡演化机制分析及稳定性评价. 南水北调与水利科技, 11(3): 138-141, 146.

蒋宏毅, 杨凡, 左天惠, 等. 2021. 京津冀地区地震滑坡危险性评估. 高原地震, 33(2): 38-43.

金凯平, 姚令侃, 陈秒单. 2019. Newmark 模型的修正以及地震触发崩塌滑坡危险性区划方法研究. 防灾减灾工程学报, 39(2): 301-308.

赖成光, 陈晓宏, 赵仕威, 等. 2015. 基于随机森林的洪灾风险评价模型及其应用. 水利学报, 46(1): 58-66.

雷鹏嗣. 2022. 西藏那曲地区冰湖变化及风险评估. 兰州: 兰州大学.

李滨, 殷跃平, 谭成轩, 等. 2022. 喜马拉雅东构造结工程选址面临的地质安全挑战. 地质力学学报, 28(6): 907-918.

李朝阳. 1991. 四川省区域地质志. 北京: 地质出版社.

李聪, 朱杰兵, 汪斌, 等. 2016. 滑坡不同变形阶段演化规律与变形速率预警判据研究. 岩石力学与工程学报, 35(7): 1407-1414.

李翠平, 王萍, 钱达, 等. 2015. 雅鲁藏布江大峡谷入口河段最近两期古堰塞湖事件的年龄. 地震地质, 37(4): 201-211.

李德基, 游勇. 1992. 西藏波密米堆冰湖溃决浅议. 山地研究, 10(4): 219-224.

李东旭. 2007. 大陆边缘反 S 状造山带三维模式兼论青藏高原结构与隆升. 地质力学学报, 13(1): 31-41.

李海兵, 许志琴, 杨经绥. 2007. 青藏高原北缘和东缘造山带的崛起及造山机制. 北京: 地质出版社.

李海兵, 潘家伟, 孙知明, 等. 2021. 大陆构造变形与地震活动-以青藏高原为例. 地质学报, 95(1): 194-213.

李鸿巍, 吴德超. 2014. 大渡河断裂带主要构造特征及活动性分析. 长江大学学报: 自科版, 11(10): 61-63.

李建忠, 刘宇平, 李安明, 等. 2012. 白利雅盆地构造地貌解析及鲜水河断裂北西段水平滑移速率. 第四纪研究, 32(5): 986-997.

李俊, 陈宁生, 刘美, 等. 2018. 2000 年易贡乡扎木弄沟滑坡型泥石流主控因素分析. 南水北调与水利科技, 16(6): 187-193.

李明辉, 王东辉, 高延超, 等. 2014. 鲜水河断裂带炉霍 7.9 级地震地质灾害研究. 灾害学, 29(1): 37-41.

李宁, 陈永东, 古学超, 等. 2020. 基于 GIS 和信息量法的川藏铁路雅江县段滑坡易发性评价. 资源信息与工程, 35(2): 113-117.

李思嘉, 邓忠文, 徐敬武. 2018. 新华滑坡稳定性对大岗山水库工程影响程度分析. 甘肃水利水电技术,

54(11): 42-44, 52.

李天祒, 杜其方. 1997. 鲜水河活动断裂带及强震危险性评估. 成都: 成都地图出版社.

李亭, 田原, 邬伦, 等. 2014. 基于随机森林方法的滑坡灾害危险性区划. 地理与地理信息科学, 30(6): 2, 25-30.

李为乐, 陈俊伊, 陆会燕, 等. 2023. 泸定 Ms 6.8 地震对海螺沟冰川的影响应急分析. 武汉大学学报: 信息科学版, 48(1): 47-57.

李文杰, 冯文凯, 魏昌利, 等. 2016. 地形对泸定县兴隆镇群发性滑坡型泥石流的影响分析. 水利与建筑工程学报, 14(1): 149-154.

李文彦, 王喜乐. 2020. 频率比与信息量模型在黄土沟壑区滑坡易发性评价中的应用与比较. 自然灾害学报, 29(4): 213-220.

李晓, 李守定, 陈剑, 等. 2008. 地质灾害形成的内外动力耦合作用机制. 岩石力学与工程学报, 27(9): 1792.

李鑫, 迟明杰, 李小军. 2018. 基于简化纽马克位移模型的地震滑坡岩土体强度参数研究. 地震学报, 40(6): 820-830, 832.

李秀珍, 崔云, 张小刚, 等. 2019. 川藏铁路全线崩滑灾害类型、特征及其空间分布发育规律//2019 年全国工程地质学术年会论文集: 119-129.

李雪, 郭长宝, 杨志华, 等. 2021. 金沙江断裂带雄巴巨型古滑坡发育特征与形成机理. 现代地质, 35(1): 47-55.

李雪婧, 高孟潭, 徐伟进. 2019. 基于 Newmark 模型的概率地震滑坡危险性分析方法研究——以甘肃天水地区为例. 地震学报, 41(6): 795-808.

李育枢, 钟东, 周灏. 2012. 唐家湾东古滑坡成因与现代复活机制分析. 地下空间与工程学报, 8(3): 652-658.

李元灵, 刘建康, 张佳佳, 等. 2021. 藏东察达高位崩塌发育特征及潜在危险. 现代地质, 35(1): 74-82.

廖秋林, 李晓, 李守定, 等. 2003. 水岩作用对川藏公路 102 滑坡形成与演化的影响. 工程地质学报, 11(4): 390-395.

林荣福, 刘纪平, 徐胜华, 等. 2020. 随机森林赋权信息量的滑坡易发性评价方法. 测绘科学, 45(12): 131-138.

凌晴, 张勤, 张静, 等. 2022. 融合工程地质资料与 GNSS 高精度监测信息的黑方台党川黄土滑坡稳定性研究. 测绘学报, 51(10): 2226-2238.

刘本培, 朱智勤, 廖华, 等. 2001. 鲜水河断裂带的构造大地测量. 地壳形变与地震, (4): 17-25.

刘传正. 2014. 中国崩塌滑坡泥石流灾害成因类型. 地质论评, 60(4): 858-868.

刘传正. 2021. 累积变形曲线类型与滑坡预测预报. 工程地质学报, 29(1): 86-95.

刘传正, 吕杰堂, 童立强, 等. 2019. 雅鲁藏布江色东普沟崩滑-碎屑流堵江灾害初步研究. 中国地质, 46(2): 219-234.

刘国权, 鲁修元. 2000. 西藏易贡藏布扎木弄沟特大型山体崩塌滑坡泥石流成因分析. 西藏科技, 7(4): 15-17.

刘国权, 鲁修元, 李扬. 2001. 西藏扎木弄沟山体滑坡和泥石流成因分析. 东北水利水电, 19(6): 49-50.

刘甲美, 王涛, 杜建军, 等. 2023. 四川泸定 MS6.8 级地震诱发崩滑灾害快速评估. 水文地质工程地质,

50(2): 84-94.

刘坚, 李树林, 陈涛. 2018. 基于优化随机森林模型的滑坡易发性评价. 武汉大学学报: 信息科学版, 43(7): 1085-1091.

刘建康, 程尊兰. 2015. 西藏古乡沟泥石流与气象条件的关系. 科学技术与工程, 15(9): 45-49, 55.

刘建康, 周路旭, 张佳佳, 等. 2021. 西藏嘉黎吉翁错冰湖溃决机制特征. 地质论评, 67(S1): 17-18.

刘江伟, 王运生, 金刚, 等. 2020. 甘草村古滑坡形成机制及堆积体稳定性分析. 中国科技论文, 15(9): 1019-1025.

刘宁, 蒋乃明, 杨启贵, 等. 2000. 易贡巨型滑坡堵江灾害抢险处理方案研究. 人民长江, (9): 10-12, 47.

刘天仇. 1999. 雅鲁藏布江水文特征. 地理学报, (S1): 157-164.

刘伟. 2002. 西藏易贡巨型超高速远程滑坡地质灾害链特征研析. 中国地质灾害与防治学报, 13(3): 11-20.

刘文, 王猛, 朱赛楠, 等. 2021. 基于光学遥感技术的高山极高山区高位地质灾害链式特征分析——以金沙江上游典型堵江滑坡为例. 中国地质灾害与防治学报, 32(5): 29-39.

刘筱怡, 张永双, 郭长宝, 等. 2019. 川西鲜水河呷拉宗古滑坡发育特征与形成演化过程. 地质学报, 93(7): 1767-1777.

刘增乾, 陈福忠. 1983. 青藏高原近年来地质科学研究主要收获. 中国地质, (11): 19-24.

刘铮, 李滨, 贺凯, 等. 2020 地震作用下西藏易贡滑坡动力响应特征分析. 地质力学学报, 26(4): 471-480.

柳林, 宋豪峰, 杜亚男, 等. 2021. 联合哨兵 2 号和 Landsat 8 估计白格滑坡时序偏移量. 武汉大学学报: 信息科学版, 46(10): 1461-1470.

龙建辉, 李同录, 雷晓锋, 等. 2007. 黄土滑坡滑带土的物理特性研究. 岩土工程学报, (2): 289-293.

鲁修元, 杨明刚, 赵丹, 等. 2000. 西藏易贡藏布扎木弄沟特大型滑坡成因及溃决分析//第六届全国工程地质大会论文集: 263-264.

吕杰堂, 王治华, 周成虎. 2003. 西藏易贡大滑坡成因探讨. 地球科学, 47(1): 107-110.

吕儒仁, 李德基. 1989. 西藏波密冬茹弄巴的冰雪融水泥石流. 冰川冻土, 11(2): 148-160.

莫宣学, 潘桂棠. 2006. 从特提斯到青藏高原形成: 构造-岩浆事件的约束. 地学前缘, (6): 43-51.

倪化勇. 2009. 四川泸定县城后山泥石流灾害及其风险防御. 中国地质, 36(1): 229-237.

倪化勇, 吕学军, 杨德伟. 2005. 川藏公路培龙沟路段堆积物的分形特征及其地质意义. 工程地质学报, 13(4): 451-454.

潘保田, 高红山, 李炳元, 等. 2004. 青藏高原层状地貌与高原隆升. 第四纪研究, 24(1): 50-57, 133.

潘桂棠, 王立全, 张万平, 等. 2013. 青藏高原及邻区大地构造图及说明书(1∶1 500 000). 北京: 地质出版社.

潘桂棠, 任飞, 尹福光, 等. 2020. 洋板块地质与川藏铁路工程地质关键区带. 地球科学, 45(7): 2293-2304.

潘家伟, 李海兵, Chevalier Marie-Luce, 等. 2020. 鲜水河断裂带色拉哈—康定段新发现的活动断层: 木格措南断裂. 地质学报, 94(11): 3178-3188.

彭东, 范晓, 王兆成, 等. 2012. 鲜水河断裂带炉霍旦都土林构造初步研究. 四川地质学报, 32(1): 6-9.

彭建兵, 马润勇, 卢全中, 等. 2004. 青藏高原隆升的地质灾害效应. 地球科学进展, 19(3): 457-466.

彭建兵, 崔鹏, 庄建琦. 2020. 川藏铁路对工程地质提出的挑战. 岩石力学与工程学报, 39(12): 2377-2389.

彭勇民, 潘桂棠, 罗建宁. 2000. 三江中北段弧—盆格架与地质构造演化. 四川地质学报, 20(3): 176-182.

漆继红, 许模, 蒋良文, 等. 2022. 川藏交通廊道雅林段水文地质结构控制的水热循环及隧道热害特征. 地球科学, 47(6): 2106-2119.

钱洪. 1988. 鲜水河断裂带上潜在震源区的地质学判定. 四川地震, (2): 20-28.

乔德京, 王念秦, 郭有金, 等. 2020. 加权确定性系数模型的滑坡易发性评价. 西安科技大学学报, 40(2): 259-267.

秦胜伍, 马中骏, 刘绪, 等. 2017. 基于简化Newmark模型的长白山天池火山诱发崩塌滑坡危险性评价. 吉林大学学报(地球科学版), 47(3): 826-838.

权雪瑞, 黄靥欢, 刘春, 等. 2021 川藏铁路线 V 形深切河谷地形地震放大效应数值模拟.现代地质, 35(1): 38-46.

任金卫, 沈军, 曹忠权, 等. 2000. 西藏东南部嘉黎断裂新知. 地震地质, 22(4): 344-350.

任金卫, 单新建, 沈军, 等. 2001. 西藏易贡崩塌-滑坡-泥石流的地质地貌与运动学特征. 地质论评, 47(6): 4, 642-647.

任三绍, 郭长宝, 张永双, 等. 2017. 川西巴塘茶树山滑坡发育特征及形成机理. 现代地质, 31(5): 978-989.

邵翠茹. 2009. 雅鲁藏布大峡谷地区地震活动性研究. 北京: 中国地震局地球物理研究所.

沈军, 汪一鹏, 任金卫, 等. 2003. 青藏高原东南部第四纪右旋剪切运动. 新疆地质, (1): 127-132.

沈玲玲, 刘连友, 许冲, 等. 2016. 基于多模型的滑坡易发性评价——以甘肃岷县地震滑坡为例. 工程地质学报, 24(1): 19-28.

盛明强, 刘梓轩, 张晓晴, 等. 2021. 基于频率比联接法和支持向量机的滑坡易发性预测. 科学技术与工程, 21(25): 10620-10628.

石辉, 邓念东, 周阳. 2021. 随机森林赋权层次分析法的崩塌易发性评价. 科学技术与工程, 21(25): 10613-10619.

石菊松, 徐瑞春, 石玲, 等.2007. 基于RS和GIS技术的清江隔河岩库区滑坡易发性评价与制图. 地学前缘, (6): 119-128.

宋方敏, 汪一鹏, 沈军, 等. 1997. 小江断裂带中段盆地的发育阶段及其与区域构造运动的关系. 地震地质, 19(3): 20-26.

宋键. 2010. 喜马拉雅东构造结周边地区主要断裂现今运动特征与数值模拟研究. 北京: 中国地震局地质研究所.

宋键, 唐方头, 邓志辉, 等. 2011. 喜马拉雅东构造结周边地区主要断裂现今运动特征与数值模拟研究. 地球物理学报, 54(6): 1536-1548.

宋键, 唐方头, 邓志辉, 等. 2013. 青藏高原嘉黎断裂晚第四纪运动特征. 北京大学学报: 自然科学版, 49(6): 973-980.

宋磊, 左三胜, 丁军, 等. 2012. 四川都江堰红梅村滑坡复活成因与机制分析. 中国地质灾害与防治学报, 23(2): 34-37.

宋志, 符浩, 巴仁基, 等. 2013. 四川泸定县城羊圈沟泥石流动力学特征与监测预警初探. 灾害学, 28(4): 114-119.

苏珍, 施雅风, 郑本兴. 2002. 贡嘎山第四纪冰川遗迹及冰期划分. 地球科学进展, 17(5): 639-647.

孙东, 杨涛, 曹楠, 等. 2023. 泸定Ms6.8地震同震地质灾害特点及防控建议. 地学前缘, 30(3): 476-493.

孙美平, 刘时银, 姚晓军, 等. 2014. 2013 年西藏嘉黎县"7.5"冰湖溃决洪水成因及潜在危害. 冰川冻土, 36(1): 158-165.

汤明高. 2007. 山区河道型水库塌岸预测评价方法及防治技术研究. 成都: 成都理工大学.

唐方头, 宋键, 曹忠权, 等. 2010. 最新 GPS 数据揭示的东构造结周边主要断裂带的运动特征. 地球物理学报, 53(9): 2119-2128.

唐汉军, 史兰斌, 胥怀济, 等. 1995. 鲜水河断裂带东南段一次强烈古地震的发现. 地震研究, (1): 86-89.

唐荣昌, 韩渭宾. 1993. 四川活动断裂与地震. 北京: 地震出版社.

唐尧, 王立娟, 马国超, 等. 2019. 利用国产遥感卫星进行金沙江高位滑坡灾害灾情应急监测. 遥感学报, 23(2): 252-261.

田乃满, 兰恒星, 伍宇明, 等. 2020. 人工神经网络和决策树模型在滑坡易发性分析中的性能对比. 地球信息科学学报, 22(12): 2304-2316.

田士军. 2022. 茶隆隆巴曲崩塌滑坡-堰塞湖-溃决洪水-泥石流灾害链分析及防治对策研究. 铁道标准设计, 1004-2954.

田尤, 陈龙, 黄海, 等. 2021. 西藏澜沧江流域察雅县城滑坡群成因及现状稳定性. 地质通报, 40(12): 2034-2042.

铁永波, 张宪政, 卢佳燕, 等. 2022. 四川省泸定县 Ms6.8 级地震地质灾害发育规律与减灾对策. 水文地质工程地质: 49(6): 1-12.

童立强, 涂杰楠, 裴丽鑫, 等. 2018. 雅鲁藏布江加拉白垒峰色东普流域频繁发生碎屑流事件初步探讨. 工程地质学报, 26(6): 1552-1561.

万海斌. 2000. 西藏易贡巨型山体滑坡抢险减灾概况. 中国减灾, 10(4): 28-31.

万佳威, 褚宏亮, 李滨, 等. 2021. 西藏嘉黎断裂带沿线高位链式地质灾害发育特征分析. 中国地质灾害与防治学报, 32(3): 51-60.

汪发武, 谭周地. 1991. 新滩滑坡形成机制与滑动特征. 长江科学院院报, (3): 28-34.

王成善, 丁学林. 1998. 青藏高原隆升研究新进展综述. 地球科学进展, 13(6): 526-532.

王闰, 戴长雷, 宋成杰. 2022. 青藏高原气候变化的时空分布特征分析. 人民黄河, 44(9): 76-82.

王东辉, 田凯. 2014. 鲜水河断裂带炉霍段地震滑坡空间分布规律分析. 工程地质学报, 22(2): 292-299.

王根厚, 张维杰, 周详, 等. 2008. 西藏东部嘉玉桥变质杂岩内中侏罗世高压剪切作用: 来自多硅白云母的证据. 岩石学报, 24(2): 395-400.

王家鼎. 1999. 典型高速黄土滑坡群的系统工程地质研究. 成都: 成都理工学院.

王立朝, 温铭生, 冯振, 等. 2019. 中国西藏金沙江白格滑坡灾害研究. 中国地质灾害与防治学报, 30(1): 5-13.

王立伟. 2015. 基于 D-InSAR 数据分析的高山峡谷区域滑坡位移识别. 北京: 北京科技大学.

王敏杰, 李天斌, 孟陆波, 等. 2015. 四川"Y"字形断裂交汇部应力场反演分析. 铁道科学与工程学报, 12(5): 1088-1095.

王世宝, 庄建琦, 樊宏宇, 等. 2022. 基于频率比与集成学习的滑坡易发性评价——以金沙江上游巴塘—德格河段为例. 工程地质学报, 30(3): 817-828.

王思敬. 2002. 地球内外动力耦合作用与重大地质灾害的成因初探. 工程地质学报, 10(2): 115-117.

王涛, 吴树仁, 石菊松, 等. 2013. 基于简化 Newmark 位移模型的区域地震滑坡危险性快速评估——以汶川 Ms8.0 级地震为例. 工程地质学报, 21(1): 16-24.

王晓楠, 唐方头, 邵翠茹. 2018. 南迦巴瓦构造结周边地区主要断裂现今运动特征. 震灾防御技术, 13(2):

267-275.

王欣, 方成勇, 唐小川, 等. 2023. 泸定 Ms 6.8 地震诱发滑坡应急评价研究. 武汉大学学报: 信息科学版, 48(1): 25-35.

王彦东, 黄润秋, 邓辉. 2007. 西南某水电站泥石流形成条件及运动特征研究. 中国地质灾害与防治学报, (1): 39-43.

王运生, 黄润秋, 段海澎, 等. 2006. 中国西部末次冰期一次强烈的侵蚀事件. 成都理工大学学报: 自然科学版, 33(1): 73-76.

王运生, 程万强, 刘江伟. 2022a. 川藏铁路廊道泸定段地质灾害孕育过程及成灾机制. 地球科学, 47(3): 950-958.

王运生, 苏毅, 冯卓, 等. 2022b. 泸定韧性剪切带泸定段及其工程效应. 地球科学, 47(3): 794-802.

王哲, 赵超英, 刘晓杰, 等. 2021. 西藏易贡滑坡演化光学遥感分析与 InSAR 形变监测. 武汉大学学报: 信息科学版, 46(10): 1569-1578.

王治华. 2006. 大型个体滑坡遥感调查. 地学前缘, 13(5): 516-523.

韦方强, 胡凯衡, 程尊兰. 2006. 西藏古乡沟泥石流的数值模拟. 山地学报, 24(2): 167-171.

卫童瑶, 殷跃平, 李滨, 等. 2021. 西藏笨多高位变形体遥感解译与危险性预测分析. 中国地质灾害与防治学报, 32(3): 17-24.

温铭生, 方志伟, 王阳谷. 2015. 都江堰市五里坡特大滑坡灾害特征与致灾成因. 现代地质, 29(2): 448-453.

吴富峣, 蒋良文, 张广泽, 等. 2019. 川藏铁路金沙江断裂带北段第四纪活动特征探讨. 高速铁路技术, 10(4): 23-28, 43.

吴俊峰. 2013. 大渡河流域重大地震滑坡发育特征及成因机理研究. 成都: 成都理工大学.

吴绿川, 王剑辉, 符彦. 2021. 基于 InSAR 技术和光学遥感的贵州省滑坡早期识别与监测. 测绘通报, (7): 98-102.

吴萍萍, 李振, 李大虎, 等. 2014. 基于 ANSYS 接触单元模型的鲜水河断裂带库仑应力演化数值模拟. 地球物理学进展, 29(5): 2084-2091.

吴润泽, 胡旭东, 梅红波, 等. 2021. 基于随机森林的滑坡空间易发性评价: 以三峡库区湖北段为例. 地球科学, 46(1): 321-330.

吴树仁, 王涛, 石玲, 等. 2010. 2008 汶川大地震极端滑坡事件初步研究. 工程地质学报, 18(2): 145-159.

吴玮莹, 许冲. 2018. 2014 年鲁甸 MW 6.2 地震触发滑坡新编目. 地震地质, 40(5): 1140-1148.

吴孝情, 赖成光, 陈晓宏, 等. 2017. 基于随机森林权重的滑坡危险性评价: 以东江流域为例. 自然灾害学报, 26(5): 119-129.

伍先国, 蔡长星. 1992. 金沙江断裂带新活动和巴塘 6.5 级地震震中的确定. 地震研究, 15(4): 401-410.

夏金梧, 朱萌. 2020. 金沙江主断裂带中段构造特征与活动性研究. 人民长江, 51(5): 131-137, 159.

夏式伟. 2018. 易贡滑坡-碎屑流-堰塞坝溃决三维数值模拟研究. 上海: 上海交通大学.

谢尚佑. 2006. 利用近年来大规模地震的强震数据修正 Newmark 经验式. 桃园: 台湾"中央"大学应用地质研究所.

谢守益, 徐卫亚. 1999. 降雨诱发滑坡机制研究. 武汉水利电力大学学报, (1): 22-24.

邢爱国, 徐娜娜, 宋新远. 2010. 易贡滑坡堰塞湖溃坝洪水分析. 工程地质学报, 18(1): 78-83.

熊探宇, 姚鑫, 张永双. 2010. 鲜水河断裂带全新世活动性研究进展综述. 地质力学学报, 16(2): 176-188.

熊维, 谭凯, 余鹏飞, 等. 2016. 鲜水河断裂近期库仑应力演化及其与康定 Mw5.9 地震的关系. 大地测量与地球动力学, 36(2): 95-100.

徐晶, 邵志刚, 马宏生, 等. 2013. 鲜水河断裂带库仑应力演化与强震间关系. 地球物理学报, 56(4): 1146-1158.

徐丽娇, 胡泽勇, 赵亚楠, 等. 2019. 1961—2010 年青藏高原气候变化特征分析. 高原气象, 38(5): 911-919.

徐卫平, 屈新, 刘昆赟, 等. 2016. 川藏公路沙贡特大古滑坡群特征与形成机制分析. 人民长江, 47(6): 42-47.

徐锡伟, 张培震, 闻学泽, 等. 2005. 川西及其邻近地区活动构造基本特征与强震复发模型. 地震地质, 27(3): 446-461.

徐则民, 刘文连, 黄润秋. 2011. 金沙江寨子村巨型古滑坡的工程地质特征及其发生机制. 岩石力学与工程学报, 30(S2): 3539-3550.

许冲, 戴福初, 姚鑫, 等. 2009. GIS 支持下基于层次分析法的汶川地震区滑坡易发性评价. 岩石力学与工程学报, 28(S2): 3978-3985.

许嘉慧, 张虹, 文海家, 等. 2021. 基于逻辑回归的巫山县滑坡易发性区划研究. 重庆师范大学学报: 自然科学版, 38(2): 48-56.

许娟, 赵雪慧, 周琪, 等. 2023. 四川泸定 6.8 级地震人员震亡特征分析. 地震研究, 46(4): 603-610.

许强. 2009. 汶川大地震诱发地质灾害主要类型与特征研究. 地质灾害与环境保护, 20(2): 86-93.

许强. 2020. 对滑坡监测预警相关问题的认识与思考. 工程地质学报, 28(2): 360-374.

许强, 董思萌. 2007. 西藏易贡特大山体崩塌滑坡事件//中国岩石力学与工程学会. 中国岩石力学与工程实例第一届学术会议论文集, 53-58.

许强, 董秀军. 2011. 汶川地震大型滑坡成因模式. 地球科学: 中国地质大学学报, 36(6): 1134-1142.

许强, 郑光, 李为乐, 等. 2018. 2018 年 10 月和 11 月金沙江白格两次滑坡-堰塞堵江事件分析研究. 工程地质学报, 26(6): 1534-1551.

许强, 董秀军, 李为乐. 2019. 基于天-空-地一体化的重大地质灾害隐患早期识别与监测预警. 武汉大学学报: 信息科学版, 44(7): 957-966.

许向宁, 李天斌, 熊顺聪. 2005. 四川巴中南龛斜坡变形体推力计算与治理方案. 水电站设计, 24(4): 66-69.

许志琴, 蔡志慧, 张泽明, 等. 2008. 喜马拉雅东构造结——南迦巴瓦构造及组构运动学. 岩石学报, 24(7): 1463-1476.

许志琴, 侯立玮, 王宗秀, 等. 1992. 中国松潘-甘孜造山带的造山过程. 北京: 地质出版社.

许志琴, 李化启, 侯立炜, 等. 2007. 青藏高原东缘龙门-锦屏造山带的崛起——大型拆离断层和挤出机制. 地质通报, 26(10): 1262-1276.

薛德敏. 2010. 西南地区典型巨型滑坡形成与复活机制研究. 成都: 成都理工大学.

薛果夫, 刘宁, 蒋乃明, 等. 2000. 西藏易贡高速巨型滑坡堵江事件的调查与减灾措施分析//中国岩石力学与工程学会. 第六次全国岩石力学与工程学术大会论文集, 640-644.

薛翊国, 孔凡猛, 杨为民, 等. 2020. 川藏铁路沿线主要不良地质条件与工程地质问题. 岩石力学与工程学报, 39(3): 445-468.

闫怡秋, 杨志华, 张绪教, 等. 2021. 基于加权证据权模型的青藏高原东部巴塘断裂带滑坡易发性评价. 现代地质, 35(1): 26-37.

杨德宏, 付伟, 常帅鹏, 等. 2020. 藏东南培龙贡支泥石流形成机理与发展趋势分析. 铁道标准设计, 64(7): 33-38.

杨硕, 李德营, 严亮轩, 等. 2021. 基于随机森林模型的乌江高陡岸坡滑坡地质灾害易发性评价. 安全与环境工程, 28(4): 131-138.

杨志华, 郭长宝, 姚鑫, 等. 2017a. 考虑地震后效应的青藏高原东缘地质灾害易发性评价. 中国地质灾害与防治学报, 28(4): 103-112.

杨志华, 兰恒星, 张永双, 等. 2017b. 强震区震后地质灾害长期活动性研究综述. 地质力学学报, 23(5): 743-753.

杨志华, 张永双, 郭长宝, 等. 2017c. 基于Newmark模型的尼泊尔Ms8.1级地震滑坡危险性快速评估. 地质力学学报, 23(1): 115-124.

杨志华, 郭长宝, 吴瑞安, 等. 2021. 青藏高原巴塘断裂带地震滑坡危险性预测研究. 水文地质工程地质, 48(5): 91-101.

姚冬生. 1983. 川西竹庆地区的混杂堆积层. 中国区域地质, (4): 131-137.

姚贺冬, 石崇, 徐卫亚, 等. 2015. 古水水电站争岗堆积体滑坡复活条件分析. 河海大学学报: 自然科学版, 43(1): 28-33.

姚鑫, 张永双, 李宗亮, 等. 2009. 四川泸定磨西台地第四纪冰水台地边坡地质灾害易发性研究. 工程地质学报, 17(5): 597-605.

姚雄, 余坤勇, 刘健, 等. 2016. 基于随机森林模型的降水诱发山体滑坡空间预测技术. 福建农林大学学报: 自然科学版, 45(2): 219-227.

叶成才. 1999. 浅谈卧龙寺滑坡的治理. 陕西水利, (S1): 34-36.

殷跃平. 1997. 地质工程在链子崖危岩治理中的应用. 水文地质工程地质, 24(2): 23-25.

殷跃平. 2000. 西藏波密易贡高速巨型滑坡特征及减灾研究. 水文地质工程地质, 44(4): 8-11.

殷跃平. 2008. 汶川八级地震地质灾害研究. 工程地质学报, 16(4): 433-444.

殷跃平. 2009. 汶川八级地震滑坡高速远程特征分析. 工程地质学报, 17(2): 153-166.

游勇, 程尊兰. 2005. 西藏波密米堆沟泥石流堵河模型试验. 山地学报, 23(3): 288-293.

余志球, 邓建辉, 高云建, 等. 2020. 金沙江白格滑坡及堰塞湖洪水灾害分析. 防灾减灾工程学报, 40(2): 286-292.

曾庆利, 薛鑫宇, 王开洋, 等. 2016. 西藏天摩沟泥石流灾害链过程及致灾机理. 川藏铁路建设的挑战与对策论文集: 239-246.

曾裕平. 2009. 重大突发性滑坡灾害预测预报研究. 成都: 成都理工大学.

张建强, 范建容, 严冬, 等. 2009. 地震诱发崩塌滑坡敏感性评价——以北川县为例. 四川大学学报: 工程科学版, 41(3): 140-145.

张金山, 谢洪, 王小丹, 等. 2015. 西藏尖姆普曲泥石流. 灾害学, 30(3): 99-103.

张培震. 2008. 青藏高原东缘川西地区的现今构造变形、应变分配与深缘动力过程. 中国科学: 地球科学, 38(9): 1041-1056.

张培震, 邓起东, 张国民, 等. 2003. 中国大陆的强震活动与活动地块. 中国科学: 地球科学, 33(B04): 12-20.

张培震, 郑德文, 尹功明, 等. 2006. 有关青藏高原东北缘晚新生代扩展与隆升的讨论. 第四纪研究, 26(1):

5-13.

张勤, 白正伟, 黄观文, 等. 2022. GNSS 滑坡监测预警技术进展. 测绘学报, 51(10): 1985-2000.

张勤文. 1981. 松潘—甘孜印支地槽西康群复理石建造沉积特征及其大地构造背景. 地质论评, 27(5): 405-412.

张田田, 殷跃平, 李滨, 等. 2021. 西藏波密茶隆隆巴曲高位地质灾害类型及发育特征. 中国地质灾害与防治学报, 32(3): 9-16.

张宪政, 铁永波, 李光辉, 等. 2022. 四川泸定 Ms6.8 级地震区湾东河流域泥石流活动性预测. 地质力学学报, 28(6): 1035-1045.

张晓东, 刘湘南, 赵志鹏, 等. 2018. 信息量模型、确定性系数模型与逻辑回归模型组合应用于地质灾害敏感性评价的对比研究. 现代地质, 32(3): 602-610.

张晓宇, 杜世回, 孟祥连, 等. 2021. 茶隆隆巴曲山地灾害特征及冰崩碎屑流致灾风险研究. 工程地质学报, 29(2): 435-444.

张永海, 谢武平, 罗忠行, 等. 2022. 四川名山白马沟危岩体稳定性评价与落石轨迹分析. 中国地质灾害与防治学报, 33(4): 37-46.

张永双. 2018. 我国地震地质灾害特点与监测防治进展. 城市与减灾, (3): 9-18.

张永双, 石菊松, 孙萍, 等. 2009. 汶川地震内外动力耦合及灾害实例. 地质力学学报, 15(2): 131-141.

张永双, 郭长宝, 周能娟. 2013. 金沙江支流冲江河巨型滑坡及其局部复活机理研究. 岩土工程学报, 35(3): 445-453.

张永双, 郭长宝, 姚鑫, 等. 2014. 青藏高原东缘地震工程地质. 北京: 地质出版社.

张永双, 郭长宝, 姚鑫, 等. 2016. 青藏高原东缘活动断裂地质灾害效应研究. 地球学报, 37(3): 277-286.

张永双, 吴瑞安, 郭长宝, 等. 2018. 古滑坡复活问题研究进展与展望. 地球科学进展, 33(7): 728-740.

张永双, 任三绍, 郭长宝, 等. 2019. 活动断裂带工程地质研究. 地质学报, 93(4): 763-775.

张永双, 巴仁基, 任三绍, 等. 2020. 中国西藏金沙江白格滑坡的地质成因分析. 中国地质, 47(6): 1637-1645.

张永双, 刘筱怡, 吴瑞安, 等. 2021a. 青藏高原东缘深切河谷区古滑坡: 判识、特征、时代与演化. 地学前缘, 28(2): 94-105.

张永双, 吴瑞安, 任三绍, 等. 2021b. 降雨优势入渗通道对古滑坡复活的影响. 岩石力学与工程学报, 40(4): 777-789.

张永双, 李金秋, 任三绍, 等. 2022. 川藏交通廊道黏土化蚀变岩发育特征及其对大型滑坡的促滑作用. 地球科学, 47(6): 1945-1956.

张御阳. 2013. 强震触发摩岗岭滑坡成因机制及运动特性研究. 成都: 成都理工大学.

张岳桥, 陈文, 杨农. 2004. 川西鲜水河断裂带晚新生代剪切变形 $^{40}Ar/^{39}Ar$ 测年及其构造意义. 中国科学: 地球科学, (7): 613-621.

张倬元. 1994. 工程地质分析原理. 成都: 成都理工大学.

赵程, 范宣梅, 杨帆, 等. 2020. 金沙江白格滑坡运动过程分析及潜在不稳定岩体预测. 科学技术与工程, 20(10): 3860-3867.

赵海军, 马凤山, 李志清. 2022. 基于 Newmark 模型的概率地震滑坡危险性模型参数优化与应用: 以鲁甸地震区为例. 地球科学, 47(12): 4401-4416.

赵志男, 李滨, 高杨, 等. 2021. 西藏然乌湖口高位地质灾害变形特征分析. 中国地质灾害与防治学报, 32(3): 25-32.

郑度, 林振耀, 张雪芹. 2002. 青藏高原与全球环境变化研究进展. 地学前缘, 9(1): 95-102.

钟宁, 蒋汉朝, 梁莲姬, 等. 2017. 软沉积物变形中负载, 球—枕构造的古地震研究综述. 地质论评, 63(3): 719-738.

钟宁, 蒋汉朝, 李海兵, 等. 2020. 青藏高原东部河湖相沉积中的软沉积物变形的主要成因类型及其特征. 地球学报, 41(1): 23-36.

钟宁, 郭长宝, 黄小龙, 等. 2021. 嘉黎-察隅断裂带中南段晚第四纪活动性及其古地震记录. 地质学报, 95(12): 3642-3659.

周刚炎, 李云中, 李平. 2000. 西藏易贡巨型滑坡水文抢险监测. 人民长江, 31(9): 30-32.

周洪福, 韦玉婷, 王运生, 等. 2017. 1786年磨西地震触发的摩岗岭滑坡演化过程与成因机理. 成都理工大学学报: 自然科学版, 44(6): 649-658.

周洪福, 方甜, 韦玉婷. 2022. 国内外地震滑坡研究: 现状、问题与展望. 沉积与特提斯地质, 43(3): 615-628.

周荣军, 雷建成, 黎小刚, 等. 2000. 晚第四纪以来大渡河断裂活动性的地质地貌判据//. 中国地震学会第八次学术大会论文摘要集, 70.

周荣军, 何玉林, 黄祖智, 等. 2001. 鲜水河断裂带乾宁—康定段的滑动速率与强震复发间隔. 地震学报, 23(3): 250-261.

周荣军, 陈国星, 李勇, 等. 2005. 四川西部理塘-巴塘地区的活动断裂与1989年巴塘6.7级震群发震构造研究. 地震地质, 27(1): 31-43.

周硕愚, 张跃刚, 丁国瑜, 等. 1998. 依据GPS数据建立中国大陆板内块体现时运动模型的初步研究. 地震学报, (4): 12-20.

周晓成, 王万丽, 李立武, 等. 2020. 金沙江-红河断裂带温泉气体地球化学特征. 岩石学报, 36(7): 2197-2214.

周昭强, 李宏国. 2020. 西藏易贡巨型山体滑坡及防灾减灾措施. 水利水电技术, 31(12): 44-47.

朱博勤, 聂跃平. 2001. 易贡巨型高速滑坡卫星遥感动态监测. 自然灾害学报, 10(3): 103-107.

朱成明, 张彩霞. 2015. 西藏扎木弄沟地质灾害治理初步探讨. 人民长江, 46(18): 26-28.

朱平一, 罗德富, 寇玉贞. 1997. 西藏古乡沟泥石流发展趋势. 山地研究, 15(4): 296-299.

朱平一, 程尊兰, 游勇. 2000a. 川藏公路培龙沟泥石流输砂堵江成因探讨. 自然灾害学报, 9(1): 80-83.

朱平一, 王成华, 唐邦兴. 2000b. 西藏特大规模碎屑流堆积特征. 山地学报, 18(5): 453-456.

朱赛楠, 殷跃平, 王猛, 等. 2021. 金沙江结合带高位远程滑坡失稳机理及减灾对策研究——以金沙江色拉滑坡为例. 岩土工程学报, 43(4): 688-697.

朱泽, 孟国杰. 2012. 利用GPS数据研究低纬度环球剪切带的活动性. 大地测量与地球动力学, 32(1): 26-30.

祝介旺, 苏天明, 张路青, 等. 2010. 川藏公路102滑坡失稳因素与治理方案研究. 水文地质工程地质, 37(3): 43-47.

An H C, Ouyang C J, Zhou S. 2021. Dynamic process analysis of the Baige landslide by the combination of DEM and long-period seismic waves. Landslides, 18: 1625-1639.

Arias, A. 1970. A measure of earthquake intensity. 438-483.

Armijo R, Tapponnier P, Han T. 1989. Late Cenozoic right-lateral strike-slip faulting in southern Tibet. Journal of Geophysical Research, 94(B3): 2787-2838.

Bai D, Unsworth M J, Meju M A, et al. 2010. Crustal deformation of the eastern Tibetan plateau revealed by magnetotelluric imaging. Nature Geoscience, 3(5): 358-362.

Bai M K, Chevalier M L, Pan J W, et al. 2018. Southeastward increase of the late Quaternary slip-rate of the Xianshuihe fault, eastern Tibet. Geodynamic and seismic hazard implications. Earth and Planetary Science Letters: A Letter Journal Devoted to the Development in Time of the Earth and Planetary System, 485: 19-31.

Bai M K, Chevalier M L, Leloup P H, et al. 2021. Spatial slip rate distribution along the SE Xianshuihe Fault, eastern Tibet, and earthquake hazard assessment. Tectonics, 40(11): 1-14.

Baird T, Bristow C S, Vermeesch P. 2019. Measuring sand dune migration rates with COSI-Corr and landsat: opportunities and challenges. Remote Sensing, 11(20): 2423.

Berardino P, Fornaro G, Lanari R, et al. 2002. A new algorithm for surface deformation monitoring based on small baseline differential SAR interferograms. IEEE Transactions on Geoscience and Remote Sensing, 40(11): 2375-2383.

Boulton S J, Whittaker A C. 2009. Quantifying the slip rates, spatial distribution and evolution of active normal faults from geomorphic analysis: field examples from an oblique-extensional graben, southern Turkey. Geomorphology, 104(3-4): 299-316.

Breiman L. 2001. Random forests. Machine Learning, 45(1): 5-32.

Buades A, Coll B, Morel J M. 2005. A non-local algorithm for image denoising. IEEE Computer Society Conference on Computer Vision and Pattern Recognition(CVRR' 05), 2: 60-65.

Cai F L, Ding L, Andrewkl K L, et al. 2016. Late Triassic paleogeographic reconstruction along the Neo-Tethyan Ocean margins, southern Tibet. Earth and Planetary Science Letters, 435: 105-114.

Cai J, Zhang L, Dong J, et al. 2022. Detection and characterization of slow-moving landslides in the 2017 Jiuzhaigou earthquake area by combining satellite SAR observations and airborne Lidar DSM. Engineering Geology, 305: 106730.

Carla T, Intrieri E, Raspini F, et al. 2019. Perspectives on the prediction of catastrophic slope failures from satellite InSAR. Scientific Reports, 9(1): 14137.

Chen F, Gao Y J, Zhao S Y, et al. 2021. Kinematic process and mechanism of the two slope failures at Baige Village in the upper reaches of the Jinsha River, China. Bulletin of Engineering Geology and the Environment, 80: 3475-3493.

Chen J, Dai F C, Lv T Y, et al. 2013. Holocene landslide-dammed lake deposits in the Upper Jinsha River, SE Tibetan Plateau and their ages. Quaternary International, 298: 107-113.

Chen Z, Song D Q, 2023. A large landslide on the upper reach of the Jinsha River, SE Tibetan Plateau: characteristics, influencing factors, and mechanism. Natural Hazards, 120(1): 153-179.

Chen Z, Zhou H F, Ye F, et al. 2021. The characteristics, induced factors, and formation mechanism of the 2018 Baige landslide in Jinsha River, Southwest China. Catena, 203: 105337.

Corcoran J, Davies C M. 2018. Monitoring power-law creep using the Failure Forecast Method. International Journal of Mechanical Sciences, 140: 179-188.

Cui Y L, Bao P P, Xu C, et al. 2020. A big landslide on the Jinsha River, Tibet, China: geometric characteristics, causes, and future stability. Natural Hazards, 104: 2051-2070.

Dai F C, Lee C F, Deng J H, Tham, L G, et al. 2005. The 1786 earthquake-triggered landslide dam and subsequent dam-break flood on the Dadu River, southwestern China. Geomorphology, 65(3-4): 205-221.

Dasgupta P. 1998. Recumbent flame structures in the Lower Gondwana rocks of the Jharia Basin, India-aplausible origin. Sedimentary Geology, 119(3): 253-261.

Debella-Gilo M, Kääb A, 2011. Sub-pixel precision image matching for measuring surface displacements on mass movements using normalized cross-correlation. Remote Sensing Environment, 115(1): 130-142.

Delaney K B, Evans S G. 2015. The 2000 Yigong landslide(Tibetan Plateau), rockslide-dammed lake and outburst flood: review, remote sensing analysis, and process modelling. Geomorphology, 246: 377-393.

Deng H, Wu L Z, Huang R Q, et al. 2017. Formation of the Siwanli ancient landslide in the Dadu River, China. Springer Berlin Heidelberg, 14(1): 385-394.

Ding C, Feng G, Li Z, et al. 2016. Spatiotemporal error sources analysis and accuracy improvement in landsat 8 image ground displacement measurements. Remote Sensing, 8(11): 937.

Ding C, Feng G C, Liao M S, et al. 2021. Displacement history and potential triggering factors of Baige Landslides, China revealed by optical imagery time series. Remote Sensing of Environment, 254: 112253.

Ding L, Qasim M, Ishtiaq J, et al. 2016. The India-Asia Collision in North Pakistan: sedimentary record from the Tertiary Foreland, Basin. Earth And Planetary Science Letters, 455: 49-61.

Ding L, Spicer R A, Yang J, et al. 2017. Quantifying the rise of the Himalaya orogen and implications for the South Asian monsoon. Geology, 45: 215-218.

Evans S G, Delaney K B. 2011. Characterization of the 2000 Yigong Zangbo River(Tibet)landslide dam and impoundment by remote sensing, natural and artificial rockslide dams. Geomorphology, 133: 543-559.

Fan X M, Xu Q, Alonso-Rodriguez A, et al, 2019. Successive landsliding and damming of the Jinsha River in eastern Tibet, China: prime investigation, early warning, and emergency response. Landslides, 16: 1003-1020.

Fan X M, Yang F, Subramanian S S, et al. 2020. Prediction of a multi-hazard chain by an integrated numerical simulation approach: the Baige landslide, Jinsha River, China. Landslides, 17(1): 147-164.

Ferretti A, Prati C, 2000. Nonlinear subsidence rate estimation using permanent scatterers in differential SAR interferometry. IEEE Transactions on Geoscience and Remote Sensing, 38(5): 2202-2212.

Glenn N F, Streutker D R, Chadwick D J, et al. 2006. Analysis of LiDAR-derived topographic information for characterizing and differentiating landslide morphology and activity. Geomorphology, 73(1-2): 131-148.

Gökçe D H, Murat E. 2012. A new approach to use AHP in landslide susceptibility mapping: a case study at Yenice(Karabuk, NW Turkey). Natural Hazards, 63(2): 1157-1179.

Guo C B, Montgomery D, Zhang Y S, et al. 2015. Quantitative assessment of landslide susceptibility along the Xianshuihe Fault zone, Tibetan Plateau, China. Geomorphology, 248: 93-110.

Guo C B, Yan Y Q, Zhang Y S, et al. 2021. Study on the creep-sliding mechanism of the giant Xiongba ancient landslide based on the SBAS-InSAR method, Tibetan Plateau, China. Remote Sensing, 13(17): 3365.

Guo C B, Li C H Yang, Z H, et al. 2024. Characterization and spatial analysis of coseismic landslides triggered by the Luding Ms 6.8 earthquake in the Xianshuihe fault zone, Southwest China. Journal of Mountain Science, 21:

160-181.

Gupta K, Satyam N. 2022. Co-seismic landslide hazard assessment of Uttarakhand state(India)based on the modified Newmark model. Journal of Asian Earth Sciences: X, 8: 100120.

Hao S W, Liu C, Lu C S, et al. 2016. A relation to predict the failure of materials and potential application to volcanic eruptions and landslides. Scientific reports, 6(1): 27877.

Henck A C, Huntington K W, Stone J O, et al. 2011. Spatial controls on erosion in the Three Rivers Region, southeastern Tibet and southwestern China. Earth and Planetary Science Letters, 303(1-2): 71-83.

Huang Y, Xie C, Li T, et al. 2022. An open-accessed inventory of landslides triggered by the Ms 6.8 Luding earthquake, China on 5 September. Earthquake Research Advances.

Huang Y D, Xie C C, Li T, et al. 2023. An open-accessed inventory of landslides triggered by the Ms6.8 Luding earthquake, China on 5 September. Earthquake Research Advances, 3(9): 100181.

Intrieri E, Gigli G, Mugnai F, et al. 2012. Design and implementation of a landslide early warning system. Engineering Geology, 147: 124-136.

Jibson R W. 1993. Predicting earthquake-induced landslide displacements using Newmark's sliding block analysis. Transportation Research Record, 1411: 9-17.

Jibson R W. 2007. Regression models for estimating coseismic landslide displacement. Engineering Geology, 91(2-3): 209-218.

Jibson R W. 2011. Methods for assessing the stability of slopes during earthquakes—A retrospective. Engineering Geology, 122(1): 43-50.

Jibson R W, Harp E L, Michael J A. 1998. A method for producing digital probabilistic seismic landslide hazard maps: an example from the Los Angeles, California, area. Open-File Report, 98-113.

Jibson R W, Harp E L, Michael J A. 2000. A method for producing digital probabilistic seismic landslide hazard maps. Engineering Geology, 58(3-4): 271-289.

Kirby E, Whipple K, Harkins N, et al. 2008. Topography reveals seismic hazard. Nature Geoscience, 1(8): 485-487.

Konstantinos C, Vincenzo Del G, Kalogeras Ioannis, et al. 2014. Predictive model of Arias intensity and Newmark displacement for regional scale evaluation of earthquake-induced landslide hazard in Greece. Soil Dynamics and Earthquake Engineering, 65: 11-29.

Lanari R, Mora O, Manunta M, et al. 2004. A small-baseline approach for investigating deformations on full-resolution differential SAR interferograms. IEEE Transactions on Geoscience and Remote Sensing, 42(7): 1377-1386.

Lanari R, Casu F, Manzo M, et al. 2007. An overview of the small baseline subset algorithm: a D-InSAR technique for surface deformation analysis. Pure and Applied Geophysics, 164(4): 637-661.

Langstaff M A, Meade B J. 2013. Edge-driven mechanical microplate models of strike-slip faulting in the Tibetan Plateau. Journal of Geophysical Research: Solid Earth, 118(7): 3809-3819.

Lee S, Evangwlista D G. 2006. Earthquake-induced landslide-susceptibility mapping using an artificial neural network. Natural Hazards and Earth System Sciences, 6(5): 687-695.

Leloup P H, Tapponnier P, Lacassin R, et al. 2007. Discussion on the role of the red river shear zone, Yunnan and

Vietnam, in the continental extrusion of se Asia journal. Journal of the Geological Society, 163, 1025-1036.

Leprince S, Ayoub F, Klinger Y, et al. 2007. Co-Registration of Optically Sensed Images and Correlation(COSI-Corr): an operational methodology for ground deformation measurements. IEEE International Geoscience and Remote Sensing Symposium, Barcelona, Spain: 1943-1946.

Li H B, Qi S C, Chen H, et al. 2019. Mass movement and formation process analysis of the two sequential landslide dam events in Jinsha River, Southwest China. Landslides, 16: 2247-2258.

Liang S M, Gan W J, Shen C G, et al. 2013. Three - dimensional velocity field of present-day crustal motion of the Tibetan Plateau derived from GPS measurements. Journal of Geophysical Research: Solid Earth, 118(10): 5722-5732.

Liu H D, Chen J X, Guo Z F, et al. 2022. Experimental study on the evolution mechanism of landslide with retaining wall locked segment. Geofluids, 2022(1): 1-10.

Liu W, He S M. 2018. Dynamic simulation of a mountain disaster chain: landslides, barrier lakes, and outburst floods. Natural Hazards, 90(5): 1-19.

Liu X, Chen B. 2000. Climatic warming in the Tibetan Plateau during recent decades. International Journal of Climatology, 20: 1729-1742.

Majid H T. 2009. A comparative study of Dempster-Shafer and fuzzy models for landslide susceptibility mapping using a GIS: An experience from Zagros Mountains, SW Iran. Journal of Asian Earth Sciences, 35(1): 66-73.

Meade B J. 2007. Present-day kinematics at the India-Asia collision zone. Geology, 35(1): 81-84.

Mei S Y, Chen S S, Zhong Q M, et al. 2022. Detailed numerical modeling for breach hydrograph and morphology evolution during landslide dam breaching. Landslides, 19(12): 2925-2949.

Miles S B, Ho C L. 1999. Rigorous landslide hazard zonation using Newmark's method and stochastic ground motion simulation. Soil Dynamics and Earthquake Engineering, 18: 305-323.

Molnar P, Tapponnier P. 1975. Cenozoic Tectonics of Asia: effects of a continental collision: features of recent continental tectonics in Asia can be interpreted as results of the India-Eurasia collision. Science, 189(4201): 419-426.

Mukhopadhyay B, Dasgupta S. 2015. Earthquake swarms near eastern Himalayan Syntaxis along Jiali fault in Tibet: a seismotectonic appraisal. Geoscience Frontiers, 6(5): 1-8.

Newmark N M. 1965. Effects of earthquakes on dams and embankments. Geotechnique, 15(2): 139-160.

Ouyang C J, An H C, Zhou S, et al. 2019. Insights from the failure and dynamic characteristics of two sequential landslides at Baige village along the Jinsha River, China. Landslides, 16: 1397-1414.

Qi X, Cao R L, Peng D L. 2023. An improvement velocity inverse method for predicting the slope imminent failure time. Geomatics, Natural Hazards and Risk, 14(1): 2239991.

Roberto R. 2000. Seismically induced landslide displacements: a predictive model. Engineering Geology, 58(3-4): 337-351.

Roger F, Calassou S, Lancelot J, et al. 1995. Miocene emplacement and deformation of the Konga Shan granite(Xianshui He fault zone, west Sichuan, China): geodynamic implications. Earth and Planetary Science Letters, 130(1-4): 201-216.

Saito M. 1965. Forecasting the time of occurrence of a slope failure//Proceedings of 6th international conference on Soil Mechanics and Foundation Engineering, Montreal: 537-541.

Scheingross J S, Minchew B M, Mackey B H. 2013. Fault-zone controls on the spatial distribution of slow-moving landslides. Geological Society of America Bulletin, 125(3): 473-489.

Schulz W H. 2007. Landslide susceptibility revealed by LIDAR imagery and historical records, Seattle, Washington. Engineering Geology, 89(1-2): 67-87.

Searle M P, Law R D, Jessup M J. 2006. Crustal structure, restoration and evolution of the greater Himalaya in Nepal-south Tibet: implications for channel flow and ductile extrusion of the middle crust. Geological Society London Special Publications, 268(1): 355-378.

Shang Y J, Yang Z F, Li L H, et al. 2003. A super-large landslide in Tibet in 2000: background, occurrence, disaster, and origin. Geomorphology, 54: 225-243.

Strozzi T, Luckman A, Murray T, et al. 2002. Glacier motion estimation using SAR offset-tracking procedures. IEEE Transactions on Geoscience and Remote Sensing, 40(11): 2384-2391.

Tang X, Zhang J, Pang Z, et al. 2017. The eastern Tibetan Plateau geothermal belt, western China: geology, geophysics, genesis, and hydrothermal system. Tectonophysics, 717: 433-448.

Taylor M, Yin A. 2009. Active structures of the Himalayan-Tibetan orogen and their relationships to earthquake distribution, contemporary strain field, and Cenozoic volcanism. Geosphere, 5(3): 199-214.

Türk T. 2018. Determination of mass movements in slow-motion landslides by the Cosi-Corr method. Geomatics Natural Hazards and Risk, 9(1): 325-336.

Turzewski M D, Huntington K W, LeVeque R J. 2019. The Geomorphic Impact of Outburst Floods: Integrating Observations and Numerical Simulations of the 2000 Yigong Flood, Eastern Himalaya. Journal of Geophysical Research: Earth Surface, 124(5): 1056-1079.

Usai S. 2003. A least squares database approach for SAR interferometric data. IEEE Transactions on Geoscience and Remote Sensing, 41(4): 753-760.

Wang E, Burchfiel D C, Royden L H, et al. 1998. Late Cenozoic Xianshuihe-Xiaojiang, Red River, and Dali fault systems of southwestern Sichuan and central Yunnan, China. Geological Society of America, 327.

Wang H, Li K J, Chen L C, et al. 2020a. Evidence for Holocene Activity on the Jiali Fault, an Active Block Boundary in the Southeastern Tibetan Plateau. Seismological Research Letters, 91: 1776-1780.

Wang M, Shen Z K. 2020b. Present-day crustal deformation of continental China derived from GPS and its tectonic implications. Journal of Geophysical Research: Solid Earth, 125(2): 1-22.

Wang P F, Chen J, Dai F C, et al. 2014. Chronology of relict lake deposits around the Suwalong paleolandslide in the upper Jinsha River, SE Tibetan Plateau: implications to Holocene tectonic perturbations. Geomorphology, 217: 193-203.

Wang T, Wu S, Shi J, et al. 2013. Application and validation of seismic landslide displacement analysis based on Newmark model: a case study in Wenchuan earthquake. Acta Geologica Sinica: English Edition, 87: 393-397.

Wang Y S, Wu L Z, Gu J. 2019. Process analysis of the Moxi earthquake-induced Lantianwan landslide in the Dadu River, China . Springer Berlin Heidelberg, 78(7): 4731-4742.

Wang Z H. 2008. A thunder at the beginning of the 21st century-the giant Yigong Landslide. The Tenth International Symposium on Landslides and Engineered Slopes: 2: 1068-1075.

Wang Z H, Lv J T. 2002. Satellite monitoring of the Yigong landslide in Tibet, China. Proceedings of SPIE - The International Society for Optical Engineering, 4814: 34-38.

Wasowski J, Bovenga F. 2014. Investigating landslides and unstable slopes with satellite Multi Temporal Interferometry: current issues and future perspectives. Engineering Geology, 174(1): 103-138.

Wen B P, Wang S J, Wang E Z, et al. 2004. Characteristics of rapid giant landslides in China. Landslides, 1: 247-261.

Wilson R C, Keefer D K. 1983. Dynamic analysis of a slope failure from the 6 August 1979 Coyote lake, California, earthquake. Bulletin of the Seismological Society of America, 73(3): 863-877.

Wu L Z, Deng H, Huang R Q, et al. 2019. Evolution of lakes created by landslide dams and the role of dam erosion: a case study of the Jiajun landslide on the Dadu River, China. Quaternary International, 503: 41-50.

Xu C, Xu X W, Lee Y H, et al. 2012. The 2010 Yushu earthquake triggered landslide hazard mapping using GIS and weight of evidence modeling. Environmental Earth Sciences, 66(6): 1603-1616.

Xu J, Shao Z, Liu J, et al. 2019. Coulomb stress evolution and future earthquake probability along the eastern boundary of the Sichuan-Yunnan block. Chinese Journal of Geophysics, 62(11): 4189-4213.

Xu Q, Yuan Y, Zeng Y, et al. 2011. Some new pre-warning criteria for creep slope failure. Science China Technological Sciences, 54: 210-220.

Xu Q, Shang Y J, Asch T V, et al. 2012. Observations from the large, rapid Yigong rock slide – debris avalanche, southeast Tibet. NRC Research Press, 49(5): 589-606.

Xu Q, Peng D, Zhang S, et al. 2020. Successful implementations of a real-time and intelligent early warning system for loess landslides on the Heifangtai terrace, China. Engineering Geology, 278: 105817.

Yan Y, Cui Y F, Huang X Y, et al. 2022. Combining seismic signal dynamic inversion and numerical modeling improves landslide process reconstruction. Earth Surface Dynamics, 10(6): 1233-1252.

Yang W, Wang Y, Wang Y, et al. 2020. Retrospective deformation of the Baige Landslide using optical remote sensing images . Landslides, 17(3): 659-668.

Yi S J, Wu C H, Cui P, et al. 2022. Cause of the Baige landslides: long-term cumulative coupled effect of Tectonic action and surface Erosion. Lithosphere, (7): 7784535.

Yin Y P, Xing A G. 2012. Aerodynamic modeling of the Yigong gigantic rock slide-debris avalanche, Tibet, China. Bulletin of Engineering Geology and the Environment, 71(1): 149-160.

Zhang H, Oskin M E, Liu Z J, et al. 2016. Pulsed exhumation of interior eastern Tibet: implications for relief generation mechanisms and the origin of high-elevation planation surfaces. Earth and Planetary Science Letters, 449: 176-185.

Zhang M, Yin Y P. 2013. Dynamics, mobility-controlling factors and transport mechanisms of rapid long-runout rock avalanches in China. Engineering Geology, 167(12): 37-58.

Zhang P Z, Shen Z K, Niu Z J, et al. 2007. Present-day crustal motion within the Tibetan Plateau inferred from GPS measurements. Journal of Geophysical Research: Solid Earth, 112(B8): 416.

Zhang S L, Yin Y P, Hu X W, et al. 2020. Dynamics and emplacement mechanisms of the successive Baige landslides on the Upper Reaches of the Jingsha River, China. Engineering Geology, 278: 105819.

Zhang S L, Yin Y P, Hu X W, et al. 2021. Geo-structures and deformation-failure characteristics of rockslide areas near the Baige landslide scar in the Jinsha River tectonic suture zone. Landslides, 18(11): 3577-3597.

Zhang Y S, Yang Z H, Guo C B, et al. 2017. Predicting landslide scenes under potential earthquake scenarios in the Xianshuihe fault zone, Southwest China. Journal of Mountain Science, 14(7): 1262-1278.

Zhao B, Wang Y S, Wu J F, et al. 2021. The Mogangling giant landslide triggered by the 1786 Moxi M 7.75 earthquake, China. Natural Hazards, 106(1): 459-485.

Zhao B, Hu K H, Yang Z J, et al. 2022. Geomorphic and tectonic controls of landslides induced by the 2022 Luding earthquake. Journal of Mountain Science, 19(12): 3323-3345.

Zhou C H, Yue Z Q, Lee C F, et al. 2001. Satellite image analysis of a huge landslide at Yi Gong, Tibet, China. Quarterly Journal of Engineering Geology and Hydrogeology, 34(4): 325-332.

Zhou G D, Roque P J C, Xie Y X, et al. 2020. Numerical study on the evolution process of a geohazards chain resulting from the Yigong landslide. Landslides, 17: 2563-2576.

Zhou J W, Cui P, Hao M H. 2016. Comprehensive analyses of the initiation and entrainment processes of the 2000 Yigong catastrophic landslide in Tibet, China. Landslides, 13(1): 39-54.

Zhuang Y, Yin Y P, Xing A G, et al. 2020. Combined numerical investigation of the Yigong rock slide-debris avalanche and subsequent dam-break flood propagation in Tibet, China. Landslides, 17(9): 2217-2229.